GO语言编程
从入门到实践

黄永祥 / 著

U0228217

清华大学出版社

北京

内 容 简 介

本书是一本来自一线开发者的 Go 语言编程入门书，深入浅出地讲述了 Go 语言的语法特性和编程实践，全书分为基础和项目两部分，基础部分主要介绍 Go 语言开发环境的搭建、基础语法、数据类型、指针、内置容器、函数、结构体、接口、反射、并发编程、包的应用与管理、目录与文件管理、时间管理、数据库编程等，项目部分主要介绍网页自动化测试程序、网络爬虫程序、网络信息反馈网站的开发实践，此外，还介绍了 Go 语言程序的编译方法。本书各章还提供了近 20 个动手练习小项目，便于读者边学边练，迅速提升编程技能。

本书通俗易懂，体系完备，注重实践，适合对 Go 语言感兴趣的各层次读者使用。

图书在版编目（CIP）数据

GO 语言编程从入门到实践/黄永祥著. 一北京：清华大学出版社，2022.4（2023.8重印）
ISBN 978-7-302-60389-4

Ⅰ．①G… Ⅱ．①黄… Ⅲ．①程序语言－程序设计 Ⅳ．①TP312

中国版本图书馆 CIP 数据核字（2022）第 047628 号

责任编辑：王金柱
封面设计：王 翔
责任校对：闫秀华
责任印制：沈 露

出版发行：清华大学出版社
    网 址：http://www.tup.com.cn，http://www.wqbook.com
    地 址：北京清华大学学研大厦 A 座   邮 编：100084
    社 总 机：010-83470000   邮 购：010-62786544
    投稿与读者服务：010-62776969，c-service@tup.tsinghua.edu.cn
    质量反馈：010-62772015，zhiliang@tup.tsinghua.edu.cn
印 装 者：三河市天利华印刷装订有限公司
经 销：全国新华书店
开 本：190mm×260mm   印 张：27.25   字 数：735 千字
版 次：2022 年 6 月第 1 版   印 次：2023 年 8 月第 2 次印刷
定 价：108.00 元

产品编号：093790-01

前　　言

Go（又称 Golang）语言于 2007 年在 Google 公司诞生，经过 10 多年的发展得到了众多开发者的关注和广泛应用，随着云计算时代的到来，Go 语言的简洁、高效、并发特性和成熟的开源社区吸引了众多传统语言开发者的加入，而且人数越来越多。

甚至有人认为，Go 语言是互联网时代的 C 语言，不仅会制霸云计算，10 年内还将会制霸整个 IT 领域。

Go 语言用途众多，比如，Go 语言可以作为服务器编程语言，很适合处理日志、数据打包、虚拟机处理、文件系统、分布式系统、数据库代理等；在网络编程方面，Go 语言广泛应用于 Web 应用、API 应用、下载应用等；除此之外，Go 语言还适用于内存数据库和云平台领域，目前国外很多云平台都是采用 Go 开发的。总之，Go 语言在云计算开发、网络编程、运维开发等领域都有广泛的应用。本书正是为使广大读者能够掌握 Go 这一强大好用的语言而编写的。

本书结合笔者多年一线开发经验，力图使用通俗易懂、深入浅出的描述和丰富的动手练习示例，介绍 Go 语言的语法特性和编程实践。书中还提供了多个项目，读者在学习本书之后，不仅可以掌握 Go 语言的使用，还可以自己动手开发实际应用。

本书结构

本书分为基础和项目两部分，全书共 20 章，其中基础部分为第 1～16 章，项目部分为第 17～19 章，最后一章介绍了 Go 程序的编译，各章内容简要介绍如下：

第 1 章介绍 Go 语言的发展历程、开发环境搭建、代码编辑器的安装和入门代码编写。

第 2 章介绍关键字、标识符、变量、常量、运算符和代码注释等入门知识。

第 3 章讲述数据类型，即整型、浮点数、复数、布尔型和字符串，还介绍了浮点数精度丢失的解决方案、ASCII 与 Unicode 编码差异、字符串操作和数据类型转换。

第 4 章讲述流程控制——判断和循环。判断包含 if 和 switch 语句，循环包含 for、for-range、break、continue 和 goto 语句。

第 5 章讲述指针的概念、定义与空指针、指针赋值与取值、切片指针和指针的指针等。

第 6 章讲述内置容器，包括数组、切片、集合和列表，分别介绍各个容器的定义与应用。

第 7 章讲述函数的应用，包括函数的定义与调用、设置不固定函数参数、函数变量、匿名函数、闭包和递归函数。

第 8 章讲述结构体应用，包括结构体定义与实例化、设置结构体标签、匿名结构体与匿名成员、结构体嵌套、自定义构造函数和结构体方法。

第 9 章讲述接口应用，包括接口定义与使用、鸭子类型、多态与工厂函数、接口组合、空接口和接口的类型断言。

第 10 章讲述反射机制，包括反射 3 大定律、反射类型与种类以及不同数据类型的反射操作。

第11章讲述并发编程，包括异步概念、函数创建并发、通道变量、无缓冲通道、带缓冲通道、Select处理多通道、sync同步等待、sync加锁机制和sync.Map的应用。

第12章讲述语法特征，包括panic触发宕机、defer延时执行、recover宕机时恢复执行、值类型、引用类型与深浅拷贝、类型别名与自定义、关键字new和make的区别。

第13章讲述包的应用与管理，包括常用内置包、包命名与导入、包的重命名、无包名调用、初始化函数init()与空导入、包管理工具go mod和第三方包的下载与使用。

第14章讲述系统目录与文件处理，分别介绍内置包os、io/ioutil、bufio、encoding/csv、encoding/json和第三方包excelize实现目录与文件的读写处理。

第15章讲述时间处理，由内置包time生成不同类型的时间格式——时间戳、结构体Time和字符串格式化，并讲述时间类型转换、加减运算、延时、超时和定时等功能。

第16章讲述数据库编程，阐述如何安装不同的数据库，使用第三方包实现SQLite、MySQL、MongoDB和Redis的编程应用。

第17章讲述网页自动化测试开发，搭建自动化测试开发环境和阐述第三方包tebeka/selenium的使用。

第18章讲述网络爬虫开发，介绍网络爬虫知识要点，使用内置包net/http、第三方包goquery、mahonia等实现爬虫开发。

第19章讲述网络编程应用，介绍网络编程知识，使用内置包net/http开发HTTP服务、第三方包httprouter扩展路由功能、html/template生成HTML网页等Web应用开发。

第20章讲述内置指令go build的编译功能，实现单文件、多文件、不同包多文件等编译处理以及编译参数说明。

本书特色

- 循序渐进，从零基础入手：本书从初学者必备的基础知识入手，循序渐进地介绍 Go 语言的语法特性和基础理论，适合没有接触过 Go 语言编程的读者使用。

- 实例丰富，由浅入深：本书每个知识点都配以实例进行讲解，各章最后还提供了动手练习小项目。实例选择从易到难，结合了笔者的实际开发经验，动手练习可以帮助读者巩固知识、提升技能，解决实际开发中遇到的各种问题。

- 注重实践，适合不同层次的读者：本书既适合初学者阅读，也适合不同岗位的从业者使用。本书根据笔者多年从业经验编写，书中涉及的用 Go 语言开发爬虫、开发自动化测试程序、开发网站项目，可以满足各类开发人员的需求。

源代码下载

读者可登录 GitHub（https://github.com/xyjw/golang-book）下载本书源代码。

也可以扫描以下二维码下载源代码：

如果下载有问题，请发送邮件到 booksaga@126.com，邮件主题为"Go 语言编程从入门到实践"。

读者对象

本书主要适合以下读者阅读：

- 从零开始学习 Go 语言编程的初学者。
- 各类开发岗位的从业者，如爬虫开发人员、测试人员和后端开发人员等。
- 培训机构和大专院校的学生。

笔者从事编程工作近 10 年，本书可以说是来自开发实践的经验心得，虽然力臻完美，但限于水平，难免会存在疏漏之处，欢迎广大读者及业界专家不吝指正。

黄永祥

2022 年 3 月 2 日

目　　录

第 1 章
认识 Go 语言

本章内容：

- 了解Go语言的发展历程、特性和优势。
- 分别在Windows、Linux和Mac OS系统下安装Go语言运行环境。
- 安装GoLand并搭建开发环境。
- 使用GoLand编写Hello World。
- 掌握Go语言的基本代码结构、代码运行与编译。
- 动手练习：人机交互程序的编写。

1.1 Go语言简介

Go语言是2007年在Google公司诞生的，Google公司允许工程师每天拿出20%的工作时间研究自己喜欢的项目，比如语音服务（Google Now）、谷歌新闻（Google News）、谷歌地图（Google Map）等都是20%的时间产物，Go语言最开始也是在20%的工作时间里诞生的。

Go是Google的罗伯特·格瑞史莫（Robert Griesemer）、罗勃·派克（Rob Pike）及肯·汤普逊（Ken Thompson）开发的一种静态强类型编译型语言，而且3个作者都有惊人的背景：

1）Robert Griesemer：开发Java HotSpot编译器、Chrome浏览器的JavaScript引擎V8的主要贡献者。

2）Rob Pike：贝尔实验室UNIX、Plan9操作系统成员，与Thompson共事多年，共同发明了UTF-8字元编码。

3）Ken Thompson：1983年图灵奖获得者，1998年美国国家技术奖得主，UNIX原创者之一，C语言主要发明人，发明了后来衍生出C语言的B程序语言。

Go语言是基于编译、垃圾收集和并发的编程语言，专门针对多处理器系统应用程序的编程进行了优化，使用Go语言编译的程序可以媲美C/C++代码的速度，而且更加安全，支持并行进程。

Go语言的设计哲学：将简单、实用体现得淋漓尽致。Go语言被称为21世纪的C语言，因为它不仅拥有C语言的简洁和性能，而且提供了服务端开发的各种实用特性，被称为Go语言之父的罗勃·派克（Rob Pike）曾说过，你是否同意Go语言，取决于你是否认可"少就是多，少就是少"（Less is more or less is less）。

如今Go语言已经是云计算的主流编程语言，比如耳熟能详的Docker和Kubernetes都是由Go语言开发的，并且背靠Google，为其提供了完善的技术支撑和生态社区。一个只有十几年发展经历的编程语言，已经成为IT行业的主导者之一，这种成功是无法想象的。

1.2　Go语言的优势与特性

Go语言既有静态编译语言的安全和性能，又有动态语言开发维护的高效率。可简单形容为：Go = C + Python，其主要特点如下：

1）从C语言中继承了很多理念，包括表达式语法、控制结构、数据类型、指针等，也保留了C语言一样的编译执行方式。

2）引入包的概念，用于组织程序结构，一个文件归属于一个包，不能单独存在。

3）垃圾回收机制，内存自动回收，无须开发人员管理，不用考虑内存泄漏的问题。

4）自带并发支持，语言层面支持并发，实现简单。Goroutine是轻量级线程，可以实现大并发处理，高效利用多核，它基于CSP（Communicating Sequential Processes）并发模型实现。

5）利用了通道通信机制，形成Go特有的通道(channel)，通过通道可以实现不同的协程(goroute)之间的相互通信。

6）函数可以返回多个值（一般情况下，C语言只能返回一个值），并新增了特性功能，比如切片（slice）、延时执行（defer）等。

7）可直接编译成机器码，不依赖其他库，但对glibc（glibc是GNU发布的libc库，即C语言运行库）版本有一定要求，上线部署只需将源码打包成文件即可运行。

8）丰富的标准库，目前已内置了大量的库，特别是网络编程库非常强大。

当我们进行功能调试或项目部署的时候，都要运行代码来检测功能是否正常。如果当前计算机没有搭建Go语言的开发环境，那么需要将Go语言的源码文件打包成可执行文件，通过运行可执行文件启动程序；如果当前计算机已有Go语言的开发环境，可以直接运行源码文件启动程序。两种执行方式如图1-1所示。

从图1-1分析得知，Go语言的执行过程如下：

1）如果将Go语言的源码文件打包成可执行文件，可以在任意一台计算机中运行，但要保证计算机中必须有基本的C语言运行库。

2）如果运行Go语言的源码文件，计算机必须搭建了Go语言的开发环境，否则无法执行。

3）打包可执行文件的时候，Go语言的编译器会根据源码文件所需的库打包到可执行文件中，导致可执行文件占用的空间较大。

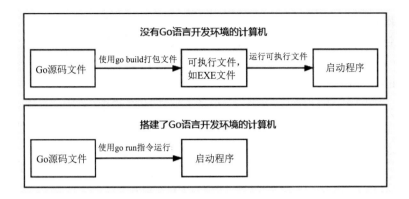

图 1-1　Go 语言的执行方式

打包可执行文件是对 Go 语言的源码文件进行编译，Go 语言的源码文件是以.go 作为文件扩展名，由编译器将源码文件转换为计算机可以直接识别的二进制码文件。

在开发过程中，我们必须遵守 Go 语言的基本开发注意事项：

1）Go 语言的源码文件以.go 作为文件扩展名。

2）程序的主入口以 main() 方法表示，并且不支持任何返回值和参数传入。

3）代码中严格区分大小写。

4）一行代码代表一个语句，不能把多个语句写在同一行，否则编译报错。

5）定义的变量或导入的包在代码中没有被使用，程序会提示错误。

1.3　在Windows下安装Go

学习 Go 语言之前，必须学会如何搭建 Go 语言的开发环境，不同操作系统有不一样的安装方式。官方下载地址为 https://golang.org/dl/，由于国内网络限制问题，我们可以在 https://golang.google.cn/dl/ 下载安装包。

以 Windows 为例，在浏览器访问 https://golang.google.cn/dl/，单击 Windows 的下载链接，浏览器自动下载 MSI 安装包，如图 1-2 所示。

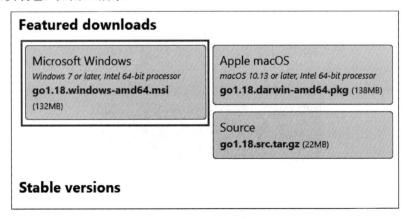

图 1-2　下载 MSI 安装包

默认下载的MSI安装包适用于64位Windows操作系统，如果计算机是32位操作系统，则需要下载32位MSI安装包，可以在网页中的Stable versions中找到，如图1-3所示。

双击运行下载好的MSI安装包即可启动安装程序，看到Go语言的用户许可协议，直接勾选I accept the terms in the License Agreement复选框，然后单击Next按钮，如图1-4所示。

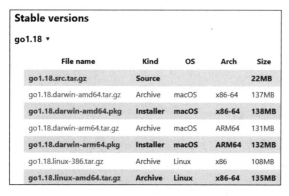

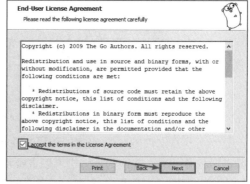

图 1-3　下载 32 位的 MSI 安装包　　　　　　图 1-4　Go 语言的用户许可协议

在下一个界面选择Go语言的安装路径，默认安装到C盘的Go文件夹，本书将安装路径改为D盘的Go文件夹，如图1-5所示。

安装路径设置成功后，下一步直接单击Next按钮，再单击Install按钮，等待程序完成安装，最后单击Finish按钮即可完成整个安装过程。

安装完成后打开CMD窗口，在CMD窗口下输入"go"并按回车键即可看到当前Go语言的指令信息，说明我们已完成Go语言开发环境的搭建，如图1-6所示。

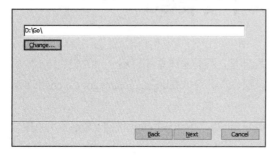

图 1-5　选择安装路径　　　　　　　　　图 1-6　Go 语言的指令信息

大多数情况下，使用MSI安装包搭建Go语言开发环境无须设置系统的环境变量。如果在CMD窗口下查看Go语言的指令信息出现异常，则说明Go语言还没有添加到系统的环境变量，如图1-7所示。

图 1-7　异常信息

设置Go语言环境变量可以右击"我的电脑"并选择"属性"，找到"高级系统设置"，如图1-8所示。

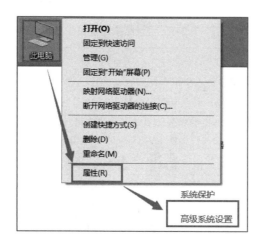

图 1-8 打开高级系统设置

单击"高级系统设置"打开"系统属性"界面，单击"环境变量"并打开系统变量的Path属性，在Path属性中添加Go语言安装目录的bin文件夹，如图1-9所示。

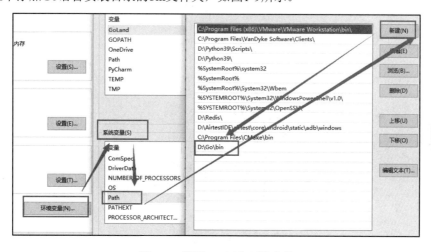

图 1-9 设置 Go 语言环境变量

Go语言的bin文件夹存放了Go语言的编译器，打开Go语言的安装目录，其目录结构如图1-10所示。

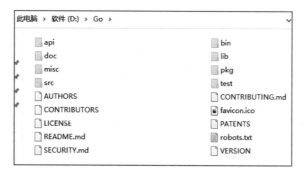

图 1-10 目录结构

目录结构中各个文件夹与文件的功能说明如表1-1所示。

表 1-1 目录结构组成说明

文 件 夹	说 明
api	存放 Go API 检查器的辅助文件，说明每个版本的 API 变更与差异
doc	存放 Go 语言全部 HTML 格式的官方文档，方便开发者离线查看
misc	存放各类编辑器或 IDE（集成开发环境）的插件，辅助编写 Go 代码
src	存放所有标准库、Go 语言工具及相关底层库（C 语言实现）的源码
bin	存放 Go 语言编译器、文档工具和格式化工具
lib	存放库文档模块，列举了 time 模块的说明
pkg	用于构建安装后，保存 Go 语言标准库的所有归档文件
test	存放测试 Go 语言自身代码的测试用例文件
AUTHORS	Golang 官方作者名单
CONTRIBUTORS	第三方贡献者名单
LICENSE	授权协议
README.md	Go 语言说明文件
SECURITY.md	安全政策
CONTRIBUTING.md	加入贡献者的指导说明
favicon.ico	图标文件
PATENTS	专利文件
robots.txt	搜索引擎的爬取规则
VERSION	当前版本的信息文件

1.4 在Linux下安装Go

目前主流的Linux操作系统有Debian、Ubuntu、RedHat、CentOS、Fedora等，不同操作系统在使用上存在一定差异，但从整体来看都是大同小异。本节以64位的CentOS 8操作系统为例，讲述如何搭建Go语言的开发环境。

首先从https://golang.google.cn/dl/复制Linux版本的Go语言安装压缩包的下载链接，如图1-11所示。如果计算机是32位的操作系统，可以在网页的Stable versions中找到对应安装压缩包的下载链接。

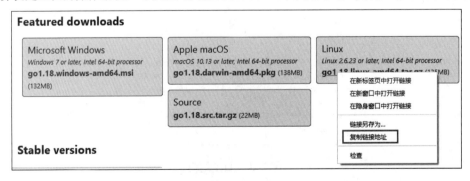

图 1-11 复制下载链接

下一步在CentOS 8的命令行界面使用wget指令下载Go语言安装压缩包，下载路径在home文件夹，如图1-12所示。

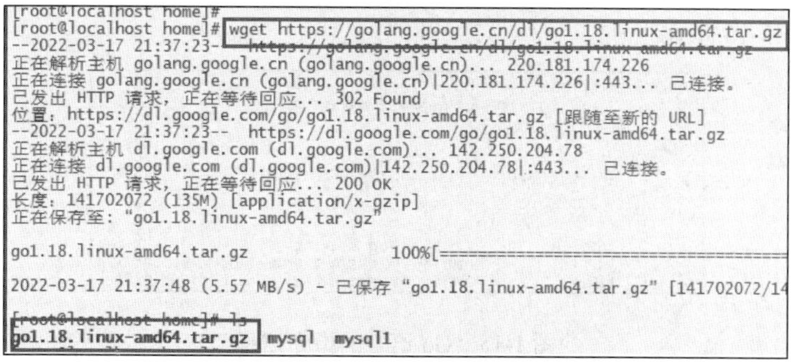

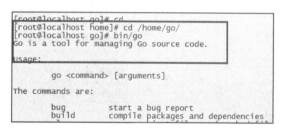

图 1-12 使用 wget 指令下载 Go 语言安装包

然后使用tar -zxvf xxx（XXX代表Go语言安装压缩包）指令对安装压缩包进行解压处理，解压后的文件存放在home文件夹，如图1-13所示。

解压成功后，将CentOS 8当前命令行的路径切换到/home/go，输入"bin/go"并按回车键，系统将会显示Go语言的指令信息，如图1-14所示。

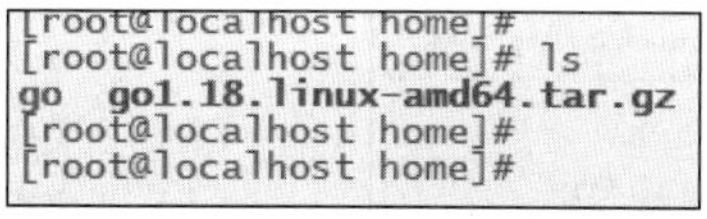

图 1-13 解压压缩包　　　　　　　图 1-14 Go 语言的指令信息

如果将Go语言添加到CentOS 8的环境变量，可以编辑/etc/profile文件，在文件的末端添加Go语言的安装路径，操作过程如下：

```
# 使用vi指令打开并编辑/etc/profile文件
vi /etc/profile
……
……
# 在文件的末端添加配置内容，保存/etc/profile文件并退出
export GOROOT=/home/go
export GOPATH=/home/golang
export PATH=$PATH:$GOROOT/bin

# 使用source指令让系统更新/etc/profile的配置
source /etc/profile
```

在上述配置过程中，分别为环境变量设置了GOROOT、GOPATH和PATH，每个配置的说明如下：

1）GOROOT：设置Go语言的安装路径。

2）GOPATH：设置开发中的项目工程路径，它指向/home/golang文件夹，该文件夹需要自行创建。

3）PATH：将Go语言安装路径的bin文件夹添加到系统环境变量。

系统环境变量添加成功后，在CentOS 8命令行的任意路径下输入"go"指令就能看到Go语言的指令信息，如图1-15所示。

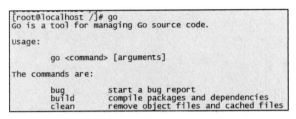

图 1-15　Go 语言的指令信息

1.5　在macOS下安装Go

如果使用macOS系统搭建Go语言开发环境，也是从https://golang.google.cn/dl/下载安装包，安装包格式是PKG格式，如图1-16所示。

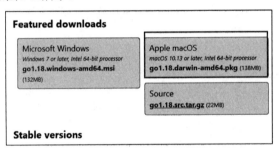

图 1-16　下载 PKG 安装包

PKG安装包是macOS系统的可执行文件，双击运行并根据安装提示完成安装操作即可，整个安装过程与Windows的MSI安装包大同小异，如图1-17所示。如果计算机是32位的操作系统，可以在网页的Stable versions中找到对应安装压缩包的下载链接。

图 1-17　安装 Go 语言开发环境

如果在安装过程中没有设置安装路径，系统自动默认安装在/usr/local目录下，如图1-18所示。

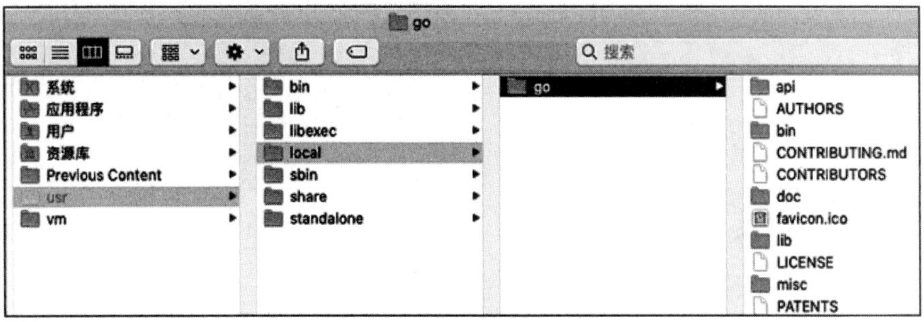

图 1-18 Go 语言安装目录

Go语言开发环境安装成功后，还需要设置环境变量。macOS系统的环境变量设置与Linux系统的设置大致相同，操作过程如下：

```
# 打开bash_profile文件
vim ~/.bash_profile
......
......
# 在文件的末端添加配置内容，保存bash_profile文件并退出
export GOROOT=/usr/local/go
export GOPATH=/usr/local/golang
export PATH=$PATH:$GOROOT/bin

# 使用source指令让系统更新bash_profile的配置
source ~/.bash_profile
```

1.6 安装GoLand

Go语言的开发环境搭建成功后，下一步安装集成开发环境（Integrated Development Environment，IDE）。集成开发环境是提供程序开发环境的应用程序，一般包括代码编辑器、编译器、调试器和图形用户界面等工具，它是集成了代码编写功能、分析功能、编译功能、调试功能等一体化的开发软件。

常用的IDE软件有GoLand、VS Code、Vim GO、Sublime Text、LiteIDE、Eclipse和Atom等。本书以GoLand为例，讲述如何使用GoLand搭建Go语言的开发环境。

GoLand是JetBrains公司推出的Go语言集成开发环境，同样基于IntelliJ平台开发，支持JetBrains的插件体系。在浏览器打开https://www.jetbrains.com/go/download并下载GoLand，如图1-19所示。

GoLand分别支持Windows、Linux和macOS三大系统的使用，选择下载Windows安装包并双击运行，根据安装提示完成安装过程即可，安装过程较为傻瓜式，本书就不再详细讲述了。

安装成功后，在桌面双击GoLand图标，刚开始提示软件配置，选择默认配置即可进入软件激活界面，激活方式有3种：Jetbrains用户激活、激活码和许可服务器，如图1-20所示。

不同版本的GoLand有不同的免费激活方式，由于软件版本迭代更新较快，导致每个版本的激活方式各不相同，有需要的读者可以从网上查找最新的激活教程。

图 1-19　下载 GoLand　　　　　　　　　　　　图 1-20　激活界面

1.7　搭建GoLand环境

GoLand激活成功后，再次打开GoLand，在Welcome to GoLand界面单击Configure，找到并单击Settings，从而进入Settings for New Projects界面，如图1-21所示。

在Settings for New Projects界面打开Go→GOROOT选项，然后选择已安装的Go语言编译器，如图1-22所示。

如果GoLand不是最新版本，配置GOROOT的时候会提示"The selected directory is not a valid home for Go SDK"异常，这是GoLand与Go语言版本不匹配导致，我们在Go语言安装目录下打开src\runtime\internal\sys\zversion.go，然后添加代码const TheVersion = `go1.18`，其中go1.18代表Go语言版本，保存文件后即可在GoLand配置GOROOT。

图 1-21　Welcome to GoLand 界面　　　　　　　图 1-22　配置 GOROOT

下一步单击GOPATH，在该界面看到Global GOPATH和Project GOPATH配置，如图1-23所示。

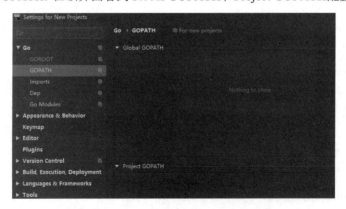

图 1-23　配置 GOPATH

Global GOPATH和Project GOPATH的配置说明如下：

1）Global GOPATH：代表全局GOPATH，一般来源于系统环境变量中的GOPATH，所有Go语言项目都能使用该路径，它与Go语言的环境变量GOPATH相同。

2）Project GOPATH：代表项目所使用的GOPATH，仅适用于当前项目。

安装Go语言开发环境已设置了环境变量GOPATH（即Global GOPATH），我们只需在Project GOPATH下配置即可。在E盘下创建go文件夹，然后在Project GOPATH下添加go文件夹的路径信息，如图1-24所示。

图 1-24　配置 Project GOPATH

最新版本Go语言的配置属性GO111MODULE为on，它用于开启或关闭模块支持，设有3个可选值：off、on、auto，每个可选值的说明如下：

1）GO111MODULE=off：无模块支持，Go语言会从GOPATH和vendor文件夹寻找包。

2）GO111MODULE=on：模块支持，Go语言忽略GOPATH和vendor文件夹，只根据go.mod下载依赖。

3）GO111MODULE=auto：分别从GOPATH、vendor文件夹或go.mod寻找包。

配置属性GO111MODULE用于解决早期Go语言对模块或包管理遗漏下来的问题，早期Go语言是通过GOPATH和vendor文件夹管理模块或包的，现更改为使用go.mod管理模块或包。

为了更好地兼容新旧版本问题，我们将GO111MODULE设为auto。打开CMD窗口，输入并执行指令go env -w GO111MODULE=auto即可，如图1-25所示。

由于国内网络问题，使用go get指令下载第三方包会出现网络无法接通的问题，为了解决此问题，在CMD窗口输入并执行指令go env -w GOPROXY=https://goproxy.cn,direct即可。

最后在CMD窗口输入"go env"即可查看当前Go语言的环境信息，如图1-26所示。

```
C:\Users\Administrator>go env
set GO111MODULE=on
set GOARCH=amd64
set GOBIN=
set GOCACHE=C:\Users\Administrator\AppData\Local\go-build
set GOENV=C:\Users\Administrator\AppData\Roaming\go\env
set GOEXE=.exe
set GOFLAGS=
set GOHOSTARCH=amd64
set GOHOSTOS=windows
```

```
C:\Users\Administrator>go env -w GO111MODULE=auto

C:\Users\Administrator>_
```

图 1-25　配置属性 GO111MODULE　　　　图 1-26　Go 语言的环境信息

1.8　第一个Go程序"Hello World"

我们使用GoLand打开文件夹E:\go，在该文件夹下创建chapter1.go文件并编写Go语言代码，代码如下：

```
package main

import "fmt"

func main() {
    fmt.Printf("Hello World")
}
```

分析上述代码，得知Go语言的代码基本结构如下：

1）package main代表程序或项目运行的主入口文件，如果改为package aa，则设为程序或项目的包。

2）import "fmt"代表导入内置包fmt，主要实现数据的标准化输出。

3）func main(){}代表程序运行的主入口，不支持任何返回值和参数传入。

在GoLand中运行chapter1.go的代码，运行结果可以在Run窗口下查看，如图1-27所示。

如果不使用GoLand运行chapter1.go的代码，可以打开Windows的CMD窗口，将CMD窗口的当前路径切换到E:\go，然后输入"go run chapter1.go"，即可运行chapter1.go的代码，如图1-28所示。

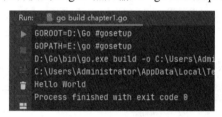

图 1-27　运行结果

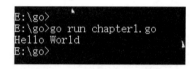

图 1-28　运行结果

如果在CMD窗口输入"go build chapter1.go"，Go语言会将chapter1.go打包成EXE文件，然后运行EXE文件，即可输出Hello World，如图1-29所示。

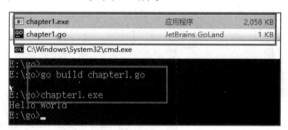

图 1-29　运行结果

1.9　动手练习：编程实现人机交互

我们已经成功搭建了Go语言的开发环境，并在GoLand中编写了简单的应用程序，本节使用Go语言的内置包fmt实现数据输入和输出功能。

内置包fmt的Printf()函数将数据以字符串格式输出，它的语法定义如下：

```
Printf(format string, a ...interface{}) (n int, err error)
```

语法说明如下：

1）参数format以字符串类型表示，数据以双引号""""或反引号"``"表示，并支持字符串格式化，即在字符串里面设置变量，使数据能随着变量值的变化而变化。

2）参数a是不固定参数，即允许设置0或多个参数；参数类型为空接口，即支持任意数据类型的数据，主要为字符串格式化提供变量设置。

3）返回值n为整型，代表输出字符串的长度。

4）返回值error代表函数执行过程中出现的异常信息。

除了Printf()函数之外，内置包fmt还定义了其他输出函数：Sprintf()、Println()和Sprintln()，函数说明如下：

1）Sprintf()与Printf()的参数相同，返回值为字符串类型，它将输出字符串作为函数返回值。

2）Println()只要参数a，它是不固定参数，参数类型为空接口，允许输出0个或多个数据，返回值n和error分别代表输出数据的长度和异常信息。

3）Sprintln()与Println()的参数相同，返回值为字符串类型，输出数据以字符串类型作为函数返回值。

内置包fmt的Scanln()函数允许用户在程序命令行输入数据，它的语法定义如下：

```
Scanln(a ...interface{}) (n int, err error)
```

语法说明如下：

1）参数a是不固定参数，即允许设置0或多个参数；参数类型为空接口，即支持任意数据类型的数据，它用于存储用户输入的数据。

2）返回值n为整型，代表输入字符串的长度。

3）返回值error代表函数执行过程中出现的异常信息。

除了Scanln()函数之外，内置包fmt还定义了其他输入函数：Scan()、Scanf()、Sscan()和Sscanln()等，它们的功能和使用方式都是大同小异，本书就不再详细讲述。

了解了Go语言的输入和输出函数后，下一步使用输入和输出函数实现人机交互功能，简单来说就是用户按照提示输入数据，程序就输出对应的内容，实现过程如下：

```
package main

import "fmt"

func main() {
    // 定义变量name、age、addr
    // 用于存储用户输入的数据
    var name, age, addr string
    // 输出操作提示
    fmt.Printf("请输入你的名字: \n")
    // 存储用户输入的数据
    fmt.Scanln(&name)
    // 输出操作提示
    fmt.Printf("请输入你的年龄: \n")
    // 存储用户输入的数据
    fmt.Scanln(&age)
    // 输出操作提示
    fmt.Printf("请输入你的居住地: \n")
    // 存储用户输入的数据
    fmt.Scanln(&addr)
    // 输出用户输入的所有数据
```

```
    fmt.Printf("你的名字是: %v，年龄: %v，居住地: %v",name,age,addr)
}
```

在GoLand中运行上述代码，在GoLand的Run窗口按照程序提示输入数据并按回车键完成当前输入，输入数据在Run窗口无法显示，数据直接存储在变量name、age和addr中，只有通过输出函数输出变量值才能看到用户输入的数据，如图1-30所示。

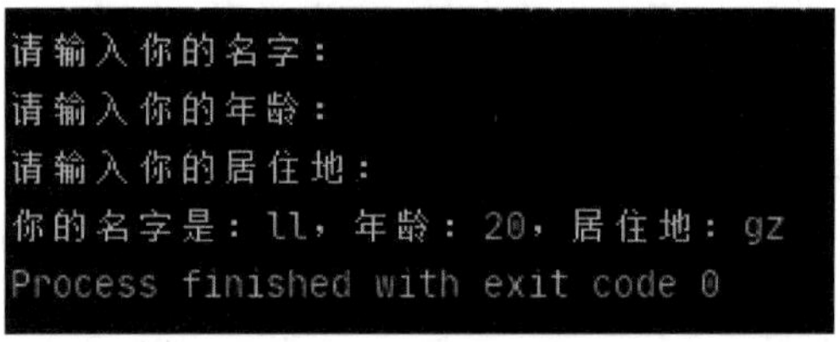

图 1-30　运行结果

1.10　小　　结

Go是Google的Robert Griesemer、Rob Pike及Ken Thompson开发的一种静态强类型编译型语言。Go语言是基于编译、垃圾收集和并发的编程语言，专门针对多处理器系统应用程序的编程进行了优化，使用Go语言编译的程序可以媲美C/C++代码的速度，而且更加安全，支持并行进程。

在开发过程中，我们必须遵守Go语言的基本开发注意事项：

1）Go语言的源码文件以.go作为文件扩展名。

2）程序的主入口以main()方法表示，并且不支持任何返回值和参数传入。

3）代码中严格区分大小写。

4）一行代码代表一个语句，不能把多个语句写在同一行，否则编译报错。

5）定义的变量或导入的包在代码中没有被使用，程序会提示错误。

不同操作系统有不一样的安装方式。安装包官方下载地址为https://golang.org/dl/，由于国内网络限制问题，我们可以在https://golang.google.cn/dl/下载安装包。

GoLand需要配置Global GOPATH和Project GOPATH，大多数情况下，只需配置Project GOPATH即可满足日常开发需求，两个配置的说明如下：

1）Global GOPATH：代表全局GOPATH，一般来源于系统环境变量中的GOPATH，所有Go语言项目都能使用该路径，它与Go语言的环境变量GOPATH相同。

2）Project GOPATH：代表项目所使用的GOPATH，仅适用于当前项目。

第 2 章
基 础 语 法

本章内容:

- 掌握关键字和标识符。
- 掌握变量与常量的定义和使用。
- 掌握Go语言的运算符与运算符的优先级。
- 熟练Go语言的代码注释。
- 动手练习:个人健康评测程序的编写。

2.1 关键字与标识符

每一种编程语言都有特定的关键字(也称保留字),这些关键字是在编程语言中赋予特定意义的单词。标识符就是一个名字,就好比我们每个人都有属于自己的名字,它的作用是作为变量、函数、类、模块以及其他变量的名称。

变量名称是编程语言常用的标识符之一。标识符是用来标识某个实体的符号,在不同应用环境下有不同的含义。

2.1.1 关键字

开发者在编写程序时,不能使用关键字作为标识符。Go语言设置了25个关键字,在Go语言安装目录doc文件夹的go_spec.html文件中能找到具体关键字,如图2-1所示。

每个关键字在代码中代表不同的功能含义,说明如表2-1所示。

```
Keywords
The following keywords are reserved and may not be used as identifiers.

break        default       func       interface     select
case         defer         go         map           struct
chan         else          goto       package       switch
const        fallthrough   if         range         type
continue     for           import     return        var
```

图 2-1 关键字

表 2-1　关键字的功能含义

关　键　字	功能说明
break	中断整个循环，用于控制循环次数
case	选择结构，常与 switch、select 结合使用
chan	定义通道
const	定义常量
continue	跳过本轮循环，直接进入下一轮循环
default	设置默认值，常与 switch、select 结合使用
defer	延时执行语句
else	判断条件，常与 if 结合使用
fallthrough	在 switch…case 中，在 case 语句中加入 fallthrough，当 case 语句匹配成功时，仍强制匹配其他的 case 语句
for	循环语句
func	定义函数或方法
go	启动并发执行
goto	跳转语句
if	判断条件，常与 else 结合使用
import	导入包
interface	定义接口
map	定义集合
package	定义包的名字
range	迭代切片（slice）、管道（channel）或集合（map）的元素
return	设置函数返回值
select	选择结构语句，常与 case、default 结合使用
struct	定义结构体
switch	选择结构，常与 case、default 结合使用
type	定义自定义的数据类型
var	定义变量

　　总的来说，Go语言的25个关键字主要用于定义变量、数据结构和流程控制语句，关键字不能作为变量的命名，否则程序会提示语法错误，如图2-2所示。

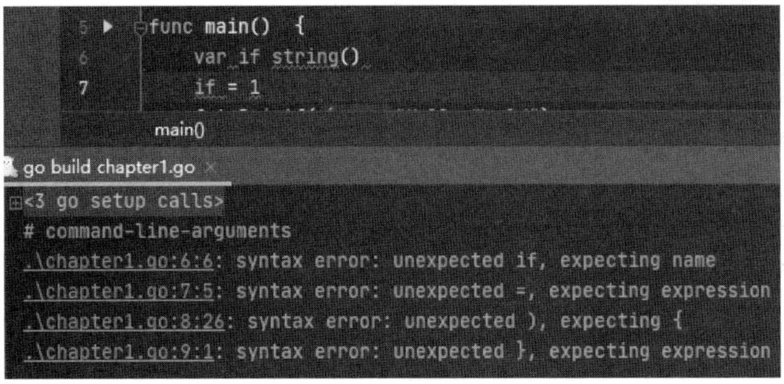

图 2-2 语法错误

2.1.2 标识符命名规范

在计算机编程语言中，标识符是用户编程时使用的名字，用于给变量、常量、函数、语句块等命名。简而言之，标识符就是一个名字，就好比我们每个人都有属于自己的名字，它的主要作用是作为变量、函数、类、模块以及其他变量的名称。每种编程语言对标识符都有其命名规则，Go语言对标识符的命名规则如下：

1）标识符是由字符（A~Z和a~z）、下划线和数字组成的，但第一个字符不能是数字。

2）标识符不能和Go语言的关键字相同。

3）标识符中不能包含空格、@、%以及$等特殊字符。

4）标识符严格区分大小写，比如A和a是两个不同的标识符。

根据上述命名规则，我们尝试列举合法与不合法的标识符，如下所示：

```
// 合法标识符
Username
age
room1
last_name
// 不合法的标识符
1loom  // 第一个字符不能是数字
if // 关键字不能作为标识符
@name //特殊符号不能作为标识符
```

编写程序的时候，我们经常使用标识符实现某些功能，只要标识符符合命名规则即可，但为了使代码具有可读性，业界对标识符设有一套命名标准，说明如下：

1）标识符的命名要尽量简短且有意义。

2）命名标识符时尽量做到看一眼就知道什么意思（提高代码的可读性），比如名字定义为name，年龄定义为age。

3）如果无法使用一个单词命名标识符，建议使用驼峰命名法。小驼峰式命名法（Lower Camel Case）第一个单词以小写字母开始，第二个单词的首字母大写，例如myName、aDog。大驼峰式命名法（Upper Camel Case）每一个单词的首字母都采用大写字母，例如FirstName、LastName。还有一种较为流行的命名方法，即使用下划线"_"来连接所有单词，比如last_name。

2.1.3 空白标识符

在Go语言中还定义了一些特殊标识符，在安装目录doc文件夹的go_spec.html文件中能找到相应说明，如图2-3所示。

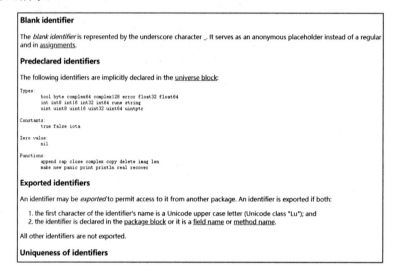

图 2-3 预定义标识符

官方文档将标识符分为4种类型，分别是空白标识符（Blank identifier）、预声明标识符（Pre declared identifiers）、导出标识符（Exported identifiers）和唯一标识符（Uniqueness of identifiers）。

空白标识符仅由下划线（_）表示，作为匿名占位符，因为Go语言定义变量且不被使用的时候，程序会提示异常，对于不被使用且存在的变量，可以使用空白标识符表示，并且能减少内存空间开支，一般用于3种场合，具体说明如下：

1）导入某个包，只执行包的初始化函数init()，不调用包的任何变量或函数，使用import _ XXX可以避免编译错误。

2）函数设有多个返回值，但程序中只使用一个返回值，不被使用的返回值可以使用空白标识符表示。

3）类型断言，判断某个类型是否实现了接口，否则编译出错。

根据上述3种应用场合，在chapter2.1.3.go文件中分别使用代码加以说明，代码如下：

```go
package main
// 场合一
// 只使用net/http/pprof的初始化函数init()
import (
    "fmt"
    _ "net/http/pprof"
)

func myfunc() (int, string){
    // 自定义函数，设置两个返回值
    a := 10
```

```go
    b := "golang"
    return a, b
}

type Foo interface {
    // 定义接口
    Say()
}
type Dog struct {
    // 定义结构体
    name string
}
func (d Dog) Say() {
    // 结构体实现接口Foo的使用
    fmt.Println(d.name + " say hi")
}

func main(){
    // 场合二
    // 调用函数myfunc()并只获取第一个返回值
    a, _ := myfunc()
    fmt.Printf("只获取函数myfunc的第一个返回值%d: \n", a)

    // 场合三
    // 判断结构体Dog是否实现接口Foo的使用
    // 等同于判定有没有定义func (d Dog) Say(){}
    // 用作类型断言，如果Dog没有实现Foo，则会报编译错误
    var _ Foo = Dog{"black dog"}
}
```

2.1.4　预声明标识符

　　预声明标识符包含Go语言的基础数据类型和内置函数方法，这些预声明标识符也不可以当作标识符来使用。

　　预声明标识符与关键字的区别在于：预声明标识符只设置变量的基础数据类型或使用Go语言内置函数方法，关键字定义变量、数据结构和流程控制语句。比如使用关键字var定义变量A，必须定义变量A才能给变量赋值。简单来说，先使用关键字定义变量，再使用预声明标识符设置变量的数据类型，两者在使用上有明显的先后顺序。

　　以变量Student为例，将变量定义为结构体，结构体就是变量Student的数据类型，但进一步分析，结构体里面每个元素的数据类型都是由预声明标识符定义的，代码如下：

```go
type Student struct {
    Name string
    Age int
    Score int
}
```

　　结构体里面由一个或多个独立元素组成，比如结构体Student含有成员Name、Age和Score，它们的数据类型是字符串、整型和整型，换句话说，结构体是将多个变量按照一定规则组合而成的数据结构。

Go语言的预声明标识符如表2-2所示。

表 2-2　预声明标识符

预声明标识符	功能说明
bool	布尔类型
byte	字符类型，等同于 int8，常用来处理 ASCII 字符
complex64	复数类型，complex64 的实部和虚部是 32 位
complex128	复数类型，complex128 的实部和虚部是 64 位
error	错误异常类型
float32	浮点类型
float64	浮点类型，float64 比 float32 的精度更高
int	整型，大小和操作系统位数相关
int8	整型，取值范围为–128～127
int16	整型，取值范围为–32768～32767
int32	整型，取值范围为–2147483648～2147483647
int64	整型，取值范围为–9223372036854775808～9223372036854775807
rune	字符类型，等同于 int32，常用来处理 unicode 或 utf-8 字符
string	字符串类型
uint	无符号整型，大小和操作系统位数相关
uint8	无符号整型，取值范围为 0～255
uint16	无符号整型，取值范围为 0～65535
uint32	无符号整型，取值范围为 0～4294967295
uint64	无符号整型，取值范围为 0～18446744073709551615
uintptr	无符号整型，仅用于底层编程，主要用于存储指针的整型
true	布尔型的数值
false	布尔型的数值
iota	常量计数器，只能在常量中使用
append	内置函数方法，在切片或数组里面追加一个或多个元素
cap	内置函数方法，获取切片或数组的容量
close	内置函数方法，常用于关闭管道
complex	内置函数方法，为复数赋值
copy	内置函数方法，把一个切片内容复制到另一个切片中
delete	内置函数方法，删除集合的某个元素
imag	内置函数方法，获取一个复数的虚部
len	内置函数方法，获取字符串、切片、数组、通道、字典的内容长度，不同的类型，长度的计算规则不一致
make	内置函数方法，用于内存分配，只能用于 chan、map 和切片 3 种类型的创建
new	内置函数方法，创建某一个类型的指针型变量
panic	内置函数方法，表示程序中非常严重，不可恢复的错误
print	内置函数方法，输出红色字体的内容，用于异常信息输出，官方不推荐使用
println	内置函数方法，与 print 相同，但多了换行功能

（续表）

预声明标识符	功能说明
real	内置函数方法，用于获取一个复数的实部
recover	内置函数方法，用于捕获程序中抛出的 panic，recover 函数只能在 defer 延迟函数中调用

2.1.5　导出标识符

导出标识符是程序导入某个包，并允许调用包中已定义的变量或函数方法，如字符串、整型、接口、结构体、函数方法等。导出标识符首个字母必须为大写格式，否则无法调用。

我们在E:\go（该路径必须在GoLand的Project GOPATH下设置，详情查看1.7节）目录下创建chapter2.1.5.B.go文件和aa文件夹，在aa文件夹中创建chapter2.1.5.A.go文件，目录结构如图2-4所示。

在chapter2.1.5.A.go文件中定义包aa，包名必须与文件夹aa的名字相同，再分别定义字符串A_string、整型numbers和结构体A_struct，代码如下：

图 2-4　目录结构

```go
package aa
var A_string = "Hello go!"
var numbers int = 10
type A_struct struct {
    Name string
}
```

然后在chapter2.1.5.B.go文件中导入自定义包aa，并调用字符串A_string，代码如下：

```go
package main
import (
    // 导入自定义包aa
    "./aa"
    "fmt"
)
func main() {
    // 调用自定义包的A_string
    fmt.Printf("调用自定义包的A_string: %s", aa.A_string)
}
```

运行chapter2.1.5.B.go的代码，运行结果如图2-5所示。

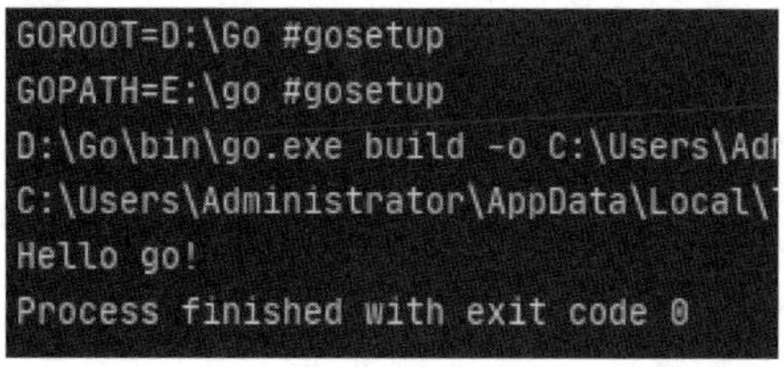

```
GOROOT=D:\Go #gosetup
GOPATH=E:\go #gosetup
D:\Go\bin\go.exe build -o C:\Users\Ad
C:\Users\Administrator\AppData\Local\
Hello go!
Process finished with exit code 0
```

图 2-5　运行结果

从上述例子看到，当我们在代码中导入某个包的时候，只要该包中定义的变量或函数方法的首个字母以大写开头，它们都可以再被调用。

2.1.6　唯一标识符

唯一标识符是标识符的特性之一，在程序所有标识符集合中，每个标识符的命名与其他标识符的命名不同，那么该标识符是唯一标识符。比如在go文件中分别定义3个标识符，每个标识符的名称如下：

```
var name string
var Name int
var name int
```

在上述3个标识符中，第一个标识符命名为name，数据类型为字符串；第二个标识符命名为Name，数据类型为整型；第三个标识符命名为name，数据类型为整型。

由于第一个标识符和第三个标识符的命名相同，数据类型不同，两个命名相同的标识符在执行程序将会提示redeclared in this block异常。

Go语言区分大小写，第一个标识符和第二个标识符的大小写不同导致它们是两个不同的标识符，分别具有唯一性。

2.2　变量与常量

变量与常量来源于数学，是计算机语言中能存储计算结果或表示值的抽象概念。变量与常量是由标识符进行命名设定的。

在大多数情况下，变量被定义后可以不用设置初始值，而且数值可以修改；常量被定义后必须设置初始值，而且值不允许被修改。

2.2.1　变量定义与赋值

在Go语言中，变量使用关键字var定义，并设有5种定义方式，如下所示：

```
// 只定义变量，不设初始值
var  name type

// 定义变量并设置初始值
var  name type = value

// 批量定义多个变量，每个变量可根据情况决定是否设置初始值
var (
    name type
    name type = value
)
```

```
// 多个变量同一数据类型
var name1, name2 type

// 使用 := 定义变量并赋值，通过数值类型反向设置变量的数据类型
name := value
```

语法说明如下：

- name代表变量名，可自行命名，但必须遵从标识符命名规则。
- type是变量的数据类型，如数字、字符串、切片等。
- value是变量的数值，数值必须与数据类型对应，如数字对应整型，字符串对应字符串等。

根据上述的定义方式，我们在chapter2.2.1.go文件中演示变量定义过程，代码如下：

```
package main

import (
    "fmt"
)

func main() {
    // 定义变量，不设初始值
    var a int
    a = 10
    // 定义变量并设置初始值
    var b int = 10
    // 批量定义变量，可根据情况决定是否设置初始值
    var (
        //c int
        //d string
        _ string
        e int = 10
    )
    // 多个变量同一数据类型
    var f, g int
    // 批量赋值
    f, g = 10, 10
    f = f + g
    // 定义变量并赋值，通过数值设置变量的数据类型
    h := 10
    fmt.Printf("定义变量，不设初始值: %d\n", a)
    fmt.Printf("定义变量并设置初始值: %d\n", b)
    fmt.Printf("批量定义变量，可根据决定情况是否设置初始值: %d\n", e)
    fmt.Printf("多个变量同一数据类型: %d\n", f)
    fmt.Printf("定义变量并赋值，通过数值设置变量的数据类型: %d\n", h)
}
```

运行上述代码，运行结果如图2-6所示。

在Go语言中，定义变量使用关键字var和:=实现，两者在语法上存在细微差异，只要多加练习就能灵活掌握。

图 2-6　运行结果

2.2.2　常量与 iota

在Go语言中，使用关键字const定义常量，并设有4种定义方式，如下所示：

```
// 定义单个常量
const  name type = value

// 定义单个常量，可省略常量类型
const  name = value

// 使用小括号定义多个常量
const (
    name type = value
    name = value
)

// 使用逗号定义多个常量
const name1, name2 = value1, value2
```

语法说明如下：

- name代表常量名，可自行命名，但必须遵从标识符命名规则。
- type是常量的数据类型，如数字、字符串、切片等。
- value是常量的数值，数值必须与数据类型对应，如数字对应整型，字符串对应字符串等。

根据上述的定义方式，我们在chapter2.2.2.go文件中演示常量定义过程，代码如下：

```
package main

import (
    "fmt"
)

func main() {
    // 单个常量定义方式一
    const a int = 10
    // 单个常量定义方式二
    const b = 20
    // 多个常量定义方式一
    const (
        c int = 10
        d = "golang"
```

```
    )
    // 多个常量定义方式二
    const e, f = true, 20
    fmt.Printf("单个常量定义方式一: %d\n", a)
    fmt.Printf("单个常量定义方式二: %d\n", b)
    fmt.Printf("多个常量定义方式一: %d\n", c)
    fmt.Printf("多个常量定义方式二: %d\n", f)
}
```

运行上述代码，运行结果如图2-7所示。

关键字iota是一个特殊常量，它是一个可以被编译器修改的常量。iota在关键字const出现时将被重置为0，如果关键字const定义多个常量，iota会为每个常量进行计数累加，示例如下：

```
package main

import "fmt"

func main(){
    const (
        a = iota // iota设为0，常量a的值为iota的值
        b        // iota累加1，常量b的值为iota的值
        c = 10   // iota累加1，常量c的值为10
        d        // iota累加1，常量d的值为10
        e = iota // iota累加1，常量e的值为iota的值
    )
    fmt.Printf("a的值为: %d\n", a)
    fmt.Printf("b的值为: %d\n", b)
    fmt.Printf("c的值为: %d\n", c)
    fmt.Printf("d的值为: %d\n", d)
    fmt.Printf("e的值为: %d\n", e)
}
```

运行上述代码，运行结果如图2-8所示。

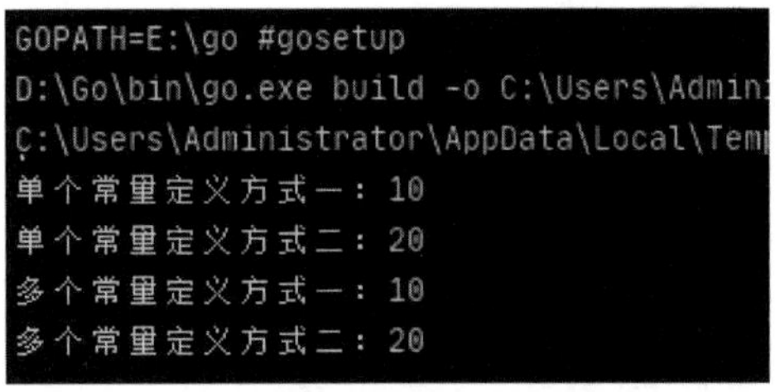

图 2-7 运行结果

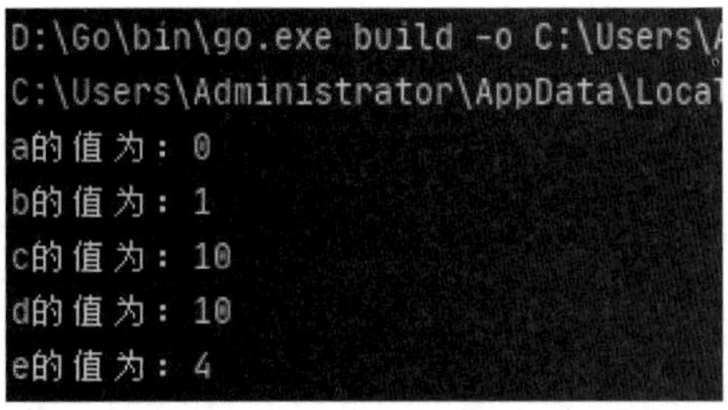

图 2-8 运行结果

从代码和运行结果分析得知：

1）关键字const定义多个常量，关键字iota从0开始计算，每增加一个常量会使iota自动增加1。

2）如果常量值设为iota的值，并且下一个常量没有赋值，那么没有赋值的常量与它上一个常量的值相同。例如常量b没有赋值，它上一个常量a的值设为iota，每增加一个常量会使iota自动累加1，所以常量b的值为1；常量d没有赋值，它上一个常量c设为10，因此它的值为10。

3）无论常量是否赋值，只要在const中定义多个常量，iota都会根据常量的数量进行计数。

4）iota只能在关键字const中使用，不能在关键字const之外使用。

总的来说，iota只对const中定义的常量进行计数。iota的典型案例是实现数据存储转换，实现代码如下：

```
package main

import "fmt"

func main(){
    const (
        _ = iota                         // 忽略iota第一个值
        KB float64 = 1 << (10 * iota)    // 1 << (10*1)
        MB                               // 1 << (10*2)
        GB                               // 1 << (10*3)
        TB                               // 1 << (10*4)
    )
    fmt.Printf("B转KB的进制为: %.0f\n", KB)
    fmt.Printf("B转MB的进制为: %.0f\n", MB)
    fmt.Printf("B转GB的进制为: %.0f\n", GB)
    fmt.Printf("B转TB的进制为: %.0f\n", TB)
}
```

运行上述代码，运行结果如图2-9所示。

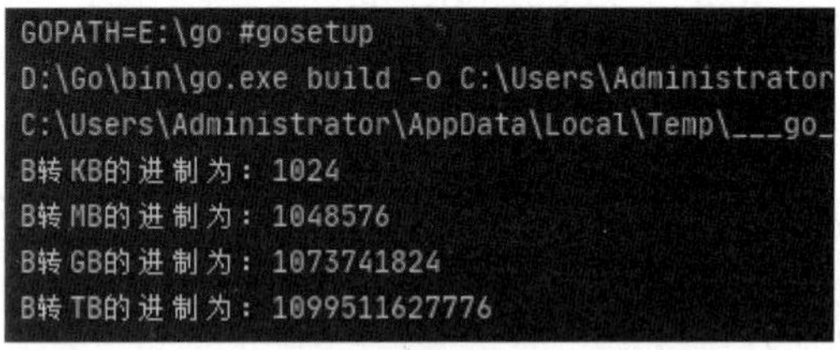

图 2-9　运行结果

2.3　运算符的使用

编程的运算符好比数学的加减乘除等运算法则，每一种编程语言的运算符都是大同小异的。Go语言支持以下类型的运算符：

- 算术运算符：计算两个变量的加减乘除等。
- 比较（关系）运算符：比较两个变量的大小情况。
- 赋值运算符：先计算后赋值到新的变量。
- 逻辑运算符：与、或、非的逻辑判断。
- 位运算符：把数值看成二进制进行计算。
- 其他运算符：用于指针或内存地址的操作。

2.3.1　算术运算符

算术运算符就是我们常说的加减乘除法则，主要在程序里实现简单的数学计算。Go语言的算术运算符如表2-3所示。

表 2-3 算术运算符

运 算 符	描 述	实 例
+	加法，两个变量相加	x = 2 + 3，x 的值为 5
—	减法，两个变量相减或者用于负数的表示	x = 2-3，x 的值为-1
*	乘法，两个变量的数值相乘	x = 2 * 3，x 的值为 6
/	除法，两个变量的数值相除	x = 9 / 2，x 的值为 4.5
%	求余，获取除法中的余数	x = 9 % 2，x 的值为 1
++	自增加 1	x++，x 的值为 8，自增后为 9
--	自减去 1	x—，x 的值为 8，自减后为 7

下面通过实例演示Go语言算术运算符的用法，代码如下：

```
package main

import "fmt"

func main(){
    var x, y = 8, 5
    fmt.Printf("加法运算符: %d\n", x+y)
    fmt.Printf("减法运算符: %d\n", x-y)
    fmt.Printf("乘法运算符: %d\n", x*y)
    fmt.Printf("除法运算符: %d\n", x/y)
    fmt.Printf("求余运算符: %d\n", x%y)
    x++
    fmt.Printf("幂运算符: %d\n", x)
    y--
    fmt.Printf("取整运算符: %d\n", y)
}
```

在GoLand中运行上述代码，结果如图2-10所示。

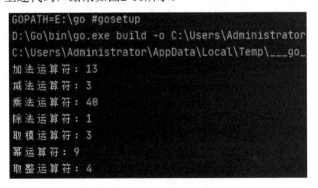

图 2-10 算术运算符的运算结果

2.3.2 关系运算符

关系（比较）运算符是比较两个变量之间的大小关系，而且两个变量的数据类型必须相同，比较结果以true或者false返回。关系运算符如表2-4所示。

表 2-4　关系运算符

运 算 符	描　　　述	实　　　例
==	等于，判断比较运算符前面的变量是否等于后面的变量	2 == 3，比较结果为 false
!=	不等于，判断比较运算符前面的变量是否不等于后面的变量	2 != 3，比较结果为 true
>	大于，判断比较运算符前面的变量是否大于后面的变量	2 > 3，比较结果为 false
<	小于，判断比较运算符前面的变量是否小于后面的变量	2 < 3，比较结果为 true
>=	大于等于，判断比较运算符前面的变量是否大于或等于后面的变量	2 >= 3，比较结果为 false
<=	小于等于，判断比较运算符前面的变量是否小于或等于后面的变量	2 <= 3，比较结果为 true

下面通过实例演示关系运算符的用法，代码如下：

```go
package main

import "fmt"

func main(){
    var x, y = 8, 5
    fmt.Printf("x大于y: %v\n", x > y)
    fmt.Printf("x大于或等于y: %v\n", x >= y)
    fmt.Printf("x小于y: %v\n", x < y)
    fmt.Printf("x小于或等于y: %v\n", x <= y)
    fmt.Printf("x等于y: %v\n", x == y)
    fmt.Printf("x不等于y: %v\n", x != y)
}
```

上述代码设置变量x和y，通过关系运算符对比两个变量并输出对比结果。在GoLand中运行代码，运行结果如图2-11所示。

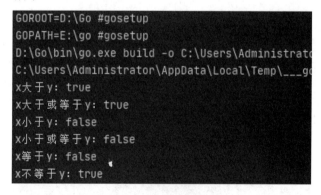

图 2-11　运行结果

2.3.3　赋值运算符

赋值运算符是算术运算符的一个特殊使用，其实质是两个变量进行算术运算并将运算结果重新赋值给其中一个变量。赋值运算符如表2-5所示。

表 2-5 赋值运算符

运　算　符	描　　述	实　　例
=	简单的赋值运算符	c = a + b，将 a + b 的运算结果赋值给 c
+=	加法赋值运算符	c += a，等效于 c = c + a
—=	减法赋值运算符	c—= a，等效于 c = c – a
*=	乘法赋值运算符	c *= a，等效于 c = c * a
/=	除法赋值运算符	c /= a，等效于 c = c / a
%=	求余赋值运算符	c %= a，等效于 c = c % a
<<=	按位左移赋值运算符	c <<= 2，等效于 c = c << 2
>>=	按位右移赋值运算符	c >>= 2，等效于 c = c >> 2
&=	按位与赋值运算符	c &= 2，等效于 c = c & 2
^=	按位异或赋值运算符	c ^= 2，等效于 c = c ^ 2
|=	按位或赋值运算符	c |= 2，等效于 c = c | 2

下面通过实例演示赋值运算符的用法。由于每次进行赋值运算后，变量x的数值都会发生变化，因此执行下次赋值运算时必须重设变量x的数值。具体代码如下：

```go
package main

import "fmt"

func main() {
    var a, c int = 21, 0
    c = a
    fmt.Printf("=运算符实例, c值为 = %d\n", c)
    c, a = 1, 20
    c += a
    fmt.Printf("+=运算符实例, c值为 = %d\n", c)
    c, a = 1, 20
    c -= a
    fmt.Printf("-=运算符实例, c值为 = %d\n", c)
    c, a = 1, 20
    c *= a
    fmt.Printf("*=运算符实例, c值为 = %d\n", c)
    c, a = 1, 20
    c /= a
    fmt.Printf("/=运算符实例, c值为 = %d\n", c)
    c, a = 1, 20
    c %= a
    fmt.Printf("求余运算符实例, c值为 = %d\n", c)
    c = 200
    c <<= 2
    fmt.Printf("<<=运算符实例, c值为 = %d\n", c)
    c = 200
    c >>= 2
    fmt.Printf(">>=运算符实例, c值为 = %d\n", c)
    c = 200
```

```
    c &= 2
    fmt.Printf("&=运算符实例，c值为 = %d\n", c)
    c = 200
    c ^= 2
    fmt.Printf("^=运算符实例，c值为 = %d\n", c)
    c = 200
    c |= 2
    fmt.Printf("|=运算符实例，c值为 = %d\n", c)
}
```

运行上述代码，运行结果如图2-12所示。

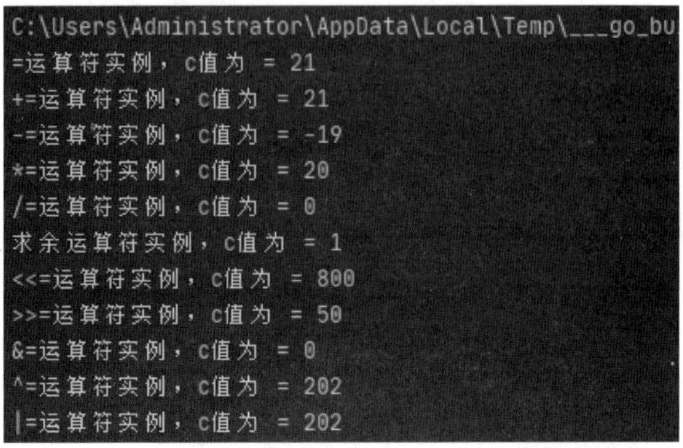

图 2-12　运行结果

在所有赋值运算符中，难以理解的运算符有：按位左移赋值运算符、按位右移赋值运算符、按位与赋值运算符、按位异或赋值运算符、按位或赋值运算符。这些运算符皆与位运算相关，用于对二进制数值进行计算处理。

2.3.4　逻辑运算符

逻辑运算符是将多个条件进行与、或、非的逻辑判断，这种运算符常用于条件判断。条件判断会在后续章节详细讲述，现在首先了解与、或、非的逻辑判断，具体说明如表2-6所示。

表 2-6　逻辑运算符

运 算 符	描 述	实 例
&&（与）	x && y：x 和 y 的值只能为布尔型 若 x 或 y 为 false，则返回 false 若 x 和 y 皆为 true，则返回 true	false && true，返回 false false && false，返回 false true && true，返回 true
||（或）	对于 x || y：x 和 y 的值只能为布尔型 若 x 或 y 为 true，则返回 true 若 x 和 y 皆为 false，则返回 false	false || true，返回 true true || true，返回 true false || false，返回 false
!（非）	对于! x：x 的值只能为布尔型 若 x 为 true，则返回 false 若 x 为 false，则返回 true	! false，返回 true ! true，返回 false

逻辑运算符的与、或、非只能对两个布尔类型的变量进行判定，下面通过实例简单演示逻辑运算符的用法，代码如下：

```
package main

import "fmt"

func main() {
    var a, b, c, d = true, true, false, false
    fmt.Printf("a&&b的值为: %v\n", a && b)
    fmt.Printf("a&&c的值为: %v\n", a && c)
    fmt.Printf("c&&d的值为: %v\n", c && d)
    fmt.Printf("a||b的值为: %v\n", a || b)
    fmt.Printf("a||c的值为: %v\n", a || c)
    fmt.Printf("c||d的值为: %v\n", c || d)
    fmt.Printf("!a的值为: %v\n", !a)
    fmt.Printf("!c的值为: %v\n", !c)
}
```

在GoLand中运行上述代码，运行结果如图2-13所示。

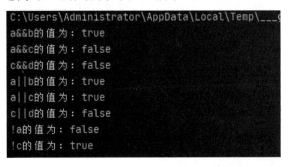

图 2-13　运行结果

2.3.5　位运算符

位运算符是将数值转换为二进制进行计算。我们无须手动将数值转换为二进制，只需对数值使用位运算符即可。位运算符如表2-7所示。

表 2-7　位运算符

运　算　符	描　　述	实　　例
&	按位与运算符。参与运算的两个值，如果两个相应位都为1，那么该位的结果为1，否则为0	60 & 13 输出结果为 12，二进制为 0000 1100
|	按位或运算符。只要对应的两个二进制位有一个为1，结果就为1	60 | 13 输出结果为 61，二进制为 0011 1101
^	按位异或运算符。当两个对应的二进制位相异时，结果为1	60 ^13 输出结果为 49，二进制为 0011 0001
<<	左移运算符。将二进制位全部左移若干位，由"<<"右边的数指定移动的位数，高位丢弃，低位补 0	60 << 2 输出结果为 240，二进制为 1111 0000

（续表）

运　算　符	描　　述	实　　例
>>	右移运算符。将二进制位全部右移若干位，由">>"右边的数指定移动的位数，移动过程中，正数最高位补 0，负数最高位补 1，无符号数最高位补 0	60 >> 2 输出结果为 15，二进制为 0000 1111

下面通过实例演示位运算符的具体使用方式，代码如下：

```
package main
import "fmt"
func main() {
    var a = 60      // 60 = 0011 1100
    var b = 13      // 13 = 0000 1101
    var c = 0
    c = a & b       // 12 = 0000 1100
    fmt.Printf("c的十进制值为 %d\n", c )
    fmt.Printf("c的二进制值为 %b\n", c )
    c = a | b       // 61 = 0011 1101
    fmt.Printf("c的十进制值为 %d\n", c )
    fmt.Printf("c的二进制值为 %b\n", c )
    c = a ^ b       // 49 = 0011 0001
    fmt.Printf("c的十进制值为 %d\n", c )
    fmt.Printf("c的二进制值为 %b\n", c )
    c = a << 2      // 240 = 1111 0000
    fmt.Printf("c的十进制值为 %d\n", c )
    fmt.Printf("c的二进制值为 %b\n", c )
    c = a >> 2      // 15 = 0000 1111
    fmt.Printf("c的十进制值为 %d\n", c )
    fmt.Printf("c的二进制值为 %b\n", c )
}
```

在GoLand中运行上述代码，运行结果如图2-14所示。

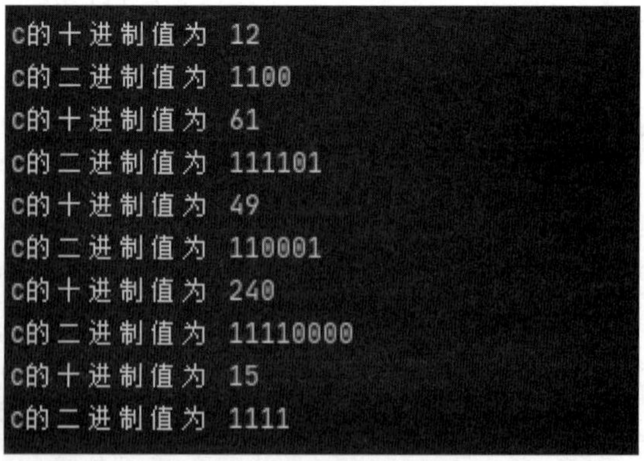

图 2-14　运行结果

2.3.6 其他运算符

Go语言还设有其他运算符，分别是"&"和"*"，说明如表2-8所示。

表2-8 其他运算符

运 算 符	描 述	实 例
&	获取变量的内存地址	&a
*	指针变量	*a 设置为指针变量

下面通过实例演示其他运算符的使用方法。

```
package main

import "fmt"

nc main() {
    var a = 4
    var ptr *int
    fmt.Printf("a变量的内存地址: %v\n", &a)
    // 将变量a的内存地址赋给指针ptr
    ptr = &a
    fmt.Printf("指针ptr的内存地址为: %v\n", ptr)
    fmt.Printf("指针ptr的值为: %v\n", *ptr)
}
```

在GoLand中运行上述代码，运行结果如图2-15所示。

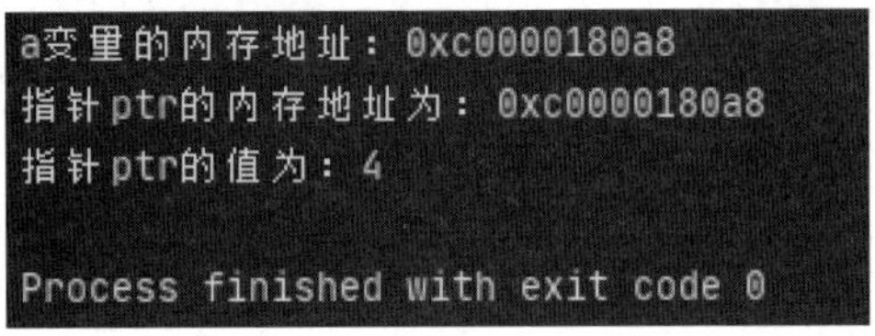

```
a变量的内存地址: 0xc0000180a8
指针ptr的内存地址为: 0xc0000180a8
指针ptr的值为: 4

Process finished with exit code 0
```

图2-15 运行结果

2.3.7 运算符优先级

不同的运算符有不同的优先级，在一行语句中使用了多种不同类型的运算符，程序根据运算符优先级决定运算符的执行顺序。所有运算符的优先级如表2-9所示。

表2-9 运算符优先级

优 先 级	运 算 符	同一运算符的优先级
1	，（逗号）	从左到右
2	= += -= *= /= %= >= <<= &= ^= |=	从右到左
3	||	从左到右
4	&&	从左到右

（续表）

优 先 级	运 算 符	同一运算符的优先级
5	|	从左到右
6	^	从左到右
7	&	从左到右
8	== !=	从左到右
9	< <= > >=	从左到右
10	<< >>	从左到右
11	+ −	从左到右
12	*（乘号） / %	从左到右
13	! *（指针） & ++ − +（正号） −（负号）	从右到左
14	() [] ->	从左到右

从表2-9分析得知，优先级越高的运算符执行顺序越高，优先级越低的运算符执行顺序越低，大部分同一优先级的运算符按照从左到右的顺序执行，只有个别运算符按照从右到左的顺序执行。

2.4 代码注释

注释是对代码的解释和说明，其目的是让人们能够更加轻松地了解代码，它是编写程序的人对语句、程序段、函数等的解释或提示，能够提高程序代码的可读性。

Go语言包括两种类型的注释，分别是单行注释和多行注释。单行注释称为行注释，多行注释称为块注释。

单行注释使用"//"作为符号。从符号"//"开始直到换行为止，"//"后面的所有内容皆为注释内容，并被编译器忽略。

单行注释一般写在被注释代码的上一行或者同一行代码的末端位置，具体示例如下：

```
// 这是单行注释
var a int = 10
var b int = 20 //这是单行注释
```

单行注释适用于较为简短的注释内容，也是最常见的。如果注释内容无法在一行完成，应优先使用多行注释。虽然使用多个单行注释也能实现多行注释效果，但重复使用"//"会影响代码的简洁和美观。

多行注释一般在包的文档描述或注释内容较多的情况下使用，建议写在代码的上一行位置，如下所示：

```
/*
这是多行注释
这是多行注释
 */
var a = 4
```

2.5　动手练习：编程实现个人健康评测

标准体重是反映和衡量一个人健康状况的重要指标之一，过胖和过瘦都不利于健康。身体质量指数是BMI指数（简称体质指数），是用体重千克数除以身高米数的平方得出的数字，是国际上常用的衡量人体胖瘦程度以及是否健康的一个标准。当我们需要比较及分析一个人的体重对于不同高度的人所带来的健康影响时，BMI值是一个中立而可靠的指标。换句话说，BMI值是一个衡量人体胖瘦程度的重要指标，同时也是观测一个人是否健康的一个标准。

BMI值是通过个人的体重和身高计算所得的，其计算公式如下：

$$BMI = 体重（KG）÷身高^2（M）$$

根据BMI范围对照表找出计算所得的BMI值所在的范围区域，从而得出自己的健康情况。BMI范围对照表如表2-10所示。

表 2-10　BMI 范围对照表

身体状态	BMI 范围
过轻	＜18.4
正常	18.5≤BMI＜24
过重	24≤BMI＜27
轻度肥胖	27≤BMI＜30
中度肥胖	30≤BMI＜35
重度肥胖	BMI≥35

我们将BMI的计算公式和范围对照表以程序形式实现，评测人员只需输入正确的体重和身高计算得到BMI数据，再使用if语句判断BMI数据进一步评测用户身体状态即可，代码如下：

```
package main

import (
    "fmt"
    "strconv"
)

func main() {
    // 定义变量
    var name string
    var weight, height float64
    // 输入名字
    fmt.Printf("请输入你的名字: \n")
    fmt.Scanln(&name)
    // 输入体重
    fmt.Printf("请输入你的体重kg: \n")
    fmt.Scanln(&weight)
```

```go
// 输入身高
fmt.Printf("请输入你的身高cm: \n")
fmt.Scanln(&height)
// 输出用户输入的信息
fmt.Printf("%v的体重kg:%v，身高cm:%v\n",name,weight,height)
// 单位换算，将cm换算成m
height /= 100
// 计算BMI
result := weight / (height * height)
// 将BMI保留两位小数
BMI, _ := strconv.ParseFloat(fmt.Sprintf("%.2f",result),64)
// 根据BMI判断身体状态
if BMI < 18.5 {
    fmt.Printf("你的BMI为%v，体重过轻", BMI)
} else if 18.5 <= BMI && BMI < 24.0 {
    fmt.Printf("你的BMI为%v，体重正常", BMI)
} else if 24 <= BMI && BMI < 27 {
    fmt.Printf("你的BMI为%v，体重过重", BMI)
} else if 27 <= BMI && BMI < 30 {
    fmt.Printf("你的BMI为%v，体重轻度肥胖", BMI)
} else if 30 <= BMI && BMI < 35 {
    fmt.Printf("你的BMI为%v，体重中度肥胖", BMI)
} else {
    fmt.Printf("你的BMI为%v，体重重度肥胖", BMI)
}
}
```

运行上述代码，按照程序提示分别输入数据，最终运行结果如图2-16所示。

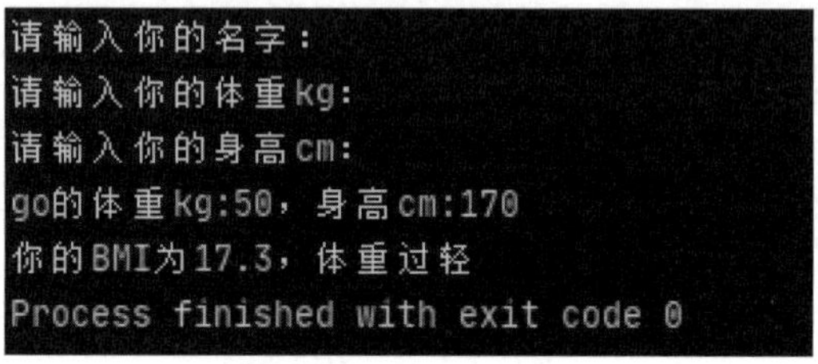

图 2-16　运行结果

2.6　小　　结

每一种编程语言都有特定的关键字（也称保留字），这些关键字在编程语言中是赋予特定意义的单词。标识符就是一个名字，就好比我们每个人都有属于自己的名字，它的作用是作为变量、函数、类、模块以及其他变量的名称。

变量名称是编程语言常用的标识符之一。标识符是用来标识某个实体的符号，在不同的应用环境下有不同的含义。Go语言对标识符的命名规则如下：

1）标识符是由字符（A~Z和a~z）、下划线和数字组成的，但第一个字符不能是数字。

2）标识符不能和Go语言的关键字相同。

3）标识符中不能包含空格、@、%以及$等特殊字符。

4）标识符严格区分大小写，比如A和a是两个不同的标识符。

变量使用关键字var定义，并设有5种定义方式，如下所示：

```
// 只定义变量，不设置初始值
var  name type

// 定义变量并设置初始值
var  name type = value

// 批量定义多个变量，每个变量可根据情况决定是否设置初始值
var (
    name type
    name type = value
)

// 多个变量同一数据类型
var name1, name2 type

// 使用 := 定义变量并赋值，通过数值类型反向设置变量的数据类型
name := value
```

常量使用关键字const定义，并设有4种定义方式，如下所示：

```
// 定义单个常量
const  name type = value

// 定义单个常量，可省略常量类型
const  name = value

// 使用小括号定义多个常量
const (
    name type = value
    name = value
)

// 使用逗号定义多个常量
const name1, name2 = value1, value2
```

Go语言的关键字iota是一个特殊常量，它是一个可以被编译器修改的常量。iota在关键字const出现时将被重置为0，如果关键字const定义多个常量，iota会为每个常量进行计数累加。

编程的运算符好比数学的加减乘除等运算法则，每一种编程语言的运算符都是大同小异的。Go语言支持以下类型的运算符：

- 算术运算符：计算两个变量的加减乘除等。
- 比较（关系）运算符：比较两个变量的大小情况。
- 赋值运算符：先计算后赋值到新的变量。
- 逻辑运算符：与或非的逻辑判断。
- 位运算符：把数值看成二进制进行计算。
- 其他运算符：用于指针或内存地址的操作。

第 3 章
数据类型

本章内容：

- 整型的定义与类型。
- 浮点型的定义与精度丢失问题。
- 复数的定义与运算。
- 布尔型的应用场景。
- 字符的定义与编码问题。
- 字符串的操作。
- 动手练习：在线客服热线程序的编写。

3.1 整型的取值范围

整型是计算机的一个基本专业术语，整型数据是没有小数部分的数据。整型数据可以用十进制、十六进制或八进制符号表示，在数据前面加上 + 或 − 可代表正负值。

计算机根据整型的数值大小划分为不同的类型：短整型、基本整型、长整型、无符号整型，每一种类型都有固定的数值范围。在定义整型变量的时候，要根据实际需求设置变量的数值范围，Go语言的数值范围在预声明标识符中已有定义，如表3-1所示。

表 3-1 整型的预声明标识符

预声明标识符	功能说明
int	整型，大小和操作系统位数相关
int8	整型，取值范围为−128～127
int16	整型，取值范围为−32768～32767

（续表）

预声明标识符	功能说明
int32	整型，取值范围为–2147483648～2147483647
int64	整型，取值范围为–9223372036854775808～9223372036854775807
uint	无符号整型，大小和操作系统位数相关
uint8	无符号整型，取值范围为 0～255
uint16	无符号整型，取值范围为 0～65535
uint32	无符号整型，取值范围为 0～4294967295
uint64	无符号整型，取值范围为 0～18446744073709551615
uintptr	无符号整型，仅用于底层编程，主要是存储指针的整型

在实际开发中，一般使用int和uint设置整型的数值范围即可，它们的大小和操作系统位数相关，如果是32位操作系统，它们的大小是4字节；如果是64位操作系统，大小是8字节。

我们在chapter3.1.go中分别定义整型的不同类型，并赋值输出，实现代码如下：

```
package main

import "fmt"

func main() {
    var n int
    var number1 int8
    var number2 int16
    var number3 int32
    var number4 int64
    var number5 uint
    n = 15645645613456465
    number1 = 120
    number2 = 1314
    number3 = 30000
    number4 = 111111
    number5 = 15645645613456465
    fmt.Printf("%v\n", n)
    fmt.Printf("%v\n", number1)
    fmt.Printf("%v\n", number2)
    fmt.Printf("%v\n", number3)
    fmt.Printf("%v\n", number4)
    fmt.Printf("%v\n", number5)
}
```

运行上述代码，运行结果如图3-1所示。

如果在赋值过程中超出整型的数值范围，程序将提示overflows异常，比如将代码中的number1和number5分别改为1299和–123，再次执行代码的时候，程序分别提示异常信息，如图3-2所示。

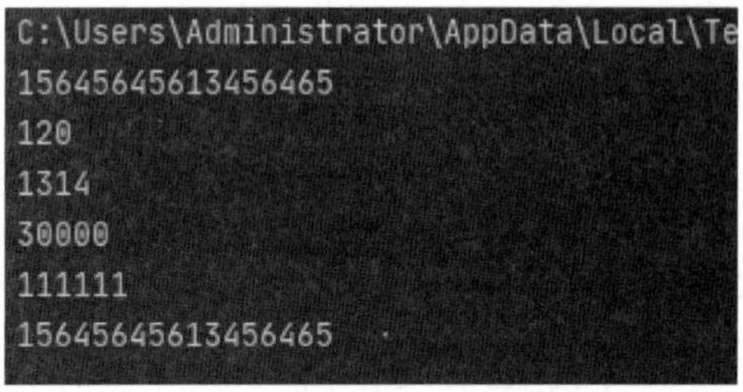

图 3-1　运行结果

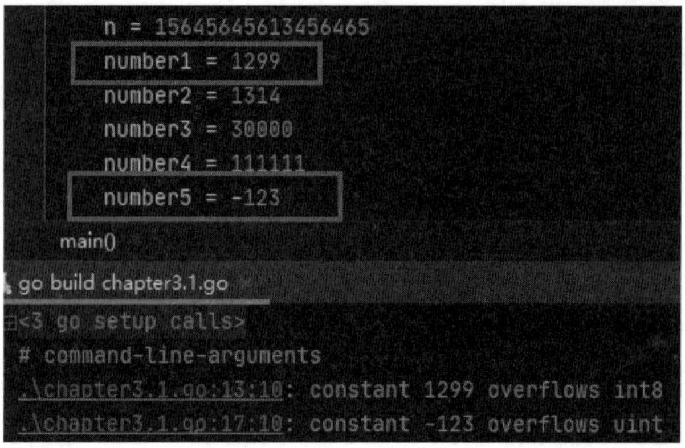

图 3-2　异常信息

3.2　浮点类型与精度丢失

浮点类型用于存储带小数点的数字，一个整数数值可以赋值给浮点类型（即认为整数数值也在浮点范围内），但是一个整型类型不可以赋值给浮点类型（Go语言的数据类型不具备自动转换能力，必须明确强制地进行转换），浮点数的计算结果还是浮点数。

Go语言的浮点数提供了float32和float64类型，开发过程中，尽量使用float64定义，因为在浮点数累加运算中，float64存在的精度误差比float32的低。如果在定义过程中没有设置浮点类型，Go语言默认设置为float64类型。

我们可以使用内置包math查看浮点类型float32和float64的数值范围，实现代码如下：

```
package main

import (
    "fmt"
    "math"
)

func main() {
    fmt.Println(math.MaxFloat32)
    fmt.Println(math.MaxFloat64)
}
```

运行上述代码，在GoLand的Run窗口能看到float32和float64的数值范围，如图3-3所示。

图 3-3　运行结果

内置包math不仅能看到float32和float64的数值范围，还能查看整型的不同类型的数值范围，如图3-4所示。

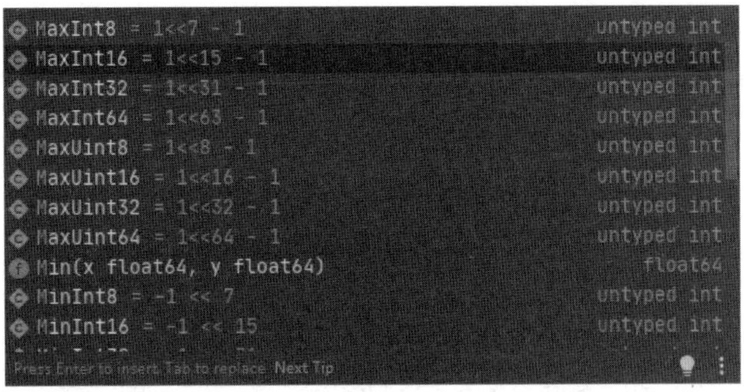

图 3-4　整型的数值范围

我们知道整型和浮点型之间不能直接进行加减乘除运行，必须将整型转换为浮点型才能进行，但不同类型的浮点型都不能直接计算，必须两者在同一个类型才能计算，否则程序提示异常，如图3-5所示。

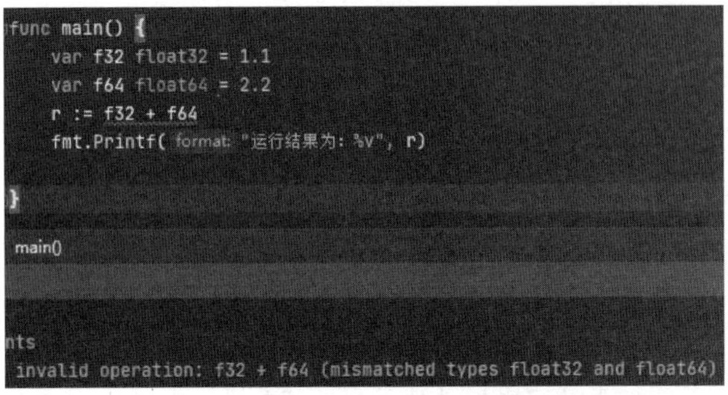

图 3-5　不同类型的浮点数运行结果

如果要将整型、不同类型的浮点数进行运算，必须将它们转换为同一种数据类型才能进行运算，示例代码如下：

```
package main

import "fmt"

func main() {
    var f32 float32 = 1.1
    var f64 float64 = 2.2
    // 将float32的浮点数转为float64，再执行相加运算
    r := float64(f32) + f64
    fmt.Printf("运行结果为: %v\n", r)
    // 将整型转为float32的浮点数，再执行相加运算
    var i int = 10
    rd := float32(i) + f32
    fmt.Printf("运行结果为: %v\n", rd)
}
```

整型转换为浮点型或者不同类型的浮点型转换可以使用内置函数方法float64()或者float32()实现，上述代码运行结果如图3-6所示。

从图3-6看到，浮点数1.1加上2.2的结果为3.3，但输出结果为3.300…858，出现这种误差是因为

精度丢失导致的。任何编程语言在计算浮点数的时候都会出现精度丢失问题，因为计算机存储数据是以二进制表示的，浮点数在转换二进制数的时候，小数点后的数据会出现部分丢失，从而造成计算结果出现精度丢失，也就是说，当我们以十进制数据进行运算的时候，计算机需要将各个十进制数据转换成二进制数据，再进行二进制的计算，在浮点数转换为二进制的时候，难以精确到十进制的小数点数据。

解决精度丢失最简单的方法是对浮点数的小数点部分进行截取或四舍五入的处理，但这两种做法会导致数值和实际结果存在差异，若要获取最精准的计算结果，可以引入第三方包decimal解决。本书只列举精度丢失的简单处理方法，示例如下：

```go
package main

import (
    "fmt"
)

func main() {
    var f32 float32 = 1.1
    var f64 float64 = 2.2
    // 将float32的浮点数转为float64，再执行相加运算
    r := float64(f32) + f64
    fmt.Printf("运行结果为: %v\n", r)
    k := fmt.Sprintf("%.1f", r)
    fmt.Printf("进度丢失处理结果为: %v", k)
}
```

使用内置包fmt的Sprintf()函数可以将处理结果返回给变量k，"%.1f"是保留小数点后第1位数，运行结果如图3-7所示。

图 3-6　运行结果　　　　　　　　　　　图 3-7　运行结果

3.3　复数的计算

复数是由两个浮点数表示的，其中一个表示实部（real），另一个表示虚部（imag）。

Go语言的复数分为两种类型，分别是complex128（64位实数和虚数）和complex64（32位实数和虚数），如果没有声明复数类型，默认为complex128。

复数的值组成格式为：RE + IMi，其中RE是实数部分，IM是虚数部分，RE和IM皆为float类型，i部分是虚数单位。复数的语法格式如下：

```go
var comp complex128 = complex(x, y)
```

语法说明如下：

- comp是复数类型的变量。
- complex128是复数类型。
- 等号后面的complex是Go语言的预声明标识符，用于为复数进行赋值。
- x、y分别表示复数的64位的实部和虚部。

两个复数之间的运算不同于整型、浮点型的运算法则，我们通过示例讲述复数的运算法则，如下所示：

```
package main

import "fmt"

func main() {
    var comp1 complex128 = complex(1, 3)
    var comp2 complex128 = complex(2, 4)
    var comp3 complex64 = complex(3,6)
    adds := comp1 + comp2
    reduce := comp1 - comp2
    mult := comp1 * comp2
    // 不同的复数类型不能直接运算
    // 将complex64转为complex128类型，再执行运算
    div := complex128(comp3) / comp1
    fmt.Printf("复数相加: %v\n", adds)
    fmt.Printf("复数相减: %v\n", reduce)
    fmt.Printf("复数相乘: %v\n", mult)
    fmt.Printf("复数相除: %v\n", div)
}
```

运行上述代码，运行结果如图3-8所示。

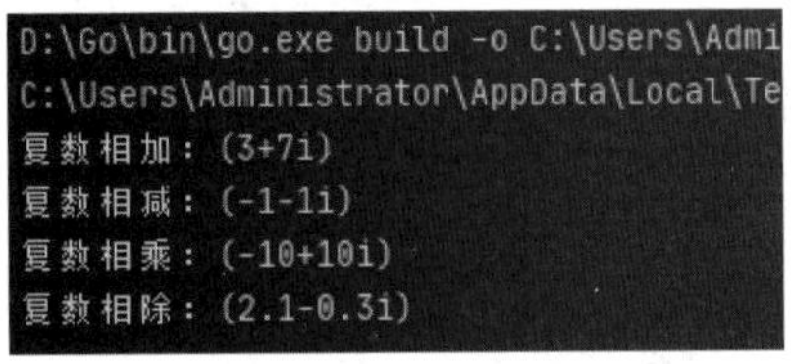

两个复数之间进行加减乘除必须遵循特定规则，假设 $z1=a+bi$、$z2=c+di$ 是任意两个复数，两者的计算法则如下：

图 3-8　运行结果

1）相加：$z1+z2= (a+bi)+(c+di)=(a+c)+(b+d)i$。

2）相减：$z1-z2= (a+bi)-(c+di)=(a-c)+(b-d)i$。

3）相乘：$z1*z2= (a+bi)*(c+di)=(ac-bd)+(bc+ad)i$。

4）相除：$z1/z2= (a+bi)/(c+di)=(ac+bd)/(c*c+d*d)+((bc-ad)/(c*c+d*d))i$。

复数之间的数据类型不同是无法计算的，两者必须为同一类型才能执行加减乘除，复数的类型转换可以使用内置函数方法complex128()或complex64()实现。

3.4　布尔型的应用

布尔型数据只有两个值：false和true，false表示假，true表示真。关系运算符的结果以布尔型表示，流程控制的if和for语句也会使用布尔型数据。我们根据开发场景列举布尔型的实际应用，代码如下：

```go
package main

import "fmt"

func main() {
    var n int = 10
    // 关系运算符
    r := n == 20
    fmt.Printf("10是否等于20: %v\n", r)
    // if语句
    if n > 0 {
        fmt.Printf("if的判断条件为true\n")
    }
    // for语句
    for n > 0 {
        fmt.Printf("for的判断条件为true\n")
        break
    }
}
```

上述代码分别列举了布尔型在关系运算符、if语句和for语句中的实际应用，if和for语句根据布尔型的值（true or false）决定是否执行语句中的代码。运行代码，结果如图3-9所示。

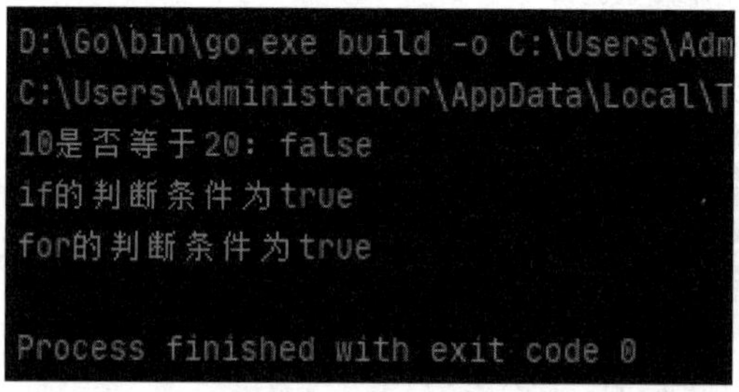

图 3-9　运行结果

3.5　ASCII与Unicode编码

ASCII码是美国信息交换标准编码（American Standard Code for Information Interchange），最初作为美国国家标准制定，为不同计算机在相互通信时共同遵守的英文字符编码标准，后来被国际标准化组织（International Organization for Standardization，ISO）定为国际标准，称为ISO 646标准。

虽然ASCII可以表示英文字符，但世界上还有许多字符（不同的国家有自己的字符编码，但仅表示自己国家的编码）。Unicode是为了解决传统字符编码方案的局限而产生的，它为每种语言的每个字符设定了统一并且唯一的二进制编码，以满足跨语言、跨平台的文本转换处理要求。

Unicode 只是一个字符集，规定了每个字符的二进制编码，但字符需要使用多少字节存储没有规定，它相当于一个行业标准，所以出现了UTF-8、UTF-16、UTF-32不同的存储形式。

总的来说，Go语言提供的字符类型uint8和rune分别对应字节编码ASCII和Unicode的UTF-8。

3.6 字 符 类 型

字符串的每一个元素称为字符，字符可以从字符串操作中获取或者自行定义。Go语言的字符有两种类型：uint8和rune，两者说明如下：

- uint8：也称为byte型，代表ASCII码的一个字符。
- rune：代表一个UTF-8字符，当处理中文、日文或者其他复合字符时，需要使用该类型，它等价于int32类型。

字符可根据需要选择字符类型uint8或rune进行定义，如果在定义过程中没有设置字符类型，默认定义为rune，字符的赋值必须使用单引号表示，并且只有一个字符（单个英文或单个文字），示例如下：

```
package main

import "fmt"

func main() {
    var a byte
    var b rune
    a = 'u'
    b = 'a'
    c := 'c'
    // 格式化%T是输出变量的数据类型
    fmt.Printf("变量a的数据类型为: %T\n", a)
    fmt.Printf("变量b的数据类型为: %T\n", b)
    fmt.Printf("变量c的数据类型为: %T", c)
}
```

在GoLand中运行上述代码，运行结果如图3-10所示。

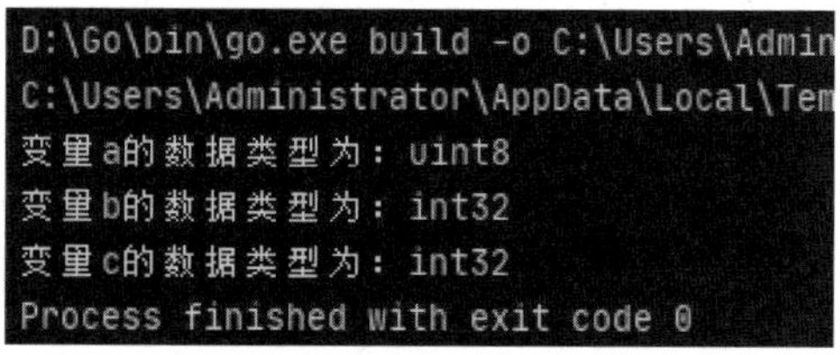

图 3-10 运行结果

3.7 字符串操作

字符串是由数字、字母、下划线组成的一串字符，多个字符可以组成一个字符串，它是编程语言中表示文本的数据类型，主要用于编程、概念说明和函数解释等。字符串在存储上类似于字符数组，所以每一位的单个元素都可以提取，常用的字符串操作有：

- 字符串转义与格式化。
- 字符串拼接。
- 获取字符串长度。
- 遍历字符串。
- 字符位置与截取。
- 字符串分割。
- 字符串替换。

3.7.1　字符串与转义符

字符串是由多个字符组合而成的，字符串赋值必须使用双引号或反引号表示。使用双引号可以解析字符串字面量（支持转义，但不支持多行表示）；反引号支持原生的字符串字面量，可由多行字符串组成。

从概念上很难理解字符串的双引号和反引号的差异，我们使用代码加以说明：

```
package main

import "fmt"

func main() {
    var a string
    var b string
    a = "hello world\nGo"
    b = `hello
        \n
        world`
    fmt.Printf("双引号的字符串: %v\n", a)
    fmt.Printf("反引号的字符串: %v\n", b)
}
```

从代码分析，变量a和b分别使用双引号和反引号给字符串赋值，其中"\n"是字符串的换行符，换行符是将一行字符串分为两行字符串表示，但换行符只能在双引号中起作用，而反引号不起作用，运行结果如图3-11所示。

换行符 "\n" 是编程语言中的转义字符，Go语言的转义字符如表3-2所示。

表 3-2　转义字符

转 义 符	说 明
\t	制表符，用于排版
\n	换行符
\\	代表一个\
\"	代表一个"
\r	回车

下面通过一个简单的例子演示转义符在字符串中的应用。

```go
package main

import "fmt"

func main() {
    fmt.Println("Tom\tJack")
    fmt.Println("你\n好")
    fmt.Println("E:\\go\\chapter3.6.go")
    fmt.Println("Alice说:\"I love golang\"")
    fmt.Println("Hello\rworld")
}
```

在GoLand中运行上述代码，运行结果如图3-12所示。

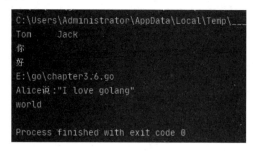

图 3-11 运行结果   图 3-12 运行结果

3.7.2 字符串格式化

字符串格式化是在字符串中引入变量，通过改变变量值从而生成不同的字符串。字符串格式化可以使用格式化符号"%"，格式化符号"%"与算术运算符"%"是同一个符号，但在字符串中，符号"%"代表字符串格式化，读者应注意符号"%"的使用场景，从而区分符号"%"的作用与效果。

格式化符号"%"需要结合数据类型才能实现格式化操作，各个格式化符号的说明如表3-3所示。

表 3-3 格式化符号

格式化符号	说　　明
%v	数据以数据类型的格式输出
%+v	在%v 基础上，为每个值添加对应的字段名
%#v	数据以 Go 语言的语法格式输出
%T	数据以 Go 语言的数据类型格式输出
%%	代表一个百分号
%b	数据以二进制格式表示
%o	数据以八进制格式表示
%d	数据以十进制格式表示
%x	数据以十六进制格式表示
%X	数据以十六进制格式表示，字母以大写格式表示

（续表）

格式化符号	说　　明
%U	数据以 Unicode 格式输出
%f	数据以浮点数格式输出
%p	输出指针，以十六进制格式表示
%s	数据以字符串格式输出
%c	数据以字符格式输出
%q	数据以字符串格式并带双引号输出
%t	数据以布尔格式输出

从表3-3看到，字符串格式化可以根据变量的数据类型选择相应的格式化符号，一般情况下，格式化符号%v、%T、%q、%s、%f和%d在开发中经常使用。下面分别列举这些格式化符号的使用方法，代码如下：

```
package main

import "fmt"

func main() {
    // 输出字符a的ASCII
    fmt.Printf("格式化符号v: %v\n", 'a')
    // 输出整型的数据类型
    fmt.Printf("格式化符号T: %T\n", 123)
    // 输出带双引号的字符串
    fmt.Printf("格式化符号q: %q\n", "Hello go")
    // 输出的字符串的数据类型
    fmt.Printf("格式化符号s: %s\n", "Hello go")
    // 输出保留小数点两位的浮点数，.2是小数点后保留的位数
    fmt.Printf("格式化符号f: %.2f\n", 123.321)
    // 输出十进制的整型
    fmt.Printf("格式化符号d: %d\n", 3121)
}
```

在GoLand中运行上述代码，运行结果如图3-13所示。

由于Go语言对数据类型的要求十分严格，如果格式化符号和数据的数据类型不匹配，程序仍能将字符串输出，但格式化的数据无法正常显示，比如使用格式化符号%d输出浮点数12.12，其输出结果如图3-14所示。

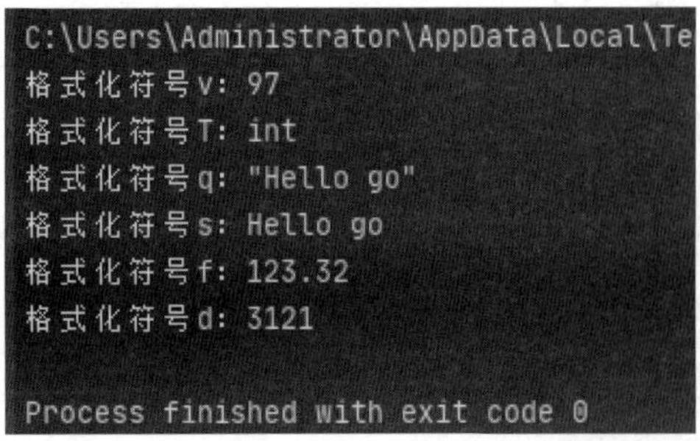

```
C:\Users\Administrator\AppData\Local\Te
格式化符号v: 97
格式化符号T: int
格式化符号q: "Hello go"
格式化符号s: Hello go
格式化符号f: 123.32
格式化符号d: 3121

Process finished with exit code 0
```

图 3-13　运行结果

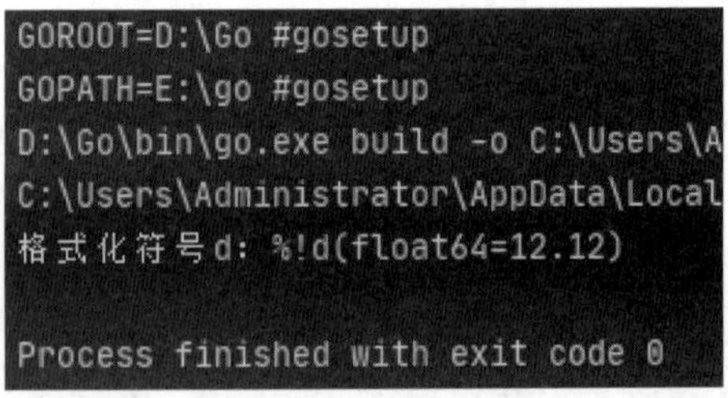

```
GOROOT=D:\Go #gosetup
GOPATH=E:\go #gosetup
D:\Go\bin\go.exe build -o C:\Users\A
C:\Users\Administrator\AppData\Local
格式化符号d: %!d(float64=12.12)

Process finished with exit code 0
```

图 3-14　格式化符号与数据类型不匹配

3.7.3　字符串拼接

我们知道字符串的格式化符号能够动态改变字符串的部分数据，但它只能在包fmt的函数方法中使用，如果要脱离这一限制，则需要使用字符串拼接方式实现。

字符串拼接有5种方式实现，分别为：+、fmt.Sprintf()、strings.Join()、strings.Builder和bytes.Buffer。下面的示例演示5种方式的实现过程，代码如下：

```go
package main
import (
    "bytes"
    "fmt"
    "strings"
)

func main() {
    n := "hello world"
    m := "I am Tom"
    // 使用 "+" 拼接字符串
    j := n + "," + m
    fmt.Println(j)
    // 使用fmt.Sprintf()拼接字符串
    k := fmt.Sprintf("%s,%s", n, m)
    fmt.Println(k)
    // 使用strings.Join()拼接字符串
    g := strings.Join([]string{n, m}, ",")
    fmt.Println(g)
    // 使用strings.Builder连接字符串
    var builder strings.Builder
    builder.WriteString(n)
    builder.WriteString(",")
    builder.WriteString(m)
    fmt.Println(builder.String())
    // 使用bytes.Buffer连接字符串
    var buffer bytes.Buffer
    buffer.WriteString(n)
    buffer.WriteString(",")
    buffer.WriteString(m)
    fmt.Println(buffer.String())
}
```

在GoLand中运行上述代码，运行结果如图3-15所示。

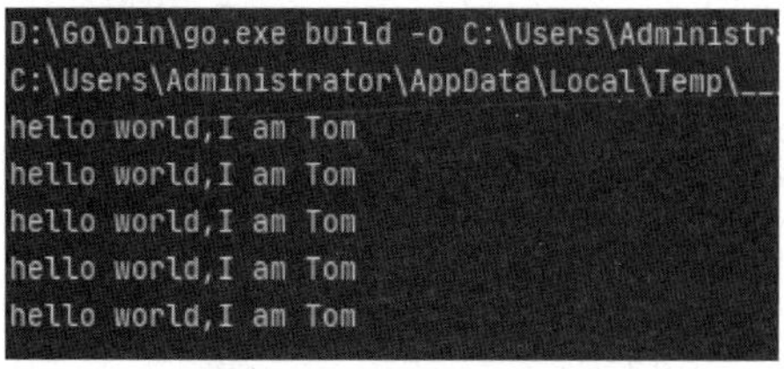

图 3-15　运行结果

虽然5种拼接方法都能实现字符串拼接，但每种方法在性能上各不相同，性能差异取决于字符串拼接长度和拼接的数量，并不是说哪一种方法最优或最差，官方文档建议使用strings.Builder。如果读者对字符串拼接的性能测试有兴趣，不妨从网上查阅相关资料。

3.7.4 获取字符串长度

Go语言的内置函数方法len()可以获取切片、字符串、通道等数据类型的数据长度，如果使用len()获取字符串长度，其实现代码如下：

```
package main

import (
    "fmt"
)

func main() {
    n := "Hello,golang"
    m := "你好,Go语言"
    fmt.Println("字符串n的长度: ", len(n))
    fmt.Println("字符串m的长度: ", len(m))
}
```

运行上述代码，运行结果如图3-16所示。

从图3-16看到，字符串m含有中文内容，实际长度应等于7，但使用内置函数方法len()获取的长度为15。造成这一误差是因为len()只计算字节数长度，因为Go语言的默认编码是UTF-8，使得字符串的每个字母、空格或符号占1字节，每个中文占3字节，所以字符串m的字节数为15。

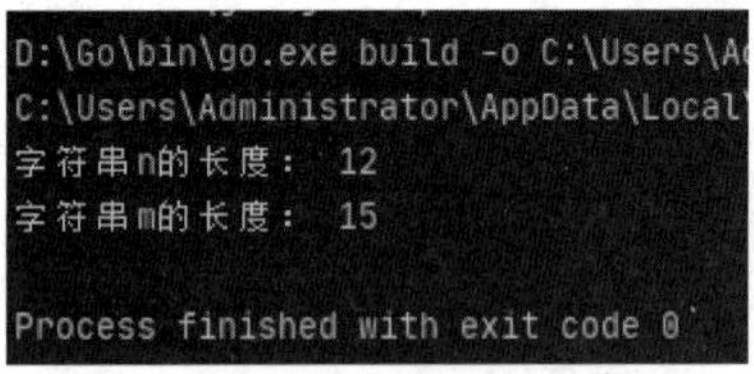

图 3-16 运行结果

如果字符串中含有多字节的字符，可以使用utf8.RuneCountInString()或[]rune()获取字符串的实际长度。

utf8.RuneCountInString()是内置包utf8定义的函数方法；[]rune()是将字符串转为切片，切片的每个元素数据类型为rune，然后使用内置函数方法len()获取切片长度。示例代码如下：

```
package main

import (
    "fmt"
    "unicode/utf8"
)

func main() {
    n := "Hello,golang"
    m := "你好,Go语言"
    // 使用utf8.RuneCountInString()获取字符串长度
    fmt.Println("utf8获取n的长度: ", utf8.RuneCountInString(n))
    fmt.Println("utf8获取m的长度: ", utf8.RuneCountInString(m))
    // 使用[]rune()获取字符串长度
    fmt.Println("[]rune()获取n的长度: ", len([]rune(n)))
    fmt.Println("[]rune()获取m的长度: ", len([]rune(m)))
}
```

运行上述代码，运行结果如图3-17所示。

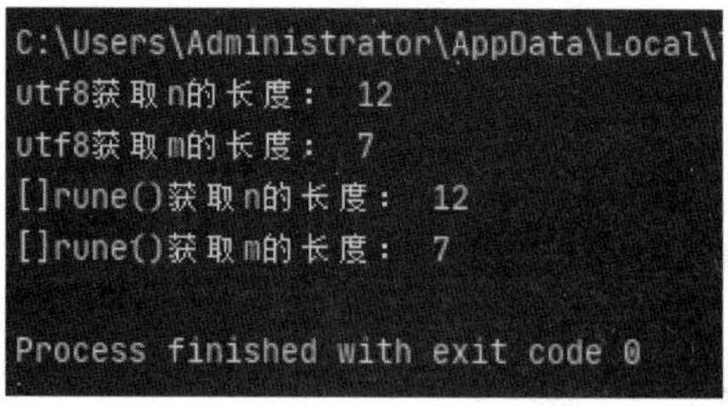

图 3-17　运行结果

3.7.5　遍历字符串

遍历字符串是由for循环语句实现的，但不同循环方式会造成不一样的循环结果。我们通过以下例子加以说明：

```
package main

import "fmt"

func main() {
    n := "Hi,Go语言"
    for i:=0; i<len(n); i++{
        // %c输出每个字符
        // %d输出字符对应的十进制数
        fmt.Printf("%c—%d\n", n[i], n[i])
    }
}
```

运行上述代码，运行结果如图3-18所示。

从图3-18看到，只要字符串中含有中文字符，使用for i:=0; i<len(n); i++的循环方式是无法正确输出每个字符的，每次循环获取当前字符在字符串中的索引位置，再通过索引位置找到相应字符（即通过n[i] 找到相应字符）。

上述方式无法输出中文字符，它与内置函数方法len()无法获取中文字符串长度的原因一致，我们只需将迭代变量改为切片[]rune()即可，示例如下：

```
package main

import "fmt"

func main() {
    n := "Hi,Go语言"
    m := []rune(n)
    for i:=0; i<len(m); i++{
        // %c输出每个字符
        // %d输出字符对应的十进制数
        fmt.Printf("%c—%d\n", m[i], m[i])
    }
}
```

在上述代码中，我们将字符串转换为rune类型的切片m，然后遍历切片m，每次遍历代表切片m当前某个元素的索引位置，通过索引位置找到切片m的相应元素（即通过m[i] 找到相应元素），运行结果如图3-19所示。

图 3-18　运行结果

图 3-19　运行结果

除了遍历切片[]rune()之外，还可以使用range方法实现，它无须将字符串转换为切片[]rune()，直接遍历字符串即可，实现代码如下：

```
package main

import "fmt"

func main() {
    n := "Hi,Go语言"
    for _, s := range n{
        // %c输出每个字符
        // %d输出字符对应的十进制数
        fmt.Printf("%c—%d\n", s, s)
    }
}
```

3.7.6　字符位置与截取

在字符串中查找某个字符的索引位置，可以使用内置包strings的Index()或LastIndex()函数实现，当得到某个字符的索引位置后，还可以对字符串进行部分截取操作，实现代码如下：

```
package main

import (
    "fmt"
    "strings"
)

func main() {
    n := "hello-world-world-你好呀"
    // 获取字符串的子字符串world最开始的位置
    m := strings.Index(n, "world")
    fmt.Println("获取子字符串world的最开始位置: ", m)
```

```
    // 获取字符串的子字符串world在最末端的位置
    l := strings.LastIndex(n, "world")
    fmt.Println("获取world在最末端的位置: ", l)
    // 截取m往后的字符串
    k := n[m:]
    fmt.Println("截取m往后的字符串: ", k)
    // 截取m位置往后的3位字符串
    p := n[m:m+3]
    fmt.Println("截取m位置往后的3位字符串: ", p)
}
```

在上述代码中，分别使用了内置包strings的Index()和LastIndex()获取字符串的子字符串或字符索引位置，再通过字符串的索引位置实现字符串的截取功能，说明如下：

1）内置包strings的Index()的第一个参数是被查找的字符串，第二个参数是字符串的子字符串或字符，根据第二个参数（字符串的子字符串或字符）查找第一个参数（需要操作的字符串）第一次出现的位置，查找方式从左边开始。

2）内置包strings的LastIndex()参数与Index()的参数相同，查找方式为从左边开始，查找字符串的子字符串或字符最后出现的位置。

3）通过字符串的索引位置实现字符串的截取功能是在字符串后面加上中括号，在中括号中分别写入截取的起始位置和终止位置，如字符串m，其截取方式为：m[起始位置:终止位置]，如果没有设置起始位置，默认为左边的第一个字符的索引位置；如果没有设置终止位置，默认为左边最后一个字符的索引位置。

运行上述代码，运行结果如图3-20所示。

```
获取子字符串world的最开始位置: 6
获取world在最末端的位置: 12
截取m往后的字符串: world-world-你好呀
截取m位置往后的3位字符串: wor
```

图 3-20　运行结果

3.7.7　字符串分割

字符串分割是对字符串的某个子字符串或字符进行截取，这种操作类似切萝卜，将萝卜按照规定的长度切断，整个萝卜将分成一块一块的萝卜块。字符串就像是整个萝卜，分割后的字符串就像是一块块的萝卜块。

字符串分割由strings.Split()实现，它对字符串中的某个字符或子字符串进行分割，分割后以字符串类型的切片表示，语法如下：

```
strings.Split(s, sep)
```

语法说明如下：

● 参数s代表需要被分割的字符串。
● 参数sep代表分割的子字符串或字符。

根据strings.Split()的语法定义，结合实际例子加以说明，代码如下：

```
package main

import (
    "fmt"
```

```
        "strings"
)

func main() {
    n := "hello@-world@-I@-am@-Tom"
    // 对字符串的空格进行分割
    m := strings.Split(n, "@-")
    fmt.Printf("分割后的数据类型: %T\n", m)
    for _, i:= range m{
        // 输出分割后的每个字符串
        fmt.Println(i)
    }
}
```

在上述代码中，我们分别传递了参数n和字符串"@-"，参数n是需要被分割的字符串，字符串"@-"是分割的子字符串或字符，运行结果如图3-21所示。

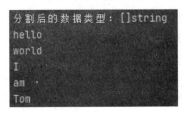

图 3-21　运行结果

3.7.8　字符串替换

字符串替换是将字符串已存在的字符或子字符串替换成新的字符或子字符串，它由内置包strings.Replace()实现，语法如下：

```
strings.Replace(s, old, new, n)
```

语法说明如下：

- 参数s代表需要被替换的字符串。
- 参数old代表替换前的子字符串或字符。
- 参数new代表替换后的子字符串或字符。
- 参数n代表替换次数。

根据strings.Replace()的语法定义，结合实际例子加以说明，代码如下：

```
package main

import (
    "fmt"
    "strings"
)

func main() {
    s := "hello world I am Tom"
```

```
    // 参数n代表替换的次数，从左边开始计算，-1代表替换全部
    m := strings.Replace(s, " ", "-", -1)
    fmt.Println(m)
    // 参数n等于1代表只替换一次
    k := strings.Replace(s, " ", "-", 1)
    fmt.Println(k)
}
```

strings.Replace()的4个参数都是必选参数，也就是说在使用过程中，必须为每个参数设置相应的参数值，否则程序将会提示异常信息，上述代码的运行结果如图3-22所示。

```
C:\Users\Administrator\AppData\Local
hello-world-I-am-Tom
hello-world I am Tom

Process finished with exit code 0
```

图 3-22 运行结果

3.8 转换数据类型

数据类型转换主要是整型、浮点型、字符串、布尔型等基础数据类型的转换，本节将讲述整型、浮点型、字符串的相互转换。

3.8.1 整型与浮点型

如果整型与浮点型之间涉及运算，建议将整型转换为浮点型再执行运算，不建议转为整型，因为浮点型转换为整型会丢失小数点后的数据，这样计算结果与实际结果存在误差。

整型与浮点型的相互转换可以使用内置函数方法int()、float64()或float32()实现，示例如下：

```
package main

import "fmt"

func main() {
    n := 123
    f := 123.456
    // 使用int()转为整型
    fmt.Printf("浮点型转整型: %T: %v\n", int(f), int(f))
    // 使用float64()或float32()转为浮点型
    fmt.Printf("整型转浮点型: %T: %v\n", float64(n), float64(n))
    // 整型与浮点型的运算
    m := int(f) + n
    k := float64(n) + f
    fmt.Printf("转整型再运算: %T: %v\n", m, m)
    fmt.Printf("转浮点型再运算: %T: %v\n", k, k)
}
```

分析上述代码，我们得出以下结论：

1）整型转换为浮点型可根据需求选择float64()或float32()。

2）浮点数转换为整型可以选择int()、int8()、int16()、int32()或int64()，一般情况下使用int()即可。

3）如果涉及整型与浮点型之间的运算，为了确保数据的准确性，都是将整型转换为浮点型再进行运算。

运行上述代码，运行结果如图3-23所示。

```
浮点型转整型：int8: 123
整型转浮点型：float64: 123
转整型再运算：int: 246
转浮点型再运算：float64: 246.45600000000002
```

图 3-23　运行结果

3.8.2　整型与字符串

整型与字符串的相互转换由内置包strconv的Itoa()和Atoi()方法实现，示例如下：

```go
package main

import (
    "fmt"
    "strconv"
)

func main() {
    // 整型转换为字符串
    s := strconv.Itoa(100)
    fmt.Printf("整型转换字符串: %T: %v\n", s, s)
    // 字符串转换为整型
    i, _ := strconv.Atoi("110")
    fmt.Printf("字符串转换整型: %T: %v", i, i)
}
```

上述代码中，我们使用了strconv的Itoa()和Atoi()方法将整型和字符串相互转换，具体说明如下：

1）strconv.Itoa()的参数传递整型数据，返回值是转换后的字符串。

2）strconv.Atoi()的参数传递字符串数据，并且字符串必须是数字格式，返回值分别是转换后的整型和异常信息。如果转换失败，异常信息为非空值；如果转换成功，异常信息为为空值（Go语言的空值为nil）。

运行上述代码，运行结果如图3-24所示。

上述例子只是讲述了int和string的相互转换，但整型分别有int8、int16、int32和int64类型，如果需要把字符串分别转换为int8、int16、int32和int64类型，可以使用strconv.ParseInt()方法实现，语法定义如下：

```
// 参数s代表需要转换的数字字符串
// 参数base是字符串进制数，值为2、8、10、16，对应二进制、八进制、十进制和十六进制
// 参数bitSize是整型类型，值为8、16、32、64，对应int8、int16、int32和int64
// 返回值i是转换后的结果
// 返回值err是转换失败的异常信息，如转换成功为空值（nil）
i, err := strconv.ParseInt(s, base, bitSize)
```

根据strconv.ParseInt()的语法定义，我们通过示例加以说明，代码如下：

```
package main

import (
    "fmt"
    "strconv"
)

func main() {
    // 字符串转换为整型int8
    k, _ := strconv.ParseInt("120", 10, 8)
    fmt.Printf("字符串转换整型int8: %T: %v\n", k, k)
    // 字符串转换为整型int16
    l, _ := strconv.ParseInt("120", 10, 16)
    fmt.Printf("字符串转换整型int16: %T: %v\n", l, l)
    // 字符串转换为整型int32
    m, _ := strconv.ParseInt("120", 10, 32)
    fmt.Printf("字符串转换整型int32: %T: %v\n", m, m)
    // 字符串转换为整型int64
    n, _ := strconv.ParseInt("120", 10, 64)
    fmt.Printf("字符串转换整型int64: %T: %v", n, n)
}
```

运行上述代码，运行结果如图3-25所示。

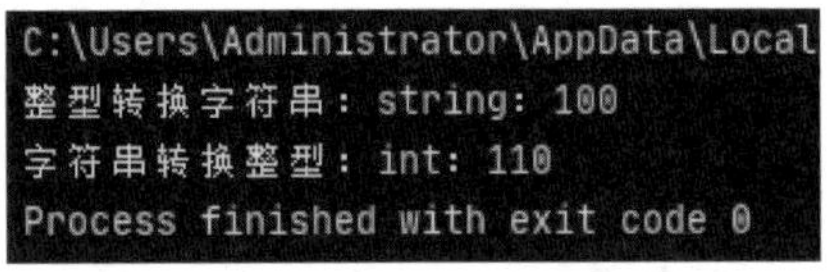

图 3-24 运行结果 　　　　图 3-25 运行结果

3.8.3 浮点型与字符串

浮点型与字符串的相互转换是通过strconv.FormatFloat()和strconv.ParseFloat()实现的，两者的语法定义如下：

```
// 浮点数转化为字符串
// 参数f代表需要转换的浮点数
// 参数fmt代表浮点数的标记格式
// 参数prec代表需要保留的位数，包括整数位数和小数点后的位数
// 参数bitSize代表浮点数类型，值为32或64，对应float32或float64
strconv.FormatFloat(f, fmt, prec, bitSize)
```

```
// 字符串转换为浮点数
// 参数s代表需要转换的字符串
// 参数bitSize代表浮点数类型，值为32或64，对应float32或float64
// 返回值f是转换后的结果
// 返回值err是转换失败的异常信息，如转换成功为空值（nil）
f, err := strconv.ParseFloat(s, bitSize)
```

从语法定义得知，strconv.FormatFloat()的参数fmt为格式标记，主要对浮点数的格式进行优化处理，比如改变数值进制或使用科学计数法等方式表示，它一共有6种标记格式，说明如下：

```
f: 表示-ddd.dddd格式
b: 表示-ddddp±ddd格式
e: 表示-d.dddde±dd格式
E: 表示-d.ddddE±dd格式
g: 表示指数较大的时候使用 "e" 格式，否则使用 "f" 格式
G: 表示指数较大的时候使用 "E" 格式，否则使用 "f" 格式
```

下面将通过简单的示例讲述浮点型与字符串的相互转换过程。

```go
package main

import (
    "fmt"
    "strconv"
)

func main() {
    // 浮点型转换为字符串
    f := 100.12345678901234567890123456789
    fmt.Println(strconv.FormatFloat(f, 'b', 5, 32))
    fmt.Println(strconv.FormatFloat(f, 'b', 5, 32))
    fmt.Println(strconv.FormatFloat(f, 'e', 5, 32))
    fmt.Println(strconv.FormatFloat(f, 'E', 5, 32))
    fmt.Println(strconv.FormatFloat(f, 'f', 5, 32))
    fmt.Println(strconv.FormatFloat(f, 'g', 5, 32))
    fmt.Println(strconv.FormatFloat(f, 'G', 5, 32))

    // 字符串转换为浮点型，类型为float32
    // strconv.ParseFloat()设有两个返回值
    s := "0.1234"
    k, _ := strconv.ParseFloat(s, 32)
    fmt.Printf("字符串转换浮点型，类型为float32: %T—%v\n", k, k)
    // 字符串转换为浮点型，类型为float64
    l, _ := strconv.ParseFloat(s, 64)
    fmt.Printf("字符串转换浮点型，类型为float64: %T—%v\n", l, l)
}
```

运行上述代码，运行结果如图3-26所示。

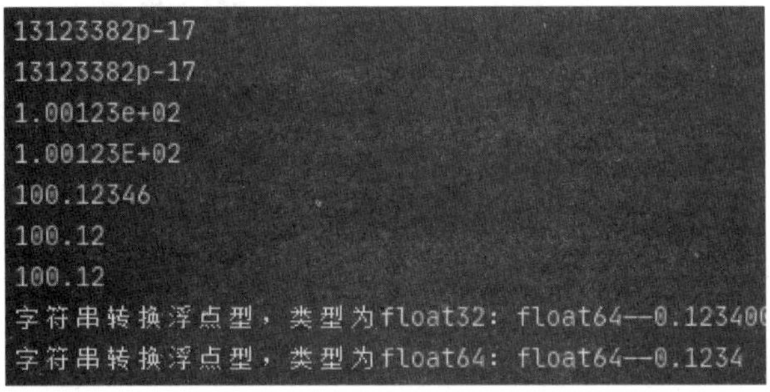

图 3-26 运行结果

除此之外，内置包strconv还提供了许多数据类型转换的函数方法，比如ParseBool()和FormatComplex()等，具体的函数方法如图3-27所示。

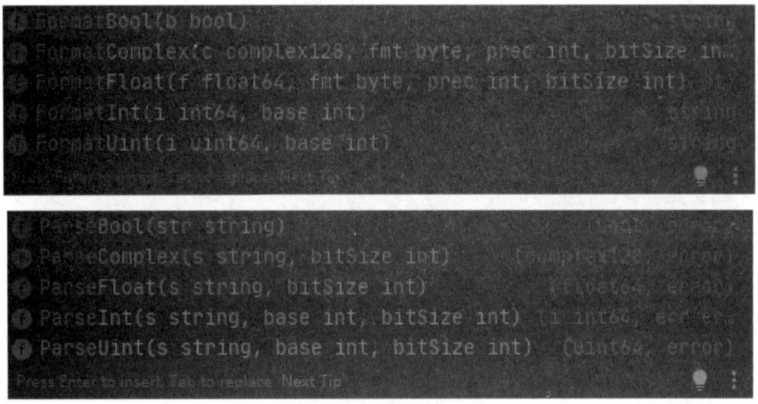

图 3-27 数据类型转换的函数方法

3.9 动手练习：编程实现在线客服热线

我们使用手机拨打客服电话的时候，都会听到客服的语音提示，以10086服务热线为例，当电话接通后就会听到："欢迎致电中国移动10086客服服务热线，业务查询请按1，手机充值请按2，业务办理请按3，语音导航请按4，人工服务请按0"。

根据语音提示并按相应的数字按键即可进入下一层的业务办理菜单，然后根据语音提示办理具体的业务。比如选择"业务查询请按1"，当按数字1的按钮后，客服热线会提示"话费查询请按1，套餐查询请按2"。当再次选择"话费查询请按1"并按数字1的按钮后，客服热线就会报读当前手机号码的话费余额信息，从而完成一次业务查询功能。

在Go语言中实现客服热线，整个功能的实现过程如下：

1）使用输出函数fmt.Printf()输出客服服务热线的语音提示。

2）使用输入函数fmt.Scanln()获取用户输入的数字，然后使用if语句判断用户输入的数字，从而进入下一层的语音提示。

3）如果下一层的语音提示还要选择功能业务，就重复步骤1）和2），否则输出功能业务的相关信息。

我们将功能的实现过程转化为代码形式表现，代码如下：

```go
package main

import (
    "fmt"
)

func main() {
    begin := '
    欢迎致电中国移动10086客服服务热线，业务查询请按1，手机充值请按2，
    业务办理请按3，语音导航请按4，人工服务请按0'
    fmt.Println(begin)
    // 定义变量
    var service int
    // 输出服务提示
    fmt.Println("请选择您的服务内容：")
    fmt.Scanln(&service)
    // 判断服务选择
    if service == 1 {
        // 业务查询
        // 输出业务查询的服务提示
        fmt.Println("话费查询请按1，流量查询请按2，套餐业务查询请按3")
        var num int
        fmt.Scanln(&num)
        if num == 1 {
            fmt.Println("您的话费余额为100元。")
        } else if num == 2 {
            fmt.Println("您的流量剩余100MB。")
        } else if num == 3 {
            fmt.Println("您的当前套餐为XXX。")
        }
    } else if service == 2 {
        // 手机充值
        // 输出手机充值的服务提示
        var codeNum string
        code := "123abc"
        fmt.Println("请输入充值卡的密码并按#键结束：")
        fmt.Scanln(&codeNum)
        // 将用户输入数据截取，去掉#
        if code == codeNum[:len(codeNum)-1] {
            fmt.Println("充值成功，您的余额为120元")
        } else {
            fmt.Println("充值失败，请输入正确的充值密码。")
        }
    } else if service == 3 {
        // 业务办理
    } else if service == 4 {
        // 语音导航
    } else if service == 0 {
        // 人工服务
    }
}
```

上述代码分别使用了输出函数fmt.Println()、输入函数fmt.Scanln()、if语句和字符串截取等基础知识，整个功能由if语句搭建，详细说明如下：

1）代码中最外层的if语句用于判断变量service的值，变量service是用户拨打10086之后首次听到的客服语音提示。

2）程序使用fmt.Println()和fmt.Scanln()提示并获取用户输入的数字，再由if语句判断用户输入的数字，从而执行相应的处理。

3）如果输入的数字为1，程序将执行if service == 1的代码块，从该代码块看到，变量num用于业务查询的客服语音提示，整个代码块的执行过程等于重复执行步骤1）和2），详细过程不再重复讲述。

4）如果用户输入的数字为2，程序将会执行else if service == 2的代码块，代码块中的变量code为充值卡密码，变量codeNum是用户输入的充值卡密码，由于用户输入的充值卡密码以#结束，因此要对输入数据进行截取处理（去掉#），然后检验两个变量是否相等，如果相等就提示充值成功，否则提示充值失败。

5）如果输入数字3、4或0，程序将会依次执行业务办理、语音导航和人工服务，但程序中没有编写相应的功能代码，这部分功能留给读者自行完成。

3.10　小　　结

Go语言的整型一共分为11种类型：int、int8、int16、int32、int64、uint、uint8、uint16、uint32、uint64和uintptr。

浮点数提供了float32和float64类型，在开发过程中，尽量使用float64定义，因为在浮点数累加运算中，float64存在的精度误差比float32的低。如果在定义过程中没有设置浮点类型，Go语言默认设置float64。

解决精度丢失最简单的方法是对浮点数的小数点部分进行截取或四舍五入处理，但这两种做法会导致数值和实际结果存在差异，若要获取最精准的计算结果，可以引入第三方包decimal解决。

复数分为两种类型，分别是complex128（64位实数和虚数）和complex64（32位实数和虚数），如果没有声明复数类型，默认为complex128。

布尔型数据只有两个值：false和true。false表示假，true表示真。关系（比较）运算符的结果是以布尔型表示的，流程控制的if和for语句也会使用布尔型数据。

字符分为两种类型：uint8和rune。uint8称为byte型，代表了ASCII码的一个字符；rune代表一个UTF-8字符，当处理中文、日文或者其他复合字符时，需要使用该类型，它等价于int32类型。字符类型uint8和rune分别对应编码ASCII和Unicode的UTF-8。

字符串操作分别有：字符串转义与格式化、字符串拼接、获取字符串长度、遍历字符串、字符位置与截取、字符串分割、字符串替换。

Go语言的数据类型都能实现相互转换，大部分的转换方法都在内置包strconv中定义了相应的函数方法。在转换过程中，必须掌握函数方法的参数设置和返回值。

第 4 章
流 程 控 制

本章内容：

- if的条件判断。
- if的多层嵌套。
- switch的多条件分支。
- for的循环遍历。
- for-range获取键值。
- break语句实现越级终止循环。
- continue语句跳过本次循环。
- goto语句实现代码跳转。
- 动手练习：编写一个简易计算器。

4.1　if的条件判断

　　条件判断是由if语句实现的，根据条件的判断结果（true或false）来执行相应的代码块。如图4-1所示是if语句的执行过程。

　　从图4-1中可大致了解if语句的具体执行过程，简单来说，if语句判断某个变量是否符合条件，如果符合就执行相应的代码块，如果不符合就执行另一个代码块。if语句的语法格式如下：

```
if 判断条件1 {
    执行语句1
}else if 判断条件2 {
    执行语句2
...
...
}else {
```

```
    执行语句N
}
```

if语句的语法格式说明如下：

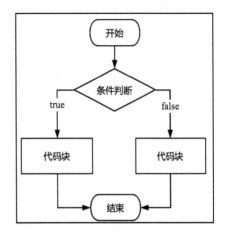

图4-1 if语句的执行过程

1）每个判断条件后面必须加上中括号"{}"，中括号里面编写符合条件所执行的功能代码。

2）在if语句中，只有一个if和else关键字，但允许有多个else if判断条件，语句出现的顺序必须为if→else if→else。

3）一个简单的if语句可以只有一个if关键字，else if和else可以省略。

程序在执行的时候，首先分析"判断条件1"是否为true，若为true，则执行 "执行语句1" 的代码块，否则往下执行，程序继续分析 "判断条件2" 是否为true，若为true，则执行 "执行语句2" 的代码块，否则继续往下执行，以此类推。如果所有条件判断不成立，程序最后就会执行else语句的 "执行语句N" 代码。

比如使用if语句实现简单的体重评测，代码如下：

```go
package main

import "fmt"

func main() {
    var weight int
    fmt.Printf("输入你的体重（kg）: ")
    fmt.Scan(&weight)
    fmt.Printf("\n")
    if weight < 40 {
        fmt.Printf("体重值为%v，偏轻\n", weight)
    }else if 40 <= weight && weight <= 70{
        fmt.Printf("体重值为%v，正常\n", weight)
    }else {
        fmt.Printf("体重值为%v，偏重\n", weight)
    }
}
```

上述代码分别运行3次，依次输入数值30、50和80，程序会依次输出体重偏轻、体重正常和体重偏重。

判断条件的变量还可以在if语句中定义，变量只能在if语句中使用，如果在if语句之外使用，则视为未定义变量，换句话说，在if语句中定义的变量，变量作用域只适用于if语句，示例如下：

```go
package main

import (
    "fmt"
    "math/rand"
    "time"
)

func main() {
```

```
    // 随机数
    rand.Seed(time.Now().Unix())
    // num := rand.Intn(100)从100中随机生成整数
    if num := rand.Intn(100); num < 20 {
        fmt.Printf("随机数为%v\n", num)
    }else if num > 20{
        fmt.Printf("随机数为%v\n", num)
    }
}
```

在if语句中定义变量能节省内存开支，因为变量只作用在if语句中，当if语句执行完毕后，Go语言会自动释放变量的内存地址，从而节省计算机的资源开支。

4.2 if的多层嵌套

一个if语句还可以嵌套多个if语句，只要在某个条件的代码中嵌套一个或多个if语句就能实现复杂的逻辑判断。if嵌套是把if…else if…else语句放在另一个if…else if…else语句的代码里面，语法格式如下：

```
if 判断条件1 {
    if 判断条件一 {
        执行语句一
    }else if 判断条件二 {
        执行语句二
    }else {
        执行语句三
    }
}else if 判断条件2 {
    if 判断条件四 {
        执行语句四
    }else if 判断条件五 {
        执行语句五
    }else {
        执行语句六
    }
}else {
    执行语句N
}
```

如果将体重评测加入年龄限制，在评测体重之前应先判断年龄大小，使体重评测更加准确，实现代码如下：

```
package main

import "fmt"

func main() {
    var weight, age int
    fmt.Printf("输入你的年龄: ")
    fmt.Scan(&age)
```

```go
    fmt.Printf("\n")
    fmt.Printf("输入你的体重（kg）: ")
    fmt.Scan(&weight)
    fmt.Printf("\n")
    if age < 10 {
        fmt.Printf("你的年龄为%v\n", age)
        if weight < 15 {
            fmt.Printf("体重值为%v, 偏轻\n", weight)
        }else if weight >= 15 && weight < 30 {
            fmt.Printf("体重值为%v, 正常\n", weight)
        }else{
            fmt.Printf("体重值为%v, 偏重\n", weight)
        }
    }else if 15 <= age && age <= 30{
        fmt.Printf("你的年龄为%v\n", age)
        if weight < 40 {
            fmt.Printf("体重值为%v, 偏轻\n", weight)
        }else if weight >= 40 && weight < 60 {
            fmt.Printf("体重值为%v, 正常\n", weight)
        }else{
            fmt.Printf("体重值为%v, 偏重\n", weight)
        }
    }else {
        fmt.Printf("你的年龄为%v\n", age)
        if weight < 60 {
            fmt.Printf("体重值为%v, 偏轻\n", weight)
        }else if weight >= 60 && weight < 80 {
            fmt.Printf("体重值为%v, 正常\n", weight)
        }else{
            fmt.Printf("体重值为%v, 偏重\n", weight)
        }
    }
}
```

从上述代码看到，最外层的if语句设置了3个条件判断，每个条件判断的代码再设置了3个条件判断，因此程序的路径数量为3×3=9，也就说在程序中输入体重和年龄后，程序根据数值大小会出现9种不同的输出结果。

在一个程序中，if语句嵌套得越多，程序的路径数量就越多，不仅会使代码冗余，而且业务逻辑更加臃肿复杂，对测试人员和功能的维护存在一定难度。

4.3 switch的多条件分支

多条件分支是由switch语句实现的，它根据某个变量值进行条件选择，并执行相应代码。图4-2所示是switch语句的执行过程。

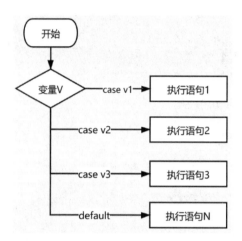

图 4-2　switch 语句的执行过程

从图4-2了解到switch语句的具体执行过程，它根据某个变量值进行选择，case语句是设置变量的区间值，只要变量符合其中某个case的区间值，程序就会自动执行相应的代码，如果所有case的区间值都不符合，则执行default的代码。switch语句的语法格式如下：

```
switch 变量 {
    case 值1:
        执行语句1
    case 值2:
        执行语句2
    default:
        执行语句N
    }

switch {
    case 变量的条件判断1:
        执行语句1
    case 变量的条件判断2:
        执行语句2
    default:
        执行语句N
}

switch 定义变量; 变量{
    case 变量的条件判断1:
        执行语句1
    case 变量的条件判断2:
        执行语句2
    default:
        执行语句N
}
```

switch语句的语法格式说明如下：

1）关键字switch后面可根据需要决定是否设置变量，并且末端必须加上中括号"{}"，中括号里面是执行关键字case的分支条件。

2）一个switch语句中可以设有多个关键字case，但只有一个关键字default。

3）关键字case是设置变量的判断条件，若符合条件，则运行case的执行语句，执行完毕后直接跳出整个switch语句，不再往下执行。

程序在执行switch语句的时候，case语句都是从上至下按顺序执行的，所以每个case的判断条件建议不要重合，不然很容易造成逻辑上的混乱。根据switch的语法格式分别列举应用例子，代码如下：

```go
package main

import (
    "fmt"
    "math/rand"
    "time"
)

func main() {
    // 使用方法1
    finger := 3
    switch finger {
        // 当变量finger=1的时候
        case 1:
            fmt.Println("大拇指")
        // 当变量finger=2的时候
        case 2:
            fmt.Println("食指")
        // 当变量finger=3的时候
        case 3:
            fmt.Println("中指")
        case 4:
            fmt.Println("无名指")
        case 5:
            fmt.Println("小拇指")
        default:
            fmt.Println("无效的输入! ")
    }

    // 使用方法2
    rand.Seed(time.Now().Unix())
    num := rand.Intn(100)
    switch {
        // 判断num是否大于20
        case num < 20:
            fmt.Printf("变量num的值为: %v，小于20\n", num)
        default:
            fmt.Printf("变量num的值为: %v，大于20\n", num)
    }

    // 使用方法3
    rand.Seed(time.Now().Unix())
    switch n := rand.Intn(9); n {
        // 变量n在 (1, 3, 5, 7, 9) 区间内
        case 1, 3, 5, 7, 9:
            fmt.Printf("奇数，值为: %v，小于20\n", n)
```

```
// 变量n在（2，4，6，8）区间内
case 2, 4, 6, 8:
        fmt.Printf("偶数，值为: %v，小于20\n", n)
default:
        fmt.Printf("啥也不是")
    }
}
```

上述代码列举了switch语句的3种使用方式，虽然在语法格式上存在细微差异，但整体上没有太大差异，总的来说，如果关键字switch后面设有变量，关键字case只需设置变量的区间值；如果关键字switch后面没有设置变量，关键字case必须对变量进行条件判断。运行上述代码，运行结果如图4-3所示。

默认情况下，当程序执行了某个case语句之后，它不再往下执行其他case语句，若想程序继续执行下一个case语句，可以在case语句中加入关键字fallthrough，示例如下：

```
package main

import "fmt"

func main() {
    finger := 1
    switch finger {
    // 当变量finger=1的时候
    case 1:
        fmt.Println("大拇指")
        fallthrough
    // 当变量finger=2的时候
    case 2:
        fmt.Println("食指")
        fallthrough
    // 当变量finger=3的时候
    case 3:
        fmt.Println("中指")
    case 4:
        fmt.Println("无名指")
    case 5:
        fmt.Println("小拇指")
    default:
        fmt.Println("无效的输入! ")
    }
}
```

运行上述代码，运行结果如图4-4所示。

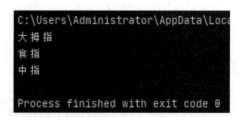

图 4-3　运行结果　　　　　　　　　图 4-4　运行结果

从运行结果看到，程序首先执行case 1的代码，由于case 1的代码设置了关键字fallthrough，程序继续执行case 2的代码；case 2的代码也设置了关键字fallthrough，所以程序继续执行case 3的代码，以此类推，直到执行关键字default的代码为止。上述代码的case 3没有写入关键字fallthrough，所以执行完case 3的代码后，程序就跳出整个switch语句。

4.4　for的循环遍历

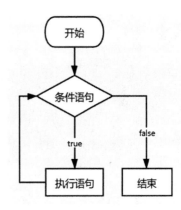

Go语言中的循环语句只支持for语法，不支持while和do while语法。for循环是对可迭代变量进行遍历输出，可迭代变量是指能执行循环输出的数据，比如切片、集合、数组、字符串或通道等数据。图4-5所示是for语句的执行过程。

for循环是根据条件语句的真假来决定是否执行下一个循环，它的基本语法如下：

```
for 变量初始值; 判断条件; 变量控制{
    执行语句
}
```

在for关键字后面分别设有变量初始值、判断条件和变量控制，三者的说明如下：

图 4-5　for 语句的执行过程

1）变量初始值：一般为赋值表达式，定义变量或给变量设置初始值。

2）判断条件：一般为关系表达式或逻辑表达式，控制是否继续执行循环，如果为true，则继续执行下一次循环，否则终止循环。

3）变量控制：一般为赋值表达式，对变量值执行递增或递减。

在实际应用中，for循环的变量初始值、判断条件和变量控制都是可选设置，可根据需要灵活组合，常用的组合方式如下：

```
for 变量初始值; 判断条件; 变量控制{
    执行语句
}

for 变量初始值; 判断条件{
    执行语句
}

for 判断条件{
    执行语句
}

for {
    执行语句
}
```

按照上述组合方式，我们通过简单的例子加以说明，代码如下：

```
package main

import "fmt"

func main() {
    // 组合方式一
    for i := 1; i < 10; i++ {
        fmt.Printf("本次循环: %v\n", i)
    }
    // 组合方式二
    for i := 1; i < 10; {
        fmt.Printf("本次循环: %v\n", i)
        i++
    }
    // 组合方式三
    var i int = 1
    for i < 5 {
        fmt.Printf("本次循环: %v\n", i)
        i++
    }
    // 组合方式四
    for {
        fmt.Printf("本次循环: %v\n", i)
        break
    }
}
```

上述4种组合方式有不同的应用场景，说明如下：

1）组合方式一的变量i在for循环中定义并初始化，并设置了循环条件，每次循环都将变量i递增1，当变量i等于或大于10的时候，程序会终止循环。

2）组合方式二的变量i也是在for循环中定义并初始化，同时也设置了循环条件，但变量i的递增或递减方式是在for循环的执行语句中设置的，这种方式可以灵活控制变量i的值，从而自由变换循环次数。

3）组合方式三只设置了循环条件，变量i的定义与初始化需在for循环之外实现，这种方式使for循环与循环之外的代码实现部分关联。

4）组合方式四是不设置任何条件，for循环等于一个死循环，它将会无止境执行循环语句，除非使用关键字break终止循环。

尽管Go语言只有for循环语句，但它能构建不同的组合方式，从而实现多种不同的循环方式，在开发中应结合实际需求灵活运用。

4.5　for-range获取键值

一般情况下，for循环是通过设置循环变量来执行循环次数的，如果要实现某个迭代变量的元素遍历输出，除了使用for循环之外，还可以使用for-range实现。

比如使用for循环和for-range分别对切片的元素遍历输出，实现代码如下：

```
package main

import "fmt"

func main() {
    myStr := []string{"Jack", "Mark"}
    // 使用for循环输出切片myStr的元素
    for i := 0; i < len(myStr); i++ {
        fmt.Printf("本次循环的次数为: %v\n", i)
        fmt.Printf("切片myStr的元素为: %v\n", myStr[i])
    }
    // 使用for-range输出切片myStr的元素
    for i, v := range myStr {
        fmt.Printf("本次循环的次数为: %v\n", i)
        fmt.Printf("切片myStr的元素为: %v\n", v)
    }
}
```

上述代码中定义了切片myStr，它设置了两个元素，使用for循环和for-range输出切片myStr的元素，说明如下：

1）for循环是从0开始计算循环次数的，循环次数为切片myStr的长度，将循环次数作为切片元素的下标索引，通过下标索引取得切片对应的元素。

2）for-range直接对切片myStr进行遍历输出，它是从左到右依次将切片元素输出的，变量i和v代表当前循环次数和当前循环结果（即得出当前某个切片元素）。

3）使用for-range循环遍历可迭代变量必然返回变量i和v，变量i称为可迭代变量的键，即当前循环次数，也是可迭代变量的某个元素所在的位置；变量v为可迭代变量在当前位置的元素值。

运行上述代码，运行结果如图4-6所示。

图 4-6　运行结果

4.6　break越级终止循环

当程序执行for语句、switch语句或select语句的时候，如果在特定条件下需要终止当前操作，可以使用关键字break实现。

在for语句中，如果当前条件需要终止for循环，使程序不再循环执行，可以在for语句中加入关键字break。

在switch语句中，当switch的判断条件符合某个case的时候，程序将会执行case语句中的代码，并且终止switch语句，程序能终止switch语句是因为case语句中默认设置了关键字break。

在select语句中，select语句与switch语句实现的功能相似，但它监听通道的IO操作，它的case语句也默认设置了关键字break。

关键字break在for语句中最为常用，而且使用非常简单，只要在for语句中写入关键字break即可。在实际开发中，语法嵌套使用是很常见的事，比如for循环嵌套、for-switch嵌套、for-select嵌套等，如果出现多层嵌套，关键字break还能终止指定位置的循环变量，示例如下：

```
package main

import "fmt"

func main() {
    // 在最外层循环中设置标签，标签名自行修改
    for1:
    for i := 0; i < 3; i++ {
        for k := 1; k < 10; k++ {
            fmt.Printf("%v:%v\n", i, k)
            // break后加上标签名，直接终止最外层循环
            break for1
        }
    }
}
```

在多层语法嵌套中，若想要最内层的语句能直接终止整个嵌套，首先在语句前面添加标签，然后在关键字break后面添加标签名，当程序执行到关键字break就会终止标签的代码语句。

比如上述例子实现for循环嵌套，运行结果如图4-7所示。最外层for循环设置了标签for1，它里面嵌套了一个for循环，内层for循环在关键字break后面添加标签for1，当程序执行到关键字break的时候，它直接终止最外层的for循环。

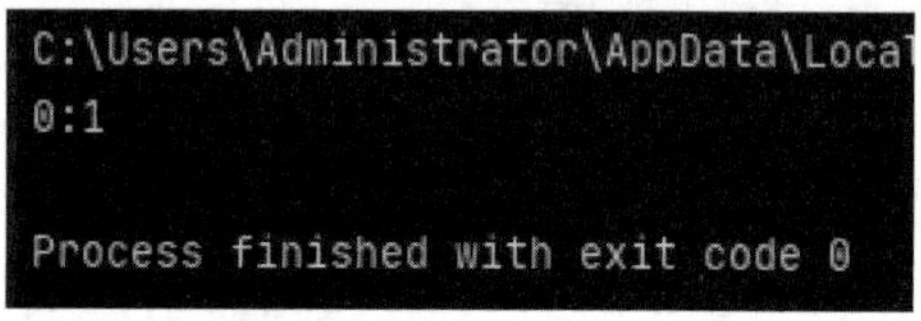

在其他编程语言中，关键字break只能终止当前的for循环，不支持越级终止，Go语言的越级终止能简化代码并且减少代码逻辑上的混乱。

图 4-7　运行结果

4.7　continue跳过本次循环

关键字continue只适用于for循环，它是跳过本次循环直接进入下一次循环，在关键字continue后面的代码不再执行，它的语法如下：

```
for 变量初始值; 判断条件; 变量控制 {
    执行语句1
    continue
    执行语句2
}
```

一般情况下，在for循环中使用关键字continue都是在特定条件下才触发，如果不给关键字continue设置触发条件，程序将永远无法执行关键字continue后面的代码，示例如下：

```
package main

import "fmt"

func main() {
    for i := 1; i < 5; i++ {
        if i == 2 {
            continue
        }
        fmt.Printf("本次循环次数为: %v\n", i)
    }
}
```

当变量i等于2的时候，程序就会跳过当前循环，不再执行fmt.Printf()语句，如果不为关键字continue设置触发条件（即变量i等于2），程序永远不会执行fmt.Printf()语句。程序运行结果如图4-8所示。

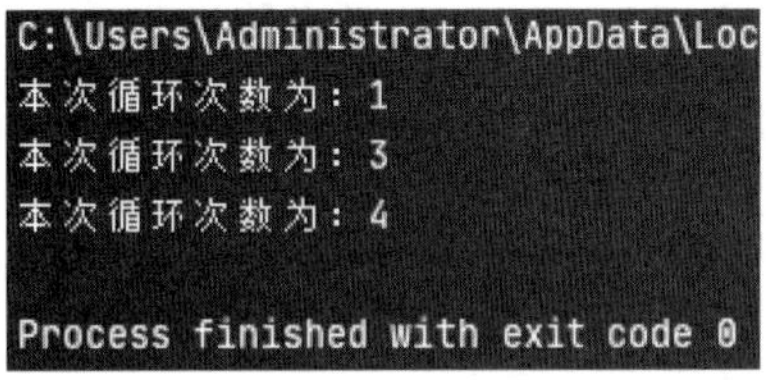

```
C:\Users\Administrator\AppData\Loc
本次循环次数为: 1
本次循环次数为: 3
本次循环次数为: 4

Process finished with exit code 0
```

图4-8　运行结果

4.8　goto跳到指定代码

关键字goto通过标签进行代码之间的无条件跳转，它不仅能快速跳出循环，还能简化重复性代码，基本语法如下：

```
for 变量初始值; 判断条件; 变量控制 {
    goto 标签名
}
for 变量初始值; 判断条件; 变量控制 {
    goto 标签名
}
标签名:
    执行语句
```

关键字goto的后面必须加上标签名，程序查找对应标签并执行标签下面的代码。定义的标签名以及代码必须在goto关键字后面，否则程序会陷入无限循环，示例如下：

```
package main

import "fmt"

func main() {
    gofunc:
        fmt.Printf("使用goto跳转\n")
        for i := 1; i < 5; i++ {
```

```
        if i == 2 {
            goto gofunc
        }
        fmt.Printf("本次循环次数为: %v\n", i)
    }
}
```

运行上述代码，运行结果如图4-9所示。

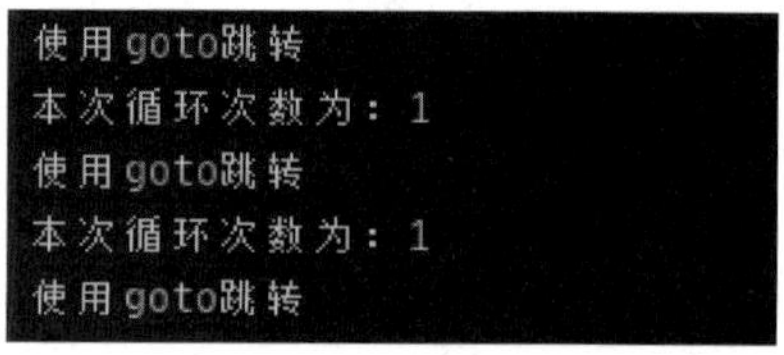

程序一开始运行的时候，首先执行for循环，当变量i
等于2的时候，程序将跳出循环执行标签gofunc的代码，由
于程序的执行顺序是从上至下，所以程序执行标签gofunc
的代码之后仍会执行for循环语句，这样使程序陷入无限循
环状态。

图 4-9 运行结果

为了解决goto带来的无限循环问题，定义的标签名以及代码最好放在程序的末端位置，示例
如下：

```
package main

import "fmt"

func main() {
    for i := 1; i < 5; i++ {
        if i == 2 {
            goto gofunc
        }
        fmt.Printf("本次循环次数为: %v\n", i)
    }
    gofunc:
        fmt.Printf("使用goto跳转\n")
    fmt.Printf("程序结束了")
}
```

由于标签gofunc的代码是在程序的末端位置，当跳转并执行gofunc的代码时，程序不再执行for
循环语句，只执行fmt.Printf()语句，这样就能避免程序进入无限循环状态。上述代码运行结果如
图4-10所示。

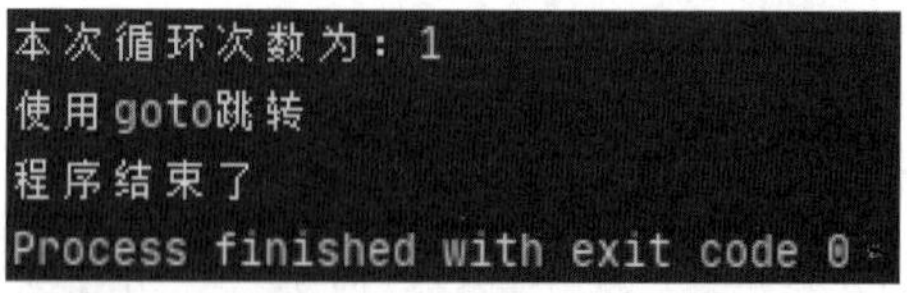

图 4-10 运行结果

4.9 动手练习：编程实现简易计算器

计算器是学习办公中常见的工具之一，最简单的计算器能实现多个数字之间的四则运算（加
减乘除）。如果将计算器功能通过程序实现，那么程序应如何设计才更为合理？

　　计算器包含用户输入和运算结果输出，这两部分功能需要程序与用户发生交互，用户输入包含数字和运算符号，数字又分为整数和浮点数。程序根据用户输入区分数据类型，从而完成四则运算。

　　下面讲述如何实现两个数字之间的四则运算，这也是计算器的基础功能。首先将两个数字的四则运算以公式表示：

```
C = A + B
C = A - B
C = A * B
C = A / B (B不能为0)
```

　　从运算公式发现，A和B可视为用户输入的数字，C是运算结果，四则运算符也是通过用户输入的，它在A和B之间。换句话说，用户需要输入3个数据：两个数字和一个运算符，我们将两个数字分别存放在两个浮点型的变量中，运算符存放在一个字符串类型的变量中，然后通过for循环和if判断实现四则运算，代码如下：

```go
package main

import (
    "fmt"
)

func main() {
    // 定义变量action，用于功能选择
    var action string
    // 定义变量data，存储当前输入的数据
    var d1, d2 float64
    // 定义变量opt，存储输入的运算符
    var opt string
    // 定义变量result，存储计算结果
    var result interface{}
    // 设置死循环，执行多次计算
    for {
        // 输出操作提示
        fmt.Printf("请输入选择，按1计算，按2退出: \n")
        // 存储用户输入的数据
        fmt.Scanln(&action)
        // 进入计算操作
        if action == "1" {
            for i := 0; i < 2; i++ {
                // 输出操作提示
                fmt.Printf("请输入数字: \n")
                // 存储用户输入的数据
                if i == 0 {
                    fmt.Scanln(&d1)
                } else {
                    fmt.Scanln(&d2)
                }
            }
            // 输出操作提示
            fmt.Printf("请输入运算法则，可选择+-*/: \n")
```

```
    // 存储用户输入中数据
    fmt.Scanln(&opt)
    // 根据输入运算符执行对应计算
    if opt == "+" {
        result = d1 + d2
    }
    if opt == "-" {
        result = d1 - d2
    }
    if opt == "*" {
        result = d1 * d2
    }
    if opt == "/" {
        if d2 != 0.0 {
            result = d1 / d2
        } else {
            result = "除数为0无法计算"
        }
    }
    // 输出计算结果
    fmt.Printf("%v %v %v = %v\n", d1, opt, d2, result)
    }
    // 退出死循环，终止死循环
    if action == "2" {
        break
    }
    }
}
```

分析上述代码结构得知：

1）首先定义变量action、d1、d2、opt和result。变量d1、d2和opt用于存储用户输入；变量action 是用户操作提示；变量result为空接口类型，用于存储计算结果，空接口能存储任意类型的数据，因为计算过程中可能出现除数为0，因此将异常信息也存放在变量result中。

2）下一步使用for语句设置死循环，每次循环使用fmt.Printf()和fmt.Scanln()输出用户提示和获取用户输入。如果用户输入1，则程序进入四则运算；如果用户输入2，则终止死循环，程序结束运行。

3）如果用户输入1，程序将执行for循环，循环次数为2，每次循环提示用户输入数字，输入数字分别存储在变量d1和d2中。循环结束后，程序再提示用户输入运算符，运算符存储在变量opt中，通过if语句判断变量opt执行相应运算，运算结果存储在变量result中，最终将运算结果输出。

运行上述代码，按照程序提示输入数据，比如输入12、0和/，程序执行12/0的计算，运行结果如图4-11所示。

如果要实现多个数据之间的四则运算，那么还要考虑运算符的优先级，根据先乘除后加减的原则决定数据之间的运算顺序，读者不妨思考一下如何实现这个功能逻辑。

```
请输入选择，按1计算，按2退出：
请输入数字：
请输入数字：
请输入运算法则，可选择+-*/：
12 / 0 = 除数为0无法计算
请输入选择，按1计算，按2退出：
```

图 4-11　运行结果

4.10 小　结

if语句的语法格式说明如下：

1）每个判断条件后面必须加上中括号"{}"，中括号里面编写符合条件所执行的功能代码。

2）在if语句中，只有一个if和else关键字，但允许有多个else if判断条件，语句出现的顺序必须为if→else if→else。

3）一个简单的if语句可以只有一个if关键字，else if和else可以省略。

一个if语句还可以嵌套多个if语句，只要在某个条件的代码中嵌套一个或多个if语句就能实现复杂的逻辑判断。if嵌套是把if…else if…else语句放在另一个if…else if…else语句的代码里面。

switch语句的语法格式说明如下：

1）关键字switch后面可根据需要决定是否设置变量，并且末端必须加上中括号"{}"，中括号里面是执行关键字case的分支条件。

2）一个switch语句中可以设有多个关键字case，但只有一个关键字default。

3）关键字case用于设置变量的判断条件，如符合条件则运行case的执行语句，执行完毕后直接跳出整个switch语句，不再往下执行。

在for关键字后面分别设有变量初始值、判断条件和变量控制，三者的说明如下：

1）变量初始值：一般为赋值表达式，定义变量或给变量设置初始值。

2）判断条件：一般为关系表达式或逻辑表达式，控制是否继续执行循环，如果为true，则继续执行下一次循环，否则终止循环。

3）变量控制：一般为赋值表达式，对变量值执行递增或递减。

关键字break在for语句中最为常用，而且使用非常简单，只要在for语句中写入关键字break即可。如果代码中涉及多层语法嵌套，只要在关键字break后面添加标签名，程序执行到关键字break就会终止标签对应的代码语句。

关键字continue只适用于for循环，它是跳过本次循环直接进入下一次循环，在关键字continue后面的代码不再执行。

关键字goto通过标签进行代码之间的无条件跳转，它不仅能快速跳出循环，还能简化重复性代码。关键字goto的后面必须加上标签名，程序查找对应标签并执行标签下面的代码。关键字goto定义的标签名以及代码最好放在程序的末端位置，否则程序有可能进入死循环。

第 5 章
指　　针

本章内容：

- 指针的概念。
- 指针定义与空指针。
- 指针的赋值与取值操作。
- 切片指针。
- 指针的指针。
- 动手练习：彩票36选7程序的编写。

5.1　指针的概念

指针是一个用来指向内存地址的变量，指针一般出现在机器语言中，如汇编语言或C语言等。指针图解如图5-1所示。

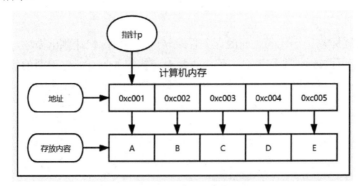

图 5-1　指针图解

在定义变量的时候，计算机都会为变量自动分配内存地址，指针用来存储这些变量的内存地址。为什么Go语言定义变量必须声明数据类型？因为不同类型的数据占用不同的存储空间，导致内存地址分配大小各不相同，所以指针只能存放同一类型变量的内存地址，比如整型的指针只能存储整型变量的内存地址。

Go语言的指针变量也会分配内存地址，但它的值用来存放其他变量的内存地址，指针变量分为两种：类型指针和切片指针，两者说明如下：

- 类型指针允许对数据进行修改，直接使用指针传递数据，无须复制数据，但类型指针不能进行偏移和运算。
- 切片指针是切片类型的指针，它包含起始元素的原始指针、元素数量和容量。

Go语言对指针的使用不同于C语言，它对指针设置了约束和拆分，但仍拥有指针高效访问的特点，并且不会发生指针偏移，从而避免了非法修改数据的问题，并且指针的释放和回收也是由Go语言的资源回收机制实现。

在学习Go语言的指针之前，还需要了解指针的相关概念，如指针变量、指针类型、指针赋值和指针取值。

1）指针也称为指针变量，即用来存放内存地址的变量，一般情况下，内存地址的数据格式以0xcXXXXXXX表示，如0xc0000180a8或0xc0000ac058等。指针是一个变量，也有自己的内存地址，它存放的内存地址是另一个变量的内存地址，这一概念必须梳理清楚。

2）指针类型是指针存放的内存地址的大小，比如指针a定义为int类型，它只能存放整型变量的内存地址，所以在使用指针的时候必须声明指针类型，确保指针只能存放一种数据类型。

3）指针赋值将某个变量的内存地址赋值给指针，在某个变量前面使用取地址操作符"&"即可获取变量的内存地址。

4）指针取值从指针变量中通过某个变量的内存地址获取对应的数值，只需在指针变量前面使用取值操作符"*"即可。

5.2　指针定义与空指针

在Go语言中使用关键字var定义指针变量，在指针变量的数据类型前面加上符号"*"，语法格式如下：

```
var name *type
```

语法说明如下：

- name代表指针变量名，可自行命名，但必须遵从标识符命名规则。
- type是指针变量的数据类型，如数字、字符串、切片等Go语言内置的数据类型。

根据指针的定义语法，我们可以定义不同数据类型的指针变量，示例代码如下：

```
package main

import "fmt"
```

```
func main() {
    // 定义int类型的指针变量
    var pint *int
    fmt.Printf("指针值为: %v, 空间地址: %v\n", pint, &pint)
    // 定义float64类型的指针变量
    var pfloat *float64
    fmt.Printf("指针值为: %v, 空间地址: %v\n", pfloat, &pfloat)
    // 定义string类型的指针变量
    var pstr *string
    fmt.Printf("指针值为: %v, 空间地址: %v\n", pstr, &pstr)
    // 定义bool类型的指针变量
    var pbool *bool
    fmt.Printf("指针值为: %v, 空间地址: %v\n", pbool, &pbool)
    // 定义byte类型的指针变量
    var pbyte *byte
    fmt.Printf("指针值为: %v, 空间地址: %v\n", pbyte, &pbyte)
}
```

运行上述代码，运行结果如图5-2所示。

图 5-2　运行结果

当指针定义之后，它仅仅是一个特殊变量，Go语言自动为其分配内存地址，但它的值是空值（Go语言的空值以nil表示），也称为空指针。

定义指针还可以使用内置函数方法new()实现，但定义的指针会为其设置默认值，比如定义字符串类型的指针，它将会指向一个空字符串的内存地址；定义一个整型类型的指针，它将会指向一个数值为0的内存地址，示例如下：

```
package main

import "fmt"

func main() {
    ptr := new(int)
    fmt.Printf("ptr指向的变量值为: %v, 空间地址: %v\n", *ptr, &ptr)
}
```

运行上述代码，运行结果如图5-3所示。

图 5-3　运行结果

5.3 指针赋值与取值

在Go语言编程中，所有变量先定义后使用，当指针变量定义之后，下一步对变量进行操作。指针赋值是设置指针变量的值，但指针变量的值只能是某个变量的内存地址；指针取值是通过指针变量的值得到某个变量的内存地址，再从内存地址获取该变量的值。

指针赋值与取值的语法格式如下：

```
var name int = 200
var ptr *int
// 指针赋值，将name的内存地址赋值给ptr
ptr = &name
// 指针取值，在ptr前面使用"*"获取name的值
name1 := *ptr
```

语法说明如下：

- name代表变量名，数据类型为整型，变量值为200。
- ptr是指针变量，设置为整型。
- 指针赋值通过取地址操作符"&"将变量name的内存地址赋值给指针变量。
- 指针取值通过取值操作符"*"从指针变量存储的内存地址获取变量name的值。

指针赋值和取值是通过取地址操作符"&"和取值操作符"*"实现的，它们是一对互补操作符。"&"取出内存地址，"*"根据内存地址取出对应的数值。我们根据语法格式编写应用示例，代码如下：

```
package main

import "fmt"

func main() {
    var a int = 200
    fmt.Printf("变量a的空间地址: %v\n", &a)
    // 定义int类型的指针变量
    var pint *int
    fmt.Printf("指针值为: %v, 空间地址: %v\n", pint, &pint)
    pint = &a
    fmt.Printf("指针值为: %v, 空间地址: %v\n", pint, &pint)
    fmt.Printf("指针值的值为: %v, 空间地址: %v\n", *pint, &pint)
}
```

运行上述代码，运行结果如图5-4所示。

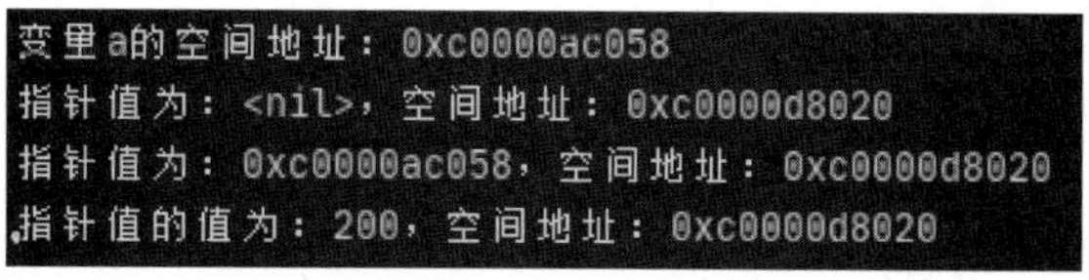

图 5-4 运行结果

从上述示例看到，指针pint分别经过定义、赋值和取值操作，说明如下：

1）指针pint定义的时候为空指针，其内存地址为0xc0000d8020。

2）通过取地址操作符"&"将变量a的内存地址赋值给指针pint，指针pint的内存地址保持不变，其值变为变量a的内存地址。

3）最后在指针pint前面使用取值操作符"*"，从指针pint的值（即变量a的内存地址）取出变量a的数据，指针pint的内存地址保持不变。

我们将指针赋值和取值的过程通过图解方式演示，如图5-5所示。

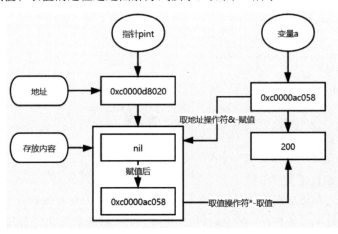

图 5-5　指针赋值与取值图解

综上所述，指针是Go语言的一种特殊变量，它存放的数据是计算机的内存地址，它的数据来自某个变量的内存地址，通过取地址操作符"&"将某个变量的内存地址完成赋值。如果直接从指针取值，只能获得某个变量的内存地址，若要获得某个变量的数值，需要在指针前面使用取值操作符"*"。

取值操作符"*"不仅能通过指针获取某个变量的数值，还能通过指针修改某个变量的数值，示例如下：

```
package main

import "fmt"

func main() {
    var b int = 100
    var pint *int
    fmt.Printf("指针存放的变量值为: %v, 空间地址: %v\n", pint, &pint)
    // 将变量b的内存地址赋值给指针pint
    pint = &b
    fmt.Printf("指针存放的变量值为: %v, 空间地址: %v\n", *pint, &pint)
    // 通过取值操作符 "*" 修改变量b的值
    *pint = 666
    fmt.Printf("指针存放的变量值为: %v, 空间地址: %v\n", *pint, &pint)
}
```

运行上述代码，运行结果如图5-6所示。

```
指针存放的变量值为：<nil>，空间地址：0xc000006028
指针存放的变量值为：100，空间地址：0xc000006028
指针存放的变量值为：666，空间地址：0xc000006028
```

图 5-6　运行结果

5.4　切 片 指 针

切片是一种比较特殊的数据结构，这种数据结构更便于使用和管理数据集合。切片是围绕动态数组的概念构建的，可以按需自动增长和缩小，总的来说，切片可理解为动态数组，并根据切片里的元素自动调整切片长度。

Go语言的切片指针是以切片表示的，切片的每个元素只能存放内存地址，切片指针的语法定义如下：

```
// 定义方式一
var name []*type
// 定义方式二
name := []*type{}
```

语法说明如下：

- name代表指针变量名，可自行命名，但必须遵从标识符命名规则。
- type是指针变量的数据类型，如数字、字符串等Go语言内置的数据类型。

切片指针的定义与切片定义是相同的，只要在数据类型前面使用符号"*"即可变为切片指针。由于切片有多种不同的定义方式，因此切片指针也会有多种定义方式，上述语法只列举了常用的定义方式，有关切片定义将会在后续章节中详细讲述。

切片指针可以将多个变量的内存地址存放在切片中，这样方便管理多个变量，当需要修改某个变量的时候，由于变量的内存地址是不会改变的，直接修改变量或者从切片指针修改变量即可，修改后的数据都会同步到变量和切片指针中，示例如下：

```
package main

import "fmt"

func main() {
    // 定义一个空的字符串类型的切片指针
    var pslice []*string
    fmt.Printf("切片指针的元素: %v, 内存地址: %v\n", pslice, &pslice)
    // 定义变量a、b、c并赋值
    var a, b string
    a, b = "a", "b"
    fmt.Printf("变量a、b的内存地址: %v、%v\n", &a, &b)
    // 使用内置函数方法append()将变量a、b、c的内存地址添加到切片指针
    pslice = append(pslice, &a)
    pslice = append(pslice, &b)
    fmt.Printf("切片指针的元素: %v\n", pslice)
```

```
    // 输出切片指针的元素所对应的数值
    // 使用取值操作符 "*" 从内存地址取值
    for _, k := range pslice{
        fmt.Printf("切片指针的元素所对应值: %v\n", *k)
    }
    // 从切片指针修改变量a的值，输出变量a
    *pslice[0] = "hello"
    fmt.Printf("修改后的变量值为: %v\n", a)
    // 修改变量b的值，输出切片指针的变量b的值
    b = "Golang"
    fmt.Printf("修改后的变量值为: %v\n", *pslice[1])
}
```

运行上述代码，运行结果如图5-7所示。

```
切片指针的元素: []，内存地址: &[]
变量a、b的内存地址: 0xc00003e240、0xc00003e250
切片指针的元素: [0xc00003e240 0xc00003e250]
切片指针的元素所对应值: a
切片指针的元素所对应值: b
修改后的变量值为: hello
修改后的变量值为: Golang
```

图 5-7 运行结果

分析上述代码，我们能得出以下结论：

1）切片指针定义后，如果没有设置初始值，默认为空，由于切片是动态数组，其数据长度能自动调整，Go语言不会分配内存地址，因此无法通过取地址操作符"&"获取切片指针的内存地址。

2）若将变量a、b写入切片指针，只能将变量a、b的内存地址写入切片指针，切片指针只能存放内存地址的数据格式。

3）使用for-range循环输出切片指针，只能输出存放在切片指针的内存地址，如果要通过内存地址获取对应数值，需要使用取值操作符"*"。

4）修改变量的值不会改变变量的内存地址，所以修改变量a或变量b的值，再从切片指针中获取变量a或变量b的值，输出结果都是变量a或变量b修改后的数值。同理，如果从切片指针中修改变量a或变量b的值，输出的变量a或变量b的值都是修改后的数值。

如果不掌握切片指针的基本原理，在实际开发中程序很容易埋下难以寻找的bug，示例如下：

```
package main

import (
    "fmt"
    "strconv"
)

func main() {
    // 定义一个空的字符串类型的切片指针
    var pslice []*string
    // 定义字符串类型的变量a
    var a string
```

```
// 循环5次，当前循环次数赋值给变量a，再写入切片指针
for i := 0; i < 5; i++ {
    a = strconv.Itoa(i)
    pslice = append(pslice, &a)
}
// 输出切片指针的元素的数值
for _, k := range pslice {
    fmt.Printf("切片指针的元素: %v, 元素的值: %v\n", k, *k)
}
}
```

分析上述代码，它定义了变量a和切片指针pslice，再执行了两次for循环。第一次for循环是将每次循环次数赋值给变量a，然后将变量a的内存地址写入切片指针pslice；第二次for循环是输出切片指针pslice的元素和元素值，运行结果如图5-8所示。

```
切片指针的元素: 0xc00003e240, 元素的值: 4
切片指针的元素: 0xc00003e240, 元素的值: 4
切片指针的元素: 0xc00003e240, 元素的值: 4
切片指针的元素: 0xc00003e240, 元素的值: 4
切片指针的元素: 0xc00003e240, 元素的值: 4
```

图 5-8　运行结果

从图5-8看到，切片指针pslice的所有元素都是同一个内存地址，元素值皆为4，这说明在for循环中，每次循环都是将同一个内存地址的变量a写入切片指针pslice，变量a的值不断被修改，直到最后一次循环为止，由于指针pslice的所有元素都是来自同一个变量a，因此它们的内存地址和数值都是相同的。

如果要修改上述问题，只能在第一次for循环中重新定义变量a，每次循环为变量a重新赋予新的内存地址，代码如下：

```
package main

import (
    "fmt"
    "strconv"
)

func main() {
    // 定义一个空的字符串类型的切片指针
    var pslice []*string
    // 循环5次，当前循环次数赋值给变量a，再写入切片指针
    for i := 0; i < 5; i++ {
        // 定义字符串类型的变量a
        var a string
        a = strconv.Itoa(i)
        pslice = append(pslice, &a)
    }
    // 输出切片指针的元素的数值
    for _, k := range pslice {
```

```
        fmt.Printf("切片指针的元素: %v, 元素的值: %v\n", k, *k)
    }
}
```

运行上述代码，运行结果如图5-9所示。

```
切片指针的元素: 0xc00003e240, 元素的值: 0
切片指针的元素: 0xc00003e250, 元素的值: 1
切片指针的元素: 0xc00003e270, 元素的值: 2
切片指针的元素: 0xc00003e280, 元素的值: 3
切片指针的元素: 0xc00003e290, 元素的值: 4
```

图 5-9　运行结果

5.5　指针的指针

指针的指针是一个指针变量指向另一个指针变量，另一个指针变量指向某个变量，如指针A的值是指针B的内存地址，指针B的值是某个变量的内存地址，如图5-10所示。

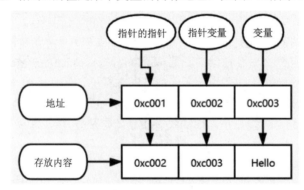

图 5-10　指针的指针

从图5-10看到，指针的指针（指针A）、指针变量（指针B）和某个变量的内存地址之间形成了一种递进关系。指针的指针的使用方式与指针的使用方式略有不同，其语法格式如下：

```
// 定义指针的指针
var name **type
// 从指针的指针获取某个变量的值
v := **name
```

语法说明如下：

- name代表指针变量名，使用两个取值操作符"*"定义为指针的指针。
- type是指针变量的数据类型，如数字、字符串、切片等Go语言内置的数据类型。
- v是从指针的指针获取某个变量的值，必须使用两个取值操作符"*"实现。

根据指针的指针的语法格式，我们编写简单的应用示例，代码如下：

```
package main

import (
    "fmt"
)

func main() {
    var str string = "hello"
    var ptr *string
    var pptr **string
    ptr = &str
    pptr = &ptr
    fmt.Printf("字符串str为: %v, 空间地址为: %v\n", str, &str)
    fmt.Printf("指针变量ptr为: %v, 空间地址为: %v\n", ptr, &ptr)
    fmt.Printf("指针的指针pptr为: %v, 空间地址为: %v\n", pptr, &pptr)
    // 从指针的指针取某个变量值
    fmt.Printf("指针的指针pptr取变量str的值: %v\n", **pptr)
}
```

在上述代码中，我们分别定义了变量str、指针变量ptr和指针的指针pptr，三者之间的关系说明如下：

1）变量str的数据类型为字符串，变量值为hello，其内存地址为A。

2）指针ptr为字符串类型的指针变量，存放变量str的内存地址（即内存地址A），指针ptr的内存地址为B。

3）指针的指针pptr为字符串类型，存放指针ptr的内存地址（即内存地址B），指针的指针pptr的内存地址为C，如果从指针的指针pptr获取变量str的值，必须使用两个取值操作符"*"。

运行上述代码，运行结果如图5-11所示。

图 5-11 运行结果

5.6 动手练习：编程实现彩票36选7

彩票36选7由购买者从1～36个号码中选取6个号码为基本号码和1个号码为特别号码的彩票游戏，购买者根据购买的7个号码与彩票管理中心公布的开奖结果对比，如果两者的号码匹配成功并且匹配数量达到要求则视为中奖，中奖分为6个等级，每个等级的要求如下：

- 一等奖：选中6个基本号码和1个特别号码。
- 二等奖：选中6个基本号码。
- 三等奖：选中5个基本号码和1个特别号码。

- 四等奖：选中5个基本号码。
- 五等奖：选中4个基本号码和1个特别号码。
- 六等奖：选中4个基本号码或选中3个基本号码和1个特别号码。

分析36选7的彩票游戏规则得知，整个游戏可以分为3个流程：

1）购买者购买7个号码，每个号码的范围值为1～36。

2）彩票管理中心公布开奖结果，公布7个中奖号码，每个号码的选取是随机不重复的，真实模拟摇奖机摇奖功能。

3）购买者的7个号码和公布开奖的7个号码进行对比，将符合匹配条件的号码输出。

在设计程序的时候，我们必须按照游戏流程实现程序功能，整个程序架构也是分为3部分：购买号码、公布开奖号码和兑奖，代码如下：

```go
package main

import (
    "fmt"
    "math/rand"
    "time"
)

func main() {
    // 购买号码
    // 定义变量myNum, 存放用户当前输入的数据
    var myNum int
    // 定义变量myNums, 存放用户所有输入的数据
    var myNums []int
    // 循环7次, 给用户输入7个数据
    for i := 0; i < 7; i++ {
        // 输出操作提示
        fmt.Printf("请输入第%v位号码: \n", i+1)
        // 存储用户输入的数据
        fmt.Scanln(&myNum)
        // 将当前数据存放在切片myNums中
        myNums = append(myNums, myNum)
    }
    fmt.Printf("你选到号码分别为: %v\n", myNums)

    // 公布开奖号码
    // 定义变量s, 切片类型, 切片元素为指针类型
    var result []*int
    // 定义变量status, 数据类型为布尔型
    var status bool
    // 设置随机数的随机种子
    rand.Seed(time.Now().UnixNano())
    // 设置死循环
    for {
        // 定义变量num, 数据类型为整型
        var num int
```

```go
    // 设置变量status的值
    status = false
    // 创建随机数
    num = rand.Intn(36) + 1
    // 遍历切片result的每个元素
    // 如果随机数num已存在切片result，将变量status等于true
    for _, k := range result {
        if *k == num {
            status = true
        }
    }
    // 变量status等于false
    // 说明随机数num不在切片result中，将随机数num加入切片result
    if status == false {
        result = append(result, &num)
    }
    // 切片长度等于7，终止死循环
    if len(result) == 7 {
        break
    }
}
// 遍历输出切片所有元素
for i, k := range result {
    fmt.Printf("第%v位号码为：%v\n", i+1, *k)
}

// 兑奖
// 遍历切片result和myNums，将两个切片元素一一对比
for _, k := range result {
    for _, j := range myNums {
        if *k == j {
            fmt.Printf("号码%v选中了\n", j)
        }
    }
}
}
```

运行上述代码，在GoLand的run窗口分别输入7个从1～36的不重复号码，运行结果如图5-12所示。

分析上述代码得知：

1）购买号码功能定义了变量myNum和myNums，myNum为整型；myNums为切片，切片元素为整型（切片是Go语言的数据结果，它是一个动态数组）。程序使用for语句执行7次循环，每次循环提示用户输入数据并将数据存储在变量myNum中，再把变量myNum写入切片myNums。

```
你选到号码分别为：[12 35 15 16 1 23 28]
第1位号码为：13
第2位号码为：8
第3位号码为：7
第4位号码为：18
第5位号码为：36
第6位号码为：27
第7位号码为：16
号码16选中了
```

图 5-12 运行结果

2）公布开奖号码功能定义了变量result、status和num，result为切片，切片元素为指针类型的整型；status为布尔型，用于判断当前随机数是否已存在切片；num为整型，存储当前随机数。程序使用for语句执行死循环，每次循环重新定义变量num和设置变量status，内置包rand从1～36随机

创建一个数字并存储在变量num中；然后遍历切片result，如果随机数num已存在切片result，变量status设为true；下一步判断变量status，若为false则说明切片不包含随机数num，将随机数num写入切片，确保切片中的数据具有唯一性；最后判断切片长度，如果切片长度为7，则终止for语句的死循环，完成整个开奖号码的随机抽取过程。

3）对切片myNums和result执行循环嵌套，将两个切片的元素逐一对比，判断购买号码是否在开奖号码里面，从而确定购买者是否中奖。

在整个程序中，公布开奖号码功能在每次循环中都重新定义变量num，这样能赋予变量num新内存地址，因为切片result的元素为指针类型，如果不重新定义变量num，它的内存地址依旧是第一次定义的内存地址，这样导致切片的7个元素都指向同一个内存地址，内存地址存储的数据为变量num的最后一次赋值。换句话说，如果在每次循环中不重新定义变量num，最终切片result所有元素的值都会相同。

上述示例的购买号码功能没有进行去重处理，如果购买者输入了重复的号码，程序仍会写入切片中；还有程序中尚未将最后一个号码设为特别号码，因为特别号码的兑奖方式与普通号码不同，它是一对一兑奖的，这两个功能不妨由读者尝试实现。

5.7 小　　结

在Go语言中，使用关键字var定义指针变量，设置指针变量的类型是在数据类型前面加上符号"*"。定义指针还可以使用内置函数方法new()实现，但定义的指针会为其设置默认值，比如定义一个字符串类型的指针，它将会指向一个空字符串的内存地址；定义一个整型类型的指针，它将会指向一个数值为0的内存地址。

指针赋值和取值是通过取地址操作符"&"和取值操作符"*"实现的，它们是一对互补操作符，"&"取出内存地址，"*"根据内存地址取出对应的数值。

切片指针可以将多个变量的内存地址存放在切片中，这样方便管理多个变量，当需要修改某个变量的时候，由于变量的内存地址不会改变，直接修改变量或者从切片指针修改变量即可，修改后的数据都会同步到变量和切片指针中。

指针的指针是一个指针变量指向另一个指针变量，另一个指针变量执行某个变量，比如指针A的值是指针B的内存地址，指针B指向某个变量的内存地址。

第6章
内 置 容 器

本章内容：

- 数组。
- 切片。
- 集合。
- 列表。
- 动手练习：编程实现集合与JSON互换。
- 动手练习：编程实现产品抽样检测。

6.1　数　　组

数组是一个由固定长度的特定类型元素组成的序列，一个数组可以由0或多个元素组成。由于数组的长度是固定的，在开发中缺乏一定的灵活性，因此在Go语言中很少使用数组。

6.1.1　数组定义与操作

Go语言的数组定义语法如下：

```
// 定义数组
var name [number]type
```

语法说明如下：

- name定义数组及使用时的变量名。
- number是数组的元素数量，允许使用表达式，但最终结果必须是整型数值。
- type设置数组元素的数据类型。

数组的每个元素可以通过索引下标来访问，索引下标的范围是从0开始计算的，具体示例如下：

```go
package main

import "fmt"

func main() {
    // 定义长度为2的数组
    var s [2]int
    // 输出数组元素
    for i := 0; i < len(s); i++ {
        fmt.Printf("数组第%v个元素是: %v\n", i+1, s[i])
    }
    // 修改数组的元素值
    s[0] = 100
    // 输出数组元素
    for i := 0; i < len(s); i++ {
        fmt.Printf("数组第%v个元素是: %v\n", i+1, s[i])
    }
}
```

上述代码运行结果如图6-1所示。

从运行结果看到，我们定义长度为3的数组，数组的每个元素的默认值为0，这是Go语言自动分配的，如果数组定义为字符串类型，那么默认值为空字符串。

```
数组第1个元素是: 0
数组第2个元素是: 0
数组第1个元素是: 100
数组第2个元素是: 0

Process finished with exit code 0
```

图 6-1　运行结果

6.1.2　数组初始化定义

由于数组在定义的时候，Go语言自动为数组元素设置默认值，每次修改数组元素都要通过索引下标，这样会为开发过程带来不便，因此Go语言在定义数组的时候，可以为每个元素设置初始化数值，其语法格式如下：

```go
// 定义并初始化
var name = [number]type{v1, v2, v3}
// 根据初始化值设置数组长度
var name = [...]type{v1, v2, v3}
```

定义数组的时候，只需在数组的数据类型后面加上中括号"{}"，并在中括号里面设置元素的数值即可。根据上述语法格式，通过应用示例加以说明，代码如下：

```go
package main

import "fmt"

func main() {
    // 定义长度为2的数组并设置每个元素值
```

```go
var s = [2]int{100, 200}
// 输出数组元素
for i := 0; i < len(s); i++ {
    fmt.Printf("数组s第%v个元素是: %v\n", i+1, s[i])
}

// 定义数组并设置每个元素值，数值长度根据元素个数自动设置
var ss = [...]int{300, 400}
// 输出数组元素
for i := 0; i < len(ss); i++ {
    fmt.Printf("数组ss第%v个元素是: %v\n", i+1, ss[i])
}

// 定义数组并设置第1个和第4个元素值
var sss = [...]int{0: 300, 3: 500}
// 输出数组元素
for i := 0; i < len(sss); i++ {
    fmt.Printf("数组sss第%v个元素是: %v\n", i+1, sss[i])
}
}
```

上述代码中，分别演示了数组定义并初始化的3种方式，说明如下：

1）在数组的数据类型后面加上中括号"{}"，并且根据数据类型为每个元素设置具体的元素值，这种方式是最常用的方式之一。

2）使用"…"设置数组长度，Go语言将元素值的个数作为数组长度，使用此方式必须设置每个元素的初始值，否则Go语言无法编译，比如将代码改为var ss [⋯]int，程序将提示"array outside of array literal"异常。

3）如果只需对数组中的个别元素设置初始值，可以使用"索引下标: 元素值"的方式进行设置。数组若以"…"方式设置长度，Go语言获取最大索引下标作为数组长度，比如var sss= [⋯]int{0: 300, 3: 500}，最大索引下标为3，所以数组长度为4。

数组 s 第 1 个元素是：100
数组 s 第 2 个元素是：200
数组 ss 第 1 个元素是：300
数组 ss 第 2 个元素是：400
数组 sss 第 1 个元素是：300
数组 sss 第 2 个元素是：0
数组 sss 第 3 个元素是：0
数组 sss 第 4 个元素是：500

最后在GoLand中运行上述代码，运行结果如图6-2所示。

图6-2　运行结果

6.1.3　多维数组

多维数组是在一个数组中嵌套了多个数组，数组之间是层层嵌套的，形成递进关系，语法定义如下：

```go
// 定义长度固定的多维数组
var name [number1][number2]...[number3]type
```

语法说明如下：

- name定义数组及使用时的变量名。
- number为数组的元素数量，允许使用表达式，但数值必须是整型，每一个元素数量代表数组的一个维数。
- type设置数组元素的数据类型，数组所有维数的数据类型必须相同。

二维数组和三维数组是开发中最常用的多维数组，二维数组主要实现表格类功能，如数据排列、汇总分析等；三维数组可以在二维数组的基础上再进行分类。下面分别通过两个应用示例说明二维数组和三维数组的定义与使用。

```go
package main

import "fmt"

func main() {
    var result int = 0
    // 定义3行2列长度的二维数组
    var s [3][2]int
    // 为二维数组赋值
    s = [3][2]int{{10, 20}, {30, 40}, {50, 60}}
    for i := 0; i < len(s); i++ {
        // 循环每一行数据
        for k := 0; k < len(s[i]); k++ {
            // 循环每一列数据
            result = result + s[i][k]
            fmt.Printf("当前元素值为: %v\n", s[i][k])
        }
    }
    fmt.Printf("二维数组的总行数为: %v\n", len(s))
    fmt.Printf("二维数组的总列数为: %v\n", len(s[0]))
    fmt.Printf("二维数组的总值为: %v\n", result)
}
```

上述代码中定义了3行2列的二维数组，并为数组设置了初始值，我们将二维数组以表格形式展示，如图6-3所示。

如果要遍历二维数组的所有元素，需要使用循环嵌套，第一层循环是遍历数组的行数，第二层循环是遍历数组的列数。总的来说，遍历二维数组的元素必须遵守从上到下（先遍历行数），再从左到右（后遍历列数）的规则。

最后运行上述代码，运行结果如图6-4所示。

行数\列数	第一列	第二列
第一行	10	20
第二行	30	40
第三行	50	60

图 6-3　二维数组图解

```
当前元素值为：10
当前元素值为：20
当前元素值为：30
当前元素值为：40
当前元素值为：50
当前元素值为：60
二维数组的总行数为：3
二维数组的总列数为：2
二维数组的总值为：210
```

图 6-4　运行结果

下一步使用三维数组计算两个空间坐标点的距离，现有坐标点A为（x1, y1, z1），坐标点B为（x2, y2, z2），AB两点距离的计算公式为：$\sqrt{(x1-x2)^2+(y1-y2)^2+(z1-z2)^2}$，实现代码如下：

```go
package main

import (
```

```
        "fmt"
        "math"
)
func main() {
        // 定义2*1*3长度的三维数组
        var point [2][1][3]int
        point = [2][1][3]int{{{3, 5, 7}}, {{5, 3, 2}}}
        // 获取坐标点
        pointA := point[0][0]
        pointB := point[1][0]
        fmt.Printf("坐标点A: %v\n", pointA)
        fmt.Printf("坐标点B: %v\n", pointB)
        // 计算两个坐标点的距离
        // 计算两个坐标的x坐标之差的平方
        x := (pointA[0] - pointB[0]) * (pointA[0] - pointB[0])
        // 计算两个坐标的y坐标之差的平方
        y := (pointA[1] - pointB[1]) * (pointA[1] - pointB[1])
        // 计算两个坐标的z坐标之差的平方
        z := (pointA[2] - pointB[2]) * (pointA[2] - pointB[2])
        result := math.Sqrt(float64(x+y+z))
        fmt.Printf("两坐标点距离为: %v\n", result)
}
```

从上述代码看到，空间坐标点x、y、z都存放在三维数组的最内层，前两层主要限制数据格式，比如var point [2][1][3]int的数值2代表两个坐标点，数值1代表每个坐标点只能设置一个数组，数值3代表坐标点x、y、z的坐标值。

二维数组也能记录空间坐标点，并且在使用上更加便捷，如果空间坐标点较多，三维数组就能对有规律性的坐标点进行归类。比如var point [2][5][3]int的数值5能记录5个同一规律的坐标点。

最后运行上述代码，运行结果如图6-5所示。

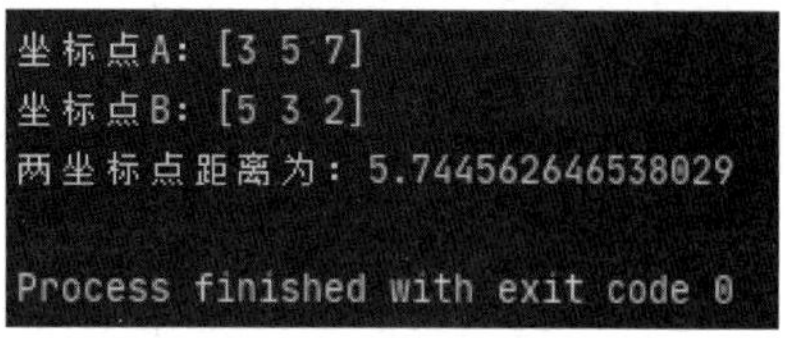

图6-5 运行结果

6.2 切 片

切片是一种比较特殊的数据结构，这种数据结构更便于使用和管理数据集合。切片是围绕动态数组的概念构建的，可以按需自动增长和缩小，总的来说，切片可理解为动态数组，并根据切片中的元素自动调整切片长度。

6.2.1 切片定义与操作

切片是动态数组，可以根据切片中的元素自动调整切片长度，切片的定义方式与数组定义十分相似，但定义过程中不用设置切片长度，其语法格式如下：

```
// 定义切片
var name []type
```

```
// 定义切片并赋值
var name = []type{value1, value2}
// 简写
name := []type{value1, value2}

// 使用make()定义切片
var name []type = make([]type, len)
// 简写
name := make([]type, len)
```

切片的定义语法说明如下：

- name定义切片及使用时的变量名。
- type设置切片元素的数据类型。
- value为切片中的某个元素值。
- make是内置函数方法，它为切片、集合和通道分配内存和初始化。
- len设置切片长度，切片长度等于切片元素个数。

定义切片一共划分为3种方式：只定义、定义并赋值、使用make()函数定义，它们的使用方式如下：

```
package main

import "fmt"

func main() {
    var s []int
    var ss = []int{1, 2}
    var sss []int = make([]int, 3)
    fmt.Printf("只定义: %v, 内存地址为: %v\n", s, &s)
    fmt.Printf("定义并赋值: %v, 内存地址为: %v\n", ss, &ss)
    fmt.Printf("使用make()函数定义: %v, 内存地址为: %v\n", sss, &sss)
}
```

不同定义方式使切片的元素值各有不同，具体说明如下：

- 只定义切片只生成一个空切片，切片中没有任何元素。
- 定义并赋值根据元素个数设置切片长度，每一个值将作为切片的一个元素。
- 使用make()函数定义必须设置参数len，该参数是设置切片长度，并且切片的每个元素将会设置相应的默认值。
- 由于切片支持动态变化，因此Go语言不会为切片分配内存地址。

```
只定义: [], 内存地址为: &[]
定义并赋值: [1 2], 内存地址为: &[1 2]
使用make()函数定义: [0 0 0], 内存地址为: &[0 0 0]

Process finished with exit code 0
```

图 6-6 运行结果

运行上述代码，运行结果如图6-6所示。

如果定义的切片不是空切片，使用切片的索引下标修改切片中已有的元素值，比如切片ss = []int{1, 2}，修改第一个元素值的实现代码如下：

```
package main

import "fmt"

func main() {
```

```
    var ss = []int{1, 2}
    fmt.Printf("切片变量ss的元素值为: %v\n", ss)
    // 修改第一个元素值
    ss[0] = 100
    fmt.Printf("切片变量ss的元素值为: %v\n", ss)
}
```

如果索引下标的数值大于切片长度，那么程序无法编译成功，比如ss[10]=100，程序将提示索引超出范围，如图6-7所示。

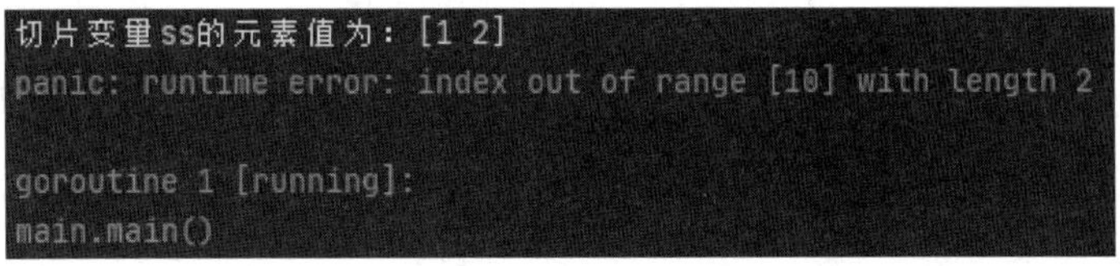

```
切片变量ss的元素值为: [1 2]
panic: runtime error: index out of range [10] with length 2

goroutine 1 [running]:
main.main()
```

图6-7 异常信息

6.2.2 新增切片元素

由于切片是动态数组，即使在定义的时候设置了切片长度，我们还能向切片添加新的元素。在切片中新增元素必须使用内置函数方法append()实现，它通常需要设置两个参数，语法格式如下：

```
ss := append(slice, elems)
```

内置函数方法append()说明如下：

- 参数slice代表待新增元素的切片。
- 参数elems代表新增元素的元素值，其数据类型必须与切片的数据类型相同。
- ss是内置函数方法append()的返回值，代表新增元素后的切片。

使用append()对切片新增元素，如果函数返回值（称为切片变量B）与原有切片变量A的命名相同，那么新增元素后的切片变量B将覆盖原有切片变量A。

如果原有切片变量A与新增元素后的切片变量B的命名不相同，那么新增元素后的切片变量B与原有切片变量A是两个独立的切片变量，示例如下：

```
package main

import "fmt"

func main() {
    var ss = []int{1, 2}
    fmt.Printf("新增元素前的切片ss: %v\n", ss)
    // 新增元素不覆盖原有切片
    sss := append(ss, 3)
    fmt.Printf("新增元素后的切片ss: %v\n", ss)
    fmt.Printf("新切片sss: %v\n", sss)
    // 新增元素并覆盖原有切片
    ss = append(ss, 4)
    fmt.Printf("新增元素后的切片ss: %v\n", ss)
    // 添加多个元素
```

```
    ss = append(ss, 5, 6, 7, 8)
    fmt.Printf("新增元素后的切片ss: %v\n", ss)
}
```

运行上述代码，运行结果如图6-8所示。

内置函数方法append()还可以实现两个切片之间的拼接，只要append()的参数elems与参数slice是相同数据类型的切片即可实现拼接，示例代码如下：

```
package main

import "fmt"

func main() {
    var s1 = []int{1, 2, 3}
    var s2 = []int{4, 5, 6, 7}
    ss := append(s1, s2...)
    fmt.Printf("切片变量s1: %v\n", s1)
    fmt.Printf("切片变量s2: %v\n", s2)
    fmt.Printf("切片变量ss: %v\n", ss)
}
```

实现两个数据类型相同的切片拼接，参数elems将作为其中一个切片变量，必须在切片变量后面添加"…"，这是对切片进行解包处理，如上述代码的切片变量s2…，它是将切片变量s2的元素批量添加到切片s1中。

如果不对切片变量s2执行解包处理，程序就无法实现切片拼接，并提示异常信息。最后运行上述代码，运行结果如图6-9所示。

图6-8　运行结果　　　　　　　　　　图6-9　运行结果

6.2.3　截取切片元素

如果需要截取切片的部分元素，截取方式是使用索引下标进行定位和截取，截取语法如下：

```
s := slice[startIndex: endIndex]
```

截取切片的语法说明如下：

- slice代表需要被截取的切片。
- s代表已完成截取的切片。
- startIndex是开始截取的元素位置。
- endIndex是结束截取的元素位置。

如果截取后的切片变量与截取前的切片变量命名相同，那么截取后的切片变量会覆盖截取前的切片变量；如果两者命名不相同，程序默认设置为两个独立的切片变量。

截取的起始位置和终止位置可以根据实际需要进行设定，并不强制要求，如果没有设置起始位置或终止位置，程序默认为第一个或最后一个元素的位置，示例如下：

```
package main

import "fmt"

func main() {
    var ss = []int{1, 2, 3, 4, 5, 6, 7}
    // 截取第二个到第五个元素
    s1 := ss[1:4]
    fmt.Printf("截取第二个到第五个元素: %v\n", s1)
    // 截取第三个元素之后的所有元素
    s2 := ss[2:]
    fmt.Printf("截取第三个元素之后的所有元素: %v\n", s2)
    // 截取第三个元素之前的所有元素
    s3 := ss[:2]
    fmt.Printf("截取第三个元素之前的所有元素: %v\n", s3)
    // 如果切片ss没被覆盖，经过截取后不改变原有的切片数据
    fmt.Printf("切片变量ss的值: %v\n", ss)
}
```

上述代码演示了切片常用的截取方式，分别为：截取切片的固定元素、截取某个元素前面的所有元素、截取某个元素后面的所有元素，具体说明如下：

- 截取切片的固定元素必须设置元素的起始位置和终止位置，并且起始位置的值小于或等于终止位置的值。如果起始位置等于终止位置，截取结果为空切片。
- 截取某个元素前面的所有元素只需设置截取元素的终止位置，起始位置默认为切片的第一个元素。
- 截取某个元素后面的所有元素需设置截取元素的起始位置，终止位置默认为切片的最后一个元素。

运行上述代码，运行结果如图6-10所示。

若要删除切片变量的部分元素，首先使用切片截取，过滤掉不需要的切片元素，保留需要的切片元素，然后使用内置函数方法append()将两个或多个已保留的切片元素进行拼接。比如去掉切片ss = []int{1, 2, 3, 4, 5, 6, 7}的元素4、5、6，实现代码如下：

```
package main

import "fmt"

func main() {
    var ss = []int{1, 2, 3, 4, 5, 6, 7}
    fmt.Printf("切片ss的元素: %v\n", ss)
    // 删除元素4、5、6，先截取后拼接
    ss = append(ss[:2], ss[6:]...)
    fmt.Printf("切片ss的元素: %v\n", ss)
}
```

运行上述代码，运行结果如图6-11所示。

截取第二个到第五个元素: [2 3 4]
截取第三个元素之后的所有元素: [3 4 5 6 7]
截取第三个元素之前的所有元素: [1 2]
切片变量ss的值: [1 2 3 4 5 6 7]

Process finished with exit code 0

图 6-10　运行结果

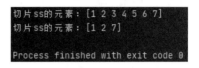

切片ss的元素: [1 2 3 4 5 6 7]
切片ss的元素: [1 2 7]

Process finished with exit code 0

图 6-11　运行结果

当切片中需要删除元素的位置是隔位错开时，需要多次使用元素截取，保留有用的元素，再将这些元素拼接成新的切片，这个过程中可能需要多次使用内置函数方法append()。

6.2.4　复制切片

Go语言的内置函数方法copy()可以将一个切片（数组）复制到另一个切片（数组）中，并且两个切片的数据类型必须相同。如果两个切片（数组）的长度不同，程序按照待复制的切片元素的个数进行复制。具体语法格式如下：

```
i := copy(slice1, slice2)
```

内置函数方法copy()的说明如下：

- slice1代表待复制的切片。
- slice2代表被复制的切片。
- i代表内置函数方法copy()的返回值，代表复制的元素数量。

下面通过代码示例说明内置函数方法copy()的使用方法，代码如下：

```
package main

import "fmt"

func main() {
    slice1 := []int{1, 2, 3}
    slice2 := []int{4, 5, 6}
    // 将slice1的元素复制到slice2
    //copy(slice2, slice1)
    // 将slice2的元素复制到slice1
    copy(slice1, slice2)
    fmt.Printf("将slice2的元素复制到slice1: %v\n", slice1)
    fmt.Printf("将slice2的元素复制到slice1: %v\n", slice2)
    slice3 := []int{7, 8, 9, 10}
    // 将slice3的元素复制到slice1
    //copy(slice1, slice3)
    //fmt.Printf("将slice3的元素复制到slice1: %v\n", slice1)
    //fmt.Printf("将slice3的元素复制到slice1: %v\n", slice3)
    // 将slice1的元素复制到slice3
    copy(slice3, slice1)
    fmt.Printf("将slice1的元素复制到slice3: %v\n", slice1)
    fmt.Printf("将slice1的元素复制到slice3: %v\n", slice3)
}
```

运行上述代码，运行结果如图6-12所示。

```
将slice2的元素复制到slice1: [4 5 6]
将slice2的元素复制到slice1: [4 5 6]
将slice1的元素复制到slice3: [4 5 6]
将slice1的元素复制到slice3: [4 5 6 10]
```

图6-12 运行结果

分析图6-12的运行结果，可以得出以下结论：

1）内置函数方法copy()第一个参数slice1的切片元素将会被第二个参数slice2的切片元素覆盖，第二个参数slice2的切片元素保持不变。

2）如果参数slice1和参数slice2的切片元素个数不同，复制过程以参数slice1的切片元素个数为主。

3）如果参数slice1的切片元素个数大于参数slice2，则参数slice2的所有切片元素依次替换参数slice1的切片元素，参数slice1没有替换的切片元素保存不变。

4）如果参数slice1的切片元素个数小于参数slice2，则参数slice2的切片元素依次替换参数slice1的切片元素，直到参数slice1的所有元素被替换为止，参数slice2剩余的切片元素不参与复制过程。

6.2.5 切片长度与容量

使用内置函数方法make()定义切片的时候，必须设置切片长度（也称为切片大小），但内置函数方法make()还有一个可选参数cap，它用于设置切片容量，默认情况下，切片长度与容量是相同的。为了更好地讲述切片长度与容量之间的关系，我们通过示例加以说明：

```
package main

import "fmt"

func main() {
    // 内置函数方法cap()获取切片容量
    // 内置函数方法len()获取切片长度
    s1 := make([]int, 3, 4)
    fmt.Printf("切片变量s1的值: %v\n", s1)
    fmt.Printf("切片变量s1的长度: %v\n", len(s1))
    fmt.Printf("切片变量s1的容量: %v\n", cap(s1))
    // 第一次添加元素
    s1 = append(s1, 10)
    fmt.Printf("切片变量s1的值: %v\n", s1)
    fmt.Printf("切片变量s1的长度: %v\n", len(s1))
    fmt.Printf("切片变量s1的容量: %v\n", cap(s1))
    // 第二次添加元素
    s1 = append(s1, 10)
    fmt.Printf("切片变量s1的值: %v\n", s1)
    fmt.Printf("切片变量s1的长度: %v\n", len(s1))
    fmt.Printf("切片变量s1的容量: %v\n", cap(s1))
}
```

运行上述代码，运行结果如图6-13所示。

根据图6-13的运行结果进一步分析切片长度与容量之间的关系，分析如下：

- 首先定义长度为3、容量为4的切片变量s1，并且切片前3个元素的默认值为0。
- 使用内置函数方法append()往切片变量s1中添加数值10，切片变量s1的长度变为4，容量保持不变。
- 再一次使用内置函数方法append()往切片变量s1中添加数值10，切片变量s1的长度变为5，容量翻倍增长，增长为8。

```
切片变量s1的值：[0 0 0]
切片变量s1的长度：3
切片变量s1的容量：4
切片变量s1的值：[0 0 0 10]
切片变量s1的长度：4
切片变量s1的容量：4
切片变量s1的值：[0 0 0 10 10]
切片变量s1的长度：5
切片变量s1的容量：8
```

图 6-13　运行结果

综上分析，当切片长度大于容量的时候，Go语言将原有容量扩大至两倍，否则元素无法新增到切片中。换句话说，把切片容量比作停车场的停车位，每个停车位只能停一辆车，把切片长度比作停车场的车辆数量，当所有停车位停满的时候，再有一辆车进入停车场，停车场就无法提供车位，只能向外扩展开发更多停车位。同理，当切片容量等于长度的时候，程序无法存放新的元素，只能扩大切片容量，为新元素提供足够的存储空间。

6.3　集　　合

Go语言的集合称为映射（map），它是一种无序的键值对（key-value）的集合，集合是通过键（key）来快速检索值（value）的，键（key）类似于索引，它指向值（value）的数据。

6.3.1　集合定义与操作

Go语言的集合在其他编程语言中也称为字典（Python）、hash或HashTable等，它们在数据结构上都是相同的，只不过名称不一样而已。Go语言的集合语法定义如下：

```go
// 定义方式1，只定义
var name map[keytype]valuetype
name = map[keytype]valuetype{}
// 简写
var name = map[keytype]valuetype{}

// 定义方式2，定义并赋值
var name = map[keytype]valuetype{key: value}

// 定义方式3，使用make()函数定义
var name map[keytype]valuetype
name = make(map[keytype]valuetype)
// 简写
name := make(map[keytype]valuetype)
```

集合是使用关键字map定义的，语法说明如下：

- name用于设置集合变量的名称。
- keytype用于设置键（key）的数据类型。
- valuetype用于设置值（value）的数据类型。

定义集合一共划分为3种方式：只定义、定义并赋值、使用make()函数定义，它们的使用方式如下：

```go
package main

import (
    "fmt"
)

func main() {
    // 只定义
    var m1 = map[string]string{}
    m1["name"] = "Tom"
    fmt.Printf("集合m1: %v\n", m1)
    // 定义并赋值
    var m2 = map[string]string{"name": "Lily"}
    fmt.Printf("集合m2: %v\n", m2)
    // 使用make()函数定义
    m3 := make(map[string]string)
    m3["name"] = "Tim"
    fmt.Printf("集合m3: %v\n", m3)
}
```

运行上述代码，运行结果如图6-14所示。

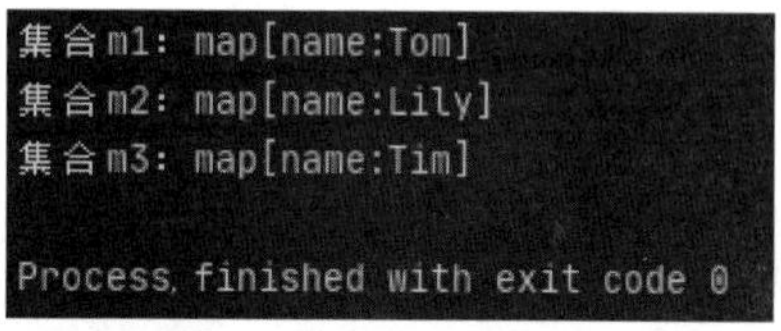

在一个集合中，所有键值对（key-value）在定义的时候已设置了相应数据类型，换句话说，一个集合的所有键（key）或所有值（value）都是同一种数据类型，如果键值对（key-value）的数据类型不相符，程序将提示异常信息，示例如下：

图 6-14　运行结果

```go
package main

import (
    "fmt"
)

func main() {
    var m1 = map[string]string{}
    m1["name"] = 10
    fmt.Printf("集合m1: %v\n", m1)
}
```

运行上述代码，程序将提示数据类型不匹配，如图6-15所示。

图 6-15　异常信息

6.3.2 删除集合元素

当集合定义之后，只要通过m[key]=value方式就能实现集合元素的新增或修改，如果键（key）不在集合里面，就对该集合新增键值对；如果键（key）已在集合中，则对原有的键（key）进行修改。

如果删除集合中某个键值对（key-value），可以使用内置函数方法delete()实现，内置函数方法delete()只适用于集合，它是删除集合元素的特有函数，示例如下：

```
package main

import "fmt"

func main() {
    var m1 = map[string]string{}
    m1["name"] = "Tom"
    m1["age"] = "20"
    m1["addr"] = "GZ"
    fmt.Printf("集合m1的数据: %v\n", m1)
    // 删除key=addr的数据
    delete(m1, "addr")
    fmt.Printf("集合m1的数据: %v\n", m1)
}
```

运行上述代码，运行结果如图6-16所示。

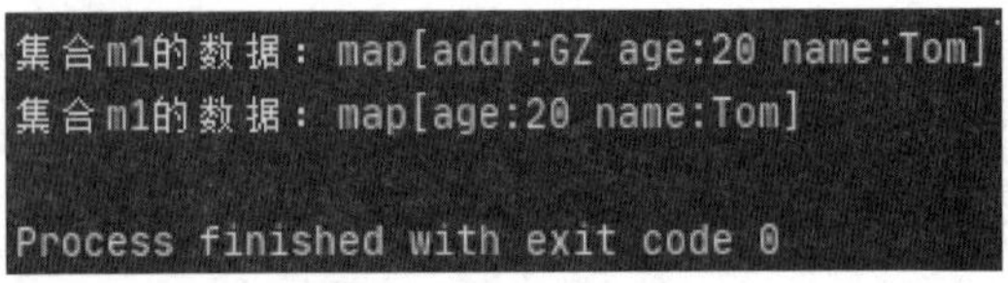

```
集合m1的数据: map[addr:GZ age:20 name:Tom]
集合m1的数据: map[age:20 name:Tom]

Process finished with exit code 0
```

图 6-16 运行结果

6.4 动手练习：编程实现集合与JSON互换

在Web开发中，JSON是一种常用的数据类型，它也是以键值对格式表示的，其数据结构和Go语言的集合非常相似，网页前端与后台系统的通信往往使用JSON数据传输较多，所以集合和JSON之间的数据转换是经常使用的。

虽然JSON也是以键值对（key-value）方式表示的，但每对键值对（key-value）的数据类型各不相同，且Go语言是静态强类型编程语言，因此集合和JSON会存在数据差异，集合与JSON的转换需要使用内置包encoding/json实现，示例如下：

```
package main

import (
    "encoding/json"
    "fmt"
)

func main() {
```

```
// 定义字符串，用于记录JSON数据
var j string
j=`{"infos":[{"name":"Tom","age":15},{"name":"Lily","age":20}]}`
// 定义集合，value的数据类型为接口interface类型
var m1 = map[string]interface{}{}
// 将JSON字符串转换为集合
json.Unmarshal([]byte(j), &m1)
// 遍历输出JSON
for k, v := range m1 {
    fmt.Printf("集合m1的键为: %v\n", k)
    fmt.Printf("集合m1的值为: %v\n", v)
    // 解析JSON里面的数组
    vv := v.([]interface{})
    for i := 0; i < len(vv); i++ {
        fmt.Printf("数组vv的值为: %v\n", vv[i])
        // 解析数组里面的集合
        vvv := vv[i].(map[string]interface{})
        name := vvv["name"]
        age := vvv["age"]
        fmt.Printf("键为name的数据为: %v\n", name)
        fmt.Printf("键为age的数据为: %v\n", age)
    }
}
```

运行上述代码，运行结果如图6-17所示。

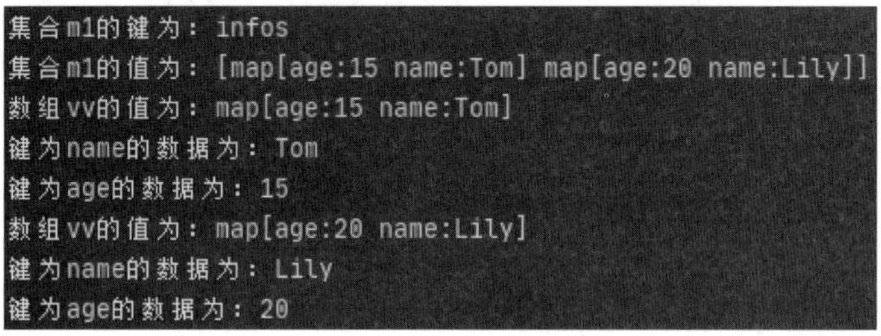

图 6-17　运行结果

JSON一般以字符串形式进行通信传递，因此上述代码定义字符串变量j，它用于记录JSON数据，然后使用内置包encoding/json对字符串变量j进行解析，说明如下：

1）定义集合m1，它的键（key）设置为字符串类型，值（value）设置为空接口，它可以存储函数方法和不同数据类型的变量，它能兼容JSON不同数据类型的值（value）。

2）使用内置包encoding/json的Unmarshal()对字符串变量j进行JSON解析，解析过程需要将字符串变量j转为字节类型的切片格式，再将解析结果存放在集合m1中。Unmarshal()第一个参数将字符串变量j转为字节类型的切片格式；第二个参数传递集合m1的内存地址，解析结果会自动记录在集合m1中。

3）由于JSON数据是嵌套结构，最外层结构只有一对键值对，键为infos，值为一个切片（数组）类型的数据，当取到键为infos的值并对该值进行解析的时候，需要对该值设置数据类型，如v.([]interface{})，否则Go语言无法解析JSON里面的数组数据。

4）JSON里面数组的每个元素都是键值对表示的，相当于Go语言的集合，解析数组元素的时候，还需要为每个元素设置数据类型，如vv[i].(map[string]interface{})。

综上所述，Go语言解析JSON字符串需要使用内置包encoding/json的Unmarshal()，解析结果保存在集合中，并且集合的值（value）的数据类型为接口（interface）类型，如果JSON里面嵌套了数组或JSON，则需要对嵌套的数组或JSON设置相应数据类型。

切片和集合是可以组合使用的，比如切片的某个元素是集合，集合的某个键值对的值是切片，这种组合在日常开发中十分常见。

上述例子将JSON转换为集合，若要将集合转换为JSON，可以使用内置包encoding/json的Marshal()实现，示例如下：

```go
package main

import (
    "encoding/json"
    "fmt"
)

func main() {
    // 定义集合
    var m1 = map[string]interface{}{}
    m1["name"] = "Tom"
    m1["age"] = 10
    fmt.Printf("m1的数据为: %v\n", m1)
    var m2 = map[string]interface{}{}
    m2["name"] = "Lily"
    m2["age"] = 20
    fmt.Printf("m2的数据为: %v\n", m2)
    // 定义切片
    var s1 = []map[string]interface{}{m1, m2}
    fmt.Printf("s1的数据为: %v\n", s1)
    // 定义集合，键为字符串类型，值为接口类型
    var m3 = map[string]interface{}{}
    m3["infos"] = s1
    data, _ := json.Marshal(&m3)
    fmt.Printf("JSON数据为: %v\n", string(data))
}
```

运行上述代码，运行结果如图6-18所示。

```
m1的数据为: map[age:10 name:Tom]
m2的数据为: map[age:20 name:Lily]
s1的数据为: [map[age:10 name:Tom] map[age:20 name:Lily]]
JSON数据为: {"infos":[{"age":10,"name":"Tom"},{"age":20,"name":"Lily"}]}
```

图 6-18 运行结果

分析代码与运行结果，我们得出以下结论：

1）首先定义集合m1和m2并设置键值对，每对键值对的值是不同数据类型的数据。

2）然后定义切片s1，其数据类型是集合m1和m2的数据类型，将集合m1和m2写入切片s1，作为切片元素。

3）下一步定义集合m3并设置键值对，键（key）为infos，值（value）为切片s1，再使用内置包encoding/json的Marshal()将集合m3转换为JSON字符串。Marshal()的参数传递集合m3的内存地址，函数设有两个返回值，第一个返回值data表示转换结果，以字符类型的切片表示；第二个返回值是转换信息，用于记录转换失败等异常信息。

4）最后将转换结果从字符类型的切片转为字符串类型，使用内置函数方法string()实现数据类型转换。

综上所述，集合转换JSON首先分析集合每个元素的数据结构，如果集合嵌套了内置容器，比如数组、切片、集合等数据，必须从嵌套的数据进行构建，再把构建好的数据作为集合元素，最后使用内置包encoding/json的Marshal()和内置函数方法string()完成转换过程。

6.5　列　　表

列表是一种非连续的存储容器，由多个节点组成，节点通过一些变量记录彼此之间的关系，列表有多种实现方法，如单链表、双链表等。

6.5.1　列表定义

列表的原理可以这样理解：假设A、B、C三个人都有电话号码，如果A把号码告诉B，B把号码告诉C，这个过程就建立了一个单链表结构，如图6-19所示。

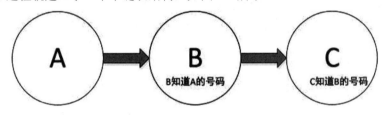

图 6-19　单链表结构

在单链表结构的基础上，如果C把号码告诉B，B再告诉A，这样就形成了双链表结构，如图6-20所示。

图 6-20　双链表结构

在Go语言中，列表使用内置包container/list实现，内部原理是双链表结构，能够高效地进行任意位置元素的插入和删除操作。列表定义有两种方式，分别是用关键字var和内置函数方法new()实现，示例如下：

```
// 关键字var定义列表
var name list.List
// 使用内置函数方法new()定义
name := list.New()
```

列表定义后，可以调用相关函数方法对列表执行元素的新增、插入、删除操作，并且列表元素没有限制数据类型。

6.5.2　列表元素操作

列表操作只有新增、插入和删除元素，内置包container/list提供了6个函数方法实现新增元素，使用方法如下：

```
package main

import (
    "container/list"
    "fmt"
)

func main() {
    // 定义列表变量
    var l2 list.List
    fmt.Printf("列表l2: %v\n", l2)

    // 在列表末位新增元素，返回当前元素信息
    l2.PushBack("a")
    // 在列表首位新增元素，返回当前元素信息
    l2.PushFront(67)
    fmt.Printf("列表l2: %v\n", l2)

    // 定义列表变量
    l1 := list.New()
    fmt.Printf("列表l1: %v\n", l1)

    // 在列表末位新增元素，返回当前元素信息
    element := l1.PushBack("abc")
    fmt.Printf("元素element: %v\n", element)

    // 在元素element（即abc）后面添加元素
    l1.InsertAfter("edf", element)
    fmt.Printf("在元素element后面添加元素: %v\n", l1)

    // 在元素element（即abc）前面添加元素
    l1.InsertBefore("ghi", element)
    fmt.Printf("在元素element前面添加元素: %v\n", l1)

    // 列表l2的元素添加到列表l1的元素后面
    l1.PushBackList(&l2)
    fmt.Printf("列表l2添加列表l1后面: %v\n", l1)

    // 将列表l2的元素添加到列表l1的元素前面
    l1.PushFrontList(&l2)
    fmt.Printf("列表l2添加列表l1前面: %v\n", l1)
}
```

上面列举了函数方法PushBack()、PushFront()、InsertAfter()、InsertBefore()、PushBackList()、PushFrontList()的使用方式，具体说明如下：

- PushBack()由列表变量调用，函数参数是新的元素值，它在列表末位添加新元素，函数返回值是当前添加的元素信息。
- PushFront()由列表变量调用，函数参数是新的元素值，它在列表首位添加新元素，函数返回值是当前添加的元素信息。
- InsertAfter()由列表变量调用，在列表中某个元素后面添加新的元素，函数第一个参数是新的元素，第二个参数是列表中某个元素。
- InsertBefore()由列表变量调用，在列表中某个元素前面添加新的元素，函数第一个参数是新的元素，第二个参数是列表中某个元素。
- PushBackList()由列表变量调用，将一个列表变量的元素添加到另一个列表变量的元素后面，函数第一个参数是另一个列表变量的内存地址。
- PushFrontList()由列表变量调用，将一个列表变量的元素添加到另一个列表变量的元素前面，函数第一个参数是另一个列表变量的内存地址。

运行上述代码，运行结果如图6-21所示。

```
列表l2: {{<nil> <nil> <nil> <nil>} 0}
列表l2: {{0xc000078480 0xc000078450 <nil> <nil>} 2}
列表l1: &{{0xc0000784e0 0xc0000784e0 <nil> <nil>} 0}
元素element: &{0xc0000784e0 0xc0000784e0 0xc0000784e0 abc}
在元素element后面添加元素：&{{0xc000078540 0xc0000785a0 <nil> <nil>} 2}
在元素element前面添加元素：&{{0xc000078600 0xc0000785a0 <nil> <nil>} 3}
列表l2添加列表l1后面：&{{0xc000078600 0xc000078690 <nil> <nil>} 5}
列表l2添加列表l1前面：&{{0xc000078720 0xc000078690 <nil> <nil>} 7}
```

图6-21　运行结果

如果删除列表中的某个元素，可以使用内置包container/list提供的函数Remove()，但删除的变量必须为列表的元素信息，示例如下：

```
package main

import (
    "container/list"
    "fmt"
)

func main() {
    // 定义列表变量
    var l2 list.List
    fmt.Printf("列表l2: %v\n", l2)
    // 添加元素
    element := l2.PushBack("abc")
    fmt.Printf("列表l2: %v\n", l2)
    // 删除元素
    l2.Remove(element)
    fmt.Printf("列表l2: %v\n", l2)
}
```

运行上述代码，运行结果如图6-22所示。

图 6-22 运行结果

6.5.3 遍历列表元素

列表是双链表结构，如果遍历列表元素，就需要使用内置包container/list的Front()函数获取列表的首个元素，下一次遍历再调用内置包container/list的Next()函数获取下一个元素，直到列表元素等于空为止，即所有元素完成遍历，示例如下：

```go
package main
import (
    "container/list"
    "fmt"
)
func main() {
    // 定义列表变量
    var l2 list.List
    // 添加元素
    l2.PushBack("Tom")
    l2.PushBack("Tim")
    l2.PushBack("Lily")
    l2.PushBack("Mary")
    // 遍历输出元素
    for i := l2.Front(); i != nil; i = i.Next() {
        fmt.Printf("列表l2的元素是: %v\n", i.Value)
    }
}
```

每次循环列表的时候，当前循环信息是列表中某个元素的信息，若要取得列表元素的数值，则必须调用Value属性。上述代码运行结果如图6-23所示。

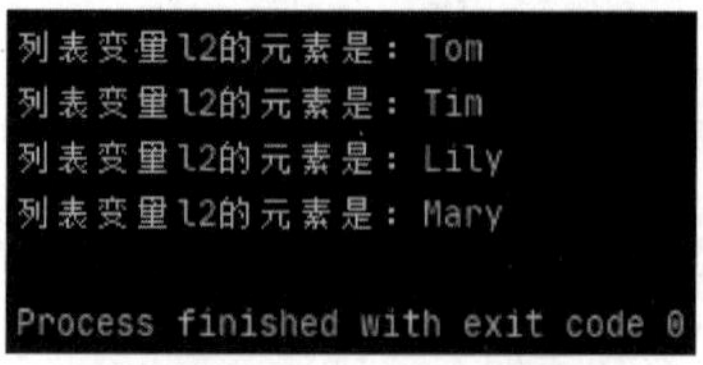

图 6-23 运行结果

如果将for循环和函数Remove()结合使用，每次循环用于删除列表的某个元素，从而删除整个列表元素，示例如下：

```go
package main

import (
```

```
        "container/list"
        "fmt"
)

func main() {
    // 定义列表变量
    var l2 list.List
    // 添加元素
    l2.PushBack("Tom")
    l2.PushBack("Tim")
    l2.PushBack("Lily")
    l2.PushBack("Mary")
    // 定义变量next
    var next *list.Element
    // 遍历输出元素
    for i := l2.Front(); i != nil; i = next {
        fmt.Printf("列表l2的元素是: %v\n", i.Value)
        // 设置变量next的值，用于执行下一次循环
        next = i.Next()
        // 删除元素
        l2.Remove(i)
    }
    fmt.Printf("列表l2的元素是: %v\n", l2)
}
```

上述代码将for的循环条件i=i.Next()改为i=next，next是*list.Element类型的变量，每次循环把变量i的值设为i.Next()，从而获得下一次循环的列表元素，运行结果如图6-24所示。

```
列表l2的元素是: Tom
列表l2的元素是: Tim
列表l2的元素是: Lily
列表l2的元素是: Mary
列表l2的元素是: {{0xc0000783f0 0xc0000783f0 <nil> <nil>} 0}
```

图 6-24　运行结果

因为调用函数Remove()会改变列表的元素结构，Go语言为了避免内存泄漏，它默认将内置函数方法Next()和Prev()设置为nil。如果不修改for的循环条件i=i.Next()，当删除第一个元素之后，Remove()就会将Next()和Prev()设置为nil，从而终止整个for循环，程序也只会删除第一个元素。

在for循环中使用了内置包container/list的Front()和Next()，除此之外，还可以使用Back()、Prev()、MoveToBack()和MoveToFront()，函数说明如表6-1所示。

表 6-1　函数说明

函　　数	说　　明
Front()	获取列表的首个元素
Back()	获取列表的最后一个元素
Next()	获取下一个元素
Prev()	获取上一个元素
MoveToBack()	将元素移动到最后一位
MoveToFront()	将元素移动到第一位

6.6　动手练习：编程实现产品抽样检测

产品抽检是一批产品生产之后，从产品中随机抽取样品进行检测，判断当前批次的产品是否符合生产要求。抽检需要制度检测方案，一般需要考虑以下两点：

1）样品抽取比例：由于不同批次的产品在数量上会存在差异，因此抽取样品的数量随着产品数量的变化而变化。抽取比例极其讲究，样品数量过多虽然能精准反映产品质量，但检测工作较多；样品数量过少能减少检测工作，但无法反映产品质量。在成熟生产线中，抽样检测需要结合产品特征、生产周期、订单期限、人员配备等多方因素决定样品抽取比例。

2）合格率：任何产品都不可能是百分百合格的，即使工艺再先进，原料质量再好，生产人员技艺再高，也无法保证所有产品都能百分百合格，因此产品合格率需要设置最低值，如果低于该值，则说明这个批次的产品全部不合格。产品合格率需要结合产品特性、生产工艺、用户接受程度等多方因素考虑。

使用程序实现产品抽样检测可按照功能分为3部分：创建产品编号、从产品抽取样品、样品检测和计算合格率。由于没有实际产品数据，我们使用内置包rand实现随机抽取、生成样品检测结果等功能，实现代码如下：

```go
package main

import (
    "fmt"
    "math/rand"
    "time"
)

func main() {
    var num int
    var products = map[int]int{}
    var sample []int
    // 设置随机数的随机种子
    rand.Seed(time.Now().UnixNano())
    // 输出操作提示
    fmt.Printf("请输入检测产品数量: \n")
    // 存储用户输入的数据
    fmt.Scanln(&num)
    // 根据产品数量生成产品编号
    // 编号从1开始，以集合存储
    for i := 1; i <= num; i++ {
        products[i] = i
    }
    fmt.Printf("产品编号: %v\n", products)

    // 在产品数量的1/2~1/4范围选择样品数量
    runs := rand.Intn(num/2) + (num / 4)
    // 根据样品数量从产品中随机抽取产品
    // 每次循环只抽取一件产品
```

```go
    for i := 1; i <= runs; i++ {
        // 随机生成产品编号
        n := rand.Intn(num) + 1
        // 判断产品编号是否在产品中
        _, ok := products[n]
        if ok {
            // 若存在则加入切片sample
            sample = append(sample, n)
            // 产品已转为样品，应从products删除
            delete(products, n)
        } else {
            // 产品编号不存在，说明已转为样品
            // 当前循环变量i递减，即当前循环无效
            i--
        }
    }

    // 样品合格数量，用于计算合格率
    var qualified int = 0
    // 遍历所有样品
    for _, k := range sample {
        // 在1~100范围生成随机数
        probability := rand.Intn(100) + 1
        // 若随机数大于50，则视为产品合格
        if probability > 50 {
            fmt.Printf("产品编号%v检测合格\n", k)
            // 样品合格数量自增加1
            qualified++
        } else {
            // 若随机数小于等于50，则视为产品不合格
            fmt.Printf("产品编号%v检测不合格\n", k)
        }
    }
    // 计算合格率（百分比表示）：样品合格数量 / 样品总数
    rate := float64(qualified) / float64(len(sample)) * 100
    fmt.Printf("合格率: %.2f%%\n", rate)
}
```

根据程序功能划分，每个功能的实现过程如下：

1）创建产品编号：由用户输入产品数量，通过for循环从1开始创建产品编号，所有产品编号存储在变量products中，其数据类型为集合，集合的键值皆以产品编号表示。

2）抽取样品：从变量products中随机抽取检测样品，样品数量从产品数量的1/2～1/4范围随机抽取。然后通过for循环从产品中随机抽取样品，将抽取的样品写入切片sample中存储，并从products中删除，说明当前编号的产品已选为样品。如果切片sample中已存在当前编号的产品，当前循环变量i递减1，说明当前循环无效，这样确保每次循环都能取出编号不重复的产品。

3）样品检测和计算合格率：遍历切片sample检测每个样品是否合格，检测功能由内置包rand生成随机数，如果随机数大于50，则说明样品检测合格，变量qualified累计加1；通过变量qualified和切片sample的长度计算合格率，变量qualified代表样品合格数量，切片sample的长度代表所有样品的数量。

运行上述代码，按照程序提示输入10，运行结果如图6-25所示。

```
请输入检测产品数量：
产品编号：map[1:1 2:2 3:3 4:4 5:5 6:6 7:7 8:8 9:9 10:10]
产品编号1检测合格
产品编号5检测合格
产品编号10检测不合格
产品编号4检测不合格
产品编号3检测不合格
合格率：40.00%

Process finished with exit code 0
```

图 6-25　运行结果

6.7 小　　结

数组是一个由固定长度的特定类型的元素组成的序列，一个数组可以由0个或多个元素组成。注意掌握Go语言的数组定义语法：

```
// 定义数组
var name [number]type
```

切片是动态数组，可以根据切片中的元素自动调整切片长度，需要明确切片的定义方式与数组定义十分相似，但定义过程中不用设置切片长度。

语法格式：

```
// 定义切片
var name []type

// 定义切片并赋值
var name = []type{value1, value2}
// 简写
name := []type{value1, value2}

// 使用make()定义切片
var name []type = make([]type, len)
// 简写
name := make([]type, len)
```

Go语言的集合称为map，也称为映射，它是一种无序的键值对（key-value）的集合，集合是通过键（key）来快速检索值（value）的，键（key）类似于索引，它指向值（value）的数据。

注意掌握集合语法的定义：

```
// 定义方式1，只定义
var name map[keytype]valuetype
name = map[keytype]valuetype{}
// 简写
var name = map[keytype]valuetype{}
```

```
// 定义方式2，定义并赋值
var name = map[keytype]valuetype{key: value}
// 定义方式3，使用make()函数定义
var name map[keytype]valuetype
name = make(map[keytype]valuetype)
// 简写
name := make(map[keytype]valuetype)
```

列表是一种非连续的存储容器，由多个节点组成，节点通过一些变量记录彼此之间的关系，列表有多种实现方法，如单链表、双链表等。列表定义有两种方式，分别是用关键字var和内置函数方法new()。

例如：

```
// 关键字var定义列表
var name list.List
// 使用内置函数方法new()定义
name := list.New()
```

可以调用相关函数方法对列表执行元素新增、插入、删除操作，并且列表元素没有限制数据类型。

第7章

函　数

本章内容:

- 函数定义与调用。
- 不固定参数数量。
- 函数以变量表示。
- 没有名字的函数。
- 引用外部变量的函数。
- 函数自身调用。
- 动手练习:编写一个创建文件后缀名的程序。

7.1　函数定义与调用

在Go语言中,函数由6个要素组成:关键字func、函数名、参数列表、返回值数据类型、函数体和返回值语句,每个程序可以编写很多函数,函数是程序的基本代码块。

由于Go语言是编译型语言,因此函数编写顺序不影响程序运行,但为了提高代码的可读性,最好把自定义函数写在主函数main()前面,自定义函数之间按照一定逻辑顺序编写,例如函数被调用的先后顺序。

编写函数的目的是将一个需要多行代码的复杂问题分解为简单任务来解决,而且同一个任务(函数)可以被多次调用,这有助于代码重用。Go语言的函数定义必须遵从以下格式:

```
func name(parameter)(returnType){
    代码块
    return value1, value2...
}
```

函数定义说明如下:

- func是Go语言的关键字，用于定义函数和方法。
- name是函数名，可自行命名。
- parameter是函数的参数，参数个数没有要求，可根据实际设置，如果不需要参数，可以使用()表示。
- returnType设置返回值的数据类型，函数有返回值必须设置，有多个返回值必须依次为每个返回值设置数据类型，没有返回值则无须设置。
- return是Go语言的关键字，设置函数返回值，如果没有返回值，则无须编写。
- value1和value2是函数的返回值，返回值的数据类型与returnType一一对应。

根据函数定义语法可以划分4种不同类型的函数，示例如下：

```
// 无参数无返回值
func name(){
    代码块
}

// 有参数无返回值
func name(n int){
    代码块
}

// 无参数有返回值
func name()(int){
    代码块
    return value
}

// 有参数有返回值
func name(n int)(int){
    代码块
    return value
}
```

我们以有参数有返回值的函数为例编写简单的应用示例，代码如下：

```
package main

import (
    "fmt"
    "strconv"
)

func myfun(name string, age int) (string, bool) {
    // 参数name和age
    // (string, bool)是返回值的数据类型
    var n string
    var b bool
    if name != "" {
        // 字符串拼接
        n = name + " is existence, age is " + strconv.Itoa(age)
        b = true
    } else {
        n = "name is not existence"
```

```
        b = false
    }
    // 返回值
    return n, b
}
func main() {
    // 调用函数，并设置返回值
    s, _ := myfun("Tom", 15)
    fmt.Println(s)
    // 调用函数，虽然有返回值，但函数外不需要使用
    myfun("Tom", 15)
}
```

上述代码定义了函数myfun()，在主函数main()中调用函数myfun()，具体说明如下：

- 自定义函数myfun()设置函数参数name和age，参数name的数据类型为字符串，参数age的数据类型为整型，参数之间使用逗号隔开。如果多个参数是同一数据类型，可以写在一起，如name, addr string。
- 自定义函数可以根据需要设置返回值，如果有返回值，则必须在参数后面设置返回值的数据类型，每个返回值都有对应的数据类型。
- 返回值使用关键字return，它将函数执行结果返回给函数之外的程序再进行操作。若有多个返回值，则返回值之间使用英文格式的逗号隔开，返回值的先后顺序与返回值数据类型一一对应。比如myfun()的返回值数据类型为(string, bool)，那么关键字return后面必须有两个返回值，并且返回值的数据类型依次为字符串和布尔型。
- 函数调用是在主函数main()中调用自定义函数myfun()，在调用过程中，根据函数参数依次设置相应数值，如需使用返回值，则要为其设置变量存放函数返回值；如果没有返回值或程序不需要使用返回值，则直接调用函数即可。

运行上述代码，运行结果如图7-1所示。

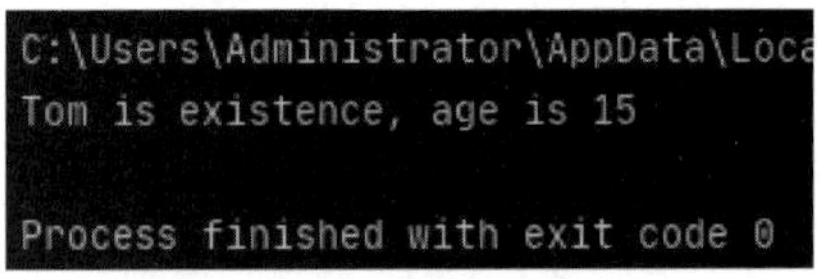

```
C:\Users\Administrator\AppData\Loca
Tom is existence, age is 15

Process finished with exit code 0
```

图 7-1　运行结果

在实际开发中，很多函数方法都会设置error类型的返回值，error类型的返回值通常用作函数运行结果，如果返回值为空值nil，则说明函数调用成功；如果返回值不为空值nil，则说明函数在运行过程中出现异常。

error类型是Go语言定义的接口，主要记录程序运行中出现的异常信息，因此在Go语言中经常看到这样的代码格式：

```
fs, err := os.Open("output.txt")
if err != nil {
    fmt.Printf("调用函数Open()出现异常: %v", err)
}
```

7.2　不固定参数数量

　　在实际开发中，我们可能遇到一些大同小异的开发需求，函数为了兼容多种需求可能设置数量不一的参数，所以Go语言允许对函数设置不固定参数。

　　不固定参数是指不限制参数数量，但限制了参数的数据类型，不固定参数使用3个点（…）表示，它以切片形式表示，切片元素是参数的数据类型，从原理分析，不固定参数利用了切片的解包，具体内容请回顾6.2.2节。不固定参数的应用示例如下：

```go
package main

import (
    "fmt"
)

func myfun(numbers ...int) {
    for _, k := range numbers {
        fmt.Printf("参数值为: %v\n", k)
    }
}

func main() {
    // 调用函数
    myfun(12, 15, 13)
    myfun(45, 44, 23, 77)
}
```

　　上述代码运行结果如图7-2所示。

　　函数myfun()的参数numbers设为整型，在参数名后面使用3个点（…）即可将参数设为可变参数，整个参数numbers以切片形式表示，切片元素的数据类型为整型。

　　在函数调用过程中，可以根据实际设置参数数量，但每个参数只能设为整型，如果需要设置不同类型的参数，可以将参数的数据类型设为接口（interface）类型，示例如下：

```
参数值为: 12
参数值为: 15
参数值为: 13
参数值为: 45
参数值为: 44
参数值为: 23
参数值为: 77
```

图 7-2　运行结果

```go
package main

import (
    "fmt"
)

func myfun(numbers ...interface{}) {
    for _, k := range numbers {
        fmt.Printf("参数值为: %v\n", k)
    }
}

func main() {
```

```
        var s = []string{"Mary", "Tim"}
        var m = map[string]interface{}{"name": "Mary", "age": 10}
        // 调用函数
        myfun(45, "Tom", s, m)
    }
```

上述代码将参数numbers设为接口（interface）类型，在调用函数myfun()的时候，分别使用整型、字符串、切片和集合类型的数据作为函数参数，运行结果如图7-3所示。

```
参数值为：45
参数值为：Tom
参数值为：[Mary Tim]
参数值为：map[age:10 name:Mary]
```

图 7-3　运行结果

7.3　函数以变量表示

一个函数可以理解为一个变量，函数定义等于设置变量值，关键字func则作为变量的数据类型，具体示例如下：

```
package main
import (
    "fmt"
)

func myfun() {
    // 定义函数
    fmt.Printf("自定义函数")
}

func main() {
    // 定义函数变量
    var m func()
    // 将函数作为变量m的值
    m = myfun
    // 调用函数
    m()
}
```

上述代码定义了函数myfun()，在主函数中定义函数变量m，数据类型是func()，然后将自定义函数myfun()的函数名赋值给函数变量m，最后在变量m后面使用小括号，即视为执行函数调用过程，运行结果如图7-4所示。

```
C:\Users\Administrator\AppData\Local\T
自定义函数
Process finished with exit code 0
```

图 7-4　运行结果

7.4 没有名字的函数

没有名字的函数称为匿名函数，就是这种函数没有具体的函数名，将整个函数作为变量，以变量方式使用。匿名函数有两种使用方式：函数定义并使用、函数以函数变量表示。

函数定义并使用是在函数定义的时候就开始执行函数调用，这种方式只会在程序中执行一次，因为函数只会执行一次定义，所以无法实现函数多次调用，示例如下：

```
package main

import (
    "fmt"
)

func main() {
    res := func(n1 int, n2 int) int {
        return n1 + n2
    }(10, 30)

    fmt.Printf("函数执行结果为: %v\n", res)
}
```

上述代码的匿名函数是用关键字func定义的，关键字func后面直接设置函数参数和返回值的数据类型，函数定义之后再设置参数值，如(10, 30)是直接调用匿名函数，函数返回值赋予变量res，程序运行结果如图7-5所示。

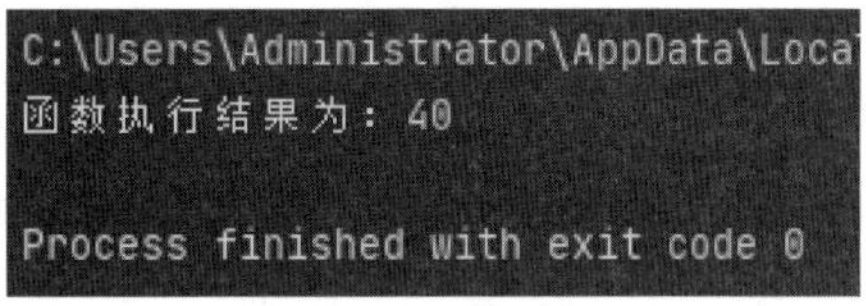

如果匿名函数以函数变量方式表示，再通过函数变量方式实现匿名函数调用，这样在程序中能多次调用匿名函数，示例如下：

图 7-5 运行结果

```
package main
import (
    "fmt"
)
func main(){
    // 将匿名函数赋给函数变量myfun
    myfun := func (n1 int, n2 int) int {
        return n1 - n2
    }

    // 变量myfun的数据类型是函数类型，可以由该变量完成函数调用
    res2 := myfun(10, 30)
    res3 := myfun(50, 30)
    fmt.Printf("匿名函数调用第一次: %v\n", res2)
    fmt.Printf("匿名函数调用第二次: %v\n", res3)
    fmt.Printf("函数变量myfun的数据类型: %T\n", myfun)
}
```

上述代码将整个匿名函数作为函数变量表示，只要在函数变量myfun后面使用小括号，即可实现匿名函数的调用，运行结果如图7-6所示。

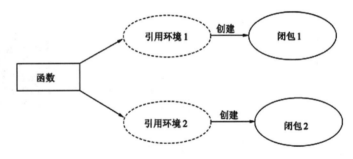

图 7-6　运行结果

如果匿名函数作为模块或包中的某个功能函数，需要被其他go文件的程序调用，可以将函数变量的首个字母设为大写，这是把函数变量设为导出标识符。

7.5　引用外部变量的函数

引用外部变量的函数称为闭包，即使已经离开了引用环境也不会被释放或者删除，在闭包中可以继续使用这个变量，简单可以理解为：函数+引用环境=闭包。同一个函数与不同引用环境组合可以形成不同的实例，如图7-7所示。

图 7-7　闭包组合方式

如果单从概念上理解闭包是十分困难的，我们不妨结合实例进行分析，代码如下：

```
package main

import "fmt"

// 闭包 = 函数 + 引用环境
func adder() func(int) int {
    // 定义函数adder()，返回值为匿名函数func(int) int
    var x int = 10
    // 匿名函数作为函数返回值
    return func(y int) int {
        x += y
        return x
    }
}

func main() {
    // 函数adder()是一个闭包
```

```
// 函数adder()内部有变量x（引用环境）和匿名函数
// 匿名函数引用了其外部作用域中的变量x
// 在函数adder()的生命周期内，变量x一直有效
f := adder()
fmt.Println(f(10))
fmt.Println(f(20))
f1 := adder()
fmt.Println(f1(2000))
fmt.Println(f1(5000))
}
```

运行上述代码，运行结果如图7-8所示。结合代码与运行结果分析得知：

图 7-8　运行结果

1）自定义函数adder()实现闭包功能，函数内部定义变量x和匿名函数，并且匿名函数作为函数返回值。

2）匿名函数设置参数y和引用自定义函数adder()的变量x，在匿名函数内部对变量x进行赋值计算，最后将变量x的值作为返回值。

3）在主函数main()中调用函数adder()，函数返回值以变量f表示，变量f是匿名函数的函数变量，通过函数变量f完成匿名函数的调用。

4）由于函数变量f是调用函数adder()产生的，当函数变量f调用匿名函数时，匿名函数能使用函数adder()定义的变量x。

5）从代码的f(10)看到，第一次调用匿名函数的时候，变量x的初始值为10，参数y的值设为10，所以程序输出20；第二次调用匿名函数的时候，变量x的值经过第一次调用已经变为20，参数y的值设为20，所以程序输出40。函数变量f每调用一次都会改变变量x的值。

6）匿名函数除了使用函数adder()定义的变量x之外，还可以使用函数adder()的参数作为引用环境。

根据闭包原理可以实现很多实用性功能，比如在Web开发中，某些网页需要用户登录才能查看，用户登录验证可以使用闭包实现。

7.6　函数自身调用

函数调用是在一个函数中调用另一个函数，如果在函数中调用函数本身，就成了递归函数。递归函数是通过不断调用自身代码，当达到特定条件时才终止调用过程，它的语法格式如下：

```
func myfunc() {
    // 函数调用自身
    myfunc()
}

func main() {
    myfunc()
}
```

递归函数用于斐波那契数列、阶乘、归并排序和排列组合等数学思维较强的业务场景。以斐波那契数列为例，斐波那契数列是指这样一个数列：{1,1,2,3,5,8,13,21,…}，它的首项为1，第2项也为1，且从第3项起，每一项都等于它前两项之和，实现代码如下：

```go
package main

import "fmt"

func fibonacci(n int) int {
    // 定义递归函数
    if n < 2 {
        return n
    }
    // 调用自身，传入不同参数值
    return fibonacci(n-2) + fibonacci(n-1)
}

func main() {
    var i int
    // 调用函数fibonacci()
    for i = 0; i < 10; i++ {
        fmt.Printf("%d ", fibonacci(i))
    }
}
```

上述代码定义了函数fibonacci()并设置了函数参数n，函数递归思路如下：

1）当参数n小于2的时候，直接将参数值作为函数返回值。

2）当参数n的值大于或等于2的时候，函数fibonacci()执行递归操作，分别设置n-2和n-1作为函数参数。

3）程序每次执行递归的时候，参数n都会小于上一次递归的参数值，直到参数n小于2的时候终止递归操作。

运行上述代码，运行结果如图7-9所示。

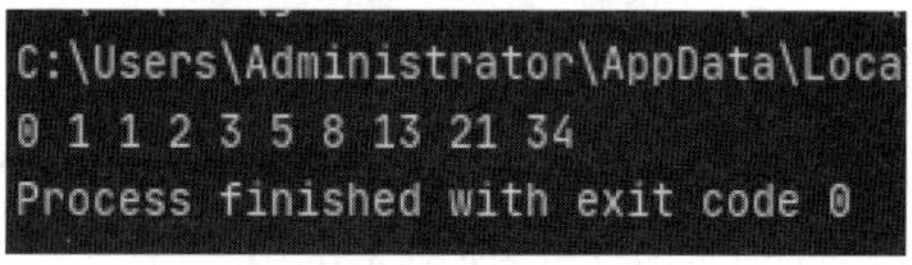

```
C:\Users\Administrator\AppData\Loca
0 1 1 2 3 5 8 13 21 34
Process finished with exit code 0
```

图 7-9　运行结果

7.7　动手练习：编程实现创建文件后缀名

相信很多读者都能理解函数的定义与调用，可能对函数的闭包原理尚未掌握，本节以文件操作说明函数闭包的具体应用。我们知道计算机文件可以分为不同的类型，文件类型通过文件后缀名（也称为扩展名）表示，如TXT文件、PY文件或JSON文件等。

使用程序读写文件的时候，不同文件类型有不同的读写方式，若使程序能灵活支持多种文件读写，必须能灵活处理文件后缀名。文件后缀名可以通过内置包path获取，使用函数闭包能实现文件后缀名的灵活处理，实现代码如下：

```go
package main

import (
    "fmt"
    "path"
)

func makeSuffixFunc(suffix string) func(string) string {
    // 参数suffix是文件后缀名
    return func(name string) string {
        // 匿名函数使用makeSuffixFunc的参数suffix
        // 参数name是文件名，可能含有后缀名或没有后缀名
        // path.Ext()用于获取文件后缀名，判断path.Ext()是否为空
        // 判断结果为空，说明参数name没有后缀名，根据suffix创建后缀名
        // 判断结果不为空，说明参数name已有后缀名
        if path.Ext(name) == "" {
            return name + suffix
        } else {
            return "文件已有后缀名: " + name
        }
    }
}

func main() {
    // 定义JPG文件类型的函数变量
    jpgFunc := makeSuffixFunc(".jpg")
    // 定义TXT文件类型的函数变量
    txtFunc := makeSuffixFunc(".txt")
    // 判断文件是否已有后缀名
    // 若没有后缀名，则根据函数变量自动创建
    fmt.Println(jpgFunc("test.png"))
    fmt.Println(txtFunc("test"))
}
```

上述代码中，函数makeSuffixFunc()通过闭包原理实现了文件后缀名的判断和创建，说明如下：

1）makeSuffixFunc()的参数suffix为字符串类型，它代表文件后缀名，返回值以匿名函数表示，匿名函数的参数name为字符串类型，代表文件名，匿名函数返回值为字符串类型，代表函数执行结果。

2）makeSuffixFunc()的匿名函数能够使用参数suffix，因为匿名函数和参数suffix都在makeSuffixFunc()中定义，它们的作用域都在makeSuffixFunc()中。

3）主函数main()调用makeSuffixFunc()并分别设置参数suffix为.jpg和.txt，变量jpgFunc和txtFunc是makeSuffixFunc()匿名函数，调用函数变量jpgFunc和txtFunc就能实现匿名函数的调用过程。

4）调用makeSuffixFunc()不会自动调用匿名函数，程序只会返回一个func类型的变量（称为函数变量），它只有函数定义，并没有发生函数调用，所以调用函数变量jpgFunc和txtFunc就能调用makeSuffixFunc()的匿名函数。

7.8 小 结

在Go语言中，函数由6个要素组成：关键字func、函数名、参数列表、返回值数据类型、函数体和返回值语句，每个程序可以编写很多函数，函数是程序的基本代码块。

函数定义必须遵从以下格式：

```
func name(parameter)(returnType){
    代码块
    return value1, value2...
}
```

可变参数是不限制参数数量，但限制参数的数据类型，可变参数使用3个点（…）表示。

一个函数可以理解为一个变量，函数定义等于设置变量值，关键字func则作为变量的数据类型。

匿名函数就是没有具体的函数名，将整个函数作为变量，以变量方式进行使用。匿名函数有两种使用方式：函数定义并使用、函数以函数变量表示。

引用外部变量的函数称为闭包，即使已经离开了引用环境也不会被释放或者删除，在闭包中可以继续使用这个变量，可以简单理解为：函数+引用环境=闭包。同一个函数与不同引用环境组合可以形成不同的实例。

函数调用是在一个函数中调用另一个函数，如果在函数中调用函数本身，就成了递归函数。递归函数是通过不断调用自身代码，当达到特定条件时才终止调用过程。

第 8 章
结 构 体

本章内容：

- Go的"面向对象"。
- 结构体定义与实例化。
- 指针方式的实例化。
- 结构体标签。
- 匿名结构体与匿名成员。
- 嵌套结构体。
- 自定义构造函数。
- 结构体方法：指针与值接收者。
- 动手练习：编程实现结构体与JSON互换。
- 动手练习：编程实现多键索引查询数据。

8.1 Go的"面向对象"

面向对象（Object Oriented，OO）是一种设计思想，从20世纪60年代提出面向对象的概念到现在，它已经发展成为一种比较成熟的编程思想，并且逐步成为目前软件开发领域的主流技术。面向对象的概念和应用已超越了程序设计和软件开发，扩展到数据库系统、交互式界面、应用结构、应用平台、分布式系统、网络管理结构、CAD技术、人工智能等领域。

面向对象是一种对现实世界理解和抽象的方法，是计算机编程技术发展到一定阶段后的产物，相对于面向过程来讲，面向对象把相关的数据和方法组织为一个整体来看待，从更高的层次来进行系统建模，更贴近事物的自然运行模式。

对象不是我们常说的男女对象，而是一种抽象概念。编程是为了实现某些功能或解决某些问题，在实现的过程中，需要将实现过程具体化。好比现实中某些例子，例如在超市购物的时候，购买者挑选自己所需的物品并完成支付，这是一个完整的购物过程。在这个过程中，购买者需要使用自己的手和脚去完成一系列的动作，如挑选自己所需的物品，走到收银台完成支付。

如果使用编程语言解释这个购物过程，这个购物过程好比一个程序，购买者可以被比作一个对象，购买者的手和脚就是对象的属性或方法。购买的过程由购买者的手和脚完成，相当于程序的代码由对象的属性或方法来实现。

大部分编程语言都使用关键字class（类）定义对象，用于表示类的特征，但是Go语言不是一个纯面向对象的编程语言，它采用更灵活的"结构体"替代了"类"。

Go语言设计得非常简洁优雅，它没有沿袭传统面向对象编程的概念，比如继承、类方法和构造方法等，笔者认为，Go语言的结构体是对传统面向对象编程的创新，虽然Go语言没有继承和多态，但可以通过匿名字段实现继承，通过接口实现多态。

8.2　结构体定义与实例化

结构体使用关键字type定义，关键字type能将各种基本类型定义为自定义类型，基本类型包括整型、字符串、布尔型等。结构体是一种复合的基本类型，它里面的成员（也可以称为元素或字段）可以是任意数据类型，所以需要使用type定义结构体，其语法格式如下：

```
type name struct {
    field1 dataType
    field2 dataType
    ...
}
```

语法说明如下：

1）关键字type设置当前定义的变量为自定义类型。

2）name是结构体名字，可自行命名。

3）关键字struct声明当前变量为结构体类型。

4）field1和field2是结构体的成员（也可以称为元素或字段），成员名字自行命名。

5）dataType用于设置每个成员的数据类型。

根据结构体的定义语法，我们定义结构体person，分别设置成员name和age，示例如下：

```
// 定义结构体person
type person struct {
    name string
    age int
}
```

结构体定义后，下一步是对结构体进行实例化，实例化是对结构体的成员赋予具体真实的数值，使其能客观反映真实事物，实例化过程如下：

```
package main

import "fmt"
```

```
// 定义结构体person
type person struct {
    name string
    age  int
}

func main() {
    // 实例化方法1
    // 实例化结构体person，生成实例化变量p
    p := person{name: "Tom", age: 18}
    // 由实例化变量p访问成员
    fmt.Printf("结构体成员name的值: %v\n", p.name)
    fmt.Printf("结构体成员age的值: %v\n", p.age)

    // 实例化方法2
    // 实例化结构体
    var p1 person
    // 对结构体成员进行赋值操作
    p1.name = "Tim"
    p1.age = 22
    // 由实例化变量p1访问成员
    fmt.Printf("结构体成员name的值: %v\n", p1.name)
    fmt.Printf("结构体成员age的值: %v\n", p1.age)

    // 实例化方法3
    // 使用new()实例化结构体
    p3 := new(person)
    // 对结构体成员进行赋值操作
    p3.name = "LiLy"
    p3.age = 28
    // 由实例化变量p3访问成员
    fmt.Printf("结构体成员name的值: %v\n", p3.name)
    fmt.Printf("结构体成员age的值: %v\n", p3.age)

    // 实例化方法4
    // 取结构体实例化的内存地址
    p4 := &person{}
    // 对结构体成员进行赋值操作
    p4.name = "Mary"
    p4.age = 16
    // 由实例化变量p4访问成员
    fmt.Printf("结构体成员name的值: %v\n", p4.name)
    fmt.Printf("结构体成员age的值: %v\n", p4.age)
}
```

上述代码列出了结构体的4种实例化方法，每一种实例化方法说明如下：

- 实例化方法1是在结构体实例化的时候为每个成员设置相应数值,如果没有为某个成员设置数值，则使用默认值，如p := person{name: "Tom"}没有为成员age设置数值，那么成员age的初始值为0。
- 实例化方法2定义结构体变量p1，结构体变量p1也是结构体的实例化变量，在结构体变量p1后面使用实心点访问成员，如p1.name、p1.age，被访问的成员可以执行取值或赋值操作，如p1.name="Tim"是赋值操作，a:=p1.age是取值操作。

- 实例化方法3使用内置函数方法new()对结构体进行实例化，然后在结构体实例化变量后面使用实心点访问成员。
- 实例化方法4取结构体实例化变量的内存地址并赋予变量p4，再由变量p4使用实心点访问结构体成员。

运行上述代码，运行结果如图8-1所示。

综上所述，结构体使用type name struct{xxx}方法定义，在已定义的结构体名字后面加上中括号就能实现结构体实例化，在中括号里面使用键值对形式设置每个成员的初始值，若没有设置初始值，Go语言为该成员设置相应默认值。

图 8-1　运行结果

8.3　指针方式的实例化

在实例化结构体的时候，可以使用内置函数方法new()和取地址操作符"&"实现，这两种实例化方法都是由指针方式完成的，在访问成员的时候也是使用实心点，但编译器自动将其转换为(*yyy).xxx形式访问。

8.2节列举了结构体的4种实例化方法，其中实例化方法1和2使用普通方式，实例化方法3和4使用指针方式。不同实例化方式在使用上肯定存在差异，但为了统一使用方法，普通方式的使用方法也能兼容指针方式，如8.2节的示例，4种实例化方法在使用上并无太大差异，但指针方式的真正使用方法如下：

```go
package main

import "fmt"

// 定义结构体person
type person struct {
    name string
    age  int
}

func main() {
    // 实例化方法3
    // 使用new()实例化结构体
    var p3 *person = new(person)
    // 对结构体成员进行赋值操作
    (*p3).name = "LiLy"
    (*p3).age = 28
    // 由实例化变量p3访问成员
    fmt.Printf("结构体成员name的值: %v\n", p3.name)
    fmt.Printf("结构体成员age的值: %v\n", p3.age)

    // 实例化方法4
    // 取结构体的地址实例化
    var p4 *person = &person{}
    // 对结构体成员进行赋值操作
    (*p4).name = "Mary"
```

```
    (*p4).age = 16
    // 由实例化变量p4访问成员
    fmt.Printf("结构体成员name的值: %v\n", p4.name)
    fmt.Printf("结构体成员age的值: %v\n", p4.age)
}
```

从上述代码看到，指针方式的实例化过程如下：

1）使用内置函数方法new()和取地址操作符"&"实例化结构体的时候，实例化变量都是指针类型，如var p3 *person和var p4 *person。

2）通过变量p3或p4访问成员的时候，先使用取值操作符"*"从变量存储的内存地址获取结构体，再从结构体取得某个成员，最后对该成员执行取值或赋值操作。

3）指针方式的实例化结构体允许直接使用实心点访问成员，如p3.name="LiLy"，因为编译器自动将其转换为(*p3).name="LiLy"形式访问。

```
结构体成员name的值：LiLy
结构体成员age的值：28
结构体成员name的值：Mary
结构体成员age的值：16
```

最后在GoLand运行上述代码，运行结果如图8-2所示。

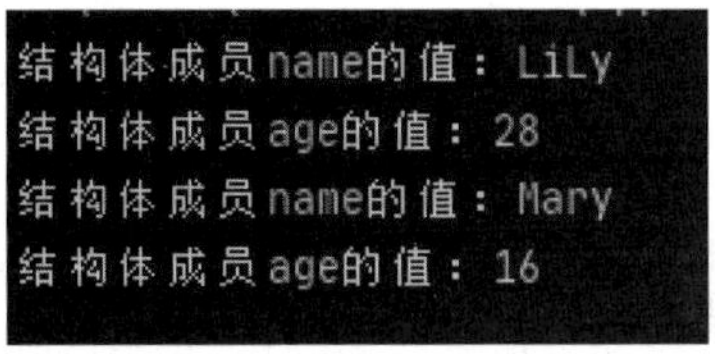

图8-2 运行结果

8.4 结构体标签

在定义结构体的时候，我们还可以为每个成员添加标签tag，它是一个附属于成员的字符串，代表文档或其他的重要标记。比如解析JSON需要使用内置包encoding/json，该包为我们提供了一些默认标签；还有一些开源的ORM框架，也广泛使用结构体的标签tag。

结构体标签设置说明如下：

1）标签在成员的数据类型后面设置，以字符串形式表示，并且使用反引号表示字符串。

2）标签内容格式由一个或多个键值对组成，键与值使用冒号分隔，并且不能留有空格，值用双引号引起来，多个键值对之间使用一个空格分隔。

结构体标签语法格式如下：

```
type name struct {
    field1 dataType `key1:"value1" key2:"value2"`
    field2 dataType `key1:"value1" key2:"value2"`
    ...
}
```

结构体标签看似仅是一个注释说明，但在开发中十分重要，比如将结构体转为JSON数据，我们需要借助内置包encoding/json实现，代码如下：

```
package main

import (
    "encoding/json"
    "fmt"
)
```

```go
type Student struct {
    name  string
    age   int
    score int
}

func main() {
    var stu Student = Student{
        name:  "张三",
        age:   22,
        score: 88,
    }

    data, _ := json.Marshal(stu)
    fmt.Printf("结构体转换JSON: %v\n", string(data))
}
```

上述示例首先定义结构体Student，然后在主函数main()中实例化结构体Student并为每个成员赋予初始值，最后调用内置包encoding/json的Marshal()方法将结构体转换为JSON数据，运行结果如图8-3所示。

从运行结果看到，程序并没有将结构体的数据转换为JSON数据，因为结构体的每个成员的首个字母是小写格式的，所以结构体的成员不是导出标识符，内置包encoding/json无法成功获取结构体每个成员的数据。

```
C:\Users\Administrator\AppData\Loca
结构体转换JSON: {}

Process finished with exit code 0
```

图 8-3　运行结果

如果将结构体的每个成员首个字母改为大写格式，内置包encoding/json的Marshal()能将结构体转换为JSON数据，但是JSON数据的键（key）一般以小写格式表示，为了使数据转换成功且转换结果符合格式要求，这时候需要使用结构体标签tag实现，实现代码如下：

```go
package main

import (
    "encoding/json"
    "fmt"
)

type Student struct {
    // `json:"name"`表示JSON序列化时，结构体成员展示形式为name
    Name  string `json:"name"`
    Age   int `json:"age"`
    Score int `json:"score"`
}

func main() {
    var stu Student = Student{
        Name:  "张三",
        Age:   22,
        Score: 88,
    }

    data, _ := json.Marshal(stu)
    fmt.Println(string(data))
}
```

从示例看到，结构体转换JSON的过程如下：

1）每个结构体成员设置了标签tag，格式为`json:"xxx"`，不同模块或包对结构体标签的内容格式各有不同。

2）在主函数main()中实例化结构体，为每个结构体成员赋予具体数值。

3）结构体成员首个字母是大写格式，能作为导出标识符而被内置包encoding/json的Marshal()获取。

4）通过反射机制从结构体成员获取标签，将标签内容作为JSON的键（key），成员值作为JSON的值（value）。

运行上述代码，运行结果如图8-4所示。

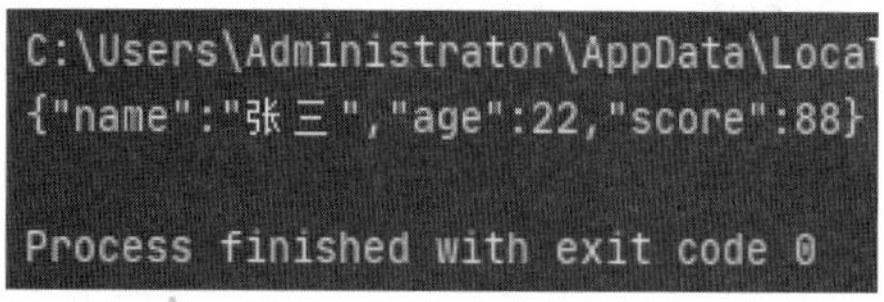

```
C:\Users\Administrator\AppData\Local
{"name":"张三","age":22,"score":88}

Process finished with exit code 0
```

图 8-4　运行结果

8.5　匿名结构体与匿名成员

匿名结构体和匿名函数是同一个概念，使用匿名结构体必须赋值给变量，否则没法使用，使用方法如下：

```
package main

import "fmt"

func main() {
    // 定义匿名结构体
    var p struct {
        name string
        age  int
    }
    // 使用匿名结构体并为成员赋值
    p.name = "Tom"
    p.age = 10
    fmt.Printf("匿名结构体的成员name: %v\n", p.name)
    fmt.Printf("匿名结构体的成员age: %v\n", p.age)

    // 定义匿名结构体并赋值
    p1 := struct {
        name string
        age  int
    }{
        name: "Tim",
        age: 20,
    }
    fmt.Printf("匿名结构体的成员name: %v\n", p1.name)
    fmt.Printf("匿名结构体的成员age: %v\n", p1.age)
}
```

上述示例列举了匿名结构体的两种使用方式，第一种使用关键字var定义，第二种使用:=定义，并为匿名结构体成员设置初始值，每个成员值以键值对格式表示，每对键值对的末端必须使用逗号隔开。代码运行结果如图8-5所示。

匿名成员是指在结构体中没有明确定义成员名称，只定义了成员的数据类型，结构体在实例化的时候可以通过成员的数据类型进行访问，示例如下：

```go
package main

import "fmt"

type person struct {
    // 定义结构体
    string
    int
    float64
    bool
}

func main() {
    // 实例化结构体
    p := person{"Tim", 20, 171.1, true}
    // 访问匿名成员并输出
    fmt.Printf("结构体的匿名成员string的值: %v\n", p.string)
    fmt.Printf("结构体的匿名成员int的值: %v\n", p.int)
    fmt.Printf("结构体的匿名成员float64的值: %v\n", p.float64)
    fmt.Printf("结构体的匿名成员bool的值: %v\n", p.bool)
}
```

结构体匿名成员的数据类型只能为字符串、整型、浮点型、复数或布尔型等基本数据类型，不能为数组、切片、集合或结构体等复合类型，否则程序会提示语法错误。

结构体实例化之后，由实例化变量访问匿名成员的数据类型即可操作，实现匿名成员的取值或赋值，上述代码运行结果如图8-6所示。

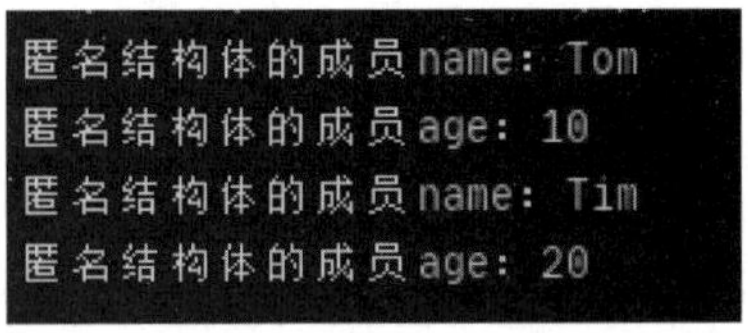

图 8-5 运行结果

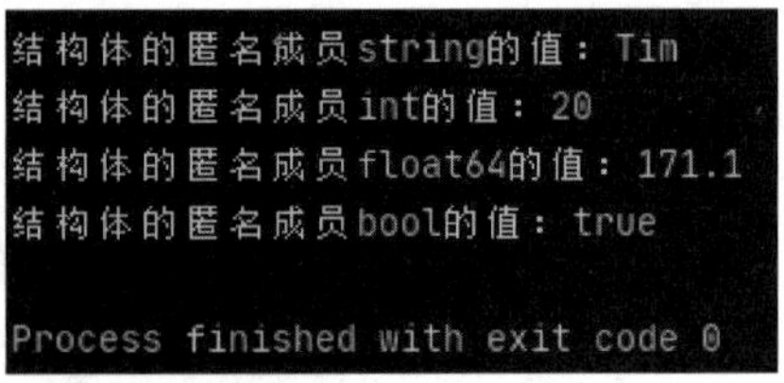

图 8-6 运行结果

8.6 结构体嵌套

由于结构体的每个成员可以设置不同的数据类型，如果某个成员的数据类型为结构体，就可以实现结构体的嵌套功能，结构体嵌套是将一个结构体成员设为另一个结构体，使结构体之间形成简单的递进关系，其语法结构如下：

```go
type cars struct {
    name string
```

```
    price  int
}
type person struct {
    name string
    age int
    cars cars
}
```

上述语法定义了两个结构体，分别为cars和person，其中结构体person的成员cars的数据类型指向结构体cars，这样就能实现结构体嵌套。在实例化person的时候，成员cars代表结构体cars的实例化变量，具体的使用方法如下：

```
package main

import "fmt"

func main() {
    type cars struct {
        name  string
        price int
    }

    type person struct {
        name string
        age  int
        cars cars
    }

    c := cars{name: "BWM", price: 500000}
    p := person{name: "Tim", age: 30, cars: c}
    fmt.Printf("个人名称: %v\n", p.name)
    fmt.Printf("个人年龄: %v\n", p.age)
    fmt.Printf("个人拥有车辆: %v\n", p.cars.name)
    fmt.Printf("车辆价钱为: %v\n", p.cars.price)
}
```

上述代码说明如下：

1）结构体cars嵌套在person的成员cars中，使得结构体person具备cars的所有成员，如果从面向对象角度分析，子类person继承了父类cars。

2）通过结构体person访问car的成员也是使用实心点"."，如p.cars.name，p代表结构体person；car代表person的成员，也是结构体cars的实例化变量；name代表结构体cars的成员。

运行上述代码，运行结果如图8-7所示。

结构体嵌套还可以使用匿名结构体实现，若遇到多重结构体嵌套，使用匿名结构体可以省去定义多个结构体，示例如下：

```
个人名称：Tim
个人年龄：30
个人拥有车辆：BWM
车辆价钱为：500000

Process finished with exit code 0
```

图 8-7 运行结果

```
package main

import "fmt"
```

```go
func main() {
    type cars struct {
        name  string
        price int
    }

    type person struct {
        name    string
        age     int
        cars    cars
        hourse struct {
            name  string
            price int
        }
    }

    c := cars{name: "BWM", price: 500000}
    p := person{name: "Tim", age: 30, cars: c}
    fmt.Printf("个人名称: %v\n", p.name)
    fmt.Printf("个人年龄: %v\n", p.age)
    fmt.Printf("个人拥有车辆: %v\n", p.cars.name)
    fmt.Printf("车辆价钱为: %v\n", p.cars.price)
}
```

我们在结构体person中定义了成员hourse，它的数据类型是结构体，但以匿名结构体的方式定义，使用匿名结构体实现结构体嵌套能在代码中直观看出结构体的数据结构，但嵌套在内的结构体无法在其他代码中使用，某种程度上不符合代码复用的设计思想。

8.7　自定义构造函数

构造函数又称为工厂函数，它是以函数方式实例化结构体，在实例化过程中按照规则对各个结构体成员进行赋值操作，并且能减少函数或主函数的代码冗余。

构造函数的参数可以选择性作为结构体的成员值，如果没有参数，结构体的成员值在函数内生成或使用默认值；函数返回值是结构体的实例化变量，并且以指针形式表示。

比如定义结构体cat，程序在1～10随机生成一个数，如果随机数大于5，结构体cat代表老虎；否则为狮子，示例如下：

```go
package main

import (
    "fmt"
    "math/rand"
    "time"
)

type cat struct {
    // 定义结构体
```

```
        name    string
        weight int
        // 结构体成员为匿名结构体
        habit struct {
            ambient string
            style string
        }
    }

func get_cat() *cat {
    // 定义构造函数
    // 设置随机数的种子
    rand.Seed(time.Now().UnixNano())
    n := rand.Intn(10)
    // 定义变量，用于设置结构体的成员值
    var name, ambient, style string
    var weight int
    // 根据随机数设置变量值
    if n <= 5 {
        name = "tiger"
        weight = 500
        ambient = "山林"
        style = "独居"
    } else {
        name = "lion"
        weight = 300
        ambient = "草原"
        style = "群居"
    }
    // 实例化结构体
    c := cat{
        name:   name,
        weight: weight,
        // 匿名结构体实例化
        habit: struct {
            ambient string
            style string
        }{ambient: ambient, style: style},
    }
    return &c
}

func main() {
    // 调用构造函数，获取结构体实例化变量
    c := get_cat()
    fmt.Printf("猫科动物为: %v\n", c.name)
    fmt.Printf("体重为: %v\n", c.weight)
    fmt.Printf("居住环境: %v\n", c.habit.ambient)
    fmt.Printf("生活方式: %v\n", c.habit.style)
}
```

上述代码一共分为3部分：定义结构体、定义构造函数、主函数main()，每部分实现的功能如下：

1）结构体cat设置了成员name、weight和habit，对应的数据类型分别为字符串、整型和结构体，结构体成员habit使用匿名结构体定义，匿名结构体的成员为ambient和style，其数据类型皆为字符串。

2）构造函数get_cat()没有设置参数，只设置了返回值，并且返回值的数据类型为结构体cat的指针类型。在构造函数中，通过内置包rand随机生成1～10的整数，根据随机数的数值分别设置变量name、weight、ambient、style的值，这些变量将作为结构体cat的成员值。由于结构体cat的成员habit为匿名结构体，因此在实例化的时候，必须再次定义匿名结构体并执行赋值操作。

3）主函数main()调用构造函数get_cat()，并将函数返回值赋值给变量c，通过变量c访问结构体的成员并输出相应数值。

在GoLand中运行上述代码，运行结果如图8-8所示。

图 8-8　运行结果

8.8　结构体方法：指针与值接收者

结构体方法的定义过程与传统的类方法有所不同，类方法定义在类中，结构体方法定义在结构体之外，Go语言将结构体和结构体方法进行解耦操作，使代码设计变得更加灵活。

在Go语言中，函数与方法代表不同的概念，函数是独立的，方法是指结构体方法，它依赖于结构体，但两者皆以关键字func定义，只是定义方式略有不同。结构体方法的定义语法如下：

```
type person struct {
    // 定义结构体
    name    string
    weight int
}

// 指针接收者
func (p *person) get_name(name string) string {
    // 定义结构体方法
    return name
}

// 值接收者
func (p person) get_name(name string) string {
    // 定义结构体方法
    return name
}
```

结构体方法与函数的区别在于结构体方法必须在关键字和方法名称之间使用小括号声明结构体变量（称为值接收者）或结构体的指针变量（称为指针接收者），如func (p person) get_name和func (p *person) get_name，并且结构体方法只能由结构体实例化变量进行调用，示例如下：

```go
package main

import "fmt"

type person struct {
    // 定义结构体
    name   string
    weight int
}

func (p *person) get_name(name string) string {
    // 定义结构体方法
    return "My name is " + name
}

func main() {
    // 实例化结构体
    p := person{name: "Tom", weight: 80}
    // 调用结构体方法
    name := p.get_name(p.name)
    fmt.Printf("结构体方法的返回值: %v\n", name)
}
```

运行上述代码，运行结果如图8-9所示。

由于结构体方法在关键字和方法名称之间需要声明结构体的值接收者和指针接收者，因此在结构体方法中还可以通过该变量访问结构体成员，比如在上述例子中定义结构体方法init()，用于初始化结构体的成员值，示例如下：

图 8-9　运行结果

```go
package main

import "fmt"

type person struct {
    // 定义结构体
    name   string
    weight int
}

func (p *person) get_name(name string) string {
    // 定义结构体方法
    return "My name is " + name
}

func (p *person) init(name string, weight int) {
    // 定义结构体方法，用于初始化结构体成员
    p.name = name
    p.weight = weight
}

func main() {
    // 实例化结构体
    p := person{}
    // 调用结构体方法，初始化成员值
    p.init("Tom", 99)
```

```
fmt.Printf("结构体的成员name的值: %v\n", p.name)
fmt.Printf("结构体的成员weight的值: %v\n", p.weight)
// 调用结构体方法
name := p.get_name(p.name)
fmt.Printf("结构体方法的返回值: %v\n", name)
}
```

运行上述代码，运行结果如图8-10所示。

在上述两个例子中，我们都采用结构体的指针变量作为结构体方法的接收者，如果将结构体方法的接收者改为值接收者，需要考虑结构体的数据大小、是否改变结构体成员原有数据等问题,指针接收者和值接收者的归纳如下:

```
结构体的成员name的值: Tom
结构体的成员weight的值: 99
结构体方法的返回值: My name is Tom

Process finished with exit code 0
```

图 8-10　运行结果

1）值接收者通过数据拷贝方式传递给方法，如果结构体数据较多，需要考虑资源占用情况。

2）若需修改结构体成员原有的数据，则只能使用指针接收者。由于值接收者通过数据拷贝方式传递，因此在方法中修改结构体成员值不会改变结构体成员的原有值。

3）无论结构体方法是指针接收者还是值接收者，结构体方法的调用方式都不会改变。

8.9　动手练习：编程实现结构体与JSON互换

我们知道集合与JSON之间可以相互转换，但转换过程十分烦琐，如果遇到复杂的JSON数据，需要定义多个变量、多次数据封装和转换等操作，使代码冗余而不便阅读。在数据格式上，结构体与JSON十分相似，并且结构体的成员可以设置任意数据类型，它与JSON数据在转换上非常方便。

结构体与JSON相互转换也是由内置包encoding/json实现的，首先讲述如何将JSON转换为结构体，示例如下：

```
package main

import (
    "encoding/json"
    "fmt"
)

type person struct {
    // 定义结构体
    // 成员infos为切片，切片元素为结构体
    Infos []struct{
        Name string `json:"name"`
        Age int `json:"age"`
    } `json:"infos"`
}

func main() {
    // 定义字符串，用于记录JSON数据
    var j string
    j=`{"infos":[{"name":"Tom","age":15},{"name":"Lily","age":20}]}`
    // 实例化结构体
```

```
    var p person
    // 将JSON字符串转为结构体p
    json.Unmarshal([]byte(j),&p)
    // 遍历输出结构体成员Infos的值
    // 遍历切片，切片元素为结构体
    for _, value := range p.Infos{
        fmt.Printf("获取Infos的值，名字为: %v\n", value.Name)
        fmt.Printf("获取Infos的值，年龄为: %v\n", value.Age)
    }

}
```

分析上述代码得知：

1）JSON数据以字符串形式表示，它只有一对键值对，键（key）为infos，值（value）是数组，数组里面有两个元素，每个元素包含两对键值对。

2）根据JSON的数据结构定义结构体person，结构体person只有一名成员Infos，对应JSON的infos，成员Infos的值是切片类型，切片元素的数据类型为结构体，对应JSON的infos的值。

3）结构体person所有成员名称首个字母必须大写，否则内置包encoding/json无法获取结构体成员，从而无法对结构体成员执行赋值操作。结构体成员名称首个字母大写是将其设为导出标识符，结构体成员标签等于JSON的键（key）。

4）内置包encoding/json的Unmarshal()将JSON转换为结构体实例化变量p，它将变量j转换为字符类型的切片并存放在结构体实例化变量p的内存地址中。Unmarshal()的第一个参数是切片格式，切片元素为字节类型，它是将变量j转换为字节格式；第二个参数是结构体实例化变量p的内存地址。

运行上述代码，运行结果如图8-11所示。

综上所述，JSON转换结构体必须按照JSON的数据格式定义相应的结构体，然后实例化结构体，内置包encoding/json的Unmarshal()将JSON数据写入结构体实例化变量。定义结构体的时候，结构体成员名称首个字母必须为大写。

如果将结构体转换为JSON数据，那么需要使用内置包encoding/json的Marshal()实现，示例如下：

```
获取 Infos的值，名字为: Tom
获取 Infos的值，年龄为: 15
获取 Infos的值，名字为: Lily
获取 Infos的值，年龄为: 20

Process finished with exit code 0
```

图8-11 运行结果

```
package main

import (
    "encoding/json"
    "fmt"
)

type person struct {
    // 定义结构体
    // 成员infos为切片，切片元素为结构体
    Infos []struct {
        Name string `json:"name"`
        Age  int    `json:"age"`
    } `json:"infos"`
}

func main() {
```

```
    // 定义结构体类型的切片，并赋值
    s := []struct {
        Name string `json:"name"`
        Age  int    `json:"age"`
    }{{Name: "Tom", Age: 15}, {Name: "Lily", Age: 20}}
    // 实例化结构体并赋值
    p := person{Infos: s}
    // 输出结构体p
    fmt.Printf("结构体p为: %v\n", p)
    // 将结构体p转换为JSON字符串
    data, _ := json.Marshal(&p)
    // 输出JSON字符串
    fmt.Printf("JSON数据为: %v\n", string(data))
}
```

运行上述代码，运行结果如图8-12所示。

```
结构体p为: {[{Tom 15} {Lily 20}]}
JSON数据为: {"infos":[{"name":"Tom","age":15},{"name":"Lily","age":20}]}

Process finished with exit code 0
```

图 8-12　运行结果

结合代码运行结果，分析程序的执行过程，说明如下：

1）定义结构体person，并为结构体所有成员设置标签，标签将作为JSON的键。

2）定义结构体类型的切片s，其数据格式与JSON的infos相互对应，并且为切片s设置元素值，如{Name: "Tom", Age: 15}, {Name: "Lily", Age: 20}。

3）实例化结构体person，并设置结构体成员Infos，其值为切片s，再使用内置包encoding/json的Marshal()将结构体转换为JSON数据。Marshal()的参数是结构体person实例化变量p的内存地址，它设有两个返回值，第一个返回值data表示转换结果，以字符类型的切片表示；第二个返回值是转换信息，用于记录转换失败等异常信息。

4）将转换结果从字符类型的切片转为字符串类型，使用内置函数方法string()实现数据类型转换。

综上所述，结构体转换为JSON必须按照JSON的数据格式定义相应结构体，并且实例化结构体的时候为每个结构体成员赋值，使用内置包encoding/json的Marshal()和内置函数方法string()完成转换过程。

8.10　动手练习：编程实现多键索引查询数据

多键索引是使用结构体和集合实现的多条件查询功能，基于集合和结构体的多键值索引可以提高查询效率，尤其是在一些对查询时效要求较高的场景。

常见的数据查询通过if语句对数据进行筛选，将符合条件的数据输出或返回给某个变量，示例如下：

```go
package main

import "fmt"

type Person struct {
    // 定义结构体，作为查询结果
    Name    string
    Age     int
    Address string
}
func findData(person []*Person, name string, age int) {
    // 查询数据
    for _, data := range person {
        if data.Name == name && data.Age == age {
            fmt.Println(data)
            return
        }
    }
    fmt.Println("没有找到对应的数据")
}

func main() {
    list := []*Person{
        {Name: "Lily", Age: 23, Address: "CN"},
        {Name: "Tom", Age: 25},
        {Name: "Lily", Age: 30},
    }
    // 多条件查询
    findData(list, "Lily", 23)
}
```

上述代码说明如下：

1）定义结构体Person，结构体成员Name、Age、Address分别代表人的名字、年龄和居住地址。

2）定义函数findData()，函数参数person是结构体类型的切片，记录多个人员的信息，切片元素代表某个人员信息；参数name代表人员名字；参数age代表人员年龄；参数name和age作为参数person的查询条件。

3）函数findData()遍历参数person，每次遍历从person中获取对应切片元素，并对参数name和age进行判断，如果符合判断条件，则输出当前切片数据，并使用return终止函数执行；如果遍历完成后仍没找到符合条件的数据，则输出没有找到对应的数据。

4）主函数main()定义切片变量list，切片元素是每个已实例化的结构体Person，然后调用函数findData()，传入切片变量list、Lily和23，由函数findData()在切片变量list中查找Name=Lily和Age=23的数据。

运行上述代码，运行结果如图8-13所示。

```
&{Lily 23 CN}

Process finished with exit code 0
```

图8-13　运行结果

上述例子是使用for循环和if条件判断实现数据查询，一般情况下，数据查询条件越多，查找效率越慢，两者呈反比关系，如果使用上述方式查询数据量较大的数据，其查询效率是十分低下的。为了提高查询速度，我们可以使用结构体与集合实现多键索引查询功能，示例如下：

```go
package main

import (
    "fmt"
)

type queryKey struct {
    // 定义结构体，作为查询条件
    Name string
    Age  int
}

type Person struct {
    // 定义结构体，作为查询结果
    Name    string
    Age     int
    Address string
}

// 定义集合，key为结构体queryKey，value为结构体Person的指针
var mapper = make(map[queryKey]*Person)

// 定义函数，建立多条件查询
func buildIndex(person []*Person) {
    for _, p := range person {
        // 查询的组合键为Name、Age构建的结构体
        key := queryKey{
            Name: p.Name,
            Age:  p.Age,
        }
        mapper[key] = p
    }
    fmt.Printf("集合mapper是数据: %v\n", mapper)
}

// 定义函数，用于查询数据
func queryData(name string, age int) {
    // 实例化结构体queryKey
    key := queryKey{Name: name, Age: age}
    // 从集合mapper中查询数据
    result, ok := mapper[key]
    // 输出查询结果
    if ok {
        fmt.Printf("查询结果: %v\n", result)
    } else {
        fmt.Println("没有找到对应的数据")
    }
}

func main() {
    // 定义切片变量list
    list := []*Person{
        {Name: "Lily", Age: 23, Address: "CN"},
        {Name: "Tom", Age: 25},
        {Name: "Lily", Age: 30},
```

```
    }
    // 多键索引查询数据
    buildIndex(list)
    queryData("Lily", 23)
}
```

我们将上述代码划分为5个部分，每个部分的说明如下：

1）定义结构体queryKey和Person，结构体queryKey设置多条件查询，结构体Person记录人员信息。

2）定义全局变量mapper，它将在函数buildIndex()和queryData()中使用，变量mapper是集合类型，key的数据类型是结构体queryKey，value的数据类型是结构体Person的指针。

3）函数buildIndex()建立多条件查询，参数person是切片格式，每个切片元素是结构体Person的实例化变量。函数遍历参数person，将结构体Person的成员Name和Age设为结构体queryKey的成员，并作为集合mapper的键，结构体Person的实例化变量作为集合mapper的值。

4）函数queryData()执行数据查询操作，参数name和age是查询条件并实例化结构体queryKey，将参数name和age作为结构体queryKey的成员，以变量key表示；变量key作为集合mapper的键（key），从集合mapper中找出相应数据。

5）主函数main()定义切片变量list，每个切片元素是结构体Person的实例化变量，代表多个人员信息；调用函数buildIndex()根据切片变量list创建集合mapper；最后调用函数queryData()通过查询条件在集合mapper中找到对应数据。

运行上述代码，运行结果如图8-14所示。

```
集合mapper是数据：map[{Lily 23}:0xc00007a420 {Lily 30}
00007a450]
查询结果：&{Lily 23 CN}

Process finished with exit code 0
```

图 8-14　运行结果

综上所述，多键索引查询数据的实现过程如下：

1）定义两个结构体和一个集合，结构体A作为集合的键，结构体B作为集合的值，集合执行数据查询。

2）实例化多个结构体B，将每个实例化变量写入切片中，然后遍历切片。结构体B的某个成员是结构体A的实例化对象，它作为集合的键（key），整个结构体B作为集合的值（value）。

3）使用查询条件实例化结构体A，并与集合的键（key）进行匹配，找出对应的值（value），从而完成整个查询过程。

8.11　小　　结

Go语言设计得非常简洁优雅，它没有沿袭传统面向对象编程的概念，比如继承、类方法和构造方法等，笔者认为，Go语言的结构体是对传统面向对象编程的创新，虽然Go语言没有继承和多态，但可以通过匿名字段实现继承，通过接口实现多态。

结构体可以使用关键字type定义，关键字type能将各种基本类型定义为自定义类型，基本类型包括整型、字符串、布尔型等。结构体是一种复合的基本类型，它里面的成员（也可以称为元素或字段）可以是任意数据类型。

结构体使用type name struct{xxx}方法定义，在已定义的结构体名字后面加上中括号就能实现结构体实例化，在中括号里面使用键值对形式设置每个成员的初始值，若没有设置初始值，Go语言为该成员设置相应的默认值。

在定义结构体的时候，还可以为每个成员添加标签tag，它是一个附属于成员的字符串，代表文档或其他的重要标志。比如在解析JSON时需要使用内置包encoding/json，该包提供了一些默认标签；还有一些开源的ORM框架，也广泛使用结构体的标签tag。

结构体标签在成员的数据类型后面设置，标签以字符串形式表示，并且使用反引号表示字符串；字符串内容格式由一个或多个键值对组成，键与值使用冒号分隔，值用双引号引起来，键值对之间使用一个空格分隔。

结构体嵌套是指结构体某个成员的数据类型是结构体类型，若遇到多重结构体嵌套，使用匿名结构体可以省去定义多个结构体。

构造函数的参数可以选择性作为结构体的成员值，如果没有函数参数，结构体的成员值在函数内生成或使用默认值；函数返回值是结构体的实例化变量，并且以指针形式表示。

结构体方法的指针接收者和值接收者归纳如下：

1）值接收者是通过数据拷贝方式传递给方法，如果结构体数据较多，需要考虑资源占用情况。

2）若需修改结构体成员原有的数据，则只能使用指针接收者。由于值接收者通过数据拷贝方式传递，因此在方法中修改结构体成员值不会改变结构体成员的原有值。

3）无论结构体方法是指针接收者还是值接收者，结构体方法的调用方式都不会改变。

JSON转换结构体必须按照JSON的数据格式定义相应结构体，然后实例化结构体，使用内置包encoding/json的Unmarshal()将JSON数据写入结构体实例化变量。定义结构体的时候，结构体成员名称首个字母必须为大写，否则内置包encoding/json无法获取结构体的成员。

结构体转换为JSON必须按照JSON的数据格式定义相应结构体，并且实例化结构体的时候为每个结构体成员赋值，使用内置包encoding/json的Marshal()和内置函数方法string()完成转换过程。

多键索引查询数据必须定义两个结构体和一个集合：一个结构体作为集合的键，另一个结构体作为集合的值，集合执行数据查询。

第 9 章
接　口

本章内容：

- 接口的定义与使用。
- 鸭子类型。
- 多态与工厂函数。
- 接口的自由组合。
- 任意数据类型的空接口。
- 接口的类型断言。
- 动手练习：营救村民游戏程序的编写。

9.1　接口定义与使用

Go语言提供了一种称为接口（interface）的数据类型，它代表一组方法的集合。接口的组合、嵌套和鸭子类型（Duck Typing）等实现了代码复用、解耦和模块化等特性，而且接口是方法动态分派、反射的基础功能。

接口设计是非侵入式的，接口设计者无须知道接口被哪些类型实现。而接口使用者只需知道实现怎样的接口，无须指明实现哪一个接口。编译器在编译时就会知道哪个类型实现哪个接口，或者接口应该由谁来实现。

非侵入式设计是Go语言设计者经过多年的大项目经验总结出来的设计之道，让接口和实现者真正解耦，编译速度才能真正提高，同时降低项目之间的耦合度。

接口是双方约定的一种合作协议，它是一种类型，也是一种抽象结构，不会暴露所含数据格式、类型及结构。接口语法定义如下：

```
type interface_name interface {
   method1(parameter) [returnType]
```

```
    method2(parameter) [returnType]
    method3(parameter) [returnType]
    ...
    methodN(parameter) [returnType]
}
```

接口语法说明如下：

1）接口使用关键字type定义；关键字type后面设置接口名称interface_name；接口名称后面设置接口类型interface，interface是Go语言的关键字。

2）接口里面的method1、method2、…、methodN代表方法名；parameter代表参数名称和数据类型，如果方法没有参数，则无须设置；returnType代表返回值的数据类型，如果方法没有返回值，则无须设置。

3）当接口方法的首个字母是大写格式，并且接口的首个字母也是大写格式时，将接口和方法设为导出标识符，它们可以被其他go文件访问。

根据接口语法定义，在同一接口定义不同类型的方法，示例如下：

```
type actions interface {
    // 没有参数，也没有返回值
    walk()
    // 没有参数，有返回值
    runs() (int, int)
    // 有参数，没有返回值
    speak(content string, speed int)
    // 有参数，也有返回值
    rest(sleepTime int) (int)
}
```

接口方法只需设置方法名称、参数名称和数据类型、返回值的数据类型，无须在接口中编写方法的业务功能，而方法的业务功能由结构体方法实现，示例如下：

```
package main

import "fmt"

// 定义接口
type actions interface {
    // 没有参数，也没有返回值
    walk()
    // 没有参数，有返回值
    runs() (int, int)
    // 有参数，没有返回值
    speak(content string, speed int)
    // 有参数，也有返回值
    rest(sleepTime int) int
}

// 定义结构体
type cats struct {
    name string
}
```

```
// 定义接口方法的功能逻辑
func (c *cats) walk() {
    fmt.Printf("%v在散步\n", c.name)
}

func (c *cats) runs() (int, int) {
    fmt.Printf("%v在跑步\n", c.name)
    speed := 10
    time := 1
    return speed, time
}

func (c *cats) speak(content string, speed int) {
    fmt.Printf("%v在说话: %v, 语速: %v\n", c.name, content, speed)
}

func (c *cats) rest(sleepTime int) int {
    fmt.Printf("%v在休息, 入睡时间: %v小时\n", c.name, sleepTime)
    return sleepTime
}

func main() {
    // 定义接口变量
    var a actions
    // 结构体实例化
    c := cats{name: "kitty"}
    // 结构体实例化变量的指针赋值给接口变量
    a = &c
    // 调用接口中的方法
    a.walk()
    speed, time := a.runs()
    fmt.Printf("跑步速度: %v, 跑步时间: %v\n", speed, time)
    a.speak("喵喵", 2)
    sleepTime := a.rest(10)
    fmt.Printf("入睡时间: %v小时\n", sleepTime)
}
```

上述代码的实现过程说明如下：

1）定义接口actions和结构体cats，接口actions分别设置4个方法：walk()、runs()、speak()和rest()；结构体cats只设置成员name，其数据类型为字符串类型。

2）结构体cats定义4个方法，每个方法分别对应接口actions的方法，也就是接口actions的方法通过结构体方法实现具体功能逻辑。将结构体绑定接口，结构体必须为接口中的每个方法定义相应的结构体方法，否则程序提示as some methods are missing异常。

3）主函数main()定义接口变量a，将结构体cats实例化生成实例化变量c；然后把变量c的内存地址赋值给变量a，结构体cats绑定在接口变量a中。

4）如果结构体方法的接收者是值接收者，只要把实例化变量c赋值给变量a即可，接口变量a或结构体实例化变量c都可以调用接口方法。

运行上述代码，运行结果如图9-1所示。

```
kitty在散步
kitty在跑步
跑步速度: 10, 跑步时间: 1
kitty在说话: 喵喵, 语速: 2
kitty在休息, 入睡时间: 10小时
入睡时间: 10小时
```

图 9-1　运行结果

接口变量a只能调用接口actions中定义的方法，如果结构体cats还定义了接口actions之外的结构体方法，接口变量a是无法调用的，并且接口变量a也无法访问结构体成员，接口之外的结构体方法只能由结构体实例化变量调用。

综上所述，接口的定义与使用总结如下：

1）接口是使用关键字type和interface定义的，接口方法只需设置方法名称、参数及其数据类型、返回值的数据类型。

2）接口方法的功能逻辑由结构体方法实现，接口无法单独使用，它必须与结构体组合使用。

3）使用接口必须创建接口变量和实例化结构体，然后将结构体实例化变量或变量的内存地址赋值给接口变量，完成结构体与接口的绑定。

4）接口变量只能调用接口中定义的方法，结构体实例化变量不仅能调用接口方法，还能调用接口之外的结构体方法和结构体成员。

5）如果结构体绑定了接口，结构体必须为接口中的每个方法定义相应的结构体方法，否则程序提示as some methods are missing异常。

9.2 鸭子类型

很多编程语言都支持鸭子类型（Duck Typing），通常鸭子类型是动态编程语言用来实现多态的一种方式。

理解鸭子类型之前，我们先看图9-2，它是曾经很受欢迎的大黄鸭，从人们认知的角度分析，它不是一只鸭子，因为它没有生命，更不要说它具备鸭子的本能，但是从鸭子类型角度来看，它就是一只鸭子。鸭子类型的原意是：只要走起来像鸭子，或者游泳姿势像鸭子，或者叫声像鸭子，那么它就是一只鸭子。用官方术语解释：鸭子类型只关心事物的外部行为而非内部结构。

图 9-2 大黄鸭

我们知道接口方法必须与结构体进行绑定，每次使用的时候都要创建接口变量、创建结构体实例化变量、结构体与接口绑定等，在使用上造成诸多不便。如果将接口与结构体的绑定过程以函数实现，只要传入结构体实例化变量就能自动执行接口方法，示例如下：

```
package main

import "fmt"

// 定义接口
```

```
type actions interface {
    speak(content string)
}

// 定义结构体
type duck struct {
    name string
}

type cat struct {
    name string
}

// 定义结构体方法
func (d *duck) speak(content string) {
    fmt.Printf("%v在说话: %v\n", d.name, content)
}

func (c *cat) speak(content string) {
    fmt.Printf("%v在说话: %v\n", c.name, content)
}

// 定义函数
func speaking(a actions, content string) {
    a.speak(content)
}

func main() {
    // 实例化结构体
    d := duck{name: "唐老鸭"}
    c := cat{name: "凯蒂猫"}
    // 调用函数
    speaking(&d, "嘎嘎")
    speaking(&c, "喵喵")
}
```

上述代码的实现过程如下：

1）定义接口actions和接口方法speak()，接口方法的参数content为字符串类型；分别定义结构体duck和cat，它们只有一个结构体成员name。

2）分别为结构体duck和cat定义结构体方法speak()，并使用指针接收者，对应接口方法speak()。

3）定义函数speaking()，函数参数a代表接口actions，参数content是字符串类型，函数中使用参数a调用接口方法speak()，并将参数content作为接口方法speak()的参数。

4）主函数main()对结构体duck和cat执行实例化，对应实例化变量d和c；然后调用函数speaking()，分别将变量d、c的内存地址和相应字符串变量作为speaking()的函数参数。

运行上述代码，运行结果如图9-3所示。

从示例看到，我们只要实例化某个结构体，然后将结构体实例化变量的内存地址传入函数speaking()就能使用接口方法actions()，这种方式正是Duck Typing，使用者只需关心如何使用函数speaking()，无须关心接口和结构体之间的绑定关系以及结构体所代表的客观事物。

```
唐老鸭在说话: 嘎嘎
凯蒂猫在说话: 喵喵

Process finished with exit code 0
```

图9-3　运行结果

我们再通俗一点理解，函数speaking()只要传入结构体实例化变量的内存地址就能将结构体视为"鸭子"，无论结构体代表什么事物，它就是一只鸭子，这与指鹿为马颇有几分相似。

总的来说，Duck Typing是在接口、结构体和结构体方法已定义的前提下，以函数方式封装结构体和接口的绑定操作，外部使用只需传入结构体实例化变量或指针变量就能调用接口中的方法。

9.3　多态与工厂函数

多态是指不同数据类型的结构体提供统一接口，由于接口与结构体通过赋值方式实现绑定关联，因此一个接口能适用于不同的结构体，但前提条件是必须定义好相应的结构体方法。

9.2节的结构体duck和cat共用同一接口actions，这也体现了Go语言的多态。多态应用还可以使用工厂函数将多个结构体按照某种规则执行实例化，并完成接口的绑定过程，示例如下：

```go
package main

import "fmt"

// 定义接口
type actions interface {
    speak(content string)
}

// 定义结构体
type duck struct {
    name string
}

type cat struct {
    name string
}

// 定义结构体方法
func (d *duck) speak(content string) {
    fmt.Printf("%v在说话: %v\n", d.name, content)
}

func (c *cat) speak(content string) {
    fmt.Printf("%v在说话: %v\n", c.name, content)
}

// 定义工厂函数
func factory(name string) actions {
    switch name {
    case "duck":
        // 返回结构体duck实例化的内存地址
        return &duck{name: "唐老鸭"}
    case "cat":
        // 返回结构体cat实例化的内存地址
        return &cat{name: "凯蒂猫"}
    default:
        // 自主抛出异常
        panic("No such animal")
```

```
    }
}
func main() {
    // 调用工厂函数
    f1 := factory("duck")
    // 调用接口方法speak()
    f1.speak("嘎嘎嘎")
    // 调用工厂函数
    f2 := factory("cat")
    // 调用接口方法speak()
    f2.speak("喵喵喵")
}
```

我们在9.2节的例子上进行了修改，接口actions、结构体duck和cat以及结构体方法的定义过程保持不变，将函数speaking()改为函数factory()，修改主函数main()的代码，说明如下：

1）函数factory()是工厂函数，工厂函数是用来创建或实例化变量的，然后将变量作为返回值。函数参数name以字符串表示，函数返回值是接口actions。

2）函数factory()的功能逻辑使用关键字switch对参数name进行判断，如果参数name的值为duck，则实例化结构体duck并返回其内存地址；如果参数name的值为cat，则实例化结构体cat并返回其内存地址；如果参数是其他字符串，则程序自动抛出异常。

3）函数factory()以结构体实例化的内存地址作为返回值，返回值的数据类型是接口actions，因此程序会对两者进行绑定操作。

4）主函数main()调用了两次工厂函数factory()。第一次传入字符串duck，工厂函数将结构体duck实例化并绑定接口actions，返回值以接口变量f1表示，再由f1调用方法speak()；第二次传入字符串cat，将结构体cat实例化并绑定接口actions，返回值以接口变量f2表示，再由f2调用方法speak()。

代码运行结果如图9-4所示。

从上述例子可以看到，工厂函数完成结构体和接口的绑定过程，并且结构体实例化操作也在工厂函数中完成，只需传入相应的字符串就能完成某个结构体与接口的绑定，但工厂函数的返回值只能调用接口方法，无法访问结构体成员或调用接口之外的结构体方法。

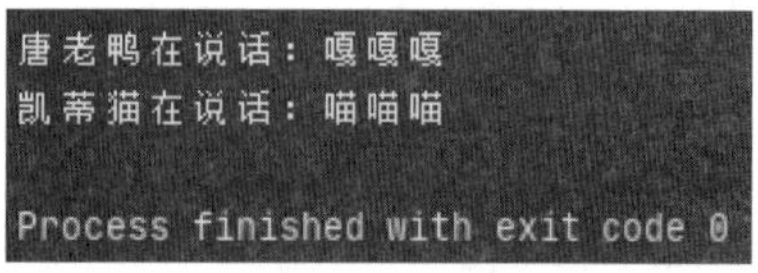

图 9-4 运行结果

9.4 接口的自由组合

接口嵌套是在一个接口中嵌套另一个接口，通过接口嵌套能使接口之间形成简单的继承关系，但接口之间不具备方法重写功能，即多个接口嵌套组成一个新的接口，每个接口的方法都是唯一的。其实现语法如下：

```
// 定义接口
type leg interface {
    run()
}
```

```
type mouth interface {
    speak(content string)
}

// 接口嵌套
type actions interface {
    leg
    mouth
    run().
}
```

上述语法定义了3个接口：leg、mouth和actions。接口leg和mouth分别定义了一个方法；接口 actions嵌套了接口leg和mouth，并定义了方法run()，该方法与接口leg的方法run()同名。

接口嵌套允许在不同接口中定义相同的方法名，但方法的参数和返回值必须一致，比如接口leg 定义了方法run()，接口actions允许定义同名方法run()，但程序会将两个同名方法默认为同一个方法，所以同名方法的参数和返回值必须一致，否则程序执行时提示错误，如图9-5所示。

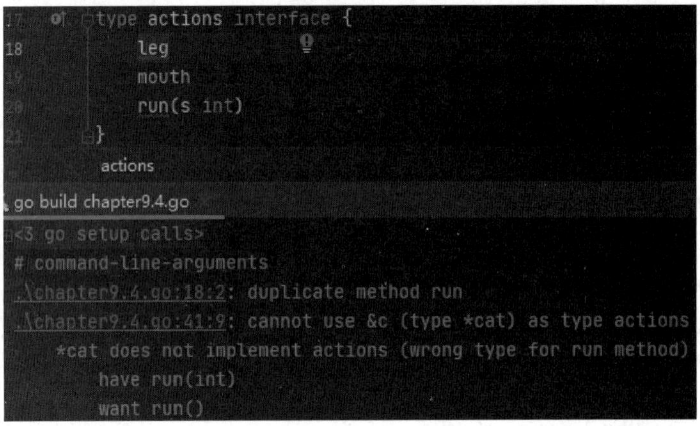

图 9-5　运行结果

接口嵌套通过多个接口组成一个新的接口，使代码设计变得更加灵活，为了降低接口之间的方法命名冲突，各个接口的方法名称尽量保持不同，建议使用接口名称+方法名称的组合方式命名，示例如下：

```
// 定义接口
type leg interface {
    leg_run()
}

type mouth interface {
    mouth_speak(content string)
}

// 接口嵌套
type actions interface {
    leg
    mouth
    actions_run()
}
```

通过接口名称+方法名称组合的方式定义各个接口方法，能直观掌握每个方法来自哪一个接口，这样能提高代码的可读性。根据上述语法，我们通过示例讲述如何使用接口嵌套，代码如下：

```go
package main

import (
    "fmt"
)
// 定义接口
type leg interface {
    leg_run()
}

type mouth interface {
    mouth_speak(content string)
}

// 接口嵌套
type actions interface {
    leg
    mouth
    actions_run()
}

// 定义结构体
type cat struct {
    name string
}

// 定义结构体方法
func (c *cat) mouth_speak(content string) {
    fmt.Printf("%v在说话: %v\n", c.name, content)
}

func (c *cat) leg_run() {
    fmt.Printf("%v在跑步\n", c.name)
}

func (c *cat) actions_run() {
    fmt.Printf("%v在奔跑\n", c.name)
}

// 定义函数
func factory() actions {
    c := cat{name: "凯蒂猫"}
    return &c
}

func main() {
    // 实例化结构体
    c := factory()
    // 调用函数
    c.leg_run()
    c.mouth_speak("喵喵喵喵")
    c.actions_run()
}
```

上述示例的实现过程如下：

1）定义接口 leg、mouth 和 actions，以及结构体 cat 和结构体方法 mouth_speak()、leg_run()、actions_run()，结构体方法分别对应接口 actions 的所有方法。

2）工厂函数 factory() 将结构体 cat 实例化，并且与接口 actions 进行绑定操作，生成接口变量 c 作为函数返回值。

3）主函数 main() 从工厂函数 factory() 获取接口变量 c，再由接口变量 c 分别调用方法 mouth_speak()、leg_run() 和 actions_run()。

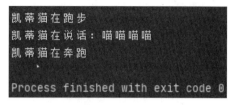

最后代码运行结果如图9-6所示。

图 9-6　运行结果

9.5　任意数据类型的空接口

空接口是指定义接口的时候，接口中没有设置任何方法。在 6.3.3 节已简单讲述了空接口的使用方法，本节将深入讲述如何使用空接口。

空接口表示没有任何约束，空接口是接口类型的特殊形式，空接口没有设置任何方法，任何数据类型的变量都可以使用空接口。从实现角度分析，任何数据都符合空接口的要求。空接口可以保存任意数据，也可以从空接口中取出数据。

比如使用空接口保存字符串、整型、布尔型等基础数据类型，示例如下：

```
package main

import (
    "fmt"
)

// 定义空接口
type empty interface{}

func main() {
    // 创建空接口变量
    var e empty
    fmt.Printf("空接口的数据: %v, 数据类型: %T\n", e, e)
    // 定义字符串变量s
    s := "hello golang"
    // 将字符串变量赋给空接口变量
    e = s
    fmt.Printf("空接口的数据: %v, 数据类型: %T\n", e, e)

    // 定义整型变量n
    n := 120
    // 将整型变量赋给空接口变量
    e = n
    fmt.Printf("空接口的数据: %v, 数据类型: %T\n", e, e)

    // 定义布尔变量b
    b := true
```

```
    // 将布尔变量赋给空接口变量
    e = b
    fmt.Printf("空接口的数据: %v, 数据类型: %T\n", e, e)
}
```

在没有赋值的情况下，空接口变量的值和数据类型皆为空值（nil），如果对空接口变量执行赋值操作，比如将字符串变量、整型变量或布尔变量赋值给空接口变量，空接口变量的值和数据类型随着赋值过程而发生变化，如图9-7所示。

```
空接口的数据: <nil>, 数据类型: <nil>
空接口的数据: hello golang, 数据类型: string
空接口的数据: 120, 数据类型: int
空接口的数据: true, 数据类型: bool
```

图 9-7 运行结果

切片、集合和结构体使用空接口，可以为切片元素、集合键值对或结构体成员设置任意的数据类型，比如将切片元素设为空接口，一个切片能写入不同类型的数据；集合的值（value）设为空接口，一个集合的值（value）有不同类型的数据；结构体成员设为空接口，结构体成员可以设置不同类型的数据，示例如下：

```
package main

import (
    "fmt"
)

func main() {
    // 定义切片变量s, 切片元素为空接口
    // 设置切片的元素值
    s := []interface{}{1, "abc", 1.32}
    fmt.Printf("切片数据: %v\n", s)

    // 定义集合变量m
    m := map[string]interface{}{}
    // 设置集合的键值对
    m["name"] = "Tom"
    m["age"] = 10
    fmt.Printf("集合数据: %v\n", m)

    // 定义匿名结构体ss
    var ss struct{
        name interface{}
    }
    // 设置结构体成员的数值
    ss.name = "Mary"
    fmt.Printf("结构体ss的数据: %v, 数据类型: %T\n", ss.name, ss.name)
    ss.name = 10
    fmt.Printf("结构体ss的数据: %v, 数据类型: %T\n", ss.name, ss.name)
}
```

我们将切片元素、集合的值（value）和结构体成员设为空接口类型，在赋值过程中可以设置任意数据类型，使代码编写变得灵活和方便，省去了数据类型的转换过程，如图9-8所示。

空接口除了作为切片元素、集合键值对和结构体成员的数据类型之外，还可以作为函数方法的参数或返回值，在调用的时候可以将参数或返回值设为任意数据类型，示例如下：

```go
package main
import (
    "fmt"
)
func get_data(d interface{}) interface{} {
    fmt.Printf("参数值为: %v，数据类型: %T\n", d, d)
    return d
}
func main() {
    d := get_data("Tom")
    fmt.Printf("返回值为: %v，数据类型: %T\n", d, d)
    d1 := get_data(666)
    fmt.Printf("返回值为: %v，数据类型: %T\n", d1, d1)
}
```

运行代码，结果如图9-9所示。

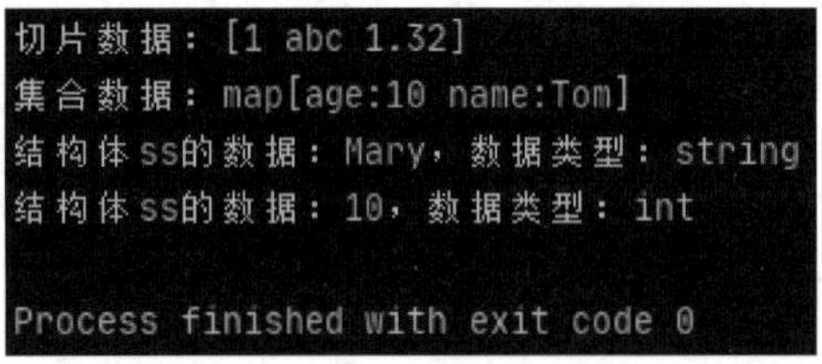

图 9-8　运行结果

图 9-9　运行结果

虽然空接口将我们的代码编写变得灵活，但会耗费计算机的性能和资源，比如定义字符串类型的切片，切片元素只考虑字符串所占用的内存空间，而空接口类型的切片则需要兼容不同数据类型所占用的内存空间。

9.6　接口的类型断言

类型断言是判断接口的数据类型，它的语法如下：

```go
x.(T)
```

语法说明如下：

- x：表示类型为interface{}的变量。
- T：表示断言x可能的数据类型。

由于空接口可以设置任意的数据类型，若开发中需要根据空接口的数据类型执行不同的业务处理，比如定义函数get_data()，函数参数和返回值皆为空接口，则函数需要根据参数的数据类型进行不同的业务处理，代码示例如下：

```
package main

import (
    "fmt"
)

func get_data(d interface{}) interface{} {
    if a, ok := d.(string); ok {
        fmt.Printf("返回值ok为: %v, 数据类型%T\n", ok)
        fmt.Printf("返回值a为: %v, 数据类型: %T\n", a, a)
        fmt.Printf("参数值为: %v, 数据类型: %T\n", d, d)
        return d
    } else if _, ok := d.(int); ok {
        fmt.Printf("参数值为: %v, 数据类型: %T\n", d, d)
        return d
    }
    return "什么类型都不是"
}

func main() {
    d := get_data("Tom")
    fmt.Printf("返回值为: %v, 数据类型: %T\n", d, d)
    d1 := get_data(666)
    fmt.Printf("返回值为: %v, 数据类型: %T\n", d1, d1)
    d2 := get_data(true)
    fmt.Printf("返回值为: %v, 数据类型: %T\n", d2, d2)
}
```

分析上述代码，说明如下：

1）函数get_data()的参数和返回值皆为空接口，函数使用if判断参数的数据类型，判断方式使用类型断言x.(T)。

2）类型断言x.(T)有两个返回值，第一个返回值是空接口的数值和数据类型，第二个返回值是布尔型，判断x是不是T的数据类型。

3）主函数main()执行了3次函数调用，第一次调用传入字符串类型的参数，第二次调用传入整型类型的参数，第三次调用传入布尔型的参数，程序运行与输出结果如图9-10所示。

```
返回值ok为: true, 数据类型%!T(MISSING)
返回值a为: Tom, 数据类型: string
参数值为: Tom, 数据类型: string
返回值为: Tom, 数据类型: string
参数值为: 666, 数据类型: int
返回值为: 666, 数据类型: int
返回值为: 什么类型都不是, 数据类型: string
```

图9-10　运行结果

类型断言除了判断空接口的数据类型之外，还可以结合接口和结构体使用，通过判断接口与结构体之间的绑定关系进行不同的业务处理，示例如下：

```
package main

import (
```

```go
        "fmt"
)

// 定义接口
type usb interface {
    connect()
}

// 定义结构体
type phone struct {
    name string
}

type camera struct {
    name string
}

// 定义结构体方法
func (p *phone) connect() {
    fmt.Printf("连接手机: %v\n", p.name)
}

func (c *camera) connect() {
    fmt.Printf("连接相机: %v\n", c.name)
}

func main() {
    var u usb
    p := phone{name: "华为"}
    c := camera{name: "索尼"}
    // 第一次使用类型断言
    u = &c
    if _, ok := u.(*camera); ok {
        fmt.Printf("执行相机连接\n")
        u.connect()
    }
    // 第二次使用类型断言
    u = &p
    if _, ok := u.(*phone); ok {
        fmt.Printf("执行手机连接\n")
        u.connect()
    }
}
```

上述示例定义了接口usb、结构体phone、camera和结构体方法connect()，代码的逻辑说明如下：

1）接口usb定义了方法connect()；结构体phone、camera分别设置了结构体成员name和定义了结构体方法connect()，结构体方法使用指针接收者的方式定义。

2）主函数main()分别定义了接口变量u和实例化结构体phone、camera，并且执行了两次类型断言。

3）第一次类型断言将接口变量u绑定结构体camera，由于结构体方法connect()使用了指针接收者，因此类型断言的T也要使用指针类型，如u.(*camera)；第二次类型断言将接口变量u绑定结构体phone，类型断言的T也使用指针类型。

代码运行结果如图9-11所示。

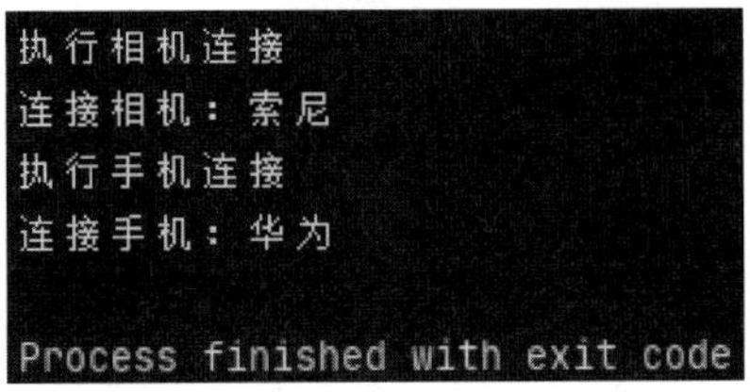

图 9-11 运行结果

9.7 动手练手：编程实现营救村民游戏

我们已经掌握了结构体和接口的使用方法，本节以游戏开发形式讲述如何在日常开发中使用结构体和接口。游戏背景是森林里出现大批山贼并捉走了上山采药的村民，玩家需要从村民中获取任务信息、技能和装备，然后上山击败山贼并营救村民。游戏功能开发需要实现游戏角色创建、接受任务和购置装备，具体说明如下：

1）游戏角色创建：玩家需要输入游戏人物的名称，选择角色的职业，不同的职业有不同的技能，职业分为剑士、法师和弓箭手。

2）接受任务：玩家需要与游戏的NPC（西西村村长和药铺老板）进行对话，开启游戏的主线任务，然后从西西村村长处学习基础技能，药铺老板为玩家提供药物和金钱。

3）购置装备：用从药铺老板处得到的金钱到兵器铺购置装备，提升玩家的攻击力。

根据游戏功能划分，首先实现游戏角色创建。当玩家首次进入游戏的时候，游戏系统需要为玩家创建新的游戏角色，并且为游戏角色创建相关数据，比如人物名称、金钱、初始攻击力、职业信息等相关属性。

因此，在创建游戏角色的时候，我们为游戏角色分别定义了名称、职业、攻击力、技能列表、金钱、物品和装备，并且为玩家设置了人物名称和职业选择，具体代码如下：

```go
package main

import "fmt"

type Role struct {
    Name       string
    Profession string
    Attack     int
    Skill      []string
    Money      int
    Goods      []string
    Wear       map[string]string
}

func main() {
    // 实例化结构体Role
    r := Role{Money: 0, Skill: []string{"普通攻击"}, Attack: 10}
    // 定义变量
```

```go
var name, profession string
// 输出操作提示
fmt.Printf("欢迎来到西西村! 请输入并创建你的名字: \n")
// 存储用户输入数据
fmt.Scanln(&name)
// 设置人物名称
r.Name = name
// 设置人物职业和技能
for {
    // 输出操作提示
    fmt.Printf("请选择你的职业: 1-剑士, 2-法师, 3-弓箭手: \n")
    // 存储用户输入数据
    fmt.Scanln(&profession)
    if profession == "1" {
        r.Profession = "剑士"
        r.Skill = append(r.Skill, "基础剑术")
        break
    } else if profession == "2" {
        r.Profession = "法师"
        r.Skill = append(r.Skill, "基础法术")
        break
    } else if profession == "3" {
        r.Profession = "弓箭手"
        r.Skill = append(r.Skill, "基础箭法")
        break
    } else {
        fmt.Printf("输入有误, 请重新选择: \n")
    }
}
fmt.Printf("人物名称: %v\n", r.Name)
fmt.Printf("人物职业: %v\n", r.Profession)
fmt.Printf("人物技能: %v\n", r.Skill)
}
```

游戏角色创建需要使用输出函数fmt.Printf()、输入函数fmt.Scanln()、结构体、for和if语句，实现过程说明如下：

1）定义结构体Role，结构体成员Name是人物名称，Profession代表职业，Attack代表人物攻击力，Skill代表人物技能列表，Money代表金钱，Goods代表物品列表，Wear代表佩戴装备。

2）主函数main()实例化结构体Role，默认设置结构体Money、Skill和Attack，这是人物创建的基本信息。使用fmt.Printf()和fmt.Scanln()提示玩家输入游戏角色名称，并将数据存储在结构体成员Name中。

3）使用for和if语句分别设置游戏角色的职业和技能，for语句执行死循环，每次循环提示玩家输入游戏角色的职业，玩家输入数据由if语句进行判断。如果输入数据不符合提示要求，程序将提示输入有误并继续执行下一次循环，只有玩家按照提示输入正确数据，程序才会设置结构体成员Profession和Skill并终止死循环，最后输出游戏角色的基本信息。

运行上述代码，在GoLand的Run窗口按照程序提示分别输入"golang"和数字1，运行结果如图9-12所示。

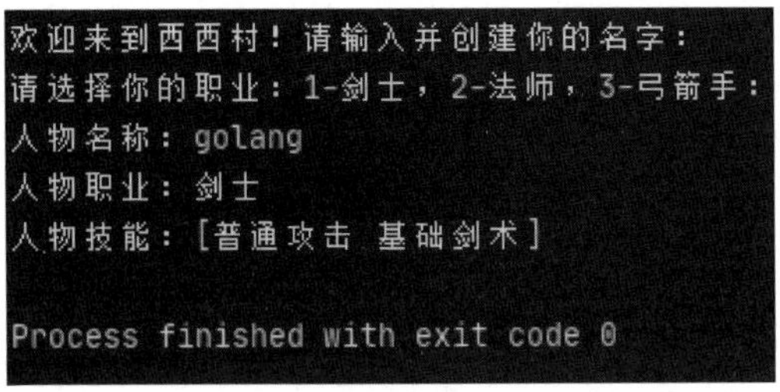

图 9-12　运行结果

游戏角色创建成功后，下一步开始游戏之旅。我们实现接受任务和购置装备功能，这两个功能是分别与不同 NPC（西西村村长、药铺老板和兵器铺老板）进行对话，通过对话提升游戏角色的金钱、攻击力和技能。

为了更好地分析整个游戏的开发过程，整个游戏的所有代码如下：

```go
package main

import "fmt"

type Role struct {
    Name       string
    Profession string
    Attack     int
    Skill      []string
    Money      int
    Goods      []map[string]int
    Wear       map[string]string
}

func main() {
    // 实例化结构体Role
    r := Role{Money: 0, Skill: []string{"普通攻击"}, Attack: 10}
    // 定义变量
    var name, profession string
    // 输出操作提示
    fmt.Printf("欢迎来到西西村! 请输入并创建你的名字: \n")
    // 存储用户输入的数据
    fmt.Scanln(&name)
    // 设置人物名称
    r.Name = name
    // 设置人物职业和技能
    for {
        // 输出操作提示
        fmt.Printf("请选择你的职业: 1-剑士，2-法师，3-弓箭手: \n")
        // 存储用户输入的数据
        fmt.Scanln(&profession)
        if profession =- "1" {
            r.Profession = "剑士"
            r.Skill = append(r.Skill, "基础剑术")
            break
        } else if profession == "2" {
            r.Profession = "法师"
```

```go
            r.Skill = append(r.Skill, "基础法术")
            break
        } else if profession == "3" {
            r.Profession = "弓箭手"
            r.Skill = append(r.Skill, "基础箭法")
            break
        } else {
            fmt.Printf("输入有误，请重新选择: \n")
        }
    }
    // 输出游戏角色的基本信息
    fmt.Printf("人物名称: %v\n", r.Name)
    fmt.Printf("人物职业: %v\n", r.Profession)
    fmt.Printf("人物技能: %v\n", r.Skill)
    fmt.Printf("人物装备: %v\n", r.Wear)

    var skill, ways, wear string
    if r.Profession == "剑士" {
        skill = "剑刃冲击"
    } else if r.Profession == "法师" {
        skill = "火球术"
    } else if r.Profession == "弓箭手" {
        skill = "心神凝聚"
    }
    // 与西西村村长进行对话，学习技能
    fmt.Printf("你好，%v，我是西西村村长，最近野兽森林里出现了山贼，
        捉走了采药的村民。这里有一本%v，希望你能营救村民。\n",name,skill)
    fmt.Printf("系统提示: 习得%v\n", skill)
    r.Skill = append(r.Skill, skill)
    // 与药铺老板进行对话，获得金钱和物品
    fmt.Printf("你好，%v，我是药铺老板，我的员工在采药时被山贼捉去，
        这里有10瓶金疮药和100两银子，希望你能解救我的员工。\n",name)
    r.Goods = append(r.Goods, map[string]int{"金疮药": 10})
    r.Money += 100
    fmt.Printf("系统提示: 获得10瓶金疮药和100两银子\n")

    // 让玩家选择路线，用于推进游戏剧情发展
    for {
        // 输出操作提示
        fmt.Printf("选择你的路线: 1-兵器铺, 2-野兽森林, 3-退出\n")
        // 存储用户输入的数据
        fmt.Scanln(&ways)
        if ways == "1" {
            fmt.Printf("本店出售兵器，总有一款适合你。\n")
            fmt.Printf("木杖-60两 +18攻击: 选择1\n")
            fmt.Printf("木剑-60两 +18攻击: 选择2\n")
            fmt.Printf("木弓-60两 +18攻击: 选择3\n")
            fmt.Printf("布衣-30两 +10防御: 选择4\n")
            // 存储用户输入的数据
            fmt.Scanln(&wear)
            // 判断玩家输入的数据
            r.Wear = map[string]string{}
```

```
        if wear == "1" && r.Profession == "法师" {
            // 设置游戏角色的攻击力、金钱和装备
            r.Attack += 18
            r.Money -= 60
            r.Wear["arms"] = "木杖"
        } else if wear == "2" && r.Profession == "剑士" {
            // 设置游戏角色的攻击力、金钱和装备
            r.Attack += 18
            r.Money -= 60
            r.Wear["arms"] = "木剑"
        } else if wear == "3" && r.Profession == "弓箭手" {
            // 设置游戏角色的攻击力、金钱和装备
            r.Attack += 18
            r.Money -= 60
            r.Wear["arms"] = "木弓"
        } else if wear == "4" {
            // 将衣服的防御力乘以0.2转化为攻击力
            r.Attack += 10 * 0.2
            r.Money -= 30
            r.Wear["clothes"] = "布衣"
        } else {
            fmt.Printf("选择的装备与你的职业不相符\n")
        }
    } else if ways == "2" {
        // 待完善
    } else if ways == "3" {
        break
    }
}
// 输出游戏角色的基本信息
fmt.Printf("人物名称: %v\n", r.Name)
fmt.Printf("人物职业: %v\n", r.Profession)
fmt.Printf("人物技能: %v\n", r.Skill)
fmt.Printf("人物攻击力: %v\n", r.Attack)
fmt.Printf("人物金钱: %v\n", r.Money)
fmt.Printf("人物装备: %v\n", r.Wear)
fmt.Printf("人物物品: %v\n", r.Goods)
}
```

我们已经分析了游戏角色创建功能，接下来分析接受任务和购置装备功能。玩家必须与西西村村长和药铺老板进行对话，通过对话来开启主线任务，与兵器铺老板对话是玩家自行选择的，详细说明如下：

1）玩家与西西村村长进行对话，讲述了主线任务的起因，并从对话中学习职业技能。由于不同职业有不同技能，因此在与村长的对话中使用变量skill，变量值由结构体成员Profession决定，例如剑士职业则为剑刃冲击，最后将变量skill写入结构体成员Skill。

2）玩家与药铺老板进行对话，从对话中获取10瓶金疮药和100两银子，将金疮药的名字和数量写入结构体成员Goods，100两银子写入结构体成员Money。

3）玩家要进行路线选择：输入数字1代表与兵器铺老板进行对话，输入数字2代表进入野兽森林，开始营救村民，整个路线选择功能是使用if语句和for语句实现的。

4）如果玩家输入数字1就与兵器铺老板进行对话，玩家根据操作提示输入数据。输入数字1代表购买木杖兵器，程序会判断人物的职业信息是否为法师，只有法师职业才能使用木杖，如果是法师职业购买木杖，程序修改结构体成员Attack、Money和Wear，分别修改游戏角色的攻击力、金钱和装备信息。以此类推，当玩家输入数字2、3、4的时候，程序的处理方式与上述方式相同，每次对话结束后，程序都会回到路线选择功能。

5）在路线选择中，如果玩家输入数字2，就进入野兽森林，进入与山贼的战斗场景，营救村民。本章尚未实现这部分功能，有兴趣的读者可以自行尝试实现。

运行上述代码，程序将会提示玩家输入角色名字、选择职业、选择路线和购买装备，我们将角色名字设为Go，职位为剑士，路线选择输入数字1（与兵器铺老板对话）并购买木剑，运行结果如图9-13所示。

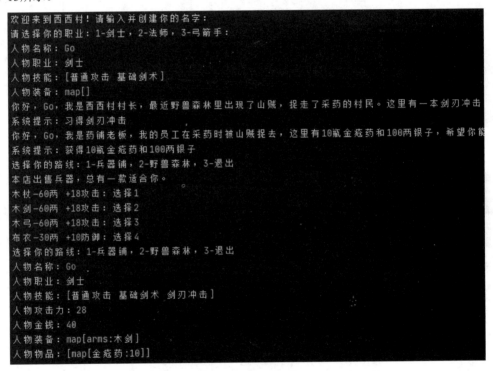

图 9-13　运行结果

上述示例没有使用接口实现，当玩家进入野兽森林会随机触发打怪升级，怪物和游戏角色应以两个不同的结构体表示，两者相互攻击、躲避等动作可以使用接口和结构体方法实现，这部分功能尚未实现，有意留给读者实现。

9.8　小　　结

Go语言提供了一种称为接口（interfaces）的数据类型，它代表一组方法的集合。接口的组合、嵌套和鸭子类型等实现了代码复用、解耦和模块化等特性，而且接口是方法动态分派、反射的基础功能。

读者需要掌握接口的定义与使用方法：

1）接口是使用关键字type和interface定义的，接口方法只需设置方法名称、参数及其数据类型、返回值的数据类型。

2）接口方法的功能逻辑由结构体方法实现，接口无法单独使用，它必须与结构体组合使用。

3）使用接口必须创建接口变量和实例化结构体，然后将结构体实例化变量或变量的内存地址赋值给接口变量，完成结构体与接口的绑定。

4）接口变量只能调用接口中定义的方法，结构体实例化变量不仅能调用接口方法，还能调用接口之外的结构体方法和结构体成员。

5）如果结构体绑定了接口，结构体必须为接口中的每个方法定义相应的结构体方法，否则程序提示as some methods are missing异常。

Duck Typing是在接口、结构体和结构体方法已定义的前提下，以函数方式封装结构体和接口的绑定操作，外部使用只需传入结构体实例化变量或指针变量就能调用接口中的方法。

工厂函数完成结构体和接口的绑定过程，并且结构体实例化操作也在工厂函数中完成，只需传入相应的字符串就能完成某个结构体与接口的绑定，但工厂函数返回值只能调用接口方法，无法访问结构体成员或调用接口之外的结构体方法。

接口嵌套是在一个接口中嵌套另一个接口，通过接口嵌套能使接口之间形成一个简单继承关系，但接口之间不具备方法重写功能，即多个接口嵌套组成一个新的接口，每个接口的方法都是唯一的。

空接口表示没有任何约束，空接口是接口类型的特殊形式，空接口没有设置任何方法，任何数据类型的变量都可以使用空接口。从实现角度分析，任何数据都符合空接口要求。空接口可以保存任意数据，也可以从空接口中取出数据。

空接口使代码编写变得灵活，但会耗费计算机的性能和资源，比如定义字符串类型的切片，切片元素只考虑字符串所占用的内存空间，而空接口类型的切片则需要兼容不同数据类型所占用的内存空间。

类型断言是判断接口的数据类型，它不仅能判断空接口当前的数据类型，还能结合接口和结构体使用，通过判断接口与结构体之间的绑定关系进行不同的业务处理。

第 10 章
反　　射

本章内容：

- 反射的概念。
- 反射三大定律。
- 反射的类型与种类。
- 切片与反射。
- 集合与反射。
- 结构体与反射。
- 指针与反射。
- 函数与反射。
- 动手练习：对象序列化处理程序的编写。

10.1　什么是反射

从定义上看，反射是指计算机程序在运行时（Run Time）可以访问、检测和修改它本身状态或行为的一种能力。简单来说，反射就是程序在运行时能够观察并修改自己的行为。

不同语言的反射机制不尽相同，有些语言不支持反射。Go语言的反射机制可以在运行时更新变量和检查它们的值，或者调用它们的函数方法，但是在编译时并不知道这些变量的数据类型。

编译语言在运行时需要对代码的词义、语法和语义执行编译过程，将代码转为汇编语言，再通过汇编程序把汇编语言翻译为机器指令，最后由计算机执行机器指令，从而完成整个程序的执行过程。

由于编译过程是不可逆的，如果代码在执行过程中需要访问、检测和修改它本身的状态或行为，这时候需要由反射机制实现。

反射机制的常用场景如下：

1）在定义函数的时候，函数参数没有设置特定的数据类型，比如将参数设置为空接口，如果需要对参数的数据类型或参数值进行判断，可以使用反射实现。

2）在调用函数的时候，根据if条件调用对应函数，可以对函数或参数进行反射，在运行期间能动态执行函数调用。

在程序中使用反射机制会对程序造成一定影响，说明如下：

1）使用反射的代码通常难以阅读，代码可读性反映了编程人员的技术水平，因此在编程中使用反射需要考虑代码的可读性。

2）Go语言作为静态语言，在编码过程中，编译器能提前发现语法错误，但是对于反射代码无能为力。所以包含反射相关的代码，很可能会运行很久才会出错，从而导致程序执行中断。

3）反射对计算机性能影响比较大，比正常代码运行速度慢得多，对于运行效率要求较高的代码尽量避免使用反射特性。

10.2　第一定律：接口变量转反射变量

Go语言是静态强类型的编程语言，在使用变量之前必须定义数据类型，由于空接口的数据类型是动态可变的，因此它能与反射机制灵活转换。

反射机制是由内置包reflect实现的，reflect包的两种基本类型为：Type和Value，它们分别对应两个方法：reflect.TypeOf()和reflect.ValueOf()，用来读取接口变量的数据类型和数值，使用方法如下：

```
package main

import (
    "fmt"
    "reflect"
)

func main() {
    it := reflect.TypeOf(32)
    iv := reflect.ValueOf(32)
    fmt.Printf("整型类型: %v, 反射类型: %T\n", it, it)
    fmt.Printf("整型的数值: %v, 反射类型: %T\n", iv, iv)
    istrt := reflect.TypeOf("abc")
    istrv := reflect.ValueOf("abc")
    fmt.Printf("字符串类型: %v, 反射类型: %T\n", istrt, istrt)
    fmt.Printf("字符串的数值: %v, 反射类型: %T\n", istrv, istrv)
}
```

运行上述代码，运行结果如图10-1所示。

从图10-1看到，函数reflect.TypeOf()获取变量的数据类型，reflect.ValueOf()获取变量的数值，其数据类型分别为*reflect.rtype和reflect.Value，它们已将变量转换为反射变量。

在整个转换过程中，我们并没有看到接口变量，那么反射第一定律是怎样将接口变量转换为反射变量的呢？其实从代码中看到，函数reflect.TypeOf()和reflect.ValueOf()可以设置任意数据类型的参数，打开reflect.TypeOf()的源码看到，函数参数为空接口，如图10-2所示。

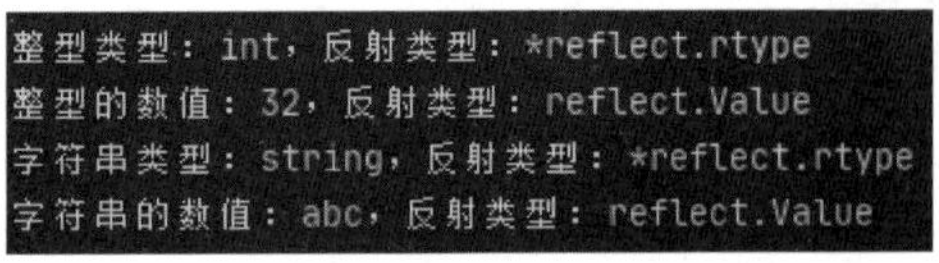

整型类型：int，反射类型：*reflect.rtype
整型的数值：32，反射类型：reflect.Value
字符串类型：string，反射类型：*reflect.rtype
字符串的数值：abc，反射类型：reflect.Value

图 10-1　运行结果　　　　　　　　　图 10-2　reflect.TypeOf()源码内容

综上所述，内置包reflect的函数reflect.TypeOf()和reflect.ValueOf()能获取变量的数据类型和数值，并将变量转换为反射变量，它们对应的数据类型分别为*reflect.rtype和reflect.Value。

10.3　第二定律：反射变量转接口变量

既然接口变量能转换为反射变量，那么反射变量也能转换为接口变量。反射变量转换为接口变量是由reflect.ValueOf()调用Interface()方法实现的，我们打开Interface()的源码看到，它是一个结构体方法，如图10-3所示。

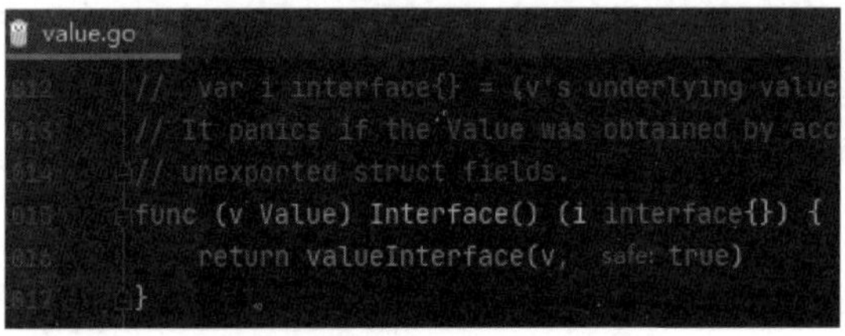

图 10-3　Interface()源码内容

由于函数reflect.ValueOf()的返回值是一个结构体变量，只要由它调用结构体方法Interface()就能实现反射变量与接口变量的转换功能，示例如下：

```go
package main

import (
    "fmt"
    "reflect"
)

func main() {
    num := 32
    fmt.Printf("转换前的数据: %v, 数据类型: %T\n", num, num)
    iv := reflect.ValueOf(num)
    fmt.Printf("接口转换反射: %v, 数据类型: %T\n", iv, iv)
    i := iv.Interface()
    fmt.Printf("反射转换接口: %v, 数据类型: %T\n", i, i)
}
```

上述代码将整数变量num转为反射变量iv，再由反射变量iv调用结构体方法Interface()转换为接口变量i。在整个转换过程中，变量值一直保存不变，只改变变量的数据类型，如图10-4所示。

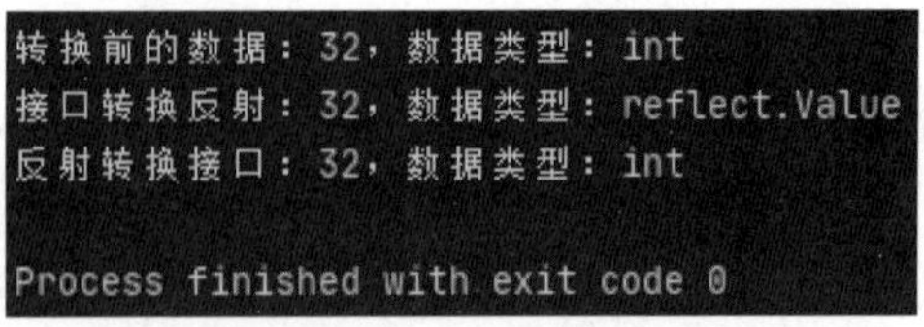

转换前的数据: 32, 数据类型: int
接口转换反射: 32, 数据类型: reflect.Value
反射转换接口: 32, 数据类型: int

Process finished with exit code 0

图 10-4　运行结果

10.4 第三定律：修改反射变量的值

从反射的第一定律和第二定律得知，接口变量和反射变量实现相互转换，但在实际开发中，不仅要实现两者的相互转换，还需要修改其数值满足业务功能。

修改反射变量的数值可以使用CanSet()和SetFloat()等方法实现，比如将整型变量x转换为反射变量v，然后使用SetInt()方法修改变量值，实现代码如下：

```
package main

import (
    "reflect"
)

func main() {
    var x int = 66
    v := reflect.ValueOf(x)
    v.SetInt(55)
}
```

运行上述代码，程序抛出panic: reflect异常，如图10-5所示。

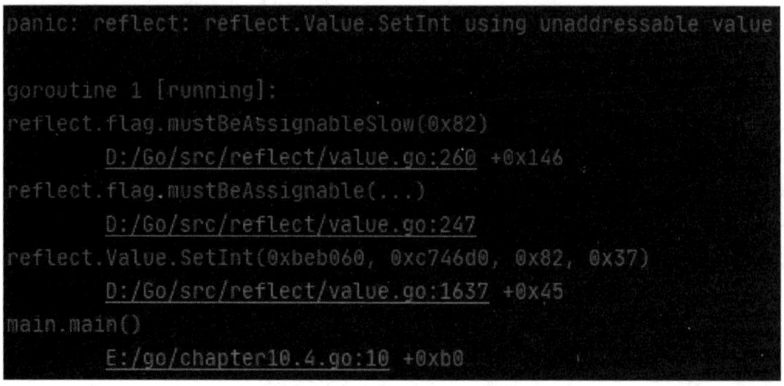

图 10-5   panic 异常

从异常信息翻译得知，SetInt()方法无法找到反射变量v的内存地址，从而无法修改变量值。在修改反射变量之前，我们可以使用CanSet()方法判断当前变量能否被修改，比如在上述代码中使用CanSet()方法，代码如下：

```
package main

import (
    "fmt"
    "reflect"
)

func main() {
    var x int = 66
    v := reflect.ValueOf(x)
    fmt.Printf("反射变量v能否被修改: %v", v.CanSet())
}
```

代码运行结果如图10-6所示,反射变量v是不允许被修改的。因为从整型变量转换为反射变量的过程中,反射变量只是拷贝整型变量的值。换句话说,反射变量与整型变量的值是相互独立的,所以反射变量使用SetInt()方法可以修改反射变量的值,但整型变量的数值并不会发生任何改变。

```
D:\Go\bin\go.exe build -o C:\Users\
C:\Users\Administrator\AppData\Loca
反射变量v能否被修改: false
Process finished with exit code 0
```

图 10-6　运行结果

由于反射的概念是访问、检测和修改它本身状态或行为的一种能力,如果只改变反射变量的值而没有改变整型变量的值,那么这个修改就不符合反射概念。

为了防止这种情况发生,Go语言对反射变量设置了可写状态与不可写状态,从而有了CanSet()方法判断当前变量能否被修改。

如果要实现反射变量的可写状态,在使用reflect.ValueOf()的时候需要传入整型变量的指针变量,因为每个变量的内存地址是唯一的,通过修改内存地址对应的数值才能使反射变量和整型变量的数值达成一致,例子如下:

```go
package main

import (
    "fmt"
    "reflect"
)

func main() {
    var x int = 66
    // reflect.ValueOf的参数设为变量x的指针
    v := reflect.ValueOf(&x)
    fmt.Printf("反射变量v的值: %v\n", v)
    // 通过反射变量v的指针获取变量值
    vv := v.Elem()
    fmt.Printf("反射变量vv的值: %v\n", vv)
    fmt.Printf("反射变量vv能否被修改: %v\n", vv.CanSet())
    vv.SetInt(55)
    fmt.Printf("反射变量vv修改后的值: %v\n", vv)
    fmt.Printf("整型变量x的值: %v\n", x)
}
```

上述代码分别使用了reflect.ValueOf()、Elem()、CanSet()和SetInt(),实现过程说明如下:

1)定义整型变量x,变量值为66,使用函数reflect.ValueOf()将整型变量转换为反射变量,函数参数为整型变量的指针(内存地址)。

2)反射变量v的值是整型变量x的内存地址,若要从内存地址中获取数值,需要由反射变量使用Elem()方法获取,并赋值给反射变量vv。

3)反射变量vv使用CanSet()判断当前变量能否被修改,然后使用SetInt()将反射变量vv的值改为数值55。

运行上述代码,运行结果如图10-7所示。

不同数据类型的反射变量需要调用不同方法修改其变量值,比如变量值为整型,则调用SetInt()方法,浮点型则调用SetFloat(),所有数据类型的方法调用会在GoLand的代码提示功能中展示,如图10-8所示。

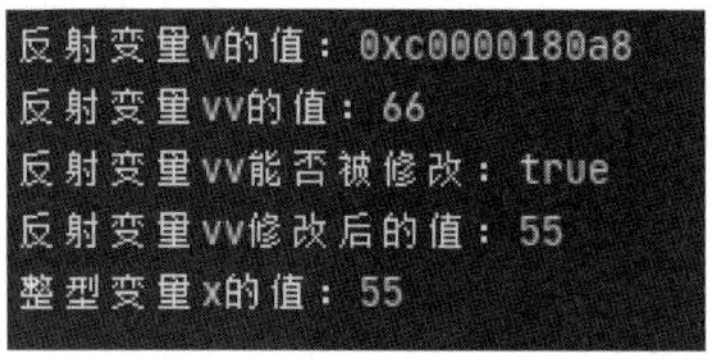

图 10-7　运行结果

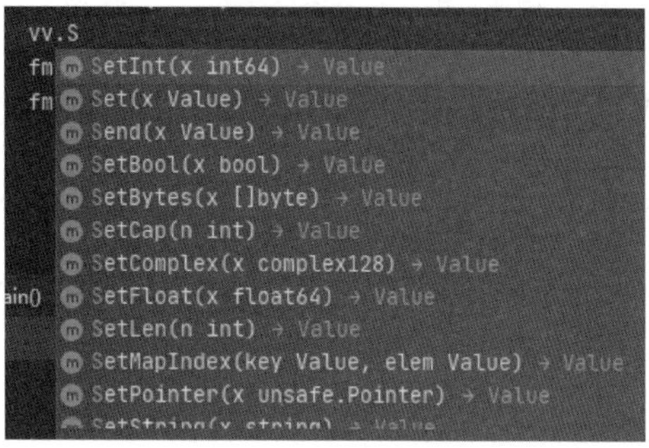

图 10-8　代码提示功能

综上所述，反射第三定律的实现过程如下：

1）修改反射变量的数值，在变量转换为反射变量的时候，必须将reflect.ValueOf()的参数设为变量的内存地址。

2）然后由反射变量使用Elem()方法获取变量的数值并赋值给新的反射变量。

3）再由新的反射变量使用SetInt()、SetFloat()等方法修改变量值。

10.5　反射的类型与种类

反射机制分为类型和种类，我们在编写代码的过程中，使用最多的是类型，种类是类型的上一级类别，比如猫科动物包括家猫、老虎、狮子和猎豹等，猫科动物相当于反射机制的种类，老虎、狮子相当于反射机制的类型。

反射机制的种类以Kind()表示，在Go安装目录的src文件夹能找到Kind()的定义过程，如图10-9所示。

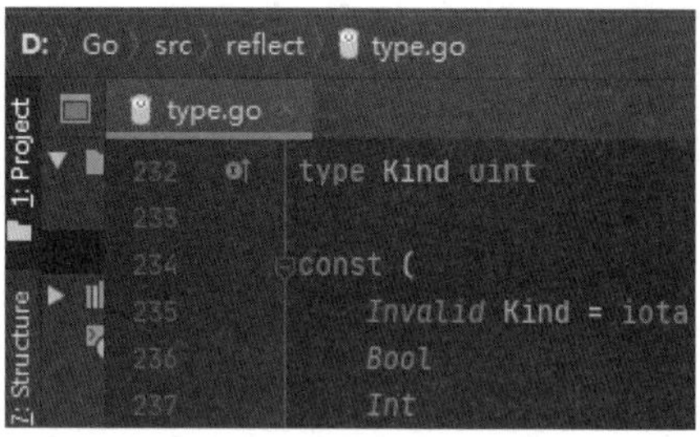

Kind()源码定义了多个种类，每个种类的说明如下：

图 10-9　Kind()源码内容

```
type Kind uint
const (
    Invalid Kind = iota    // 非法类型
    Bool                   // 布尔型
    Int                    // 有符号整型
    Int8                   // 有符号8位整型
    Int16                  // 有符号16位整型
    Int32                  // 有符号32位整型
    Int64                  // 有符号64位整型
    Uint                   // 无符号整型
    Uint8                  // 无符号8位整型
    Uint16                 // 无符号16位整型
    Uint32                 // 无符号32位整型
    Uint64                 // 无符号64位整型
    Uintptr                // 指针
    Float32                // 单精度浮点数
```

```
    Float64              // 双精度浮点数
    Complex64            // 64位复数类型
    Complex128           // 128位复数类型
    Array                // 数组
    Chan                 // 通道
    Func                 // 函数
    Interface            // 接口
    Map                  // 映射
    Ptr                  // 指针
    Slice                // 切片
    String               // 字符串
    Struct               // 结构体
    UnsafePointer        // 底层指针
)
```

从Kind()定义的种类看到，每个种类就是Go语言的数据类型。既然反射的种类就是Go语言的数据类型，反射机制为什么还要区分类型和种类，这一切归功于关键字tpye，我们通过以下例子加以说明：

```go
package main

import (
    "fmt"
    "reflect"
)

type myint int

type cat struct {
    name string
}

func main() {
    var n int = 55
    rn := reflect.TypeOf(n)
    fmt.Printf("反射变量rn的类型: %v\n", rn)
    fmt.Printf("反射变量rn的类型: %v\n", rn.Name())
    fmt.Printf("反射变量rn所属的种类: %v\n", rn.Kind())

    var x myint = 66
    rx := reflect.TypeOf(x)
    fmt.Printf("反射变量rx的类型: %v\n", rx)
    fmt.Printf("反射变量rx的类型: %v\n", rx.Name())
    fmt.Printf("反射变量rx所属的种类: %v\n", rx.Kind())

    c := cat{name: "Lily"}
    vc := reflect.TypeOf(c)
    fmt.Printf("反射变量vc的类型: %v\n", vc)
    fmt.Printf("反射变量vc的类型: %v\n", vc.Name())
    fmt.Printf("反射变量vc所属的种类: %v\n", vc.Kind())
}
```

运行上述代码，运行结果如图10-10所示。

我们对代码与运行结果进行分析，分析结果如下：

1）使用关键字type定义类型myint，它的数据类型为int类型，然后定义结构体cat。

2）分别创建整型变量n、自定义类型myint变量x和结构体实例化变量c，各自使用reflect.TypeOf()将其转换为反射变量，最后调用方法Name()和Kind()并输出相应结果。

3）reflect.TypeOf()转换反射变量能具体表明它来自哪个变量，如变量n是整型，自定义类型myint的变量x来自main包（main包即第一行代码package main）的myint类型，结构体实例化变量c来自main包定义的结构体cat。

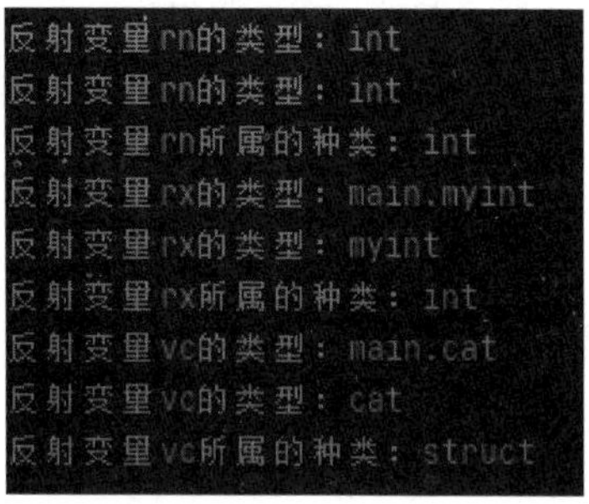

图 10-10　运行结果

4）换句话说，如果变量的数据类型是基本类型，如整型、字符串、浮点数等，那么reflect.TypeOf()直接返回对应的数据类型；如果变量的数据类型经过关键字type定义，那么reflect.TypeOf()返回该变量的定义位置，如结构体实例化变量c来自main包的结构体cat。

5）变量的数据类型只要经过关键字type定义，它的反射变量调用方法Name()就能获取变量的类型，调用方法Kind()就能获取变量的种类。比如自定义类型myint变量x的类型为myint，所属种类为int；结构体实例化变量c的类型为cat（即结构体名称），所属种类为struct。

10.6　切片与反射

反射可以通过reflect.TypeOf()和reflect.ValueOf()对任意变量进行转换。对于基本类型（整型、浮点型、字符串或布尔型等数据类型），使用Elem()和SetInt()等方法就能实现数据修改，如果变量是切片、集合等复杂一点的数据类型，则需要使用特定方法实现数据读取和修改。

切片与反射之间的转换也要遵从反射的第一定律和第二定律，切片转换为反射切片变量之后（为了方便理解，本书将切片转换的反射变量称为反射切片变量），使用reflect包提供的函数方法实现数据读取和修改，示例如下：

```
package main

import (
    "fmt"
    "reflect"
)

func main() {
    s := []int{1, 2, 3, 4}
    sr := reflect.ValueOf(s)
    sl := sr.Len()
    fmt.Printf("Len()获取切片长度: %v, 数据类型: %T\n", sl, sl)
    // 获取切片内存
    srp := sr.Pointer()
    fmt.Printf("Pointer()获取切片内存: %v, 数据类型: %T\n", srp, srp)
    si := sr.Index(0)
    fmt.Printf("Index()读取某个元素: %v, 数据类型: %T\n", si, si)
    // Set()修改切片元素
    si.Set(reflect.ValueOf(666))
```

```
    fmt.Printf("Set()修改某个元素: %v, 数据类型: %T\n", sr, sr)
    // Slice3()第一个参数是切片元素的起始索引
    // 第二个参数是提取的元素个数，第三个参数是切片元素的终止索引
    s3 := sr.Slice3(0, 3, 4)
    fmt.Printf("Slice3()截取元素: %v, 数据类型: %T\n", s3, s3)
    // Slice()第一个参数是切片元素的起始索引
    // 第二个参数是切片元素的终止索引
    ss := sr.Slice(0, 1)
    fmt.Printf("Slice()截取元素: %v, 数据类型: %T\n", ss, ss)
    // 反射切片变量转换为接口变量，再由接口变量转换为切片变量
    srr := sr.Interface().([]int)
    fmt.Printf("反射转换切片: %v\n", srr)
    // 为反射切片变量添加新的元素
    sr = reflect.Append(sr, reflect.ValueOf(666))
    fmt.Printf("Append()添加切片元素: %v\n", sr)
    // 两个反射切片变量合并一个新的反射切片变量
    sr = reflect.AppendSlice(sr, reflect.ValueOf([]int{777}))
    fmt.Printf("AppendSlice()添加合并切片: %v\n", sr)

    // 获取切片的数据类型
    sss := reflect.TypeOf(s)
    // 根据反射切片变量sss创建新的切片
    // MakeSlice()第一个参数是反射切片变量sss
    // 第二个参数为切片长度，第三个参数为切片容量
    nss := reflect.MakeSlice(sss, 0, 0)
    fmt.Printf("MakeSlice()创建新切片: %v, 数据类型: %T\n", nss, nss)
    // 为新切片添加元素
    nss = reflect.Append(nss, reflect.ValueOf(100))
    fmt.Printf("Append()添加新切片元素: %v\n", nss)
}
```

首先对切片s使用reflect.ValueOf()转换为反射切片变量，该变量可以实现数据读写操作；然后使用reflect.TypeOf()将切片s转换为另一个反射切片变量，该变量可以创建新的反射切片变量。程序的运行结果如图10-11所示。

```
Len()获取切片长度: 4, 数据类型: int
Pointer()获取切片内存: 824633786880, 数据类型: uintptr
Index()读取某个元素: 1, 数据类型: reflect.Value
Set()修改某个元素: [666 2 3 4], 数据类型: reflect.Value
Slice3()截取元素: [666 2 3], 数据类型: reflect.Value
Slice()截取元素: [666], 数据类型: reflect.Value
反射转换切片: [666 2 3 4]
Append()添加切片元素: [666 2 3 4 666]
AppendSlice()添加合并切片: [666 2 3 4 666 777]
MakeSlice()创建新切片: [], 数据类型: reflect.Value
Append()添加新切片元素: [100]
```

图 10-11　运行结果

整个示例一共使用了12种方法实现反射切片变量的数据读写和创建操作，每种方法的作用与参数说明如下：

1）reflect.ValueOf()：将切片变量转为反射切片变量，其数据类型为reflect.Value，并返回切片变量的数值。

2）reflect.ValueOf().Len()：获取反射切片变量的长度。

3）reflect.ValueOf().Pointer()：获取切片的内存地址。

4）reflect.ValueOf().Index(i)：读取反射切片变量的某个元素。参数i的数据类型为整型，代表切片的下标索引。

5）reflect.ValueOf().Index(i).Set(reflect.ValueOf(v))：读取反射切片变量的某个元素并修改。参数i的数据类型为整型，代表切片的下标索引；参数v是修改后的元素值。

6）reflect.ValueOf().Slice3(i,j,k)：截取反射切片变量的切片元素。设有3个参数，参数的数据类型为整型，参数i是切片元素的起始索引，参数j是截取元素的个数，参数k是切片元素的终止索引。

7）reflect.ValueOf().Slice(i,j)：截取反射切片变量的切片元素。设有两个参数，参数的数据类型为整型，参数i是切片元素的起始索引，参数j是切片元素的终止索引。

8）reflect.ValueOf().Interface().([]int)：反射切片变量转换为接口变量，再由接口变量转换为切片变量。

9）reflect.Append(s,x)：为反射切片变量添加新的切片元素。参数s代表反射切片变量；参数x是reflect.Value类型的反射变量，代表新增元素。

10）reflect.AppendSlice(s,t)：两个反射切片变量合并为一个新的反射切片变量。参数s和t代表不同的反射切片变量。

11）reflect.TypeOf()：将切片变量转为反射切片变量，其数据类型为*reflect.rtype，它用于获取切片变量的数据类型。

12）reflect.MakeSlice(typ,len,cap)：根据反射切片变量的数据类型创建新的反射切片变量。设有3个参数，参数typ是*reflect.rtype类型的反射切片变量；参数len是切片的长度，参数类型为整型；参数cap是切片的容量，参数类型为整型。

综上所述，切片与反射之间的操作如下：

1）切片使用reflect.ValueOf()转换为反射切片变量，可以由该变量调用相关方法实现反射切片变量的读写操作（如获取切片长度、读取某个元素、修改元素、截取元素等）。

2）reflect.Append()对反射切片变量添加新的切片元素，reflect.AppendSlice()实现两个反射切片变量的合并操作。

3）切片使用reflect.TypeOf()转换为反射切片变量，并将该变量作为reflect.MakeSlice()的参数创建新的反射切片变量。

10.7　集合与反射

集合是以键值对表示的，它与JSON的数据格式非常相似，也是开发过程中常用的数据类型。当集合转换为反射的时候，可以通过reflect包提供的方法读写集合的键值对。为了方便理解，本书将集合转换的反射变量称为反射集合变量。

reflect包提供了9种方法操作反射集合变量，每种方法的使用方式如下：

```go
package main

import (
    "fmt"
    "reflect"
)

func main() {
    // 定义集合
    m := make(map[string]string)
    m["name"] = "Tom"
    m["age"] = "100"
    // 转换反射集合变量
    mr := reflect.ValueOf(m)
    // 获取键值对数量
    fmt.Printf("Len()获取键值对数量: %v\n", mr.Len())
    // 获取集合内存地址
    mrt := mr.Pointer()
    fmt.Printf("Pointer()获取集合内存地址: %v, 数据类型: %T\n", mrt, mrt)
    // 获取集合所有的键
    mk := mr.MapKeys()
    fmt.Printf("MapKeys()获取键: %v, 数据类型: %T\n", mk, mk)
    // 通过集合的键获取对应键值对
    mi := mr.MapIndex(mk[0])
    fmt.Printf("MapIndex()获取键值对: %v, 数据类型: %T\n", mi, mi)
    // 获取集合的所有键值对
    iter := mr.MapRange()
    for iter.Next() {
        // 使用方法Next()输出所有键值对
        k := iter.Key()
        v := iter.Value()
        fmt.Printf("MapRange()获取集合的键: %v, 集合的值: %v\n", k, v)
    }
    // 将反射集合变量转换为接口变量, 再由接口变量转换为集合变量
    mm := mr.Interface().(map[string]string)
    fmt.Printf("反射转换集合: %v\n", mm["name"])
    // 添加新的键值对
    newKey := reflect.ValueOf("address")
    newValue := reflect.ValueOf("GuangZhou")
    mr.SetMapIndex(newKey, newValue)
    fmt.Printf("SetMapIndex()添加键值对: %v\n", mr)

    // 获取集合的数据类型
    mmm := reflect.TypeOf(m)
    // 根据反射变量mmm创建新的集合
    nmmm := reflect.MakeMap(mmm)
    // 添加新的键值对
    nmmm.SetMapIndex(newKey, newValue)
    fmt.Printf("MakeMap()创建新的集合: %v\n", nmmm)
}
```

运行上述代码，运行结果如图10-12所示。

```
Len()获取键值对数量：2
Pointer()获取集合内存地址：824634221552，数据类型：uintptr
MapKeys()获取键：[name age]，数据类型：[]reflect.Value
MapIndex()获取键值对：Tom，数据类型：reflect.Value
MapRange()获取集合的键：name，集合的值：Tom
MapRange()获取集合的键：age，集合的值：100
反射转换集合：Tom
SetMapIndex()添加键值对：map[address:GuangZhou age:100 name:Tom]
MakeMap()创建新的集合：map[address:GuangZhou]
```

图 10-12　运行结果

结合代码和运行结果分析得知，reflect.ValueOf()转换的反射集合变量可以实现集合的键值对读写操作，reflect.TypeOf()转换的反射集合变量可以创建新的反射集合变量，它们调用不同的方法实现，每种方法的作用与参数说明如下：

1）reflect.ValueOf()：将集合转为反射集合变量，其数据类型为reflect.Value，并返回集合的键值对。

2）reflect.ValueOf().Len()：获取反射集合变量的所有键值对数量。

3）reflect.ValueOf().Pointer()：获取切片的内存地址。

4）reflect.ValueOf().MapKeys()：获取反射集合变量的键，并以切片形式表示。

5）reflect.ValueOf().MapIndex(key)：获取反射集合变量某个键所对应的值。参数key是reflect.Value类型，代表所有键值对的某个键。

6）reflect.ValueOf().MapRange()：获取反射集合变量的所有键值对，使用for循环并调用Next()、Key()和Value()方法遍历每个键值对。

7）reflect.ValueOf().Interface().(map[string]string)：反射集合变量转换为接口变量，再出接口变量转换为集合变量。

8）reflect.ValueOf().SetMapIndex(key, elem)：为反射集合变量添加或修改键值对，如果键不存在则执行新增，如果键存在则执行修改。参数key和elem是reflect.Value类型的，分别代表键值对的键和值。

9）reflect.TypeOf()：将集合转为反射集合变量，其数据类型为*reflect.rtype，它能获取集合变量的数据类型。

10）reflect.MakeMap(typ)：创建新的反射集合变量。参数typ是*reflect.rtype类型的，代表反射集合变量的数据类型。

综上所述，集合与反射之间的操作如下：

1）集合使用reflect.ValueOf()转换为反射集合变量，可以由该变量调用相关方法实现反射集合变量的读写操作（如获取长度、读取某个键值对或所有键值对、添加新的键值对等）。

2）集合使用reflect.TypeOf()转换为反射集合变量，并将该变量作为reflect. MakeMap()的参数创建新的反射集合变量。

10.8　结构体与反射

　　结构体是Go语言中最重要的数据类型之一，结构体主要由结构体成员和结构体方法组成，结构体成员又分为成员名称、标签和数值。结构体转换为反射结构体变量，可以使用reflect包提供的函数方法实现结构体成员和结构体方法的读写操作。

　　我们首先讲述反射机制如何读写结构体成员，实现过程如下：

```go
package main

import (
    "fmt"
    "reflect"
    "strings"
)

// 定义结构体
type cat struct {
    Name string
    Age  int `json:"age" id:"101"`
}

// 定义函数
func GetFieldByIndex(a string) bool {
    return strings.ToLower(a) == "name"
}

func main() {
    // 创建结构体变量
    c := cat{Name: "Lily", Age: 18}
    // ValueOf()创建反射结构体变量
    vc := reflect.ValueOf(c)
    // 计算成员数量
    vnu := vc.NumField()
    fmt.Printf("NumField()计算成员数量: %v，数据类型: %T\n", vnu, vnu)
    // 以成员名称访问成员值
    vn := vc.FieldByName("Name")
    fmt.Printf("FieldByName()访问某个成员: %v，数据类型: %T\n", vn, vn)
    // 以成员排序索引访问成员值
    vi := vc.Field(1)
    fmt.Printf("Field()访问某个成员: %v，数据类型: %T\n", vi, vi)
    // 以成员排序索引访问成员值，索引值以切片表示
    vbi := vc.FieldByIndex([]int{0})
    fmt.Printf("FieldByIndex()访问某个成员: %v，数据类型: %T\n", vbi, vbi)
    // 以函数方式判断并获取某个成员名称，再通过成员名称获取成员值
    vf := vc.FieldByNameFunc(GetFieldByIndex)
    fmt.Printf("FieldByNameFunc()访问某个成员: %v，数据类型: %T\n", vf, vf)
    // 判断反射结构体变量能否修改数据
    fmt.Printf("反射结构体变量能否修改数据: %v\n", vc.CanSet())

    // ValueOf()创建反射结构体指针变量
```

```
    vc_pit := reflect.ValueOf(&c)
    // 获取所有成员的值
    ve := vc_pit.Elem()
    fmt.Printf("Elem()获取所有成员的值: %v, 数据类型: %T\n", ve, ve)
    // 判断反射结构体指针变量能否修改数据
    fmt.Printf("反射结构体指针变量能否修改数据: %v\n", ve.CanSet())
    // Set()、SetInt()等方法设置成员值
    ve.FieldByName("Name").SetString("Tom")
    ve.FieldByName("Name").Set(reflect.ValueOf("Tim"))
    ve.FieldByName("Age").SetInt(666)
    fmt.Printf("Set()、SetInt()等方法设置成员值: %v\n", ve)

    // TypeOf()创建反射结构体变量
    vt := reflect.TypeOf(c)
    // 遍历结构体所有成员数量
    for i := 0; i < vt.NumField(); i++ {
        // 获取每个成员的结构体成员类型
        vinfo := vt.Field(i)
        // 输出成员名和tag
        fmt.Printf("结构成员: %v, 其标签为: %v\n", vinfo.Name, vinfo.Tag)
    }
    // 通过成员名找到成员类型信息
    if cn, ok := vt.FieldByName("age"); ok {
        // 从tag中取出需要的tag
        fmt.Printf("标签json的内容: %v\n", cn.Tag.Get("json"))
        fmt.Printf("标签id的内容: %v\n", cn.Tag.Get("id"))
    }
    // 通过成员索引找到成员类型信息, 索引以切片形式表示
    ct := vt.FieldByIndex([]int{1})
    fmt.Printf("标签json的内容: %v\n", ct.Tag.Get("json"))
    fmt.Printf("标签id的内容: %v\n", ct.Tag.Get("id"))
}
```

运行上述代码，运行结果如图10-13所示。

```
NumField()计算成员数量: 2, 数据类型: int
FieldByName()访问某个成员: Lily, 数据类型: reflect.Value
Field()访问某个成员: 18, 数据类型: reflect.Value
FieldByIndex()访问某个成员: Lily, 数据类型: reflect.Value
FieldByNameFunc()访问某个成员: Lily, 数据类型: reflect.Value
反射结构体变量能否修改数据: false
Elem()获取所有成员的值: {Lily 18}, 数据类型: reflect.Value
Set()、SetInt()等方法设置成员值: {Tim 666}
结构成员: Name, 其标签为:
结构成员: Age, 其标签为: json:"age" id:"101"
标签json的内容: age
标签id的内容: 101
标签json的内容: age
标签id的内容: 101
```

图 10-13 运行结果

代码分别使用reflect.TypeOf()和reflect.ValueOf()将结构体cat转换为反射变量。reflect.ValueOf()转换的反射变量能获取和修改成员值，reflect.TypeOf()转换的反射变量能获取结构体成员名称和标签，说明如下：

1）reflect.ValueOf(c)：将结构体转为反射结构体变量，数据类型为reflect.Value，并返回结构体的成员值。

2）reflect.ValueOf(c).NumField()：获取结构体所有成员数量。

3）reflect.ValueOf(c).FieldByName(name)：通过成员名称获取某个成员信息。参数name以字符串表示，代表成员名称。

4）reflect.ValueOf(c).Field(i)：通过成员排序索引获取某个成员信息。参数i为整型，代表成员在结构体中定义的先后顺序。

5）reflect.ValueOf(c).FieldByIndex(index)：通过成员的排序索引获取某个成员信息。参数index以切片表示，切片只能有一个元素，该元素代表成员在结构体中定义的先后顺序，如果切片元素数量大于1，程序将提示异常。

6）reflect.ValueOf(c).FieldByNameFunc(match)：通过函数获取某个成员信息。参数match以函数表示，函数必须设有字符串参数a，返回值为布尔型，当函数参数a等于某个成员名称的时候，函数必须返回布尔型，若为true，则获取成员信息，若为false，则继续判断其他成员名称。函数match只能为一个结构体成员返回true，如果为多个成员返回true，程序将提示异常。

7）reflect.ValueOf(c).CanSet()：判断反射结构体变量能否被修改，判断结果为false，表示不能修改。

8）reflect.ValueOf(&c)：将结构体指针转换为反射结构体指针变量，数据类型为reflect.Value。

9）reflect.ValueOf(&c).Elem()：从反射结构体指针变量获取结构体成员信息。

10）reflect.ValueOf(&c).Elem().CanSet()：判断反射结构体指针变量能否被修改，判断结果为true，表示能被修改。

11）reflect.ValueOf(&c).Elem().FieldByName(name). SetString(x)：从反射结构体指针变量获取某个成员信息，并修改其数值。FieldByName(name)的参数name代表成员名称，SetString(x)的参数x代表修改值。

12）Set()、SetInt()和SetFloat()等方法皆可修改成员值，根据成员值的数据类型调用相应方法。

13）reflect.TypeOf(c)：将结构体转为反射结构体变量，数据类型为*reflect.rtype，它能获取结构体的数据类型。

14）reflect.TypeOf(c).NumField()：获取结构体所有成员数量。

15）reflect.TypeOf(c).Field(i)：通过成员的排序索引获取某个成员信息。参数i为整型，代表成员在结构体中定义的先后顺序。

16）reflect.TypeOf(c).Field(i).Name：获取某个成员的成员名称。

17）reflect.TypeOf(c).Field(i).Tag：获取某个成员的所有标签。

18）reflect.TypeOf(c).FieldByName(name).Tag.Get(key)：通过FieldByName()获取某个成员信息，参数name以字符串表示，代表成员名称；Tag是从成员信息获取标签；Get(key)是从标签中获取某个键值对，参数key代表某个键值对的键。

综上所述，结构体与反射之间的转换与操作说明如下：

1）使用reflect.ValueOf(struct)转换为反射结构体变量，只能获取结构体成员的数值，但不能对其修改。

2）使用reflect.ValueOf(&struct)转换为反射结构体指针变量，必须调用Elem()方法才能访问结构体成员，并且能修改成员值。

3）使用reflect.TypeOf(struct)转换为反射结构体变量，只能访问结构体成员名称和标签。

4）上述3种转换方式皆可调用NumField()、FieldByName(name)、Field(i)、FieldByIndex(index)和FieldByNameFunc(match)获取成员信息。

5）结构体成员的首个字母必须大写，将其设置为导出标识符，否则反射结构体变量无法访问成员。

上述例子仅对结构体的成员执行读写操作，若要对结构体方法执行调用操作，其实现过程如下：

```go
package main

import (
    "fmt"
    "reflect"
)

// 定义结构体
type cat struct {
    Name string
    Age  int `json:"age" id:"101"`
}

// 定义结构体方法，指针接收者
func (c *cat) Speak() {
    fmt.Printf("喵...喵...喵\n")
}

// 定义结构体方法，值接收者
func (c cat) Talk() {
    fmt.Printf("喵...喵...喵\n")
}

// 定义结构体方法，带返回值
func (c cat) Sleep() string {
    fmt.Printf("Z...Z...Z\n")
    return "Sleep"
}

// 定义结构体方法，带参数和返回值
func (c cat) Run(a string) {
    fmt.Printf("run...run...%v\n", a)
}

// 定义结构体方法，带参数和返回值
func (c cat) Eat(a string) string {
    fmt.Printf("chi...chi...%v\n", a)
    return "Eat"
}

func main() {
    // 创建结构体变量
    c := cat{Name: "Lily", Age: 18}
    // 创建反射结构体指针变量
```

```
vc := reflect.ValueOf(&c)
// 创建反射结构体变量
//vc := reflect.ValueOf(c)

// MethodByName()获取Speak()，Call()调用Speak()
cs := vc.MethodByName("Speak")
cs.Call(make([]reflect.Value, 0))

// MethodByName()获取Talk()，Call()调用Talk()
ct := vc.MethodByName("Talk")
ct.Call(make([]reflect.Value, 0))

// MethodByName()获取Sleep()，Call()调用Sleep()
css := vc.MethodByName("Sleep")
r := css.Call(make([]reflect.Value, 0))
fmt.Printf("Sleep()返回值: %v\n", r)

// MethodByName()获取Run()，Call()调用Run()
cr:= vc.MethodByName("Run")
cr.Call([]reflect.Value{reflect.ValueOf("GOGOGO")})

// MethodByName()获取Eat()，Call()调用Eat()
cea:= vc.MethodByName("Eat")
rr := cea.Call([]reflect.Value{reflect.ValueOf("mouse")})
fmt.Printf("Eat()返回值: %v\n", rr)
}
```

运行上述代码，运行结果如图10-14所示。

我们为结构体cat定义了5个方法，每个方法的定义过程略有不同，具体说明如下：

1）Speak()：没有参数和返回值，方法类型为指针接收者。
2）Talk()：没有参数和返回值，方法类型为值接收者。
3）Sleep()：没有参数，有返回值，方法类型为值接收者。
4）Run()：有参数，没有返回值，方法类型为值接收者。
5）Eat()：有参数和返回值，方法类型为值接收者。

图 10-14　运行结果

如果结构体方法通过反射机制进行调用，结构体方法的名称首个字母必须大写，这是将结构体方法设为导出标识符，否则反射无法调用，并提示异常，如图10-15所示。

panic: reflect: call of reflect.Value.Call on zero Value

goroutine 1 [running]:
reflect.flag.mustBe(...)

图 10-15　异常信息

由反射机制调用结构体方法，结构体必须使用reflect.ValueOf()转换，转换结果分为反射结构体变量和反射结构体指针变量，两者的区别在于能否调用指针接收者的结构体方法。反射结构体变量无法调用指针接收者的结构体方法，反射结构体指针变量能调用值接收者和指针接收者的结构体方法。

在上述示例中将结构体cat转换为反射结构体指针变量，并依次调用了5个结构体方法，调用过程都是由反射结构体指针变量调用MethodByName()获取某个结构体方法，再调用Call()方法完成整个调用过程。

Call()方法不论结构体方法是否有参数，都必须为Call()设置参数值。Call()的参数类型为切片，切片元素为reflect.Value类型，设置说明如下：

1）如果结构体方法没有参数，Call()的参数设为make([]reflect.Value, 0)。

2）如果结构体方法有参数，Call()的参数应设为[]reflect.Value{s1,s2,…}，切片元素值为reflect.ValueOf(参数值)。

反射除了能调用结构体方法之外，还能获取结构体方法的基本信息，示例如下：

```go
package main

import (
    "fmt"
    "reflect"
)

// 定义结构体
type cat struct {
    Name string
    Age  int `json:"age" id:"101"`
}

// 定义结构体方法，指针接收者
func (c *cat) Speak() {
    fmt.Printf("喵...喵...喵\n")
}

// 定义结构体方法，值接收者
func (c cat) Talk() {
    fmt.Printf("喵...喵...喵\n")
}

// 定义结构体方法，带返回值
func (c cat) Sleep() string {
    fmt.Printf("Z...Z...Z\n")
    return "Sleep"
}

// 定义结构体方法，带参数和返回值
func (c cat) Run(a string) {
    fmt.Printf("run...run...%v\n", a)
}

// 定义结构体方法，带参数和返回值
func (c cat) Eat(a string) string {
    fmt.Printf("chi...chi...%v\n", a)
    return "Eat"
}

func main() {
```

```
    // 创建结构体变量
    c := cat{Name: "Lily", Age: 18}

    // TypeOf()创建反射结构体变量
    vt := reflect.TypeOf(c)
    // 创建反射结构体指针变量
    //vt := reflect.TypeOf(&c)
    // NumMethod()获取所有结构体方法
    fmt.Printf("NumMethod()获取所有结构体方法: %v\n", vt.NumMethod())
    vmm, _ := vt.MethodByName("Talk")
    fmt.Printf("Func获取方法的内存地址: %v\n", vmm)
    // 遍历输出每个方法的信息
    for i := 0; i < vt.NumMethod(); i++ {
        // 遍历NumMethod(),通过Method(i).Name获取方法名
        fmt.Printf("Name获取方法名: %v\n", vt.Method(i).Name)
        fmt.Printf("PkgPath获取方法所在包名: %v\n", vt.Method(i).PkgPath)
        fmt.Printf("Func获取方法的内存地址: %v\n", vt.Method(i).Func)
        fmt.Printf("Type获取方法的类型: %v\n", vt.Method(i).Type)
        fmt.Printf("Index获取方法的索引: %v\n", vt.Method(i).Index)
    }

    // 创建反射结构体指针变量
    //vc := reflect.ValueOf(&c)
    // 创建反射结构体变量
    vc := reflect.ValueOf(c)
    // 获取结构体方法
    ctn := vc.MethodByName("Eat")
    fmt.Printf("MethodByName()获取方法的内存地址: %v\n", ctn)
    // 获取结构体方法
    cty := vc.Method(0)
    fmt.Printf("Method()获取方法的内存地址: %v\n", cty)
    // 获取方法的类型
    fmt.Printf("Type()获取方法的类型: %v\n", cty.Type())
}
```

运行上述代码,运行结果如图10-16所示。

从示例代码和运行结果分析得知,reflect.TypeOf()转换的反射结构体变量或反射结构体指针变量能获取结构体方法的名称、位置索引、类型和内存地址,reflect.ValueOf()转换的反射结构体变量或反射结构体指针变量能获取方法内存地址和类型,说明如下:

1)reflect.TypeOf():将结构体转为反射结构体变量,其数据类型为*reflect.rtype,它能获取结构体的数据类型。

2)reflect.TypeOf().NumMethod():获取当前结构体定义了多少个方法。

3)reflect.TypeOf().MethodByName(s):通过方法名找到结构体方法。参数s代表结构体方法名称。

4)reflect.TypeOf().Method(i):获取某个结构体方法。参数i代表该方法在结构体中的定义次序。

5)reflect.TypeOf().Method(i).Name:获取某个结构体方法的名字。

图 10-16 运行结果

6）reflect.TypeOf().Method(i).PkgPath：获取某个结构体方法所在的包名，比如go文件的package main，main代表包名，也是程序的主入口。

7）reflect.TypeOf().Method(i).Func：获取某个结构体方法的内存地址，在Func后面可以调用Call()实现方法调用，但程序运行却提示异常。

8）reflect.TypeOf().Method(i).Type：获取某个结构体方法的数据类型。

9）reflect.TypeOf().Method(i).Index：获取某个结构体方法的定义次序。

10）reflect.ValueOf()：结构体转为反射结构体变量，数据类型为reflect.Value，并获取结构体的数据。

11）reflect.ValueOf().MethodByName(s)：通过方法名找到结构体方法。参数s代表结构体方法名称。

12）reflect.ValueOf().Method(i)：获取某个结构体方法。参数i代表该方法在结构体中的定义次序。

13）reflect.ValueOf().Method(i).Type()：获取某个结构体方法的数据类型。

综上所述，结构体使用reflect.ValueOf()转换反射结构体变量能获取、修改结构体的成员值和调用结构体方法，使用reflect.TypeOf()转换反射结构体变量能获取成员名称、标签内容、方法名称等属性信息。

10.9　指针与反射

指针是一种数据类型，它用于记录变量的内存地址，无论变量是什么类型的数据，指针都能保存它对应的内存地址。在Go语言中，数据类型主要分为基本类型和复合类型，划分标准如下：

1）基本类型：该类型的数据只能由一种数据类型表示，如整型、布尔型、字符串、字符、浮点型、复数、指针。

2）复合类型：该类型的数据可以由多种不同类型的数据组合而成，如数组、切片、集合、列表、函数、结构体、接口、通道。

虽然指针是基本类型，但它能保存任何数据类型的内存地址，这一点较为特别，所以反射机制定义了相应方法执行指针操作，示例如下：

```go
package main

import (
    "fmt"
    "reflect"
)

// 定义结构体
type cat struct {
    Name string
    Age  int `json:"age" id:"101"`
}

func main() {
    // 字符串
    s := "golang"
    vs := reflect.ValueOf(&s)
    fmt.Printf("反射字符串指针的内存: %v，数值: %v\n", vs, vs.Elem())
    vs.Elem().SetString("hello")
    fmt.Printf("反射字符串指针的内存: %v，数值: %v\n", vs, vs.Elem())

    // 切片
    sli := []interface{}{1, 2, "Go"}
    vsli := reflect.ValueOf(&sli)
    fmt.Printf("反射切片指针的内存: %v，数值: %v\n", vsli, vsli.Elem())
    vsli.Elem().Index(0).Set(reflect.ValueOf("golang"))
    fmt.Printf("反射切片指针的内存: %v，数值: %v\n", vsli, vsli.Elem())

    // 集合
    m := make(map[string]interface{})
    m["name"] = "Tim"
    vm := reflect.ValueOf(&m)
    fmt.Printf("反射集合指针的内存: %v，数值: %v\n", vm, vm.Elem())
    rv := reflect.ValueOf("name")
    rk := reflect.ValueOf("golang")
    vm.Elem().SetMapIndex(rv, rk)
    fmt.Printf("反射集合指针的内存: %v，数值: %v\n", vm, vm.Elem())

    // 结构体
    c := cat{Name: "Lily", Age: 18}
    vcp := reflect.ValueOf(&c).Pointer()
    fmt.Printf("反射结构体指针的内存: %v，数值: %v\n", vcp, vcp)
    vc := reflect.ValueOf(&c)
    fmt.Printf("反射结构体指针的内存: %v，数值: %v\n", vc, vc.Elem())
    vc.Elem().FieldByName("Name").Set(reflect.ValueOf("Tom"))
```

```
    fmt.Printf("反射结构体指针的内存: %v, 数值: %v\n", vc, vc.Elem())

    // 指针
    var prt *string
    name := "point"
    // 给指针赋予变量name的内存地址
    prt = &name
    vpp := reflect.ValueOf(&prt)
    fmt.Printf("反射指针的指针内存: %v, 数值: %v\n", vpp, vpp.Elem())
    vp := reflect.ValueOf(prt)
    fmt.Printf("反射指针的内存: %v, 数值: %v\n", vp, vp.Elem())
    // 使用反射创建新指针
    nprt := reflect.New(reflect.TypeOf(*prt))
    fmt.Printf("新反射指针的内存: %v, 数值: %v\n", nprt, nprt.Elem())
    nprt.Elem().Set(reflect.ValueOf(name))
    fmt.Printf("新反射指针的内存: %v, 数值: %v\n", nprt, nprt.Elem())
    // 使用反射创建新指针的指针
    nprtt := reflect.New(reflect.TypeOf(prt))
    fmt.Printf("新反射指针的指针内存: %v, 数值: %v\n", nprtt, nprtt.Elem())
    nprtt.Elem().Set(reflect.ValueOf(&name))
    fmt.Printf("新反射指针的指针内存: %v, 数值: %v\n", nprtt, nprtt.Elem())
}
```

运行上述代码，运行结果如图10-17所示。

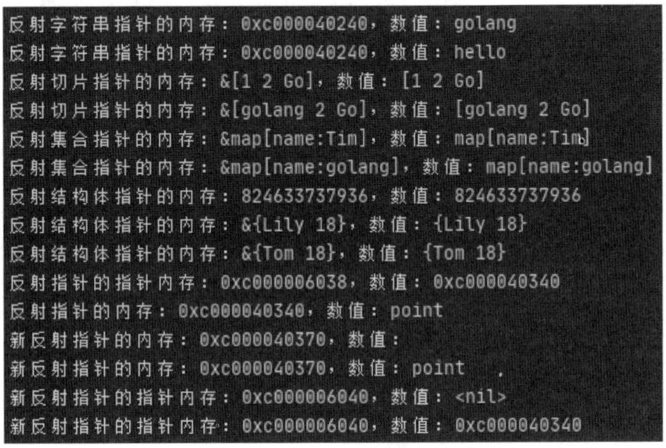

```
反射字符串指针的内存：0xc000040240，数值：golang
反射字符串指针的内存：0xc000040240，数值：hello
反射切片指针的内存：&[1 2 Go]，数值：[1 2 Go]
反射切片指针的内存：&[golang 2 Go]，数值：[golang 2 Go]
反射集合指针的内存：&map[name:Tim]，数值：map[name:Tim]
反射集合指针的内存：&map[name:golang]，数值：map[name:golang]
反射结构体指针的内存：824633737936，数值：824633737936
反射结构体指针的内存：&{Lily 18}，数值：{Lily 18}
反射结构体指针的内存：&{Tom 18}，数值：{Tom 18}
反射指针的指针内存：0xc000006038，数值：0xc000040340
反射指针的内存：0xc000040340，数值：point
新反射指针的内存：0xc000040370，数值：
新反射指针的内存：0xc000040370，数值：point
新反射指针的指针内存：0xc000006040，数值：<nil>
新反射指针的指针内存：0xc000006040，数值：0xc000040340
```

图 10-17 运行结果

上述示例演示了字符串、切片、集合、结构体、指针与反射的转换过程和数据操作，说明如下：

1）字符串、切片、集合、结构体的反射指针变量分别将字符串、切片、集合、结构体的内存地址转换为相应反射变量，然后调用对应函数方法实现数据读写操作。这些变量转换为反射指针变量的过程都是相同的，数据读写操作则需要调用各自特定的函数方法。

2）指针转换为反射指针变量需要传入指针本身的内存地址，而非指针记录的内存地址。指针是一个变量，也有自己的内存地址，它记录的内存地址是另一个变量的内存地址，这一概念必须梳理清楚。比如reflect.ValueOf(&prt)能得到指针本身的内存地址，调用Elem()方法能得到指针记录的内存地址（即某个变量的内存地址）。

3）指针转换为反射变量只要传入指针的变量名称即可，如reflect.ValueOf(prt)，它能得到指针记录的内存地址，调用Elem()方法能得到该内存地址所存放的变量值。

4）当指针转换为反射指针变量的时候，使用reflect.New()可以创建新的反射指针变量，如reflect.New(reflect.TypeOf(*prt))，*prt是对指针prt使用取值操作符"*"，从而生成新的指针变量。

5）使用reflect.New(reflect.TypeOf(prt))还可以创建新的反射指针的指针变量，若要为该变量赋值，则必须对变量值使用取址操作符"&"，如reflect.ValueOf(&name)。

10.10　函数与反射

函数是所有编程语言都具备的数据类型之一，在Go语言中，函数和方法代表不同的数据类型，函数是可以独立存在的，而方法必须依附结构体。反射机制可以将函数转换为反射函数变量，再调用反射函数变量完成函数调用过程。

我们知道函数定义可以分为4种类型，分别是：

- 无参数，无返回值。
- 有参数，无返回值。
- 无参数，有返回值。
- 有参数，有返回值。

反射函数变量也是根据函数定义划分为4种不同类型，在调用过程中也会发生细微差异，示例如下：

```
package main

import (
    "fmt"
    "reflect"
)

// 定义无参数、无返回值的函数
func myfunc() {
    fmt.Printf("This is myfunc, 6666\n")
}

// 定义带参数、无返回值的函数
func myfunc1(name string) {
    fmt.Printf("This is myfunc1, para is %v\n", name)
}

// 定义无参数、带返回值的函数
func myfunc2() string {
    fmt.Printf("This is myfunc2, 6666\n")
    return "6666"
}

// 定义带参数、带返回值的函数
func myfunc3(name string) string {
    fmt.Printf("This is myfunc3, para is %v\n", name)
```

```
        return "7777"
}

func main() {
    // 反射无参数、无返回值的函数
    mf := reflect.ValueOf(myfunc)
    // 判断反射函数变量的类型
    fmt.Println("rf is reflect.Func?", mf.Kind() == reflect.Func)
    // 调用反射函数，无参数可设为nil
    mf.Call(nil)

    // 反射带参数、无返回值的函数
    mf1 := reflect.ValueOf(myfunc1)
    // 判断反射函数变量的类型
    fmt.Println("rf1 is reflect.Func?", mf1.Kind() == reflect.Func)
    // 调用反射函数，函数参数必须为reflect.Value类型的切片
    // 切片元素顺序对应函数参数的顺序
    mf1.Call([]reflect.Value{reflect.ValueOf("Tom")})

    // 反射无参数、带返回值的函数
    mf2 := reflect.ValueOf(myfunc2)
    // 判断反射函数变量的类型
    fmt.Println("rf2 is reflect.Func?", mf2.Kind() == reflect.Func)
    // 调用反射函数，无参数可设为nil
    myr2 := mf2.Call(nil)
    // 输出返回值的数据和类型
    fmt.Printf("myfunc2 return is %v, %T\n", myr2, myr2)

    // 反射带参数、带返回值的函数
    mf3 := reflect.ValueOf(myfunc3)
    // 判断反射函数变量的类型
    fmt.Println("mf3 is reflect.Func?", mf3.Kind() == reflect.Func)
    // 调用反射函数，函数参数必须为reflect.Value类型的切片
    // 切片元素顺序对应函数参数的顺序
    myr3 := mf3.Call([]reflect.Value{reflect.ValueOf("Tom")})
    // 输出返回值的数据和类型
    fmt.Printf("myfunc2 return is %v, %T\n", myr3, myr3)
}
```

运行上述代码，运行结果如图10-18所示。

不同类型的反射函数变量在调用过程中只需考虑函数参数和返回值，函数调用是使用反射机制的Call()方法实现的，说明如下：

1）如果函数没有参数，Call()方法的参数设为空值（nil）。

2）如果函数有参数，Call()方法的参数值必须为reflect.Value类型的切片，切片元素的排序对应参数先后顺序。

3）如果函数有返回值，为Call()方法赋予某个变量即可获取函数返回值。

```
rf is reflect.Func? true
This is myfunc, 6666
rf1 is reflect.Func? true
This is myfunc1, para is Tom
rf2 is reflect.Func? true
This is myfunc2, 6666
myfunc2 return is [6666], []reflect.Value
mf3 is reflect.Func? true
This is myfunc3, para is Tom
myfunc2 return is [7777], []reflect.Value
```

图 10-18 运行结果

总的来说，反射机制将函数转换为反射函数变量，主要是实现函数调用，在调用过程中可以实现监控检测功能，比如检测函数的执行时长。

10.11 动手练习：编程实现对象序列化处理

Go语言的反射机制常用于对象序列化处理,内置包encoding/json、encoding/xml、encoding/gob、encoding/binary都依赖反射功能实现。以8.9节为例，结构体转换为JSON的时候，通过设置结构体成员标签就能设置JSON的键，这一功能就是通过反射实现的，这也是对象序列化处理。

对象序列化处理说白了就是对结构体成员标签进行读取，对读取结果执行数据处理。结构体成员标签读取只能通过反射机制实现，实现过程如下：

1）定义结构体，结构体成员的一个标签以key:"value"形式表示，key和value之间使用冒号隔开并且不能留有空格，如果有多个标签，标签之间使用空格隔开即可。

2）实例化结构体，使用reflect.TypeOf()对结构体实例化对象进行反射处理，生成反射结构体变量。

3）由反射结构体变量调用相应方法获取每个结构体成员，再由每个结构体成员调用Tag.Get()方法获取标签，最后将标签数据写入某个变量或执行数据处理。

我们将对象序列化的实现过程以代码形式呈现，代码如下：

```
package main

import (
    "fmt"
    "reflect"
)

type Persons struct {
    N string `key:"Name" value:"李四"`
    A int    `key:"Age" value:"30"`
}

func main() {
    // 定义集合，存储结构体标签
    result := map[string]string{}
    // 实例化结构体
    p := Persons{N: "张三", A: 20}
    // 反射结构体
    vtp := reflect.TypeOf(p)
    // 遍历反射结构体变量的所有成员
    for i := 0; i < vtp.NumField(); i++ {
        // 获取每个成员的结构体成员类型
        vinfo := vtp.Field(i)
        // 输出结构体成员的tag
        tag_key := vinfo.Tag.Get("key")
        tag_value := vinfo.Tag.Get("value")
        result[tag_key] = tag_value
```

```
    }
    fmt.Printf("集合的数据: %v\n", result)
}
```

上述代码说明如下：

1）定义结构体Person，设置结构体成员N和A，结构体标签设置两个键值对，分别为key和value。

2）实例化结构体Person，设置结构体成员N和A的值，使用reflect.TypeOf()对结构体Person创建反射结构体变量。

3）由反射结构体变量调用NumField()、Field()和Tag.Get()遍历获取每个结构体成员的标签，将标签数据写入集合变量。

运行上述代码，运行结果如图10-19所示。

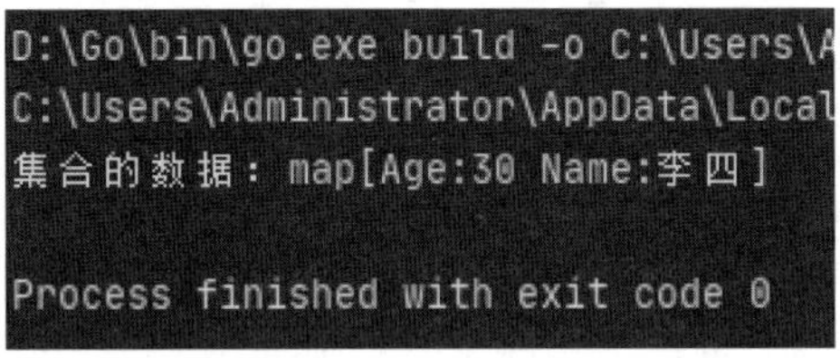

图 10-19　运行结果

10.12　小　　结

内置包reflect的函数reflect.TypeOf()和reflect.ValueOf()能获取变量的数据类型和数值，并将变量转换为反射变量，它们对应的数据类型分别为*reflect.rtype和reflect.Value。

反射机制分为类型和种类，我们在编写代码的过程中，使用最多的是类型，种类是类型的上一级类别，比如猫科动物包括家猫、老虎、狮子和猎豹等，猫科动物相当于反射机制的种类，老虎、狮子相当于反射机制的类型。

反射可以通过reflect.TypeOf()和reflect.ValueOf()对任意变量进行转换。对于基本类型（整型、浮点型、字符串或布尔型等数据类型），使用Elem()和SetInt()等方法就能实现数据修改。如果变量是切片、集合、结构体、指针、函数等复杂一点的数据类型，则需要使用特定方法实现数据读取和修改。

第 11 章
并 发 编 程

本章内容:

- 异步的概念。
- Goroutine。
- 函数创建Goroutine。
- 匿名函数创建Goroutine。
- 通道。
- 无缓冲通道。
- 带缓冲通道。
- 关闭通道读取数据。
- Select处理多通道。
- sync同步等待。
- sync加锁机制。
- sync.Map的应用。
- 动手练习：模拟餐馆经营场景程序的编写。

11.1 异步的概念

并发编程是异步编程的功能之一，异步是所有编程语言都具备的语法之一，它是在不影响主程序执行的情况下独自执行某段代码完成某个功能，在执行过程中可能会占用主程序的某些资源，如主程序的数据、文件对象等。

异步编程在开发中十分常用，以网站的短信验证码为例，当我们获取验证码的时候，为了使用户能正常访问其他网页，验证码发送到手机的过程必须进行异步处理，因为手机接收短信会有网络延时，如果这个过程在主程序执行，用户便无法浏览其他网页，浏览器也会处于卡死状态。

用生活例子说明异步编程，以吃饭为例，吃饭主要靠嘴巴完成，在吃饭过程中可能会观看电视，看电视这个过程是由眼睛完成的，一边吃饭一边看电视是两件不太相关的事情，但它们都是由大脑控制的。若将大脑当作计算机的CPU，吃饭是正在运行的主程序，看电视是在吃饭过程中附加的事情，可视为主程序的异步功能。

学习并发编程之前，我们必须了解异步编程的相关术语：并行、并发、进程、线程和协程等概念，说明如下：

1）并行是指不同的代码块同时执行，它以多核CPU为基础，每个CPU独立执行一个程序，各个CPU之间的数据相互独立，互不干扰。

2）并发是指不同的代码块交替执行，它以一个CPU为基础，使用多线程等方式提高CPU的利用率，线程之间会相互切换，轮流被程序解释器执行。

3）进程是一个实体，每个进程都有自己的地址空间（CPU分配），简单来说，进程是一个"执行中的程序"，打开Windows的任务管理器就能看到当前运行的进程。

4）线程是进程中的一个实体，被系统独立调度和分派的基本单位。线程自己不拥有系统资源，只拥有运行中必不可少的资源。同一进程中的多个线程并发执行，这些线程共享进程所拥有的资源。

5）协程是一种比线程更加轻量级的存在，重要的是，协程不被操作系统内核管理，协程完全是由程序控制的，它的运行效率极高。协程的切换完全由程序控制，不像线程切换需要花费操作系统的开销，线程数量越多，协程的优势就越明显。协程不受GIL的限制，因为只有一个线程，不存在变量冲突。

在实际开发中，并行和并发代表程序的不同执行方式，而进程、线程和协程可以使用相应的函数方法实现，进程、线程和协程三者的关系如图11-1所示。

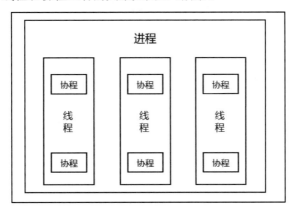

图 11-1　进程、线程和协程的关系图

11.2　Goroutine

Goroutine是Go语言的一大特色，也可以说是最大的特色，它是Go语言设计的调度器，包括3个基本对象：M、G、P。调度机制的执行过程可以在Go语言安装目录的源码文件src/runtime/rt0_XXXX.s中找到，由于计算机的系统架构不同，会导致源码文件各不相同，各个系统架构的源码文件如图11-2所示。

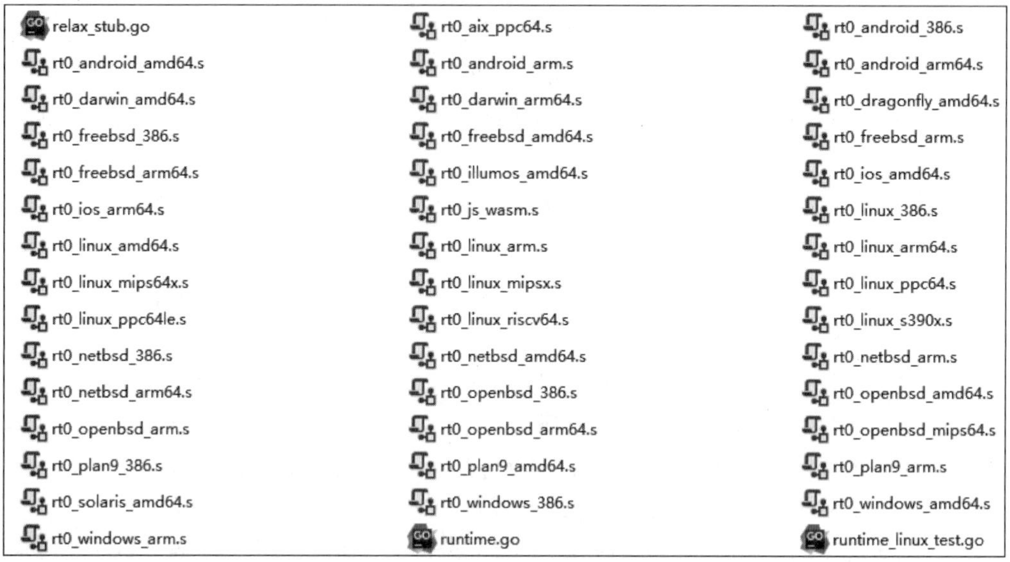

图 11-2　源码文件

Goroutine的基本对象为M、G、P，也称为GPM模型，说明如下：

1）M代表一个线程，G所有的任务最终是在M上执行的。

2）G代表一个Goroutine对象，每次调用的时候都会创建一个G对象，主要为M提供运行环境和程序调度。启动一个G很简单，在程序中使用go function即可，function代表函数名称。

3）P代表一个处理器，运行每一个M都必须绑定一个P，就像线程必须在一个CPU核上执行一样。P的数量可以通过GOMAXPROCS()设置，它的默认值为CPU核心数，它代表了真正的并发数量，即有多少个G可以同时运行。

Go语言的并发编程除了Goroutine之外，还包括通道、分配器和GC等功能，具体说明如下：

1）通道用于实现数据共享，为正在执行的并发程序提供数据资源共享支持，确保程序能分而治之。

2）分配器是为各个程序提供内存分配，保证各个并发程序能正常执行，充分利用计算机资源。

3）GC是垃圾回收机制，确保能及时回收程序不再使用的资源，防止程序长期占用资源而导致宕机。

总的来说，Go语言调度机制将计算机的进程、线程、协程等各个资源都充分调用，使程序能在计算机有限的资源下充分利用，从而达到高并发状态。

Go语言的高并发优势是其他编程语言无法比拟的，以Python和Java为例，它们的多进程、多线程和协程需要自行编写程序，Go语言只需使用关键字go function就能自动执行并发，以最少的代码执行最大的并发。

如果读者想深入了解Goroutine的底层原理，可以自行在网上搜索相关资料，也可以从Goroutine的源码文件分析调度过程。

11.3　函数创建Goroutine

Go语言是从main()函数开始执行，程序启动默认为main()函数创建一个Goroutine，只要函数中使用关键字go即可创建新的Goroutine执行并发。关键字go后面设置某个函数，让Goroutine对该函数执行并发操作，其语法如下：

```
go func(parameter)
```

语法格式说明如下：

1）go代表Go语言关键字，用于实现高并发。

2）func代表已定义的函数名称，为并发执行提供程序入口。

3）parameter代表函数参数。

按照关键字go的语法格式，通过示例说明如何实现Go语言的并发编程，示例如下：

```go
package main

import (
    "fmt"
    "time"
)

func running() {
    // 循环5次
    for i := 0; i < 5; i++ {
        fmt.Println("tick", i)
        // 延时1秒
        time.Sleep(1 * time.Second)
    }
}

func main() {
    // 并发执行程序
    go running()
    // 主程序
    for i := 0; i < 5; i++ {
        time.Sleep(1 * time.Second)
        fmt.Println("Waitting for you")
    }
}
```

运行上述代码，运行结果如图11-3所示。

从运行结果看到，程序首先为main()函数创建一个Goroutine，然后使用关键字go为函数running()创建新的Goroutine，Go语言的调度机制自动为两个Goroutine进行资源调度，从而完成并发过程。

我们知道函数定义可以分为4种类型，分别是：

- 无参数，无返回值。
- 有参数，无返回值。

- 无参数，有返回值。
- 有参数，有返回值。

在并发操作中，有返回值的函数会被忽略返回值，如果需要从并发中返回数据，只能使用通道实现，将需要返回的数据写入通道，主函数或其他并发函数都能从通道读取数据，从而实现数据共享。

定义并发函数只需要考虑是否需要设置函数参数，下面通过示例讲述带参数的函数如何实现并发过程：

```
package main

import (
    "fmt"
    "time"
)

func running(name string) {
    // 循环5次
    for i := 0; i < 5; i++ {
        fmt.Printf("tick %v, %v\n", i, name)
        // 延时1秒
        time.Sleep(1 * time.Second)
    }
}

func main() {
    // 并发执行程序
    var name = "Tom"
    go running(name)
    // 主程序
    for i := 0; i < 5; i++ {
        time.Sleep(1 * time.Second)
        fmt.Println("Waitting for you")
    }
}
```

示例代码的运行结果如图11-4所示。

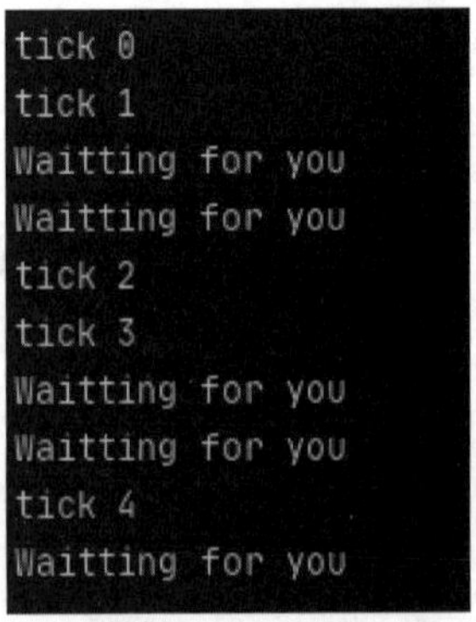

```
tick 0
tick 1
Waitting for you
Waitting for you
tick 2
tick 3
Waitting for you
Waitting for you
tick 4
Waitting for you
```

图 11-3　运行结果

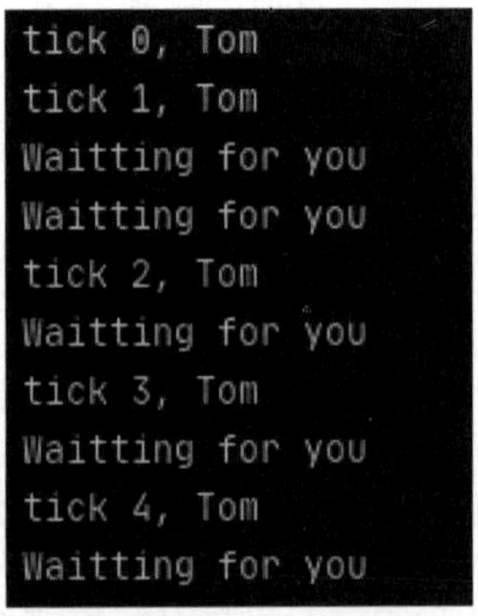

```
tick 0, Tom
tick 1, Tom
Waitting for you
Waitting for you
tick 2, Tom
Waitting for you
tick 3, Tom
Waitting for you
tick 4, Tom
Waitting for you
```

图 11-4　运行结果

11.4 匿名函数创建Goroutine

关键字go还可以使用匿名函数实现并发操作，但关键字go后面必须包含匿名函数的定义和调用，具体语法如下：

```
go func(parameter){
    func field
}(para)
```

语法格式说明如下：

1）go代表Go语言关键字，用于实现高并发。

2）func代表Go语言关键字，用于定义匿名函数。

3）parameter代表函数参数。

4）func field代表匿名函数的定义过程。

5）para代表匿名函数被调用时所需设置的参数。

按照语法格式，通过简单示例加以说明，示例如下：

```
package main

import (
    "fmt"
    "time"
)

func main() {
    // 并发执行程序
    go func() {
        // 定义匿名函数
        for i := 0; i < 5; i++ {
            fmt.Println("tick", i)
            // 延时1秒
            time.Sleep(1 * time.Second)
        }
    }() // 小括号调用匿名函数
    // 主程序
    for i := 0; i < 5; i++ {
        time.Sleep(1 * time.Second)
        fmt.Println("Waitting for you")
    }
}
```

如果匿名函数有参数，在函数定义的时候，只要在关键字func后面的小括号加上参数即可；在调用的时候，在末端的小括号设置对应的参数值，代码如下：

```
go func(para string) {
    // 定义匿名函数
    for i := 0; i < 5; i++ {
```

```
        fmt.Println("tick", i)
        // 延时1秒
        time.Sleep(1 * time.Second)
    }
}("Tom") // 小括号调用匿名函数
```

由于匿名函数具有即时定义、即时调用的特性，从代码编写规范来说，使用匿名函数实现并发操作容易造成代码冗余，不利于代码复用、维护和阅读。

11.5　通　　道

在任何编程语言中，只要存在并发就会出现数据和资源争夺的情况，比如程序执行了两个并发操作，每个并发都是对同一个文件进行读写处理，这样很容易出现文件数据异常。

假如并发A读取文件A之后，再由并发B读取和修改文件A，此时文件A的数据已经发生变化，但是并发A读取的文件内容仍然是未修改之前的数据，只要并发A修改文件内容，最终并发B修改的内容将被并发A覆盖。

为了解决数据和资源的不同步，大多数编程语言都会为数据资源加上锁，每次并发的时候确保只有一个并发占用数据资源，从而确保数据资源的同步性。

Go语言为了解决数据资源的同步问题，引入了通信机制——通道，它是Go语言中一种特殊的数据类型，为多个Goroutine之间提供数据资源共享，如图11-5所示。

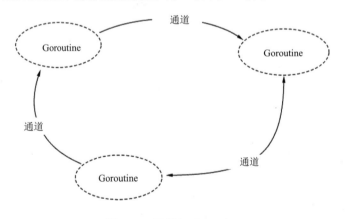

图 11-5　通道与 Goroutine

在并发过程中，多个Goroutine为了争抢数据资源必然造成阻塞，降低了执行效率，为了保证执行效率，同一时刻只有一个Goroutine访问通道进行写入和读取数据，Goroutine之间也能实现数据通信。通道遵循先入先出（First In First Out）的原则，保证收发数据的顺序。

通道是一个特殊的数据类型，在使用之前必须定义和创建通道变量，定义通道的语法如下：

```
var name chan type
```

语法格式说明如下：

1）var是Go语言关键字，用于定义变量。

2）name是通道变量名称，可自行命名。

3）chan是Go语言关键字，将变量定义为通道类型。

4）type是通道存放的数据类型。

通道定义之后，还需要使用关键字make创建通道，通道的创建语法如下：

```
name := make(chan type, num)
```

语法格式说明如下：

1）name是通道变量名称，可自行命名。

2）make是Go语言关键字，用于创建通道。

3）chan type的chan是Go语言关键字，type是通道能存放的数据类型。

4）num是通道存放数据的数量上限。

在实际编程中，我们直接使用关键字make创建通道即可使用，这样能省去定义通道的过程，示例代码如下：

```
// 定义和创建通道
var ch chan string
ch = make(chan string)
// 直接创建通道，无须定义
ch := make(chan string)
```

通道创建之后，使用通道完成写入和读取数据操作。在通道里面写入和读取数据需要由<-操作符实现，使用说明如下：

```
// 构建通道
ch := make(chan string)
// 往通道写入数据
ch <- "Hello"
// 从通道获取数据，赋予变量s
s := <- ch
```

从示例代码看到，在通道里面写入和读取数据的区别是通道变量在<-操作符的位置。如果通道变量在<-操作符的左边，说明是往通道里面写入数据；如果通道变量在<-操作符的右边，说明是读取通道里面的数据。

关键字make创建通道默认为双向通道，双向通道可以执行写入和获取。此外，我们还可以定义单向通道，它只能写入数据，不能获取数据，或者只能获取数据，不能写入数据。单向通道的定义与创建如下：

```
ch := make(chan int)
// 定义只能写入不能获取的单向通道
var only_wirte chan<- int = ch
// 定义只能获取不能写入的单向通道
var only_read <-chan int = ch
// 对只能写入不能获取的单向通道写入数据
only_wirte <- 10
// 对只能写入不能获取的单向通道获取数据
<- only_wirte
```

单向通道只能执行特定的操作，比如只能写入不能获取的单向通道只能写入数据，如果获取数据将会提示异常：invalid operation: <-only_wirte (receive from send-only type chan<- int)。

单向通道在开发中有较大的局限性，应用场景也比较少，因此读者了解相关概念即可。

11.6　无缓冲通道

通道是通过关键字make创建的，在创建过程中，如果没有设置参数num，则视为创建无缓冲通道。无缓冲通道（Unbuffered Channel）是指在获取数据之前没有能力保存数据的通道，这种类型的通道要求两个Goroutine同时处于执行状态才能完成写入和获取操作。

如果两个Goroutine没有同时准备，某一个Goroutine执行写入或获取操作将会处于阻塞等待状态，另一个Goroutine无法执行写入或获取操作，程序将会提示异常，这种类型的通道执行写入和获取的交互行为是同步，任意一个操作都无法离开另一个操作单独存在。

当我们使用无缓冲通道的时候，必须注意通道变量的操作，确保程序中有两个或两个以上的Goroutine同时执行通道的读写操作，读写操作必须是一读一写，不能只读不写或只写不读，示例如下：

```
// 只写入数据，不读取
ch := make(chan string)
ch <- "Tom"
fmt.Println("wait goroutine")

// 只读取数据，不写入
ch := make(chan string)
<- ch
fmt.Println("wait goroutine")
```

通道数据只写入不读取或者只读取不写入都会提示fatal error: all goroutines are asleep–deadlock异常，如果需要实现通道数据获取超时检测，可以使用关键字select实现。

如果程序中仅有一个Goroutine，使用通道读写数据也会导致异常，比如在主函数main()中对通道写入数据，再读取通道数据，示例如下：

```
package main

import (
    "fmt"
)

func main() {
    // 构建通道
    ch := make(chan string)
    // 写入通道数据
    ch <- "Tom"
    // 读取通道数据
    <-ch
    fmt.Println("wait goroutine")
}
```

　　根据无缓冲通道的语法特点，我们在程序中使用3个Goroutine依次执行通道的读写操作，示例如下：

```go
package main
import (
    "fmt"
    "time"
)
func Goroutine1(ch chan string){
    fmt.Println("start goroutine1")
    // 数据写入通道，由Goroutine2()读取
    ch <- "goroutine2"
    fmt.Println("goroutine1 send channel: goroutine2")
    // 读取Goroutine2()写入的数据
    data := <-ch
    fmt.Printf("goroutine1 get channel: %v\n", data)
    // 数据写入通道，由主函数main()读取
    ch <- "Main goroutine"
}
func Goroutine2(ch chan string){
    fmt.Println("start goroutine2")
    // 读取Goroutine1()写入的数据
    data := <-ch
    fmt.Printf("goroutine2 get channel: %v\n", data)
    // 数据写入通道，由Goroutine1()读取
    ch <- "goroutine1"
    fmt.Println("goroutine2 send channel: goroutine1")
}
func main() {
    // 构建通道
    ch := make(chan string)
    // 执行并发
    go Goroutine1(ch)
    // 执行并发
    go Goroutine2(ch)
    // 延时5秒，使Goroutine1()和Goroutine2()相互读写通道数据
    time.Sleep(5 * time.Second)
    // 读取Goroutine1()写入的数据
    data := <-ch
    fmt.Printf("main goroutine get channel: %v\n", data)
}
```

　　上述代码定义了函数Goroutine1()和Goroutine2()，函数参数为通道变量ch，主函数main()分别对函数Goroutine1()和Goroutine2()执行并发操作，说明如下：

　　1）主函数main()创建通道变量ch，并对函数Goroutine1()和Goroutine2()执行并发操作，将通道变量ch分别以参数形式传入Goroutine1()和Goroutine2()。

　　2）函数Goroutine1()往通道变量ch写入数据，再由函数Goroutine2()读取数据；然后到函数Goroutine2()写入数据，由函数Goroutine1()读取；最后Goroutine1()写入数据，由主函数main()读取。

3）主函数main()设置了等待5秒，这是为了让函数Goroutine1()和Goroutine2()有足够的时间写入和读取数据，过了等待时间后，再从通道变量读取数据。

运行上述代码，运行结果如图11-6所示。

```
start goroutine2
start goroutine1
goroutine1 send channel: goroutine2
goroutine2 get channel: goroutine2
goroutine2 send channel: goroutine1
goroutine1 get channel: goroutine1
main goroutine get channel: Main goroutine
```

图 11-6　运行结果

综上所述，在并发编程中，使用无缓存通道必须考虑各个Goroutine之间的数据读取和写入操作，必须遵从先写入后读取，再写入再读取的原则。

11.7　带缓冲通道

带缓冲通道（Buffered Channel）是在被获取前能存储一个或者多个数据的通道，这种类型的通道并不强制要求Goroutine之间必须同时完成写入和获取。当通道中没有数据的时候，获取动作才会阻塞；当通道没有可用缓冲区存储数据的时候，写入动作才会阻塞。

在无缓冲通道的基础上，只要为通道增加一个有限大小的存储空间就能形成带缓冲通道。带缓冲通道在写入时无须等待获取即可再次执行下一轮写入，并且不会发生阻塞，只有当存储空间满了才会发生阻塞。同理，如果带缓冲通道中有数据，获取时将不会发生阻塞，直到通道中没有数据可读时，通道才会阻塞。

从通道的定义角度分析，带缓冲和无缓冲通道的区别在于参数num。创建通道的时候，如果没有设置参数num，则默认参数值为0，通道为无缓冲通道，所以写入和获取数据必须同时进行才不会因阻塞而异常；如果参数num大于0，则写入和获取数据无须同步执行，因为通道有足够的空间存放数据。

由于带缓冲通道没有读写同步限制，我们可以在同一个Goroutine中执行多次写入和获取操作，具体示例如下：

```
package main

import "fmt"

func main() {
    // 创建一个3个元素缓冲大小的整型通道
    ch := make(chan int, 3)
    // 查看当前通道的大小
    fmt.Println(len(ch))
    // 发送3个整型元素到通道
    for i := 0; i < 3; i++ {
        ch <- i
```

```
    }
    // 查看当前通道的大小
    fmt.Println(len(ch))
    for i := 0; i < 3; i++ {
        fmt.Println(<-ch)
    }
    // 查看当前通道的大小
    fmt.Println(len(ch))
    // 查看当前通道的容量
    fmt.Println(cap(ch))
}
```

上述代码的说明如下：

1）通过for执行了3次循环，每次循环将变量i写入通道，然后通过3次循环从通道获取数据并输出。

2）通道写入和读取数据的时候，使用len()函数获取通道已有的数据量，判断当前通道存储的数据量是否达到上限，这样可以防止程序在运行时提示异常。

3）使用cap()函数能获取通道的容量大小，即获取创建通道make()的参数num的大小。

带缓冲通道在很多特性上和无缓冲通道类似，无缓冲通道可以看作长度为0的带缓冲通道。根据这个特性，带缓冲通道在下列情况下会发生阻塞：

1）带缓冲通道的存储数据达到上限时，再次写入数据将发生阻塞而导致异常。

2）带缓冲通道没有存储数据时，获取数据将发生阻塞而导致异常。

Go语言为什么对通道要限制长度？因为多个Goroutine之间使用通道必然存在写入和获取操作，这种模式类型的典型例子为生产者消费者模式。如果不限制通道长度，当写入数据速度大于获取速度，内存将不断膨胀直到应用崩溃。因此，限制通道的长度有利于约束数据生产速度，生产数据量必须在数据消费速度+通道长度的范围内，这样才能正常地处理数据。

11.8 关闭通道读取数据

当通道被阻塞的时候，程序为了防止无止境地等待而执行异常提示，在获取通道数据的时候，为了确保通道数据不出现阻塞，可以关闭通道再获取数据。关闭通道是使用关键字close()实现的，其使用示例如下：

```
package main

import "fmt"

func main() {
    // 创建容量大小为2的通道
    ch := make(chan int, 2)
    // 往通道写入数据
    ch <- 666
    // 关闭通道
```

```
    close(ch)
    // 输出通道的长度和容量
    fmt.Printf("通道长度: %v, 容量: %v", len(ch), cap(ch))
    // 关闭通道后再次写入数据
    ch <- 777
}
```

运行上述示例，运行结果如图11-7所示。

从运行结果看到，使用close()关闭通道之后，如果再往通道里面写入数据，程序将提示异常，说明已关闭的通道是不支持数据写入操作的。但已关闭的通道支持数据获取操作，示例如下：

```
package main

import "fmt"

func main() {
    // 创建容量大小为2的通道
    ch := make(chan int, 2)
    // 往通道写入数据
    ch <- 666
    // 关闭通道
    close(ch)
    // 输出通道的长度和容量
    fmt.Printf("通道长度: %v, 容量: %v\n", len(ch), cap(ch))
    // 关闭通道后获取数据
    fmt.Printf("通道数据: %v\n", <-ch)
    fmt.Printf("通道数据: %v\n", <-ch)
}
```

运行上述示例，运行结果如图11-8所示。

```
通道长度: 1, 容里: 2
panic: send on closed channel


goroutine 1 [running]:
main.main()
        E:/go/chapter11.8.go:15 +0x159
```

```
通道长度: 1, 容里: 2
通道数据: 666
通道数据: 0

Process finished with exit code 0
```

图 11-7　运行结果 　　　　　　　　　图 11-8　运行结果

示例代码说明如下：

1）当关闭通道之后，多次读取通道数据都不会提示异常，如上述代码的通道只存储一条数据，但执行两次数据读取操作。

2）在第二次读取的时候，通道已没有数据，所以读取结果为空值。不同数据类型的通道读取的空值各有不同：整型通道的空值为0，字符串类型通道的空值为空字符串，布尔型通道的空值为false，等等。

综上所述，通过关闭通道的方式可以解决通道数据读取的阻塞问题，但此方式不适合数据写入，并且仅适用于带缓存通道。因为无缓冲通道只要写入数据必须在另一个并发中读取数据，否则提示异常，这个过程可视为同步，完全没必要关闭通道。

11.9　Select处理多通道

通道存储数据达到上限的时候，再往通道中写入数据就会提示异常，通道没有存储数据的时候，从通道中读取数据也会提示异常。在程序运行过程中，我们无法准确预估通道是否有数据或者数据存储是否已达上限，为了解决程序执行异常的问题，可以使用关键字select实现。

select是Go语言的一个控制结构语句，语法结构与switch语句相似，但仅适用于通道，它可以与case和default搭配使用，每个case必须是一个通信操作，操作方式是执行数据写入或数据读取，也就是说，select不仅能处理通道阻塞的异常，还能同时处理多个通道变量。select语法如下：

```
select {
   case ch:
      do something;
   case ch:
      do something;
   /* 定义任意数量的case */
   default : /* 可选 */
      do something;
}
```

语法说明如下：

1）select和case是Go语言关键字，一个select可以搭配多个case。

2）ch代表通道的数据写入或读取。

3）do something用于执行某个操作。

4）default是Go语言关键字，它是可选语句。如果select有default，当所有case语句的通道无法操作时，则执行default语句的代码块；如果select没有default并且所有case语句的通道无法操作，则select将阻塞，直到某个case的通道可以执行。

根据select的语法格式，我们使用多通道的方式实现数据的存储和读写，示例如下：

```
package main

import (
    "fmt"
    "time"
)

func sent_data(ch, ch1 chan int) {
    for i := 0; i < 5; i++ {
        select {
        case ch <- i:
            fmt.Printf("ch写入数据: %v\n", i)
        case ch1 <- i:
            fmt.Printf("ch1写入数据: %v\n", i)
        }
    }
}
```

```
func get_data(ch, ch1 chan int) {
    for i := 0; i < 5; i++ {
        select {
        case i := <-ch:
            fmt.Printf("ch接收数据: %v\n", i)
        case i := <-ch1:
            fmt.Printf("ch1接收数据: %v\n", i)
        }
    }
}

func main() {
    // 创建通道
    ch := make(chan int)
    ch1 := make(chan int)
    go sent_data(ch, ch1)
    go get_data(ch, ch1)
    time.Sleep(5 * time.Second)
}
```

运行上述代码，运行结果如图11-9所示。

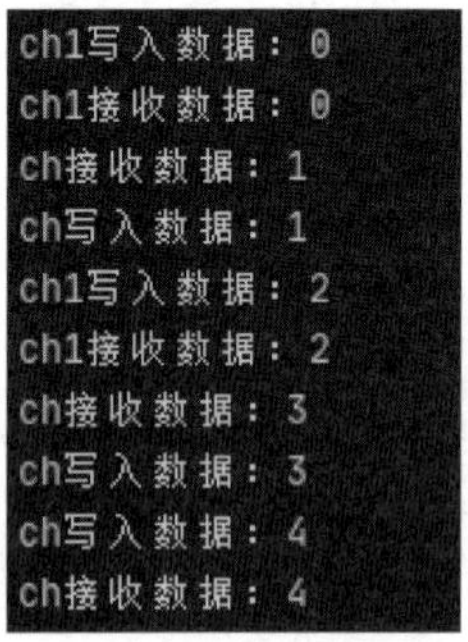

上述示例定义了函数sent_data()和get_data()，主函数main()分别对函数执行并发操作，说明如下：

1）函数sent_data()设有两个参数，分别为ch和ch1，代表两个不同的通道变量，函数执行5次循环，每次循环使用select和case分别对通道变量ch或ch1执行数据写入操作。

2）函数get_data()的定义过程与sent_data()相似，它对通道变量ch或ch1执行数据读取操作。

3）主函数main()创建通道变量ch和ch1，使用关键字go分别对函数

图 11-9　运行结果

sent_data()和get_data()执行并发操作，最后设置等待延时5秒，主要等待并发程序执行完成。

4）通道变量ch和ch1设为无缓冲通道，通道数据写入和读取必须同步，否则造成阻塞。函数sent_data()和get_data()的select…case语句没有设置default语句，因为通道变量ch和ch1分别由不同函数操作，必然存在阻塞情况，如果设置default语句，程序会因为通道阻塞而无法实现数据的写入和读取。

综上所述，使用select…case…default语句可以防止通道阻塞而提示程序异常，同时还能处理多个通道。如果没有设置default语句，当通道遇到阻塞的时候，select也会处于阻塞，这样很容易造成程序无止境地等待，因此在使用select语句的时候需考虑这种极端情况。

11.10　sync同步等待

主函数main()执行并发之后就会往下执行，当主函数main()的代码执行完成后就会终止整个程序运行，它不会等待并发程序的执行结果，主程序终止后就无法查看和得到并发程序的数据和执行结果。

若要使主程序能够等待并发程序完成执行，可以使用内置包sync的WaitGroup实现。WaitGroup称为同步等待组，它是通过计数器方式实现等待的，计数器的数值代表程序中有多少个并发程序，使用示例如下：

```
package main

import (
    "fmt"
    "sync"
)

// 创建同步等待组对象
var wg sync.WaitGroup

// 定义函数，用于执行并发操作
func fun1() {
    for i := 1; i <= 3; i++ {
        fmt.Println("fun1。。i, ", i)
    }
    // 代表完成并发，同步等待组的等待对象减1
    wg.Done()
}

// 定义函数，用于执行并发操作
func fun2() {
    for j := 1; j <= 3; j++ {
        fmt.Println("fun2。。j, ", j)
    }
    // 代表完成并发，同步等待组的等待对象减1
    wg.Done()
}

func main() {
    // 设置同步等待组最大的等待数量
    wg.Add(2)
    // 执行并发
    go fun1()
    go fun2()
    fmt.Println("main进入阻塞状态。。等待并发程序结束。。")
    // 主程序进入阻塞状态，等待并发程序执行完成
    wg.Wait()
    fmt.Println("main解除阻塞。。")
}
```

运行上述代码，运行结果如图11-10所示。

上述示例的代码说明如下：

1）创建同步等待组对象wg，因为对象wg分别在主函数main()、函数fun1()和函数fun2中使用，所以将其定义为全局变量。如果在主函数main()中定义，执行并发的时候，需要以参数形式传递给函数fun1()和函数fun2。

```
main进入阻塞状态。。等待并发程序结束。。
fun1。。i, 1
fun2。。j, 1
fun2。。j, 2
fun2。。j, 3
fun1。。i, 2
fun1。。i, 3
main解除阻塞。。
```

图 11-10　运行结果

2）函数fun1()和函数fun2执行完成后都必须使用wg调用Done()方法,让主程序知道并发程序已完成执行,解除主程序的阻塞等待。

3）主函数main()在执行并发之前,必须使用wg调用Add()方法设置等待数量,比如wg.Add(2)是等待两个并发程序执行完成。

4）并发程序启动后,主函数main()必须使用wg调用Wait()方法设置等待状态,当所有并发程序执行完成并调用了wg的Done()方法,主函数main()才会解除等待状态。

综上所述,使用内置包sync的WaitGroup实现同步等待的过程如下:

1）使用WaitGroup创建同步等待组对象wg。

2）wg调用Add()设置并发程序的等待数量,Add()用来设置wg计数器的值。

3）wg的等待数量必须与并发程序的数量一致。如果wg等待数量大于并发程序的数量,则提示fatal error: all goroutines are asleep – deadlock异常;如果wg等待数量小于并发程序的数量,主程序只会随机等待其中一个并发程序。

4）并发程序启动之后,主程序必须调用wg的Wait()进入阻塞等待状态,直到wg的计数器为0才解除阻塞等待状态。

5）并发程序执行完成后必须由wg调用Done(),该方法是将wg的计数器执行减1计算。当wg的计数器为0就会解除Wait()的阻塞等待状态,使主程序继续往下执行剩余的代码。

11.11　sync加锁机制

Go语言的锁机制是为了使多个并发之间能按照一定的顺序执行,加锁后的程序会一直占用数据和资源,直到解锁为止。锁机制是由内置包sync实现的,锁类型分别为sync.Mutex和sync.RWMutex,两者说明如下:

1）sync.Mutex是互斥锁,仅支持一个Goroutine(并发程序)对数据进行读写操作。当一个Goroutine(并发程序)获得Mutex锁之后,其他Goroutine(并发程序)只能等待该Goroutine(并发程序)释放锁,否则将一直处于阻塞等待状态。

2）sync.RWMutex是读写互斥锁,它仅允许一个Goroutine(并发程序)对数据执行写入操作,但支持多个Goroutine(并发程序)同时读取数据,数据读取和写入分别由不同方法实现。如果从底层原理分析,sync.RWMutex是在sync.Mutex的基础上进行功能扩展,使其支持数据多读模式。

图 11-11　sync.Mutex 源码

我们打开sync.Mutex源码看到,它以结构体方式定义,并定义了结构体方法Lock()和Unlock(),源码如图11-11所示。

实际应用中只需定义结构体Mutex,分别调用结构体方法Lock()和Unlock()即可实现加锁处理,应用示例如下:

```go
package main
import (
    "fmt"
    "sync"
    "time"
)

// 定义互斥锁Mutex的全局变量
var (
    myMutex sync.Mutex
)

func get_data(name string) {
    // 加锁处理
    myMutex.Lock()
    // 程序执行
    fmt.Printf("这是: %v\n", name)
    // 解锁处理
    myMutex.Unlock()
}

func main() {
    // 执行并发
    go get_data("get_data")
    // 加锁处理
    myMutex.Lock()
    // 程序执行
    fmt.Printf("这是: %v\n", "Main")
    for i := 0; i < 3; i++ {
        // 每一秒输出一行数据
        time.Sleep(1 * time.Second)
        fmt.Printf("等待时间: %v秒\n", i+1)
    }
    // 解锁处理
    myMutex.Unlock()
    // 等待延时，为了等待并发程序执行完成
    // 可以改为WaitGroup等待
    time.Sleep(2 * time.Second)
}
```

运行上述代码，运行结果如图11-12所示。

根据运行结果分析上述代码：

1）定义全局变量myMutex，变量类型为sync.Mutex，它将在函数get_data()和主函数main()中使用。

2）定义函数get_data()，由变量myMutex调用Lock()方法执行加锁处理，当函数执行完成后，再调用Unlock()方法执行解锁处理。

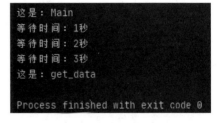

图 11-12 运行结果

3）主函数main()首先执行并发处理，然后由变量myMutex调用Lock()方法执行加锁处理，由主函数main()占用资源执行遍历输出，最后调用Unlock()方法执行解锁处理，将资源释放，由并发程序的函数get_data()占用。

如果程序执行多个并发操作，由于每个并发的执行时间各不相同，sync.Mutex只能保证当前只有一个并发占用资源，但不能改变并发的执行顺序，比如在上述代码的主函数main()中执行函数get_data()的多次并发。主函数main()的修改如下：

```go
func main() {
    // 执行并发
    go get_data("AAA")
    go get_data("BBB")
    time.Sleep(2 * time.Second)
}
```

运行主函数main()，字符串AAA和BBB的输出顺序各不相同，这也说明sync.Mutex无法保证并发程序的执行顺序。

我们再看读写互斥锁sync.RWMutex，打开sync.RWMutex源码看到，如图11-13所示，它的结构体成员w是结构体Mutex，这说明sync.RWMutex是在sync.Mutex的基础上进行扩展的。

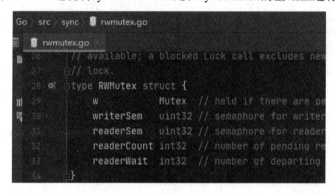

图 11-13   sync.RWMutex 源码

sync.RWMutex提供了4个常用的结构体方法，分别为RLock()、RUnlock()、Lock()和Unlock()。其中RLock()和RUnlock()支持数据多读模式，Lock()和Unlock()支持数据单写模式，使用示例如下：

```go
package main

import (
    "fmt"
    "math/rand"
    "sync"
    "time"
)

// 全局变量
var count int
// 定义读写锁
var rLock sync.RWMutex
// 定义同步等待组
var wg sync.WaitGroup

// 数据读取函数
func read(i int) {
    // 加锁
    rLock.RLock()
```

```
        // 设置延时
        t := time.Duration(i * 2) * time.Second
        time.Sleep(t)
        fmt.Printf("读操作, 等待时间: %v 数据=%d\n", t.Seconds(), count)
        // 解锁
        rLock.RUnlock()
        wg.Done()
}

// 数据写入函数
func write(i int) {
        // 加锁
        rLock.Lock()
        // 写入数据
        count = rand.Intn(1000)
        // 设置延时
        t := time.Duration(i * 2) * time.Second
        time.Sleep(t)
        fmt.Printf("写操作, 等待时间: %v 数据=%d\n", t.Seconds(), count)
        // 解锁
        rLock.Unlock()
        wg.Done()
}

func main() {
        // 设置同步等待组
        wg.Add(6)
        // 设置随机数种子，保证每次随机数不相同
        rand.Seed(time.Now().UnixNano())
        // 执行6次并发
        for i := 1; i < 4; i++ {
                go write(i)
        }
        for i := 1; i < 4; i++ {
                go read(i)
        }
        // 等待同步等待组执行并发
        wg.Wait()
}
```

运行上述代码，运行结果如图11-14所示。

从运行结果看到，sync.RWMutex的读写操作不是同步执行的，并且每个操作的延时各不相同，说明如下：

1）当程序执行读操作的时候，所有写操作处于阻塞状态。

2）当程序执行读操作的时候，其他读操作能同时执行。

3）当程序执行写操作的时候，所有操作都处于阻塞状态。

sync.RWMutex的读写操作不能只从字面上理解为数据的读取和写入，使用结构体方法RLock()和RUnlock()也能实现数据写入，但执行结果会出现误差，比如将上述代码的函数write()改用RLock()和RUnlock()，程序运行结果如图11-15所示。

```
写操作，等待时间：2 数据=719
读操作，等待时间：2 数据=719
读操作，等待时间：4 数据=719
读操作，等待时间：6 数据=719
写操作，等待时间：4 数据=395
写操作，等待时间：6 数据=417

Process finished with exit code 0
```

```
读操作，等待时间：2 数据=170
写操作，等待时间：2 数据=170
写操作，等待时间：4 数据=170
读操作，等待时间：4 数据=170
写操作，等待时间：6 数据=170
读操作，等待时间：6 数据=170

Process finished with exit code 0
```

图 11-14 运行结果   图 11-15 运行结果

从运行结果看到，如果在数据写入的时候使用RLock()和RUnlock()，每个并发的数据都会被最后一个并发的数据覆盖，因此我们会将sync.RWMutex的RLock()和RUnlock()作为数据读取，Lock()和Unlock()作为数据写入。

 在使用RLock()和RUnlock()、Lock()和Unlock()的时候，它们必须成对出现。如果使用RLock()加锁，Unlock()解锁，程序会提示死锁异常（fatal error: all goroutines are asleep - deadlock!）。

11.12　sync.Map的应用

在Go语言1.6版本之前，集合Map在并发程序中支持数据读取，但在写入过程中会存在异常，在1.6版本之后，通过并发读写集合Map都会提示异常，因此在1.9版本之前都是通过加锁处理或者封装成一个新的结构体，具体示例如下：

```go
package main

import (
    "fmt"
    "sync"
    "time"
)

// 定义全局变量
// 定义互斥锁
var s sync.Mutex
// 定义同步等待组
var wg sync.WaitGroup

// 定义并发函数
func set_map(m map[string]int, b int) {
    for i := 1; i < 5; i++ {
        // 加锁处理
        s.Lock()
        m["age"] = i + b
        fmt.Printf("集合map的age数据: %v\n", m["age"])
        // 解锁处理
        s.Unlock()
    }
```

```
        // 释放同步等待
        wg.Done()
}

func main() {
        // 记录程序开始时间
        start := time.Now()
        // 设置同步等待组
        wg.Add(2)
        m := map[string]int{"age": 10}
        // 执行并发操作
        go set_map(m, 0)
        go set_map(m, 10)
        // 等待同步等待组
        wg.Wait()
        // 记录程序结束时间并计算执行时间
        end := time.Now()
        consume := end.Sub(start).Seconds()
        fmt.Println("程序执行耗时(s): ", consume)
}
```

运行上述代码，运行结果如图11-16所示。

在1.9版本之后提供了一种效率较高且支持并发的数据类型——sync.Map。它是以结构体方式定义的，设有4个结构体成员和8个结构体方法，源码如图11-17所示。

```
集合map的age数据： 11
集合map的age数据： 12
集合map的age数据： 13
集合map的age数据： 1
集合map的age数据： 2
集合map的age数据： 3
集合map的age数据： 4
集合map的age数据： 14
程序执行耗时(s)：  0.0030746
```

图 11-16　运行结果　　　　　　　　　　　图 11-17　sync.Map 源码

根据sync.Map的定义阐述sync.Map的结构体成员和常用结构体方法。

1）结构体成员mu是互斥锁，涉及结构体成员dirty的数据操作都要使用该锁进行锁定处理。

2）结构体成员read提供数据只读功能。

3）结构体成员dirty是当前集合map的数据，执行数据操作会使用结构体成员mu进行加锁处理，集合map的值为*entry，它是结构体entry。

4）结构体成员misses是计数器，它负责处理read、dirty的数据，确保两者的数据能同步更新。

5）结构体方法Load(key interface{}) (value interface{}, ok bool)根据键查找对应值，如果键不存在sync.Map，其值为nil（空值）。该方法设有一个参数和两个返回值，参数key代表需要查找的键，返回值value是键对应的值，返回值ok是查找结果。若参数key在sync.Map中，则返回true，否则返回false。

6）结构体方法Store(key, value interface{})新增或修改一个键值对。参数key是新增或修改的键，参数value代表键对应的值。如果参数key不在sync.Map中，则执行新增操作，否则修改sync.Map已有的键值对。

7）结构体方法Delete(key interface{})删除sync.Map的键值对，参数key是需要删除的键，如果参数key不在sync.Map中，则程序不执行任何操作。

8）结构体方法LoadAndDelete(key interface{}) (value interface{}, loaded bool)从sync.Map查找某个键值对，然后删除该键值对。参数key是需要删除的键，返回值value是键对应的值，返回值loaded是查找结果。如果参数key不在sync.Map中，返回值value为空值，返回值loaded为false；若参数key在sync.Map中，返回值value为键对应的值，返回值loaded为true。

9）结构体方法LoadOrStore(key, value interface{}) (actual interface{}, loaded bool)从sync.Map读取键值对或新增键值对。参数key是读取或新增的键；参数value是键对应的值，如果键值对不在sync.Map中，则执行新增操作，否则执行读取操作；返回值actual是查找键值对的数据；返回值loaded是查找结果。若参数key在sync.Map中，则返回true，否则返回false。

10）结构体方法Range(f func(key, value interface{}) bool)遍历sync.Map所有的键值对。参数f是匿名函数，每次遍历结果都会通过匿名函数返回，匿名函数的参数key和value代表键值对，bool代表该方法返回值的数据类型。

根据sync.Map的语法定义，我们通过简单的例子说明如何使用sync.Map，示例如下：

```go
package main

import (
    "fmt"
    "sync"
)

func main() {
    // 定义sync.Map类型的变量m
    var m sync.Map

    // Store()写入数据
    m.Store("name", "Tom")
    m.Store("age", 10)
    m.Store("address", "beijing")
    m.Store("vocation", "student")

    // Load()读取数据
    name, _ := m.Load("name")
    fmt.Printf("sync.Map的name数据: %v\n", name)
    age, _ := m.Load("age")
    fmt.Printf("sync.Map的age数据: %v\n", age)

    // Delete()删除数据
    m.Delete("address")
    fmt.Printf("sync.Map的数据: %v\n", m)
```

```
    // LoadAndDelete()读取并删除数据
    vocation, ok := m.LoadAndDelete("vocation")
    if ok{
        // 读取成功后输出数据
        fmt.Printf("sync.Map的vocation数据: %v\n", vocation)
        // 查看读取成功后是否删除数据
        fmt.Printf("sync.Map的数据: %v\n", m)
    }

    // LoadOrStore()读取或新增数据
    // 新增数据，如果key不存在，将参数key和value作为新的键值对写入
    live, ok := m.LoadOrStore("live", "BJ")
    fmt.Printf("sync.Map新增live数据: %v\n", live)
    fmt.Printf("sync.Map的数据: %v\n", m)
    // 读取数据，如果key已存在，直接获取已有的value，参数value的值不起作用
    ages, ok := m.LoadOrStore("age", 15)
    fmt.Printf("sync.Map读取age数据: %v\n", ages)

    // 遍历输出数据
    m.Range(func(key, value interface{}) bool {
        fmt.Printf("sync.Map的key: %v\n", key)
        fmt.Printf("sync.Map的value: %v\n", value)
        return true
    })
}
```

运行上述代码，运行结果如图11-18所示。

```
sync.Map的name数据: Tom
sync.Map的age数据: 10
sync.Map的数据: {{0 0} {{map[age:0xc000006030 name:0xc000006028 vocation:0xc0000
06040] false}} map[] 0}
sync.Map的vocation数据: student
sync.Map的数据: {{0 0} {{map[age:0xc000006030 name:0xc000006028 vocation:0xc0000
06040] false}} map[] 0}
sync.Map新增live数据: BJ
sync.Map的数据: {{0 0} {{map[age:0xc000006030 name:0xc000006028 vocation:0xc0000
06040] true}} map[age:0xc000006030 live:0xc000006050 name:0xc000006028] 0}
sync.Map读取age数据: 10
sync.Map的key: name
sync.Map的value: Tom
sync.Map的key: age
sync.Map的value: 10
sync.Map的key: live
sync.Map的value: BJ
```

图 11-18　运行结果

下一步讲述如何在并发中使用sync.Map，示例如下：

```
package main

import (
    "fmt"
```

```
        "sync"
        "time"
)

// 定义全局变量
// 定义同步等待组
var wg sync.WaitGroup

// 定义并发函数
func set_amap(m *sync.Map, b int) {
        // 参数m以指针接收者方式表示
        for i := 1; i < 5; i++ {
                m.Store("age", i+b)
                v, _ := m.Load("age")
                fmt.Printf("sync.Map的age数据: %v\n", v)
        }
        // 释放同步等待
        wg.Done()
}

func main() {
        // 记录程序开始时间
        start := time.Now()
        // 设置同步等待组
        wg.Add(2)
        var m sync.Map
        // 执行并发操作，sync.Map以指针形式作为参数传递
        go set_amap(&m, 0)
        go set_amap(&m, 10)
        // 等待同步等待组
        wg.Wait()
        // 记录程序结束时间并计算执行时间
        end := time.Now()
        consume := end.Sub(start).Seconds()
        fmt.Println("程序执行耗时(s): ", consume)
}
```

运行上述代码，运行结果如图11-19所示。

从图11-19的运行结果与图11-16对比发现，使用 sync.Map在执行效率上更为高效，并且在使用上无须自行加锁处理，示例说明如下：

1）定义全局变量wg，数据类型为sync.WaitGroup，它为并发程序设置同步等待功能。

2）定义并发函数set_amap()，参数m是指针类型的 sync.Map，参数通过指针接收者方式传递sync.Map变量；参数b是整型数据，用来设置sync.Map的age数据。

```
sync.Map的age数据: 11
sync.Map的age数据: 12
sync.Map的age数据: 13
sync.Map的age数据: 14
sync.Map的age数据: 1
sync.Map的age数据: 2
sync.Map的age数据: 3
sync.Map的age数据: 4
程序执行耗时(s):  0.0011221
```

图 11-19   运行结果

3）主函数main()首先创建时间变量start和设置同步等待组的并发数量，然后定义sync.Map变量 m和执行函数set_amap()的并发操作，将变量m以指针方式作为函数参数，最后设置变量wg的等待状态和计算程序执行时间。

4）sync.Map作为函数参数的时候，参数类型建议使用指针接收者表示，如果参数改用值接收者也能执行，但GoLand中会提示警告信息，如图11-20所示。

```
sync.Map, b int) {
'set_amap' passes lock by value: type 'sync.Map' contains 'sync.Mutex' which is 'sync.Locker'
```

图 11-20　警告信息

11.13　动手练习：编程模拟餐馆经营场景

在并发编程中，使用生产者和消费者模式能够解决绝大多数并发问题，该模式通过平衡生产进程（线程）和消费进程（线程）的工作能力来提高程序整体处理数据的速度。

生产者是生产数据的进程（线程），消费者是消费数据的进程（线程）。在并发编程中，如果生产者处理速度很快，而消费者处理速度很慢，那么生产者就必须等待消费者处理完才能继续生产数据。同样的道理，如果消费者的处理能力大于生产者，那么消费者就必须等待生产者。为了解决这个问题，引入了生产者和消费者模式。

生产者和消费者模式通过一个容器来解决生产者和消费者的强耦合问题。生产者和消费者彼此之间不直接通信，而是使用消息队列来进行通信，所以生产者生产完数据之后不用等待消费者处理，而是直接扔给消息队列；消费者不找生产者获取数据，而是直接从消息队列获取。

消息队列相当于一个缓冲区，平衡了生产者和消费者的处理能力，其模式如图11-21所示。

图 11-21　生产者和消费者模式

在生产环境中有很多分布式消息队列，例如RabbitMQ、RocketMq、Kafka等。在学习过程中，没必要使用这些大型的消息队列，直接使用Go语言的通道即可。

为了更加深刻地了解生产者和消费者模式，我们模拟一个饭店的实际场景，生产者可视为饭店的厨师，他们生产数据视为烹饪菜式，消费者可视为饭店的顾客，他们消费数据视为食用菜式，这是生产者和消费者模式的典型例子，实现代码如下：

```
package main

import (
    "fmt"
    "sync"
    "time"
)

// 创建同步等待组对象
var wg sync.WaitGroup
```

```go
func producer(intChan chan int, exitChan chan bool) {
    // 往通道intChan写入数据，每两秒执行一次写入
    for i := 0; i < cap(intChan); i++ {
        fmt.Printf("厨师完成菜式%v的制作\n", i)
        intChan <- i
        time.Sleep(2 * time.Second)
    }
    // 往通道exitChan写入数据
    exitChan <- true
    fmt.Printf("厨师完成所有菜式\n")
    // 代表完成并发，同步等待组的等待对象减1
    wg.Done()
}

func consumer(intChan chan int, exitChan chan bool) {
    // 设置标签
    fors:
    for {
        // 监听通道intChan和exitChan
        select {
        case v, _ := <-exitChan:
            if v {
                fmt.Printf("厨师下班，店铺不经营! \n")
                // 终止标签fors的循环
                // 不能直接使用break
                // 因为case语句里面使用break默认对case有效
                break fors
            }
        case v, ok := <-intChan:
            if ok {
                fmt.Printf("顾客吃了菜式%v! \n", v)
            }
        default:
            fmt.Printf("顾客等待中...\n")
            time.Sleep(3 * time.Second)
        }
    }
    // 代表完成并发，同步等待组的等待对象减1
    wg.Done()
}

func main() {
    // 设置同步等待组最大的等待数量
    wg.Add(2)
    // 定义通道变量intChan和exitChan
    intChan := make(chan int, 3)
    exitChan := make(chan bool)
    // 创建两个Goroutine，分别代表生产者和消费者
    go producer(intChan, exitChan)
    go consumer(intChan, exitChan)
    // 主程序进入阻塞状态，等待并发程序执行完成
```

```
    fmt.Printf("main进入阻塞状态...等待并发程序结束\n")
    wg.Wait()
    fmt.Printf("main解除阻塞\n")
}
```

上述示例设置了3个函数：producer()、consumer()和main()，每个函数说明如下：

1）producer()实现生产者功能，参数intChan和exitChan为通道类型，intChan存储生产者产生的数据，exitChan代表生产者完成生产之后的状态。函数通过for循环将数据依次写入通道intChan，循环结束后再设置通道exitChan。

2）consumer()实现消费者功能，参数intChan、exitChan与参数producer()一致，两个函数之间（producer()和consumer()）通过参数intChan和exitChan实现数据通信。consumer()通过for死循环方式监听通道intChan和exitChan，如果从通道intChan能读取数据，说明producer()完成一次生产，consumer()能执行一次消费；如果从通道exitChan能读取数据，说明producer()已完成生产，函数使用break越级终止for死循环；如果无法从intChan和exitChan读取数据，说明消费者处于等待状态，等待生产者产生数据。

3）主函数main()设置全局变量wg，让主程序等待并发程序完成执行，然后定义通道变量intChan和exitChan，将通道变量作为producer()和consumer()的参数，并以并发形式执行函数producer()和consumer()。

运行上述代码，运行结果如图11-22所示。

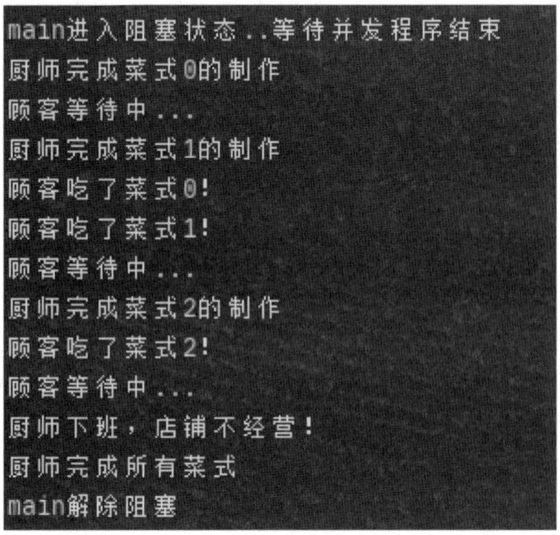

图 11-22　运行结果

11.14　小　结

并行、并发、进程、线程和协程的概念说明如下：

1）并行是指不同的代码块同时执行，它是以多核CPU为基础的，每个CPU独立执行一个程序，各个CPU之间的数据相互独立，互不干扰。

2）并发是指不同的代码块交替执行，它是以一个CPU为基础的，使用多线程等方式提高CPU的利用率，线程之间会相互切换，轮流被程序解释器执行。

3）进程是一个实体，每个进程都有自己的地址空间（CPU分配），简单来说，进程是一个"执行中的程序"，打开Windows的任务管理器就能看到当前运行的进程。

4）线程是进程中的一个实体，被系统独立调度和分派的基本单位。线程自己不拥有系统资源，只拥有运行中必不可少的资源。同一进程中的多个线程并发执行，这些线程共享进程所拥有的资源。

5）协程是一种比线程更加轻量级的存在，重要的是，协程不被操作系统内核管理，协程完全是由程序控制的，它的运行效率极高。协程的切换完全由程序控制，不像线程切换需要花费操作系统的开销，线程数量越多，协程的优势就越明显。协程不受GIL的限制，因为只有一个线程，不存在变量冲突。

Goroutine的基本对象为M、G、P，也称为GPM模型，说明如下：

1）M代表一个线程，G所有的任务最终是在M上执行的。

2）G代表一个Goroutine对象，每次调用的时候都会创建一个G对象，主要为M提供运行环境和程序调度。启动一个G很简单，在程序中使用go function即可，function代表函数名称。

3）P代表一个处理器，运行每一个M都必须绑定一个P，就像线程必须在一个CPU核上执行一样。P的数量可以通过GOMAXPROCS()设置，它的默认值为CPU核心数，它代表了真正的并发数量，即有多少个G可以同时运行。

在并发过程中，多个Goroutine为了争抢数据资源必然造成阻塞，降低了执行效率，为了保证执行效率，同一时刻只有一个Goroutine访问通道进行写入和读取数据，Goroutine之间也能实现数据通信。通道遵循先入先出（First In First Out）的原则，保证收发数据的顺序。

通道分为双向通道和单向通道，单向通道的类型又分为只能写入不能获取数据或者只能获取不能写入数据。

select是Go语言的一个控制结构语句，语法结构与switch语句相似，但仅适用于通道，它可以与case和default搭配使用，每个case必须是一个通信操作，操作方式可以是执行数据写入或数据读取，也就是说，select不仅能处理通道阻塞的异常，还能同时处理多个通道变量。

内置包sync为Go语言的并发编程提供了同步功能，如同步等待、加锁处理、集合数据并发数据读写、并发池sync.Pool等功能。

第 12 章
语 法 特 性

本章内容：

- panic触发宕机。
- defer延时执行。
- recover宕机时恢复执行。
- 值类型、引用类型与深浅拷贝。
- 类型别名与自定义。
- new和make的区别。
- 动手练习：出租车费用计算程序的编写。

12.1   panic触发宕机

大部分编程语言都支持异常机制，如Python的try…except，异常机制不仅能处理程序中出现的异常，还能实现程序的流程控制。

Go语言追求简洁优雅，所以不支持传统的异常机制，如果将异常与流程控制混在一起，很容易使代码变得混乱，并且开发者很容易滥用异常，为了一个小错误而抛出异常，这样不符合Go语言的设计要求。

Go语言没有异常机制，但提供了宕机功能，它与其他编程语言的自定义异常是同一概念，本书将Go语言的宕机统一称为异常。

虽然不建议使用异常机制，但在极个别的情况下不得不使用异常处理错误，比如除数为0的时候执行运行等情况，因此引入了异常处理，异常处理的关键字分别为defer、panic和recover。

关键字panic是让开发者能自主抛出异常，使程序进入宕机状态而终止运行，示例代码如下：

```
package main
func main() {
```

```
    panic("这是自定义异常")
}
```

运行上述代码,运行结果如图12-1所示。

图 12-1　运行结果

关键字panic在Go语言中是以内置函数panic()表示的,内置函数panic()可使程序提示异常而终止运行,它设有参数v,参数类型为空接口,参数v代表异常信息。

12.2　defer延时执行

关键字defer具有延时执行的作用,在一个函数中,只要某行代码使用了关键字defer,它都会被最后执行,如果函数设有返回值,则在代码执行完成后和函数返回值之间执行,示例如下:

```go
package main

import "fmt"

func myFunc() int {
    defer fmt.Printf("这是defer\n")
    fmt.Printf("这是函数的业务逻辑\n")
    return 1
}

func main() {
    fmt.Printf("这是函数返回值: %v\n", myFunc())
}
```

运行上述代码,运行结果如图12-2所示。一般情况下,关键字defer建议写在函数的第一行代码中,这样便于代码阅读,并且defer可以执行任意代码,如果需要执行多行代码,建议将多行代码写在一个匿名函数里面。

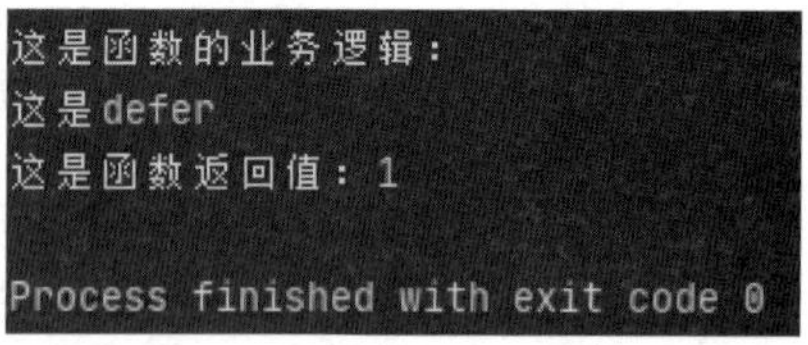

关键字defer不仅能作为函数的回调函数,它在开发中也十分常用,比如在sync加锁后执行锁释放,在sync同步等待组调用Done()方法等场景。

图 12-2　运行结果

如果关键字defer与panic结合使用,defer必须在panic前面,示例如下:

```go
package main

import "fmt"
```

```
func main() {
    defer fmt.Printf("这是defer\n")
    panic("这是自定义异常")
}
```

当defer在panic前面的时候，程序在抛出异常之前就会执行defer的代码，代码运行结果如图12-3所示。

如果defer在panic后面，程序抛出异常的时候不会执行defer的代码，并且GoLand会对defer的代码标黄，如图12-4所示。

图 12-3　运行结果

图 12-4　代码标黄

12.3　recover宕机时恢复执行

使用panic()抛出异常，程序就会停止执行，如果让程序在异常情况下仍能继续运行，可以结合defer和recover实现异常捕捉和恢复，它与其他编程语言的异常捕捉和处理（try/catch机制）是同一概念。

关键字recover以内置函数recover()表示，函数返回值为空接口，代表程序的异常信息，它必须与关键字defer结合使用才能实现异常捕捉和处理，示例如下：

```
package main

import "fmt"

func myFunc() {
    // 定义延时执行的匿名函数
    defer func() {
        // 使用recover()捕捉异常
        if err := recover(); err != nil {
            // err不为空值，说明主动抛出异常
            fmt.Printf("捕捉异常: %v\n", err)
        } else {
            // err为空值，说明程序没有抛出异常
            fmt.Println("程序没有异常")
        }
    }()
    // 正常执行程序
    fmt.Println("程序正常运行")
```

```
    // 主动抛出异常
    panic("这是自定义异常")
}

func main() {
    // 调用函数
    myFunc()
}
```

运行上述代码，运行结果如图12-5所示。

示例中的函数myFunc()实现异常抛出和捕捉，主函数main()负责调用函数myFunc()，说明如下：

1）在函数myFunc()中，异常捕捉必须使用defer和recover()实现，当panic()抛出异常的时候，recover()自动捕捉和处理异常信息，使程序能继续往下执行。

```
程序正常运行
捕捉异常：这是自定义异常

Process finished with exit code 0
```

图 12-5 运行结果

2）recover()的返回值是异常信息，如果没有捕捉异常，返回值为空值（nil）。如果能捕捉异常，则返回值为panic()设置的异常信息。换句话说，当使用panic()抛出异常的时候，panic()的参数值将会作为recover()的返回值。

3）通过recover()的返回值判断当前程序是否出现异常，从而执行不同的操作。换句话说，使用defer、recover()和panic()可以实现代码的流程控制，但编写的代码量较多，而且不符合Go语言的设计思想，在开发中不建议使用。

4）如果将panic()放在主函数main()中，程序也会因异常而终止运行，因为recover()的作用域只在函数myFunc()中，而panic()已超出recover()的作用域，所以异常无法成功捕捉。

综上所述，defer、recover()和panic()的关系说明如下：

1）defer具有延时执行的功能，在一个函数中，它的执行顺序在函数返回值之前。

2）recover()捕捉异常，必须与defer搭配使用，否则程序无法捕捉异常。

3）如果panic()没有搭配recover()，程序会提示异常而终止运行，如果两者在同一个函数中，程序出现异常仍能继续往下执行。

12.4 值类型、引用类型与深浅拷贝

变量拷贝在执行数据处理的时候发生，目的是保留数据处理前的变量而重新定义新的变量。简单来说，就是将一个变量的数据复制并存放到另一个变量中。

变量拷贝分为深拷贝和浅拷贝，深浅拷贝的区别在于变量之间是否共用一个内存地址。两者的说明如下：

1）深拷贝是两个变量分别使用不同的内存地址存储相同的数据，如变量a的内存地址为0xc000040240，存放数据为字符串"hello"；变量b通过变量a赋值，但变量b的内存地址为0xc000040260，此时变量a和b在不同内存地址中，两者互不干扰，仅仅是存储了相同的数据。

2）浅拷贝是两个变量的内存地址相同，当其中一个变量修改数据时，另一个变量的数据也会随之变化，如变量a和变量b的内存地址为0xc000040240，当变量a修改内存地址的数据后，变量b的数据也会随之变化，换句话说，浅拷贝好比一个人有两个名字。

Go语言对不同数据类型的变量设置了对应的拷贝方式，不同的数据类型分为值类型变量和引用类型变量，两者说明如下：

1）值类型变量是变量直接存储数据，内存通常在栈中分配。

2）值类型的数据类型：整型、布尔型、浮点型、字符串、数组和结构体等。

3）值类型变量的数据赋值到另一个变量都是深拷贝。

4）引用类型变量是变量存储一个内存地址，这个内存地址再存储数据，内存通常在堆上分配，通过GC回收。

5）引用类型的数据类型：指针、切片、集合、通道和接口等。

6）引用类型变量的数据赋值到另一个变量都是浅拷贝。

为了更好地理解值类型数据、引用类型数据和深浅拷贝的关系，我们通过示例加以说明，代码如下：

```go
package main

import "fmt"

func main() {
    /* 值类型变量 */
    s := "hello"
    fmt.Printf("变量s的内存地址: %p，变量值为: %v\n", s, s)
    fmt.Printf("变量s的内存地址: %p，变量值为: %v\n", &s, &s)
    // 将变量赋值给另一个变量，执行深拷贝方式
    ss := s
    fmt.Printf("变量ss的内存地址: %p，变量值为: %v\n", ss, ss)
    fmt.Printf("变量ss的内存地址: %p，变量值为: %v\n", &ss, &ss)

    /* 引用类型变量 */
    m := make(map[string]interface{})
    m["name"] = "Tom"
    fmt.Printf("变量m的内存地址: %p，变量值为: %v\n", m, m)
    fmt.Printf("变量m的内存地址: %p，变量值为: %v\n", &m, &m)
    // 将变量赋值给另一个变量，执行浅拷贝方式
    mm := m
    fmt.Printf("变量mm的内存地址: %p，变量值为: %v\n", mm, mm)
    fmt.Printf("变量mm的内存地址: %p，变量值为: %v\n", &mm, &mm)
    // 修改某个变量的值，另一个变量随之变化
    mm["name"] = "Tim"
    fmt.Printf("变量m的内存地址: %p，变量值为: %v\n", m, m)
    fmt.Printf("变量m的内存地址: %p，变量值为: %v\n", &m, &m)
    fmt.Printf("变量mm的内存地址: %p，变量值为: %v\n", mm, mm)
    fmt.Printf("变量mm的内存地址: %p，变量值为: %v\n", &mm, &mm)
}
```

运行上述代码，运行结果如图12-6所示。

```
变量s的内存地址：%!p(string=hello)，变量值为：hello
变量s的内存地址：0xc000040240，变量值为：0xc000040240
变量ss的内存地址：%!p(string=hello)，变量值为：hello
变量ss的内存地址：0xc000040270，变量值为：0xc000040270
变量m的内存地址：0xc00007a3f0，变量值为：map[name:Tom]
变量m的内存地址：0xc000006030，变量值为：&map[name:Tom]
变量mm的内存地址：0xc00007a3f0，变量值为：map[name:Tom]
变量mm的内存地址：0xc000006038，变量值为：&map[name:Tom]
变量m的内存地址：0xc00007a3f0，变量值为：map[name:Tim]
变量m的内存地址：0xc000006030，变量值为：&map[name:Tim]
变量mm的内存地址：0xc00007a3f0，变量值为：map[name:Tim]
变量mm的内存地址：0xc000006038，变量值为：&map[name:Tim]
```

图 12-6　运行结果

分析程序的运行结果得知：

1）当变量为值类型变量的时候，如变量s为字符串类型，它仅分配了一个内存地址存储数据（即运行结果的0xc000040240，%!p(string=hello)没有获取内存地址）。

2）当变量s的值赋予变量ss，变量ss拥有独立的内存地址，如0xc000040270，变量s和ss是两个互不干扰的变量，说明值类型变量之间是通过深拷贝方式进行复制的。

3）当变量为引用类型变量时，如变量m为集合Map类型，它具有两个不同的内存地址，如0xc00007a3f0和0xc000006030，内存地址0xc000006030存储集合数据，而内存地址0xc00007a3f0作为变量m和集合数据的桥梁。

4）当变量m的值赋予变量mm时，变量mm与变量m的内存地址相同，如内存地址0xc00007a3f0，但两者的集合数据的内存地址不相同。

5）当修改变量mm的集合数据时，尽管变量m和mm集合数据的内存地址不相同，但变量m的集合数据仍会随之变化。

如果将深浅拷贝、值类型和引用类型之间的关系通过图解表示，值类型与深拷贝的图解关系如图12-7所示，引用类型与浅拷贝的图解关系如图12-8所示。

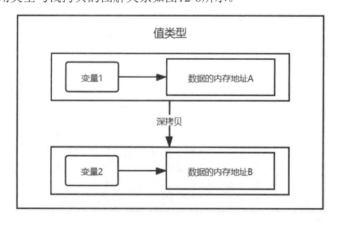

图 12-7　值类型与深拷贝的图解关系

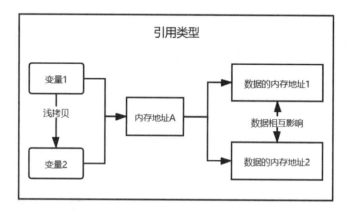

图 12-8 引用类型与浅拷贝的图解关系

　　理解深浅拷贝、值类型和引用类型之间的关系之后，还需要掌握Go语言哪些数据类型是值类型；哪些数据类型是引用类型。在日常开发中，开发者常常会由于一时大意而忘记数据类型是值类型还是引用类型，导致程序出现错误而无法查明原因。

12.5　类型别名与自定义

　　类型别名与类型定义是由关键字type实现的，两者代表不同的功能，说明如下：

　　1）类型别名是对已有数据类型赋予新命名，如一个孩子在小时候有小名、乳名，上学后用学号或者英文名，这些名字都代表他本人。类型别名主要解决代码升级、迁移中存在的类型兼容性问题。

　　2）类型定义是自定义数据类型，但自定义数据类型必须在已有数据类型基础上进行定义，最常见的是类型定义为结构体和接口。

　　类型别名与类型定义在代码结构上十分相似，两者之间的语法差异如下：

```
// 类型别名
type name = Type
// 类型定义
type name Type
```

　　为了更好地说明类型别名与类型定义的差异，我们通过简单的例子加以说明，代码如下：

```
package main

import (
    "fmt"
)

// 将string类型取一个别名叫meString
type meString = string

// 将myString定义为string类型
type myString string

func main() {
```

```
    // 将s1声明为meString类型
    var s1 meString
    // 查看s1的类型名
    fmt.Printf("s1的数据类型为: %T\n", s1)

    // 将s2声明为myString类型
    var s2 myString
    // 查看s2的类型名
    fmt.Printf("s2的数据类型为: %T\n", s2)
}
```

运行上述代码，运行结果如图12-9所示。

从运行结果分析得知：

```
s1的数据类型为: string
s2的数据类型为: main.myString

Process finished with exit code 0
```

图 12-9　运行结果

1）将meString设置为字符串string的一个别名，它等同于字符串类型string。

2）将myString定义为字符串类型string，通过关键字type定义，myString成为自定义数据类型，但它依然具备字符串类型string的特性。

3）变量s1设置为meString类型，格式化参数%T能查看变量s1的数据类型，输出结果为字符串类型。

4）变量s2设置为myString类型，格式化参数%T能查看变量s2的数据类型，输出结果为自定义类型myString，并且该类型在main包中定义。

在实际开发中，通常使用类型定义对一些数据结构进行封装处理，尽管类型定义是以Go语言的数据类型为基础的，但在此基础上仍能创建或组合多种复杂的数据类型，示例如下：

```
package main

import "fmt"

// 定义结构体
type mystruct struct {
    name string
}

// 将mystyle定义为mystruct类型
type mystyle mystruct

func main() {
    // 将s声明为mystyle类型
    var s mystyle
    // 设置属性name的值
    s.name = "Tom"
    // 输出变量s的数据
    fmt.Printf("变量s的数据: %v\n", s)
    // 输出变量s的数据类型
    fmt.Printf("变量s的数据类型: %T\n", s)
}
```

运行上述代码，运行结果如图12-10所示。

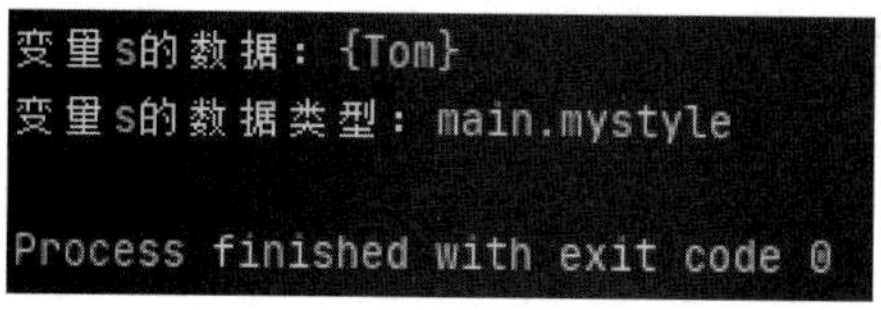

图 12-10 运行结果

分析上述代码，我们能得出以下结论：

1）使用关键字type定义结构体mystruct，并设置结构体成员name；然后使用关键字type定义类型mystyle，其数据类型来自结构体mystruct。

2）在主函数main()中定义变量s，其数据类型为mystyle，由变量s设置属性name的值。

3）分别使用格式化参数%v和%T查看变量s的数据和类型，数据类型为mystyle，从输出结果已无法得知mystyle的定义过程，从而在某程度上达到代码封装的效果。

12.6 new和make的区别

内置函数new()和make()用于内存分配：new()只分配内存，make()为切片、集合以及通道的数据类型分配内存和初始化。

首先分析内置函数new()，在GoLand中查看new()源码信息，源码及注释说明如下：

```
// The new built-in function allocates memory. The first argument is a type
// not a value, and the value returned is a pointer to a newly
// allocated zero value of that type
func new(Type) *Type
```

new()语法说明如下：

1）函数参数Type用于创建变量的数据类型。

2）返回值*Type以指针形式表示，说明创建的变量以指针表示。

根据语法定义分别创建整型、字符串、集合、切片和通道的变量，示例代码如下：

```
package main

import "fmt"

func main() {
    // 为变量myInt创建Int类型的内存地址
    myInt := new(int)
    fmt.Printf("myInt类型: %T, 数值: %v, 地址: %v\n", *myInt,*myInt,myInt)

    // 为变量myStr创建String类型的内存地址
    myStr := new(string)
    fmt.Printf("myStr类型: %T, 数值: %v, 地址: %v\n", *myStr,*myStr,myStr)

    // 为变量myMap创建Map类型的内存地址
    myMap := new(map[string]string)
    fmt.Printf("myMap类型: %T, 数值: %v, 地址: %v\n", *myMap,*myMap,myMap)
```

```
// 为变量mySli创建Slice类型的内存地址
mySli := new([]int)
fmt.Printf("mySli类型: %T, 数值: %v, 地址: %v\n", *mySli,*mySli,mySli)

// 为变量myChan创建Channel类型的内存地址
myChan := new(chan string)
fmt.Printf("myChan类型: %T, 数值: %v, 地址: %v\n", *myChan,*myChan,myChan)
}
```

运行上述代码，运行结果如图12-11所示。

```
myInt类型: int, 数值: 0, 地址: 0xc0000ac058
myStr类型: string, 数值: , 地址: 0xc000088230
myMap类型: map[string]string, 数值: map[], 地址: &map[]
mySli类型: []int, 数值: [], 地址: &[]
myChan类型: chan string, 数值: <nil>, 地址: 0xc0000d8028
```

图 12-11　运行结果

结合图12-11的运行结果与内置函数new()的特性，我们能得出以下结论：

1）内置函数new()适用于所有数据类型。

2）使用new()创建变量，其变量值以指针方式表示，并且指针存储的数据为零，如整型为0，字符串为空字符串，布尔为false，切片为空切片，集合为空集合等。

new()创建的变量以指针表示，那么它与指针之间又存在怎样的关系呢？我们通过下面的例子加以说明：

```
package main

import "fmt"

func main() {
    // 为变量myInt创建Int类型的内存地址
    myInt := new(int)
    // 给变量myInt赋值
    *myInt = 666
    fmt.Printf("myInt类型: %T, 数值: %v, 地址: %v\n", *myInt,*myInt,myInt)

    // 定义指针变量myPro
    var myPro *int
    // 输出指针变量的信息
    fmt.Printf("myPro类型: %T, 数值: %v, 地址: %v\n", myPro,myPro,myPro)
    // 定义变量num并赋值
    num := 777
    // 将变量num的内存地址赋予指针myPro
    myPro = &num
    // 输出指针变量的信息
    fmt.Printf("myPro类型: %T, 数值: %v, 地址: %v\n", *myPro,*myPro,myPro)
}
```

运行上述代码，运行结果如图12-12所示。

```
myInt类型：int，数值：666，地址：0xc0000180a8
myPro类型：*int，数值：<nil>，地址：<nil>
myPro类型：int，数值：777，地址：0xc0000180f0
```

图 12-12　运行结果

从图12-12的运行结果看到，内置函数new()与指针的差异说明如下：

1）内置函数new()创建的变量是指针变量，并且已分配了对应的内存地址，可以直接对变量执行赋值操作。

2）使用var定义指针变量，它的数据和内存地址皆为空值（nil），操作指针变量必须设置具体的内存地址，因此还需要绑定某个变量的内存地址。

3）内置函数new()等于实现了指针的定义与赋值过程，指针赋值是指针变量设置具体的内存地址，并不是在内存地址中存放数值。

内置函数make()仅用于分配和初始化切片、集合以及通道的数据类型。在GoLand中查看make()源码信息，源码及注释说明如下：

```
// The make built-in function allocates and initializes an object of type
// slice, map, or chan (only). Like new, the first argument is a type, not a
// value. Unlike new, make's return type is the same as the type of its
// argument, not a pointer to it. The specification of the result depends on
// the type
//  Slice: The size specifies the length. The capacity of the slice is
//  equal to its length. A second integer argument may be provided to
//  specify a different capacity; it must be no smaller than the
//  length. For example, make([]int, 0, 10) allocates an underlying array
//  of size 10 and returns a slice of length 0 and capacity 10 that is
//  backed by this underlying array.
//  Map: An empty map is allocated with enough space to hold the
//  specified number of elements. The size may be omitted, in which case
//  a small starting size is allocated.
//  Channel: The channel's buffer is initialized with the specified
//  buffer capacity. If zero, or the size is omitted, the channel is
//  unbuffered.
func make(t Type, size ...IntegerType) Type
```

make()语法说明如下：

1）函数参数t是创建的变量的数据类型，仅允许设置切片、集合以及通道的数据类型。

2）函数参数size...IntegerType是可选参数，用于设置切片、集合、通道的长度或容量。

3）返回值Type是已创建的变量。

根据makc()语法定义分别创建切片、集合以及通道的变量，示例代码如下：

```
package main

import "fmt"

func main() {
    // 创建切片类型的变量mySli，切片长度和容量为10
```

```
mySli := make([]int, 10)
// 对切片第一个元素赋值
mySli[0] = 666
// 输出切片信息
fmt.Printf("mySli数值: %v,长度: %v,容量: %v\n",mySli,len(mySli),cap(mySli))

// 创建集合类型的变量myMap
myMap := make(map[string]string)
// 设置集合的成员值
myMap["name"] = "Tom"
// 输出集合信息
fmt.Printf("myMap数值: %v, 成员数量: %v\n", myMap, len(myMap))

// 创建通道类型的变量myChan, 容量为10
myCh := make(chan string, 10)
// 往通道写入数据
myCh <- "hello"
// 输出通道信息
fmt.Printf("myCh数值: %v,已用缓存: %v,容量: %v\n",myCh,len(myCh),cap(myCh))
}
```

运行上述代码，运行结果如图12-13所示。

```
mySli数值: [666 0 0 0 0 0 0 0 0 0], 长度: 10, 容量: 10
myMap数值: map[name:Tom], 成员数量: 1
myCh数值: 0xc0000e4060, 已用缓存: 1, 容量: 10
```

图 12-13　运行结果

从上述示例得知：

1）内置函数make()能直接创建切片、集合以及通道的变量。

2）变量的值为零，如切片为空切片，每个切片元素为0或空字符串；集合为空集合，没有任何成员；通道为空通道，不寄存任何数据。

综上所述，内置函数new()和make()的区别如下：

1）new()适用于所有数据类型，make()仅适用于切片、集合以及通道的数据类型。

2）new()创建的变量以指针形式表示，make()创建的变量是某个数据类型的变量。

3）new()仅有参数Type，代表变量的数据类型；make()的参数Type代表变量的数据类型，参数size...IntegerType是可选参数，用于设置切片、集合、通道的长度或容量。

12.7　泛型的概念与应用

泛型全称为泛型程序设计（Generic Programming），它是程序设计语言的一种风格或范式。泛型允许程序员在强类型编程语言中实例化某个对象的时候才指明参数的数据类型。不同编程语言的编译器（解释器）、运行环境对泛型的支持均不一样。

在定义函数方法的时候，必须对参数和返回值设置数据类型，调用过程中必须按照定义的数据类型设置参数值和返回值，如果传递数据的数据类型与定义的数据类型不相符，则提示异常，如图12-14所示。

若想要函数的参数和返回值不受数据类型限制，可以将参数和返回值设置为空接口，空接口能给使用者传递任意数据类型的数据，但如果函数只允许传递部分数据类型的数据，则需要由泛型实现。

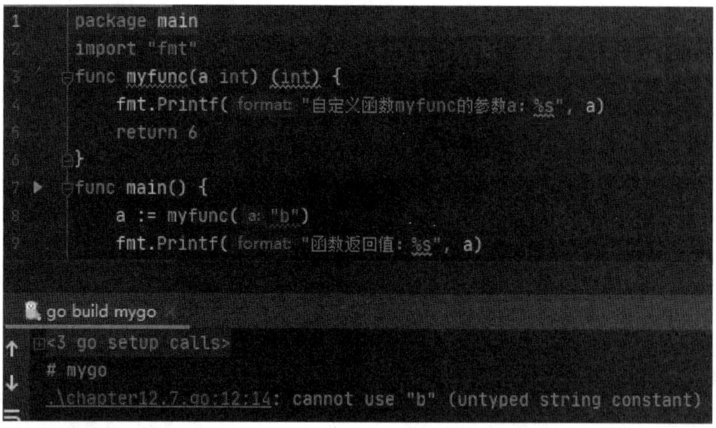

图 12-14　数据类型异常

在函数中使用泛型，必须在函数名后面和参数前面设置泛型，其语法格式如下：

```
func name[p, r](parameter p) r {
    parameter
    return returnType
}
```

函数定义说明如下：

- func是Go语言的关键字，用于定义函数和方法。
- name是函数名，可自行命名。
- parameter是函数参数。
- p是为参数parameter设置数据类型，多个数据类型之间以"|"隔开，如 int | string。
- r是为返回值设置数据类型，多个数据类型之间以"|"隔开，如 int | string。

简单来说，在函数中使用泛型，只要在函数名后面和参数前面使用中括号"[]"，分别对参数和返回值设置一个或多个数据类型即可，详细示例如下：

```
package main

import "fmt"

// 定义泛型函数
func sum[K string, V int | float64](m map[K]V) V {
    var s V
    for _, v := range m {
        s += v
    }
    return s
```

```
    }

func main() {
    // 定义变量
    myints := map[string]int{
        "first": 34,
        "second": 12,
    }
    // 定义变量
    myfloats := map[string]float64{
        "first": 35.98,
        "second": 26.99,
    }
    // 输出计算结果
    fmt.Printf("泛型函数的int: %v\n", sum[string, int](myints))
    fmt.Printf("泛型函数的float64: %v\n",sum[string,float64](myfloats))
}
```

运行上述代码，结果如图12-15所示。

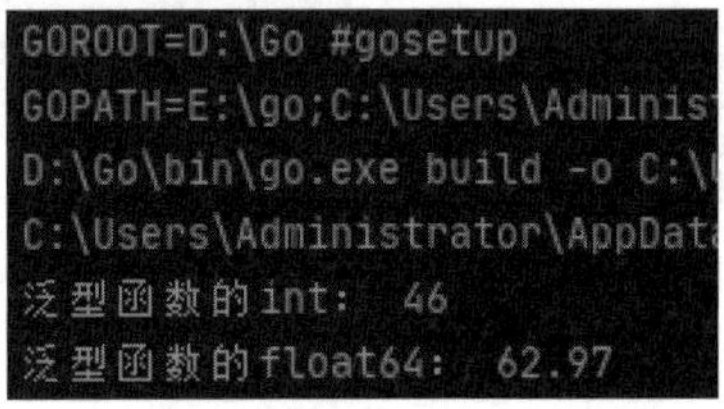

上述代码主要分为两部分：泛型函数的定义与调用，具体说明如下：

1）函数sum设置泛型K和V，泛型K为字符串类型，泛型V为整型或浮点型。

2）函数参数m为集合类型，集合的键的数据类型为泛型K（即字符串类型），值的数据类型为泛型V（即整型或浮点型）。

图 12-15　运行结果

3）函数返回值为泛型V，即返回值数据类型为整型或浮点型。

4）调用函数sum的时候，必须使用中括号[]为泛型K和V设置具体的数据类型，然后再传递相应数据执行调用过程。

综上所述，泛型函数是对函数参数或返回值设置多个数据类型，比普通函数更灵活地设置参数类型和返回值类型，但比不上空接口参数的开放自由。

既然开放性比不上空接口，为什么还要引入泛型？因为空接口参数不受数据类型的限制，如果调用过程中，函数传入参数是无法处理的数据类型，则容易引起异常。使用泛型可以保证参数（返回值）类型的多样性，也能保证调用过程中不会传入非法参数。正如我们常听的一句话：所有的自由都是在有限制的前提下才叫自由。

12.8　动手练习：编程实现出租车费用计算

关键字defer、panic和recover不仅能让用户自定义处理异常，还能实现程序的逻辑控制。本节将以出租车费用计算为例，讲述如何使用defer、panic和recover实现程序的部分逻辑控制。

出租车收费要保证司机和乘客的合法权益，一般按照路程数、搭乘时间、汽车时速等制定了不同的收费标准，并且各个地区的收费标准各不相同。我们按以下收费标准进行讲解：

1）路程数小于或等于3km，起步路程数为3km，车费统一收取起步价13元，起步价是固定不变的。

2）路程数大于3km并小于10km，费用等于起步价13元+（路程数–起步路程数3km）*每千米单价2.3元。

3）路程数大于10km，远程路程数为10km，费用等于起步价13元+（10km–起步路程数3km）*每千米单价2.3元+（路程数–远程路程数10km）*远程每千米单价3.2元。

按照上述收费标准设计程序，并且使用关键字defer、panic和recover实现，路程数由用户输入，通过路程数执行计费处理，实现代码如下：

```
package main

import "fmt"

func main() {
    var distance, cost float64
    // 定义匿名函数
    // 使用defer将匿名函数在程序结束之前执行
    defer func() {
        // 使用recover()捕捉异常
        if err := recover(); err != nil {
            // err不为空值，说明主动抛出异常
            fmt.Printf("捕捉异常: %v\n", err)
        } else {
            // err为空值，说明程序没有抛出异常
            // 输出当前公里数所付车费
            fmt.Printf("当前路程数: %v，车费: %v\n", distance, cost)
        }
    }()
    // 输出操作提示
    fmt.Printf("输入公里数km: \n")
    // 存储用户输入的数据
    fmt.Scanln(&distance)
    // 根据用户输入的数据计算车费
    if distance <= 0 {
        panic("公里数小于等于0，无法计算车费")
    } else if distance <= 3 {
        cost = 13.0
    } else if distance <= 10 {
        cost = 13.0 + (distance-3)*2.3
    } else {
        cost = 13.0 + (10-3)*2.3 + (distance-10)*3.2
    }
}
```

上述代码说明如下：

1）定义变量distance和cost，数据类型皆为浮点型，变量distance由用户输入，代表路程数；变量cost是根据路程数计算车费。

2）使用关键字defer设置匿名函数func()，匿名函数使用关键字recover捕捉自定义异常，如果recover()的返回值不为空，说明程序自主抛出异常；如果recover()的返回值为空，则输出车费。

3）使用fmt.Printf()和fmt.Scanln()获取用户输入数据并存储在变量distance中，判断变量distance的范围值计算车费。

由于关键字defer在程序结束之前才会执行，因此程序不能设置for循环，如果使用for循环，每次循环计算用户当前输入的路程数应付的费用，只要程序没有完成循环，都不会执行关键字defer的匿名函数，当for循环结束后，匿名函数只会输出for最后一次循环应付的费用。

如果收费标准再细分为运营时间、司机等候乘客、乘客拼车，计费方式如下：

1）当天23点至次日5点，每公里单价加收20%。
2）司机等候乘客每累计5分钟加收1公里费用，1公里费用则以每公里单价2.3元计算。
3）拼车的每个乘客按照路程数应付费用的60%收取。

本书不再实现运营时间、司机等候乘客、乘客拼车的收费标准，这部分功能开发留给读者小试牛刀。

12.9　小　　结

Go语言引入了异常处理，异常处理的关键字分别为defer、panic和recover。

变量拷贝分为深拷贝和浅拷贝，深浅拷贝的区别在于变量之间是否共用一个内存地址。两者的说明如下：

1）深拷贝是两个变量分别使用不同的内存地址存储相同的数据，如变量a的内存地址为0xc000040240，存放数据为字符串"hello"；变量b通过变量a赋值，但变量b的内存地址为0xc000040260，此时变量a和b在不同的内存地址中，两者互不干扰，仅仅是存储了相同的数据。

2）浅拷贝是两个变量的内存地址相同，当其中一个变量修改数据时，另一个变量的数据也会随之变化，如变量a和变量b的内存地址为0xc000040240，当变量a修改内存地址的数据后，变量b的数据也会随之变化，换句话说，浅拷贝好比一个人有两个名字。

类型别名与类型定义是由关键字type实现的，两者代表不同的功能，说明如下：

1）类型别名是对已有数据类型赋予新的名字，如一个孩子在小时候有小名、乳名，上学后用学号或者英文名，这些名字都代表他本人。类型别名主要解决代码升级、迁移中存在的类型兼容性问题。

2）类型定义是自定义数据类型，但自定义的数据类型必须在已有数据类型的基础上进行定义，最常见的是类型定义为结构体和接口。

内置函数new()和make()用于内存分配：new()只分配内存，make()为切片、集合以及通道的数据类型分配内存和初始化。

第 13 章

包的应用与管理

本章内容：

- 常用内置包。
- 包命名与导入。
- 包的重命名。
- 无包名调用。
- 初始化函数init()与空导入。
- 包的自定义与使用。
- 包管理go mod。
- 第三方包下载与使用。
- 动手练习：编写一个排序算法程序。

13.1　常用内置包

　　包也可以称为模块，它是某个功能或某个框架的基本单位，任何编程语言都会设置一些内置包，它将一些基本功能封装成包（模块）形式提供给开发者使用，Go语言的内置包可以在安装目录的src文件夹查看，如图13-1所示。

　　Go语言为我们提供了许多内置包，本节仅介绍一些开发中常用的包，说明如下：

　　1）fmt包实现了格式化的标准输入输出，它与C语言的printf和scanf类似。其中fmt.Printf()和fmt.Println()是开发中使用最为频繁的函数。

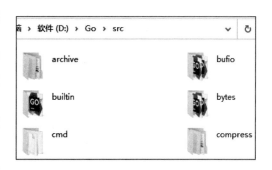

图 13-1　src 文件夹

2）io包提供了原始的I/O操作，定义了4个基本接口Reader、Writer、Closer、Seeker，用于表示二进制流的读、写、关闭和寻址操作。这些接口封装底层操作，如没有特殊说明，接口不能被视为线程安全。

3）bufio包通过对io包的封装提供了数据缓冲功能，一定程度上减少了大数据读写带来的资源开销。

4）sort包为切片或自定义集合提供排序功能，实现了4种排序算法：插入排序（insertionSort）、归并排序（symMerge）、堆排序（heapSort）和快速排序（quickSort），它依据数据结构自动选择最优的排序算法。

5）strconv包实现基本数据类型的转换，如字符串与整型相互转换等功能，使用方式在3.8节已有讲述。

6）os包实现了操作系统的访问功能，包括文件操作、进程管理、信号和用户账号等功能。

7）sync包实现了多线程的锁机制以及同步互斥机制等功能，使用方式在11.10节、11.11节和11.12节已有讲述。

8）flag包提供命令行参数定义和参数解析的功能，大部分命令行程序都需要使用。

9）encoding/json包将某些数据转换为JSON数据，使用方式在6.3.3节和8.9节已有讲述。此外，encoding还提供了csv、xml、base64等功能。

10）html/template包为Web开发提供模板语法，通过模板语法将Go语言某些数据类型转换为相应HTML代码。

11）net/http包提供HTTP服务，包括HTTP请求、响应和URL解析，以及HTTP客户端和HTTP服务端。只要少量代码就能实现HTTP服务器或网络爬虫，这是其他编程语言无法比拟的，这是Go语言最大的特色之一。

12）strings包提供字符串操作处理，包括字符串合并、查找、分割、比较、扩展名检查、索引、大小写等功能。

13）bytes包与strings包的功能相同，只是bytes包适用于字节类型的切片数据。

14）reflect包提供Go语言的反射功能，使用方式在第10章已有讲述。

15）log包提供程序的日志功能，提供3个日志输出接口：Print、Fatal和Panic。

16）image包提供图片处理功能。

17）time包提供时间和日期功能。

18）container/list包提供列表功能，使用方式在6.4节已有讲述。此外，container还定义了ring包（环形链表）和heap包（堆结构）。

19）testing包为Go语言提供自动化单元测试功能。

20）regexp包提供正则表达式。

21）math包提供基本的数学常量和运算函数。

13.2　包命名与导入

在go文件中，我们经常看到文件首行代码以package XXX形式表示，这表示该文件隶属于哪一个包。包是以文件夹形式表示的，命名语法如下：

```
package XXX
```

包命名规则说明如下：

1）package是Go语言的关键字，用于为go文件指定所属包。

2）XXX代表包名。

3）一个文件夹里面所有go文件都属于同一个包，文件夹命名与包名必须相同。

程序的运行文件都是以package main命名的，main是特殊包，它不能被其他包导入，并且里面必须有主函数main()，否则程序无法运行。

在main包中可以使用关键字import导入包，导入的包只能使用该包里面的导出标识符（导出标识符在2.1.5节已有讲述），导出标识符可以是变量、常量、类型、函数或方法等。例如，在main包导入和使用内置包fmt的Println()，示例如下：

```
package main
// 导入内置包fmt
import "fmt"

func main() {
    // 调用内置包的函数Println()
    fmt.Println("hello world")
}
```

每个包在项目中都有唯一的导入路径，导入路径是告诉Go语言从哪里找到包，导入路径和包名称之间没有必然联系。以内置包math为例，其文件目录如图13-2所示。

图 13-2　内置包 math

内置包math的目录结构说明如下：

1）math文件夹的所有go文件代表math包。

2）math文件夹的rand文件夹代表rand包，rand包在math文件夹中，从而实现包与包之间的嵌套。

3）import math/rand导入math文件夹的rand包，math在这个导入过程中充当文件夹角色；import math导入math包，math在这个导入过程中充当包角色。

包导入通过关键字import实现，如果一个程序需要导入多个包，每个包可以单独使用关键字import或者关键字import+小括号实现，包与包之间必须用一行隔开，不能写在同一行，示例如下：

```
// 关键字import导入多个包, 包与包之间用行隔开
import "fmt"
```

```
import "math"

// 关键字import+小括号导入多个包，小括号的每个包之间用行隔开
import (
    "fmt"
    "math"
)
```

13.3　包的重命名

在导入多个包的时候，如果不同包之间可能存在相同的名字，使用过程中就会存在冲突，因此需要对某一个包进行重命名，重命名的包仅在当前go文件中有效，其他go文件导入的时候还是以包原有名字导入，示例如下：

```
package main

import (
    // 导入math/rand包
    "math/rand"
    // 导入crypto/rand，将包改名为crand
    crand "crypto/rand"
)

func main() {
    // 调用math/rand包的函数Int()
    rand.Int()
    // 调用crypto/rand包的函数Read()
    crand.Read([]byte{'a', 'b'})
}
```

对某个包重命名的时候，新名字必须在包的前面，并且两者之间使用空格隔开。例如crand "crypto/rand"：crand是新名字，"crypto/rand"是包导入路径，两者之间使用空格隔开。

当包重命名后，调用包的新名字就能将与之冲突的包区分开来，重命名的包名必须在当前go文件中是唯一的，不能与变量、常量或函数等标识符的命名重复。

13.4　无包名调用

如果包里面的导出标识符与代码的变量、常量或函数等标识符的命名不存在冲突，导入的时候还可以在包的前面使用实心点“.”，调用包里面的导出标识符就无须通过包名调用，示例如下：

```
package main

import (
    // 导入内置包math/rand
    . "math/rand"
)
```

```
func main() {
    // 调用math/rand包的函数Int()
    Int()
}
```

上述例子说明如下：

1）在math/rand包前面使用实心点".",实心点"."与包之间通过空格隔开,当需要调用math/rand的函数Int()时，直接编写函数名即可完成调用。

2）如果没有在math/rand包前面使用实心点"."，函数Int()需要以rand.Int()格式调用。

无包名调用不能与包重命名同时使用。例如import . mrand "math/rand"，在实心点"."后面执行包重命名mrand，程序运行将提示expected 'STRING', found mrand异常。

此外，无包名调用还能解决两个包名重复问题，以math/rand和crypto/rand为例，代码如下：

```
package main

import (
    // 导入内置包math/rand，并使用无包名调用
    . "math/rand"
    // 导入内置包crypto/rand
    "crypto/rand"
)

func main() {
    // 调用math/rand包的函数Int()
    Int()
    // 调用crypto/rand包的函数Read()
    rand.Read([]byte{'a', 'b'})
}
```

13.5　初始化函数init()与空导入

Go语言有一个特殊函数init(),它的执行优先级比主函数main()还高,主要实现包的初始化操作。函数init()称为初始化函数，在其他编程语言中也有初始化函数init()，比如Python的初始化函数 __init__()。

初始化函数init()具备以下特征：

1）每个包可以设置任意数量的初始化函数init()，它们都会在程序执行开始的时候被调用。

2）所有初始化函数init()都会安排在主函数main()之前执行，主要用于设置包、初始化变量或进行其他程序运行前优先完成的引导工作等。

3）初始化函数init()不能声明和创建变量，只能对变量执行赋值操作。

4）初始化函数init()不能设置函数参数和返回值。

5）多个初始化函数init()在执行的时候是无序执行的。

我们通过一个简单的例子验证初始化函数init()的特性，示例如下：

```
package main

import "fmt"

// 声明或创建变量
var name string
var age int = get_age()

// 定义函数，用于声明或创建变量
func get_age() int {
    fmt.Printf("这是声明或创建变量\n")
    return 10
}

// 定义初始化函数init()
func init() {
    // 变量赋值操作
    name = "Tom"
    fmt.Printf("这是第一个初始化函数init()\n")
    // 输出变量值
    fmt.Printf("变量name和age的值: %v, %v\n", name, age)
}

// 定义初始化函数init()
func init() {
    // 变量赋值操作
    name = "Tim"
    fmt.Printf("这是第二个初始化函数init()\n")
    // 输出变量值
    fmt.Printf("变量name和age的值: %v, %v\n", name, age)
}

// 主函数main()
func main() {
    fmt.Printf("这是主函数main()\n")
    // 输出变量值
    fmt.Printf("变量name和age的值: %v, %v\n", name, age)
}
```

运行上述代码，运行结果如图13-3所示。

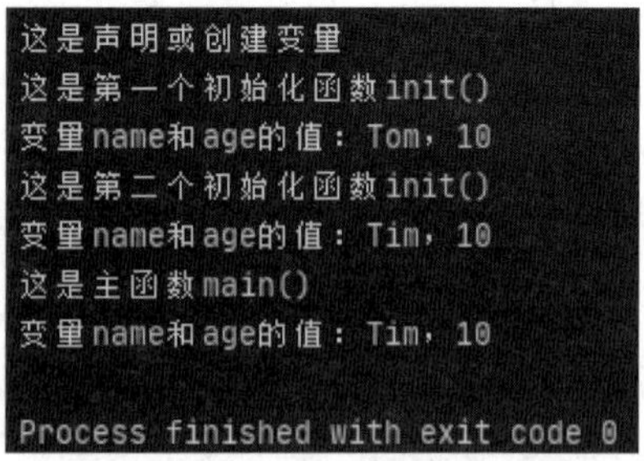

从上述例子分析得知：

1）程序首先执行变量声明和创建，然后依次执行多个初始化函数init()，最后执行主函数main()。

2）初始化函数init()使用变量的时候，变量必须为全局变量，不能在主函数main()里面声明或创建变量，因为初始化函数init()比主函数main()优先执行。

3）多个初始化函数init()会随机执行，如果多个初始化函数init()使用同一个变量，每次执行都会使变量生成不同结果，从而影响程序运行结果。

图 13-3　运行结果

每个包里面都允许设置一个或多个初始化函数init()，当导入包的时候，程序都会执行初始化函数init()，如果仅仅需要这个包执行初始化函数init()，而不需要包里面的导出标识符，可以通过空导入方式实现。

空导入是在包的前面使用下划线"_"，下划线"_"与包之间通过空格隔开，使用示例如下：

```
import (
    _ "fmt"
    _ "math/rand"
)
```

空导入只会执行包的初始化函数init()，无法调用包里面的导出标识符（常量、变量或函数），否则程序会提示未定义异常信息。例如在程序中空导入fmt包，但调用fmt包的函数，程序就会提示undefined: fmt异常，如图13-4所示。

```
# command-line-arguments
.\chapter13.5.go:28:2: undefined: fmt
.\chapter13.5.go:36:2: undefined: fmt
.\chapter13.5.go:38:2: undefined: fmt
```

图 13-4　异常信息

13.6　包的自定义与使用

包以文件夹形式表示，文件夹名称等于包名，换句话说，自定义包是创建一个新的文件夹，文件夹中的所有go文件都隶属这个包。

我们在E:\go（该路径必须在GoLand的Project GOPATH设置，详情查看1.7节）目录下创建文件夹mpb，在文件夹mpb中分别创建文件mfc.go和mpb.go，整个项目目录结构如图13-5所示。

在GoLand中分别打开文件mfc.go和mpb.go，依次编写以下代码，代码如下：

图 13-5　目录结构

```
// mpb.go文件
package mpb

var MyVariable int = 666

// mfc.go文件
package mpb

import "fmt"

func Get_data(){
    fmt.Println("这是自动包mpb的导出标识符Get_data")
}
```

上述例子已自定义mpb包，整个定义过程说明如下：

1）创建新的文件夹，文件夹名字等同于包名。

2）在文件夹中创建go文件，go文件的首行代码为package xxx，其中xxx代表文件夹名字。

3）如果调用包里面的标识符（常量、变量或函数），标识符的首个字母必须为大写格式。

当包被定义后，下一步是在主函数main()中调用自定义包mpb。在E:\go目录下创建文件chapter13.6.go，打开文件并编写以下代码：

```
package main
// 导入内置包fmt
import (
    "./mpb"
    "fmt"
)
func main() {
    // 输出自定义包mpb的MyVariable
    fmt.Println(mpb.MyVariable)
    // 调用自定义包mpb的Get_data()
    mpb.Get_data()
}
```

运行上述代码，运行结果如图13-6所示。

主函数main()调用自定义包mpb的过程说明如下：

1）主函数main()所在chapter13.6.go文件的首行代码为package main，代表程序或项目运行的主入口文件。

2）使用关键字import导入自定义包mpb，包的路径为"./mpb"，其中"./"代表当前路径，即E:\go的路径。

3）导入自定义包mpb之后，程序就能调用包的导出标识符，例如mpb.MyVariable或者mpb.Get_data()。

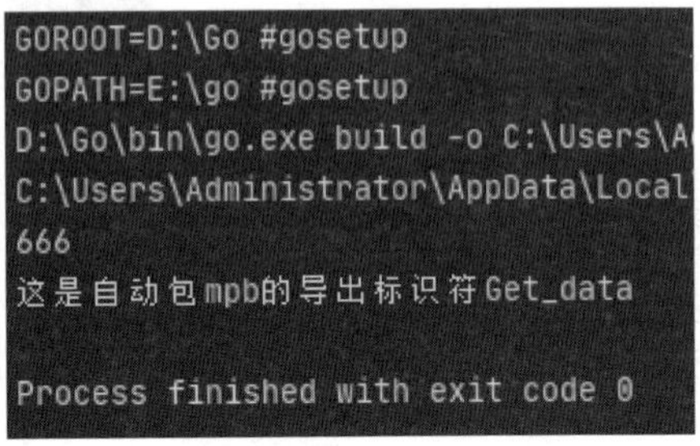

图 13-6　运行结果

13.7　包管理工具go mod

从1.7节、2.1.5节和13.6节发现，当Go语言的环境属性GO111MODULE设置为auto的时候，它能从GOPATH、vendor文件夹或go.mod寻找包。GOPATH和vendor文件夹都是早期版本查找包路径的产物，在Go语言1.6版本之后，vendor文件夹算是融合在GOPATH中。

在1.7节中，我们将GO111MODULE设置为auto是为了更简单地演示2.1.5节和13.6节的示例，但这些示例必须在GOPATH设置的路径下才能运行，即示例的代码文件必须在E:\go路径下运行，而E:\go必须添加到GoLand的GOPATH。

Go语言的1.11版本已开始支持包管理工具go mod，直到1.13版本才全面使用包管理工具go mod，即GO111MODULE的默认值为on。包管理工具go mod具有以下特性：

1）自动下载依赖包，即第三方包。

2）自定义包无须放在GOPATH设置的路径。

3）第三方包或自定义包写在go.mod文件中，通过go.mod文件管理包。

4）已经转移的第三方包或自定义包，在go.mod文件中使用replace替换，不需要修改代码。

5）对第三方包指定版本号。

由于本书之前是将GO111MODULE设置为auto，因此需要将GO111MODULE改为on，打开CMD窗口，输入并执行指令"go env -w GO111MODULE=on"即可，如图13-7所示。

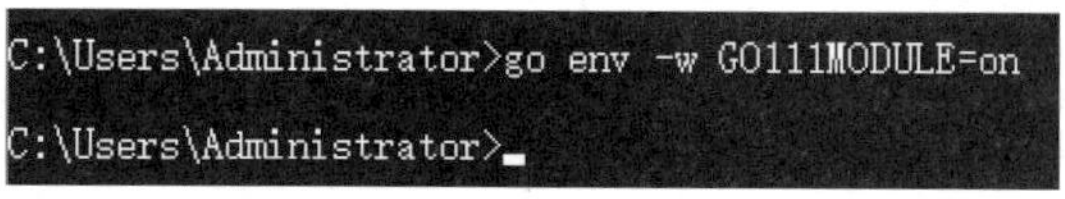

```
C:\Users\Administrator>go env -w GO111MODULE=on

C:\Users\Administrator>_
```

图 13-7　配置属性 GO111MODULE

下一步在GoLand中设置Go Modules，在软件左上方单击File按钮，找到Settings并单击，在Settings界面找到Go Modules，分别设置环境属性Vgo Executable和Environment，如图13-8所示。

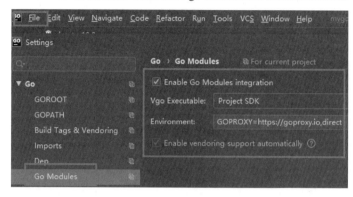

图 13-8　设置 Go Modules

环境属性Vgo Executable在配置GoLand时会自动生成Project SDK，环境属性Environment为固定值：GOPROXY=https://goproxy.io,direct。不同版本的GoLand在设置上有所不同，本书的GoLand是2020.1版本。

下面通过示例讲述如何使用包管理工具go mod。首先在E盘下创建文件夹mygo，然后在文件夹mygo下分别创建文件夹mpb和文件chapter13.7.go，最后在文件夹mpb下创建文件mfc.go和mpb.go，目录结构如图13-9所示。

图 13-9　目录结构

打开CMD窗口或GoLand的Terminal窗口，以GoLand的Terminal窗口为例，当前窗口路径为mygo的路径，输入go mod init mygo指令即可在mygo下创建go.mod文件，如图13-10所示。

将GoLand的Terminal窗口路径切换到mpb，输入go mod init mpb指令在mpb下创建go.mod文件，如图13-11所示。

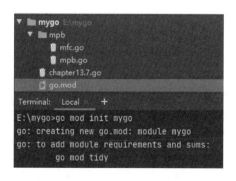

图 13-10　创建 go.mod 文件

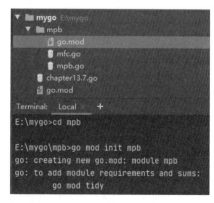

图 13-11　创建 go.mod 文件

我们分别在mygo和mpb中使用go mod init xxx指令创建了go.mod文件，创建指令来自包管理工具go mod，指令的xxx代表项目或包名，建议使用文件夹名称。

由于mfc.go和mpb.go不用调用第三方包或自定义包,因此mpb的go.mod文件无须编写任何代码。
打开mpb的mfc.go和mpb.go,在文件中分别编写以下代码:

```
// mpb.go文件
package mpb

var MyVariable int = 666

// mfc.go文件
package mpb

import "fmt"

func Get_data(){
    fmt.Println("这是自动包mpb的导出标识符Get_data")
}
```

从上述代码看到,mpb是自定义包,chapter13.7.go调用自定义包mpb。因此,在mygo的go.mod
中设置自定义包mpb的信息,mygo的go.mod代码如下:

```
module mygo

go 1.18

require (
    mpb v0.0.0
)
replace mpb => ./mpb
```

go.mod的代码说明如下:

1)module mygo代表当前go.mod文件隶属于文件夹mygo。

2)go 1.18代表当前Go语言的版本信息。

3)require代表需要调用第三方包或自定义包,小括号里面一行代码代表一个包信息。

4)mpb v0.0.0代表包的信息,mpb是包名,v0.0.0是当前包的版本信息。

5)replace为require的包指定新的路径地址,常用于本地自定义包或第三方包的路径迁移,例
如mpb => ./mpb代表自定义包mpb为当前路径的文件夹mpb。

最后在chapter13.7.go文件中调用自定义包mpb,分别输出自定义包mpb的导出标识符,代码如下:

```
package main

import (
    // 导入内置包fmt
    "fmt"
    // 导入自定义包mpb
    "mpb"
)

func main() {
    // 输出自定义包mpb的MyVariable
    fmt.Println(mpb.MyVariable)
    // 调用自定义包mpb的Get_data()
    mpb.Get_data()
}
```

运行上述代码，运行结果如图13-12所示。

综上所述，包管理工具go mod的使用说明如下：

1）Go语言的环境属性GO111MODULE必须设为on或auto模式。

2）包以文件夹为基本单位，在包里面使用go mod init xxx指令创建了go.mod文件，该文件管理包里面需要调用第三方包或自定义包的信息。

3）在go.mod文件中管理自定义包，必须通过replace指定自定义包的路径，否则Go语言无法找到自定义包。

4）在go.mod文件中管理第三方包无须通过replace指定包路径，第三方包会自动下载到GOPATH的pkg文件夹，并且go mod能自动查找，如图13-13所示。

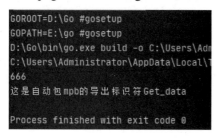

图 13-12　运行结果

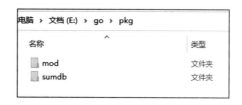

图 13-13　GOPATH 的 pkg 文件夹

13.8　第三方包下载与使用

我们知道如何通过包管理工具go mod管理和调用包，但在实际开发中，许多功能离不开第三方包的支持，比如MySQL数据库操作、ORM框架或Web框架等。本节以MySQL数据库操作为例进行介绍。

打开CMD窗口或GoLand的Terminal窗口，使用go get xxx指令下载第三方包，比如下载MySQL数据库操作包，输入go get github.com/go-sql-driver/mysql即可下载，第三方包下载后将会存放在GOPATH的pkg文件夹，如图13-14所示。

图 13-14　下载第三方包

下一步在E盘下创建文件夹mygo，分别创建文件chapter13.8.go和使用go mod init mygo指令创建文件go.mod，目录结构如图13-15所示。

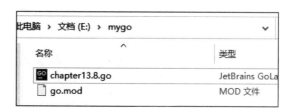

图 13-15　目录结构

通过GoLand以项目形式打开文件夹mygo，在go.mod中设置第三方包的信息，代码如下：

```
module mygo

go 1.18

require (
    github.com/go-sql-driver/mysql v1.6.0
)
```

最后在chapter13.8.go中调用第三方包github.com/go-sql-driver/mysql实现MySQL的连接过程，实现代码如下：

```
package main

import (
    "database/sql"
    "fmt"
    _ "github.com/go-sql-driver/mysql"
)

func main() {
    var dataSourceName = "root:1234@(127.0.0.1:3306)/test"
    // 打开数据库
    db, err := sql.Open("mysql", dataSourceName)
    if err != nil {
        fmt.Println(err)
    }
    // 关闭数据库
    defer db.Close()
    // 连接数据库
    fmt.Println(db.Ping())
}
```

运行上述代码，运行结果如图13-16所示。

运行结果提示"Unknown database 'test'"，说明程序已成功连接MySQL，只是MySQL里面没有创建数据库test才出现异常提示。

如果没有下载第三方包或者在CMD窗口下载第三方包，在GoLand首次调用第三方包时，程序将会提示下载信息，如图13-17所示，因为GoLand不会动态加载第三方包的变化情况。

图 13-16　运行结果

如果第三方包已下载，并且被程序成功调用，当删除GOPATH的pkg文件夹之后，再次运行程序，包管理工具go mod将会自动下载第三方包。因为程序第一次运行成功之后，在当前目录下自动创建go.sum文件，包管理工具go mod通过go.sum自动下载第三方包，如图13-18所示。

图 13-17　下载提示

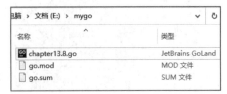

图 13-18　go.sum 文件

13.9　动手练习：编程实现排序算法

排序算法是编程世界最常见的算法之一，开发者必须掌握各种排序算法的原理，再根据原理编写相应功能代码。但在Go语言中，内置包sort已实现4种基本排序算法：插入排序（insertionSort）、归并排序（symMerge）、堆排序（heapSort）和快速排序（quickSort），并且根据数据自动选择最优排序算法。

内置包sort支持切片排序，但不同类型的切片元素有不同的排序方式，并且定义了基本数据类型的排序功能，如[]int、[]float64和[]string，实现代码如下：

```go
package main

import (
    "fmt"
    "sort"
)

func main() {
    // []int排序
    nums := []int{2, 31, 5, 6, 3}
    // 顺序
    sort.Ints(nums)
    fmt.Printf("[]int排序: %v\n", nums)
    // 使用sort.Reverse进行逆序排序
    sort.Sort(sort.Reverse(sort.IntSlice(nums)))
    fmt.Printf("[]int逆序排序: %v\n", nums)

    // []float64排序
    floats := []float64{2.2, 6.6, -5.3, 6.66, 3.12}
    // 顺序
    sort.Float64s(floats)
    fmt.Printf("[]float64排序: %v\n", floats)
    // 使用sort.Reverse进行逆序排序
    sort.Sort(sort.Reverse(sort.Float64Slice(floats)))
    fmt.Printf("[]float64逆序排序: %v\n", floats)

    // []string排序
    names := []string{"abc", "12", "kk", "Jordan", "Ko", "DD"}
    // 顺序
    sort.Strings(names)
    fmt.Printf("[]string排序: %v\n", names)
    // 使用sort.Reverse进行逆序排序
    sort.Sort(sort.Reverse(sort.StringSlice(names)))
    fmt.Printf("[]string逆序排序: %v\n", names)
}
```

示例代码的Ints()、Float64s()和Strings()分别实现[]int、[]float64和[]string的排序，如果要实现数据逆序排序，则由Sort()、Reverse()、IntSlice()、Float64Slice()或StringSlice()实现。

如果切片元素为结构体，则需要对sort.Interface的接口方法进行自定义，示例如下：

```go
package main

import (
    "fmt"
    "sort"
)

// 定义结构体
type Person struct {
    name string
    age  int
}

// 自定义数据类型
type PersonList []Person

// 排序规则: 首先按年龄排序 (由小到大)
// 年龄相同时按姓名进行排序 (按字符串的自然顺序)
// 自定义sort.Interface的Len()
func (list PersonList) Len() int {
    return len(list)
}

// 自定义sort.Interface的Less()
func (list PersonList) Less(i, j int) bool {
    if list[i].age < list[j].age {
        return true
    } else if list[i].age > list[j].age {
        return false
    } else {
        return list[i].name < list[j].name
    }
}

// 自定义sort.Interface的Swap()
func (list PersonList) Swap(i, j int) {
    var temp Person = list[i]
    list[i] = list[j]
    list[j] = temp
}

func main() {
    // 实例化结构体
    p1 := Person{"Tom", 19}
    p2 := Person{"Hanks", 19}
    p3 := Person{"Amy", 19}
    p4 := Person{"Tom", 20}
    p5 := Person{"Jogn", 21}
    p6 := Person{"Mike", 23}
    // 结构体实例化对象写入切片
    pList := PersonList([]Person{p1, p2, p3, p4, p5, p6})
    // 对切片pList进行排序
    sort.Sort(pList)
    // 输出排序后的切片
    fmt.Println(pList)
    // Stable() 比Sort() 稳定
```

```
    sort.Stable(pList)
    // 输出排序后的切片
    fmt.Println(pList)
}
```

上述代码说明如下：

1）先定义结构体Person，设置结构体成员name和age，再自定义数据类型PersonList，数据结构以切片表示，切片元素为结构体Person，它可以视为一个特殊结构体，能定义接口方法Len()、Less()和Swap()。

2）接口方法Len()返回切片长度；Less()设置排序算法规则，变量i和j是切片元素的索引位置，它对切片元素的结构体成员age进行判断，当age相同时，再判断结构体成员name；Swap()对切片元素进行位置交换，变量i和j是切片元素的索引位置，通过交换位置完成排序。

3）实例化结构体Person，生成多个实例化对象并写入切片，将切片传入自定义数据类型PersonList，并生成实例化对象pList。

4）调用sort.Sort()和sort.Stable()对实例化对象pList进行排序。由于pList的元素是结构体Person，在排序过程中会增加排序算法的时间复杂度和空间复杂度，使用sort.Sort()可能出现排序结果不稳定的情况，而sort.Stable()能提高排序稳定性。

运行上述代码，运行结果如图13-19所示。

```
[{Amy 19} {Hanks 19} {Tom 19} {Tom 20} {Jogn 21} {Mike 23}]
[{Amy 19} {Hanks 19} {Tom 19} {Tom 20} {Jogn 21} {Mike 23}]

Process finished with exit code 0
```

图 13-19 运行结果

内置包sort除了定义排序算法之外，还定义了二分法查找算法，它在一个已排序好的切片中查找某个值所对应的索引位置。二分法查找算法一共定义了4个函数，每个函数说明如下：

- sort.SearchFloat64s(a []float64, x float64)仅支持float64类型的切片查找。参数a代表需要查找的切片、参数x代表查找数据、返回值为查找数据在切片的索引位置。
- sort.SearchInts(a []int, x int)仅支持int类型的切片查找。它的参数和返回值与sort.SearchFloat64s()的相同。
- sort.SearchStrings(a []string, x string)仅支持string类型的切片查找。它的参数和返回值与sort.SearchFloat64s()的相同。
- sort.Search(n int, f func(int) bool)支持所有类型的切片查找。参数n代表切片长度；参数f是匿名函数，匿名函数设置查找条件，匿名函数的参数代表每个切片元素的索引位置。

SearchFloat64s()、SearchInts()和SearchStrings()都是在Search()的基础上进行二次封装的，源码定义如图13-20所示。

从图13-20看到，内置包sort的Search()是二分法查找算法的核心函数。我们以结构体为例，讲述如何使用Search()实现数据查找，示例代码如下：

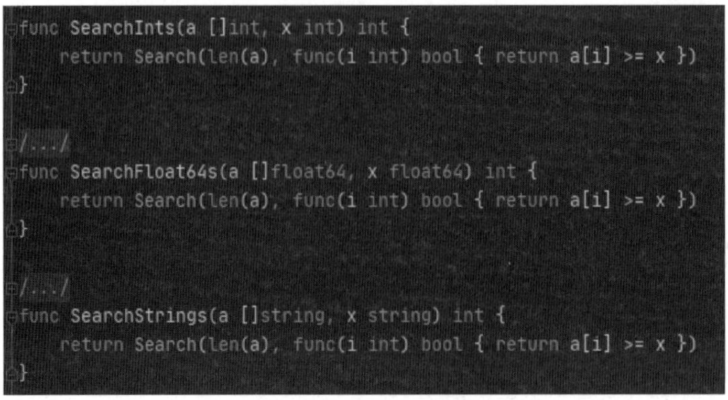

```
func SearchInts(a []int, x int) int {
    return Search(len(a), func(i int) bool { return a[i] >= x })
}

/.../

func SearchFloat64s(a []float64, x float64) int {
    return Search(len(a), func(i int) bool { return a[i] >= x })
}

/.../

func SearchStrings(a []string, x string) int {
    return Search(len(a), func(i int) bool { return a[i] >= x })
}
```

图 13-20　源码信息

```go
package main

import (
    "fmt"
    "sort"
)

// 定义结构体
type Person struct {
    name string
    age  int
}

// 自定义数据类型
type PersonList []Person

// 排序规则: 首先按年龄排序 (由小到大)
// 年龄相同时按姓名进行排序 (按字符串的自然顺序)
// 自定义sort.Interface的Len()
func (list PersonList) Len() int {
    return len(list)
}

// 自定义sort.Interface的Less()
func (list PersonList) Less(i, j int) bool {
    if list[i].age < list[j].age {
        return true
    } else if list[i].age > list[j].age {
        return false
    } else {
        return list[i].name < list[j].name
    }
}

// 自定义sort.Interface的Swap()
func (list PersonList) Swap(i, j int) {
    var temp Person = list[i]
    list[i] = list[j]
    list[j] = temp
}
```

```
func main() {
    // 实例化结构体
    p1 := Person{"Tom", 19}
    p2 := Person{"Hanks", 19}
    p3 := Person{"Amy", 19}
    p4 := Person{"Tom", 20}
    p5 := Person{"Jogn", 21}
    p6 := Person{"Mike", 23}
    // 结构体实例化对象写入切片
    pList := PersonList([]Person{p1, p2, p3, p4, p5, p6})
    // 对切片pList进行排序
    sort.Sort(pList)
    fmt.Printf("排序后的切片: %v\n", pList)
    // 使用Search查找pList
    // 查找名字等于Tom并且年龄等20的结构体
    index := sort.Search(len(pList), func(i int) bool {
        return pList[i].name == "Tom" && pList[i].age == 20
    })
    fmt.Printf("查找索引位置: %v，查找结果%v\n", index, pList[index])
}
```

上述代码说明如下：

1）对切片元素为结构体类型的切片pList进行排序处理，排序后再使用Search()进行二分法查找。

2）Search()的参数n是切片pList的长度；匿名函数的参数代表切片pList每个元素的索引位置；匿名函数的返回值设置查找条件，当结构体成员name等于Tom并且age等于20的时候，匿名函数返回true，说明已找到目标数据在切片中的索引位置，并作为Search()的返回值。

运行上述代码，运行结果如图13-21所示。

```
排序后的切片: [{Amy 19} {Hanks 19} {Tom 19} {Tom 20} {Jogn 21} {Mike 23}]
查找索引位置: 3，查找结果{Tom 20}

Process finished with exit code 0
```

图 13-21 运行结果

13.10 小　　结

包是以文件夹形式表示的，命名语法如下：

```
package XXX
```

包命名规则说明如下：

1）package是Go语言的关键字，这是为go文件指定的所属包。
2）XXX代表包名。
3）一个文件夹里面所有go文件都属于同一个包，文件夹命名与包名必须相同。

包导入通过关键字import实现，如果一个程序需要导入多个包，每个包可以单独使用关键字import或者关键字import+小括号实现，包与包之间必须用一行隔开，不能写在同一行。

Go语言的初始化函数init()具备以下特征：

1）每个包可以设置任意数量的初始化函数init()，它们都会在程序执行开始的时候被调用。

2）所有初始化函数init()都会安排在主函数main()之前执行，主要用于设置包、初始化变量或进行其他程序运行前优先完成的引导工作等。

3）初始化函数init()不能声明和创建变量，只能对变量执行赋值操作。

4）初始化函数init()不能设置函数参数和返回值。

5）多个初始化函数init()在执行的时候是无序执行的。

包管理工具go mod的使用说明如下：

1）Go语言的环境属性GO111MODULE必须设为on或auto模式。

2）包以文件夹为基本单位，在包里面使用go mod init xxx指令创建了go.mod文件，该文件是管理包里面需要调用第三方包或自定义包的信息。

3）在go.mod文件中管理自定义包，必须通过replace指定自定义包的路径，否则Go语言无法找到自定义包。

4）在go.mod文件中管理第三方包无须通过replace指定包路径，第三方包会自动下载到GOPATH的pkg文件夹，并且go mod能自动查找。

第 14 章
目录与文件处理

本章内容:

- 使用os实现系统操作。
- 使用path获取路径信息。
- 使用os读写文件。
- 使用io/ioutil读写文件。
- 使用bufio读写文件。
- 使用encoding/csv读写CSV文件。
- 使用encoding/json读写JSON文件。
- 第三方包读写Excel文件。
- 动手练习:编写一个学生管理系统。

14.1 使用os实现系统操作

任何编程语言必须依赖操作系统,程序在运行过程中可能会对系统文件或目录执行某些操作,比如文件读写、执行系统指令等。

内置包os实现了多种系统操作指令,如主机、用户、进程、环境变量、目录与文件操作和终端执行等。本书将对系统的操作分为3类:调用系统信息、操作目录与文件和执行终端指令,它们常用于系统的运维开发。

调用系统信息可用于自动化安装软件、设置系统环境变量、开发进程管理系统等场景,常用的操作包括获取主机名、用户ID、用户组、进程ID、环境变量,实现代码如下:

```
package main

import (
    "fmt"
```

```go
        "os"
)

// 调用系统信息
func main() {
    // 获取主机名
    hn, _ := os.Hostname()
    fmt.Printf("获取主机名: %v\n", hn)
    // 获取用户ID
    fmt.Printf("获取用户ID: %v\n", os.Getuid())
    // 获取有效用户ID
    fmt.Printf("获取有效用户ID: %v\n", os.Geteuid())
    // 获取组ID
    fmt.Printf("获取组ID: %v\n", os.Getgid())
    // 获取有效组ID
    fmt.Printf("获取有效组ID: %v\n", os.Getegid())
    // 获取进程ID
    fmt.Printf("获取进程ID: %v\n", os.Getpid())
    // 获取父进程ID
    fmt.Printf("获取父进程ID: %v\n", os.Getppid())
    // 获取某个环境变量的值
    fmt.Printf("获取环境变量的值: %v\n", os.Getenv("GOPATH"))
    // 设置某个环境变量的值
    os.Setenv("TEST", "test")
    // 删除某个环境变量
    os.Unsetenv("TEST")
    // 获取所有环境变量
    for _, e := range os.Environ() {
        fmt.Printf("环境变量: %v\n", e)
    }
    // 获取某个环境变量
    fmt.Printf("获取GOPATH环境变量: %v\n", os.Getenv("GOPATH"))
    // 删除所有环境变量
    // os.Clearenv()
}
```

运行上述代码，运行结果如图14-1所示。

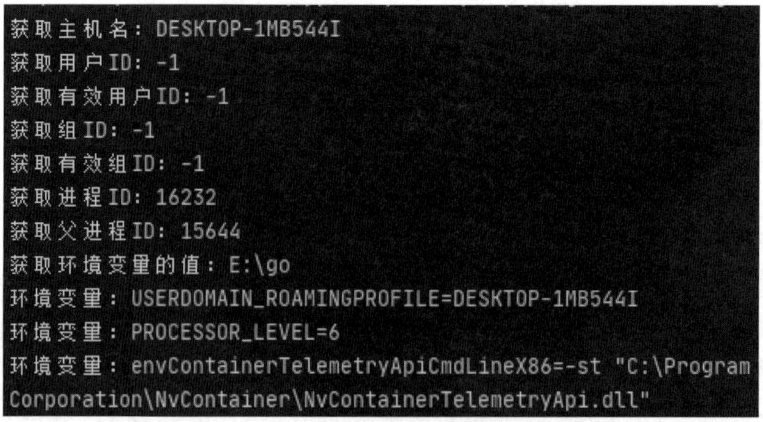

图 14-1　运行结果

　　操作目录和文件可以批量修改目录和文件，如垃圾文件定时清除、数据文件备份、系统磁盘清理等场景，常用操作包括创建文件、创建目录、修改文件权限、修改文件信息、删除文件、删除目录、文件重命名、文件读写、判断文件是否相同等，实现代码如下：

```go
package main

import (
    "fmt"
    "os"
    "time"
)

// 操作目录与文件
func main() {
    // 获取当前目录
    gw, _ := os.Getwd()
    fmt.Printf("获取当前目录: %v\n", gw)
    // 改变当前工作目录
    os.Chdir("D:/")
    gwn, _ := os.Getwd()
    fmt.Printf("改变当前工作目录: %v\n", gwn)
    // 创建文件，由于当前路径改为D盘，因此在D盘创建文件
    f1, _ := os.Create("./1.txt")
    f1.Close()
    // 修改文件权限
    // 第二个参数mode在Windows系统下
    // mode为0200代表所有者可写
    // mode为0400代表只读
    // mode为0600代表读写
    os.Chmod("D:/1.txt", 0400)
    // 修改文件的访问时间和修改时间
    nows := time.Now().Add(time.Hour)
    os.Chtimes("D:/1.txt", nows, nows)
    // 把字符串中带${var}或$var的字符串替换成指定指符串
    s := "你好，${1}${2}$3"
    fmt.Printf(os.Expand(s, func(k string) string {
        mapp := map[string]string{
            "1": "我是",
            "2": "go",
            "3": "语言",
        }
        return mapp[k]
    }))
    // 创建目录
    os.Mkdir("D:/abc", os.ModePerm)
    // 创建多级目录
    os.MkdirAll("D:/abc/d/e/f", os.ModePerm)
    // 删除文件或目录
    os.Remove("D:/abc/d/e/f")
    // 删除指定目录下的所有文件
    os.RemoveAll("D:/abc")
```

```
    // 重命名文件
    os.Rename("D:/1.txt", "D:/1_new.txt")
    // 是否Stat()获取文件信息，SameFile()判断文件是否相同
    f2, _ := os.Create("D:/2.txt")
    fs2, _ := f2.Stat()
    f3, _ := os.Create("D:/3.txt")
    fs3, _ := f3.Stat()
    fmt.Printf("f2和f3是否同一文件: %v\n", os.SameFile(fs2, fs3))
    // 返回临时目录
    fmt.Printf("返回临时目录: %v\n", os.TempDir())
}
```

运行上述代码，运行结果如图14-2所示。当程序运行完成后，在D盘能看到3个新建的TXT文件。

执行终端指令是模拟人工在系统终端输入并执行系统指令，特别在无界面的Linux系统中十分常用。由于本书以Windows系统作为开发环境，因此接下来讲述如何在Windows系统执行终端指令。

若要查看终端的返回结果，则必须对返回结果进行编码处理，因为返回结果以字节方式表示，如果使用内置函数string()转换字符串，则中文部分会出现乱码，如图14-3所示。

图 14-2　运行结果

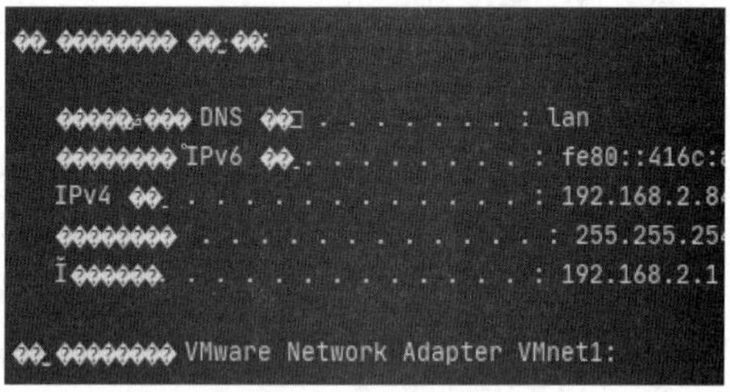

图 14-3　中文乱码

解决中文乱码问题必须借助第三方包mahonia编码。首先在CMD窗口或GoLand的Terminal窗口输入"go get github.com/axgle/mahonia"，下载第三方包mahonia，如图14-4所示。

在E:\mygo文件夹创建chapter14.1.3.go文件，并在CMD窗口或GoLand的Terminal窗口输入"go mod init mygo"，创建go.mod文件，目录结构如图14-5所示。

图 14-4　下载第三方包 mahonia

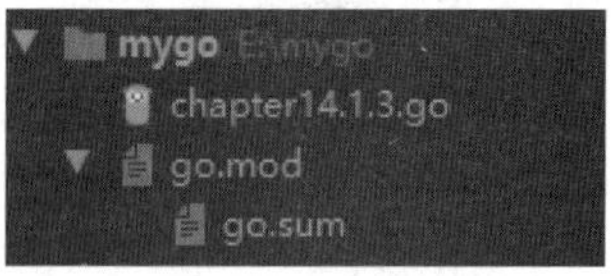

图 14-5　目录结构

打开E:\mygo的go.mod文件，设置第三方包mahonia的信息，代码如下：

```
module mygo

go 1.18

require (
    github.com/axgle/mahonia v0.0.0-20180208002826-3358181d7394
)
```

最后在chapter14.1.3.go文件中使用内置包os/exec和第三方包mahonia执行终端指令并输出执行结果，代码如下：

```
package main

import (
    "fmt"
    "github.com/axgle/mahonia"
    "os/exec"
)

func main() {
    // 设置gbk编码格式
    enc := mahonia.NewDecoder("gbk")
    // 执行ipconfig指令
    cmd := exec.Command("cmd", "/C","ipconfig")
    // 获取指令的输出结果
    output, err := cmd.Output()
    // 若有错误，则输出异常信息
    if err != nil {
        fmt.Println(err)
    }
    // 因为结果是字节数组，需要转换成字符串
    // enc.ConvertString是对字符串进行编码处理
    fmt.Println(enc.ConvertString(string(output)))
}
```

运行上述代码，运行结果如图14-6所示。

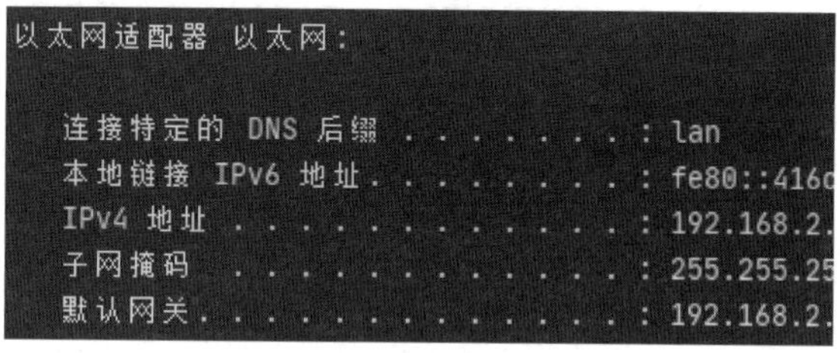

图 14-6　运行结果

终端指令是由内置包os/exec的Command()执行的，该函数设有两个参数：name和arg，参数说明如下：

1）参数name是字符串类型的，代表终端的路径信息，上述代码的cmd代表CMD窗口的路径。如果将cmd改为Linux的ls，则程序无法在系统的环境变量中找到ls，如图14-7所示。

2）参数arg是字符串类型的可变参数，允许设置一个或多个字符串参数。如果操作系统是Windows，则必须设置参数"/C"，否则无法执行终端指令，如图14-8所示。

图 14-7　异常提示

图 14-8　无法执行终端指令

3）在参数"/C"后面设置终端指令，终端指令能使用一个或多个参数表示，如执行ipconfig/all，不同数量的参数表示方法如下：

```
// 使用一个参数表示同一指令
cmd := exec.Command("cmd", "/C", "ipconfig/all")
// 使用多个参数表示同一指令
cmd := exec.Command("cmd", "/C", "ipconfig", "/all")
```

综上所述，我们只是演示了内置包os的3个常用功能，实际上它还实现了很多功能，相关函数方法可以参考官方网站：https://golang.org/pkg/os/#。

14.2   使用path获取路径信息

内置包os可以执行目录或文件的创建、删除、修改操作，但无法对目录或文件执行更复杂的操作，例如获取目录下的所有文件、获取路径匹配规则、获取文件扩展名、判断绝对路径等，如果需要实现上述功能，则可以使用内置包path和path/filepath实现。

在内置包path的源码文件中，所有功能编写在源码文件match.go和path.go中，其余带有_test.go的源码文件是功能测试代码，如图14-9所示，主要实现目录路径的截取、清洗、拼接和正则匹配等功能。

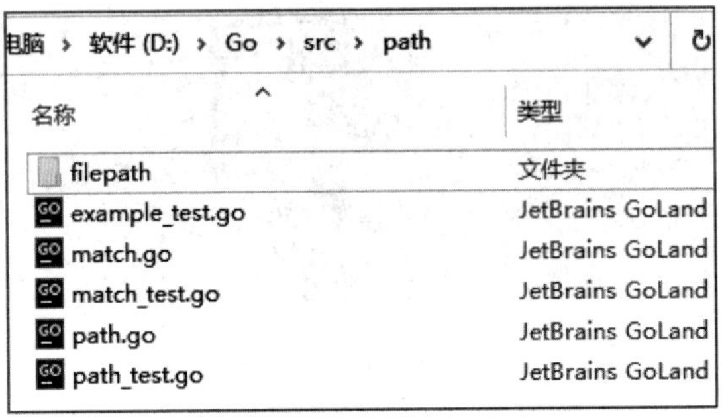

图 14-9   内置包 path 的源码文件

内置包path定义8个功能函数，每个函数的功能以及使用说明如下：

```
package main

import (
    "fmt"
    "path"
)

func main() {
    // 判断路径是不是绝对路径
    fmt.Printf("IsAbs函数: %v\n", path.IsAbs("./a/b"))
    // path.IsAbs仅兼容Linux，不兼容Windows，因此输出false
    fmt.Printf("IsAbs函数: %v\n", path.IsAbs("D:a/b"))
    // 路径拼接，连接后自动调用Clean函数
    fmt.Printf("Join函数: %v\n", path.Join("./a", "b/c", "../d/"))
    // 返回路径的最后一个元素
```

```
    fmt.Printf("Base函数: %v\n", path.Base("D:/a/b/c"))
    // 如果路径为空字符串或斜杠，返回实心点或斜杠
    fmt.Printf("Base函数: %v\n", path.Base(""))
    fmt.Printf("Base函数: %v\n", path.Base("/"))
    // 返回等价的最短路径
    // 1.用一个斜线替换多个斜线
    // 2.清除当前路径的实心点
    // 3.清除..和它前面的元素
    // 4.以/..开头的，变成/
    fmt.Printf("Clean函数: %v\n", path.Clean("./a/b/c/../"))
    // 返回路径最后一个元素前面的目录
    // 若路径为空，则返回实心点
    fmt.Printf("Dir函数: %v\n", path.Dir("D:/a/b/c"))
    // 返回路径中的文件扩展名
    // 若没有文件扩展名，则返回空
    fmt.Printf("Ext函数: %v\n", path.Ext("D:/a/b/c/d.jpg"))
    // 匹配路径，若完全匹配，则返回true
    // *匹配0个或多个非/的字符
    matched1, _ := path.Match("*", "abc")
    fmt.Printf("Match函数: %v\n", matched1)
    // ?匹配一个非/的字符，a?b的?是匹配ab之间的字符，但无法匹配斜杠 "/"
    matched2, _ := path.Match("a?b", "agb")
    fmt.Printf("Match函数: %v\n", matched2)
    // 匹配路径是否符合a/*/c格式，如a/abc/c和a/bbb/都能匹配
    matched3, _ := path.Match("a/*/c", "a/bb/c")
    fmt.Printf("Match函数: %v\n", matched3)
    // 分割路径中的目录与文件
    dir, file := path.Split("./a/b/c/d.jpg")
    fmt.Printf("Split函数: 目录: %v、文件: %v\n", dir, file)
}
```

运行上述代码，运行结果如图14-10所示。

分析上述例子，我们对内置包path的8个函数进行归纳总结，说明如下：

1）IsAbs(path string) bool：判断参数path是否为绝对路径，若为绝对路径，则返回true，否则返回false，但仅兼容Linux，不兼容Windows。

2）Join(elem...string) string：从可选参数elem中获取多个路径拼接的新路径，如果没有设置参数elem，则返回空字符串。

```
IsAbs函数: false
IsAbs函数: false
Join函数: a/b/d
Base函数: c
Base函数: .
Base函数: /
Clean函数: a/b
Dir函数: D:/a/b
Ext函数: .jpg
Match函数: true
Match函数: true
Match函数: true
Split函数: 目录: ./a/b/c/、文件: d.jpg
```

图 14-10　运行结果

3）Base(path string) string：获取路径最后一个元素，如D:/a/b/c则获取文件夹c，D:/a/b/c.jpg则获取文件c.jpg。如果路径是空字符串，则返回实心点"."；如果路径只有一个或多个斜杠（"//"或"\\"），则返回路径分隔符（即斜杠"/"或"\"）。

4）Clean(path string) string：返回路径的最短路径，简单来说是对路径进行清洗处理，一共设置了4种清洗规则。

5）Dir(path string) string：获取路径最后一个元素前面的路径，如参数path设置D:/a/b/c，则返回D:/a/b，去掉c文件夹。

6）Ext(path string) string：获取文件扩展名，参数path是文件路径信息，如果参数path不是文件路径，则返回空字符串，如参数path设为D:/a/b/c则返回空字符串。

7）Match(pattern, name string) (matched bool, err error)：通过正则表达式匹配路径信息，匹配符在源码文件中已有说明，如图14-11所示。参数pattern是正则表达式的匹配符，参数name是需要被匹配的路径，返回值matched是匹配结果，返回值err是匹配错误信息。

8）Split(path string) (dir, file string)：分割路径中的目录与文件，参数path是需要被分割的路径，返回值dir是分割后的路径，返回值file是分割后的文件。如果参数path不是文件路径，则返回值dir为路径最后一个元素前面的路径，返回值file为空字符串，例如./a/b/c/d，返回值dir为./a/b/c/。

```
// Match reports whether name matches the shell pattern.
// The pattern syntax is:
//
//   pattern:
//       { term }
//   term:
//       '*'         matches any sequence of non-/ characters
//       '?'         matches any single non-/ character
//       '[' [ '^' ] { character-range } ']'
//                   character class (must be non-empty)
//       c           matches character c (c != '*', '?', '\\', '[')
//       '\\' c      matches character c
//
//   character-range:
//       c           matches character c (c != '\\', '-', ']')
//       '\\' c      matches character c
//       lo '-' hi   matches character c for lo <= c <= hi
//
// Match requires pattern to match all of name, not just a substring.
// The only possible returned error is ErrBadPattern, when pattern
// is malformed.
```

图 14-11　源码文件 match.go

内置包path/filepath所有功能编写在源码文件match.go、path.go、symlink.go，path_unix.go、path_plan9.go、path_windows.go、symlink_windows.go和symlink_unix.go中，其余带有_test.go的源码文件是功能测试代码，如图14-12所示，它含有内置包path的功能，并且能兼容所有操作系统。

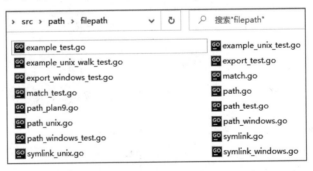

图 14-12　path/filepath 的源码文件

内置包path/filepath定义16个功能函数，每个函数的功能以及使用说明如下：

```
package main

import (
```

```go
        "fmt"
        "os"
        "path/filepath"
)

func main() {
        // 判断路径是不是绝对路径，filepath兼容所有操作系统
        fmt.Printf("IsAbs函数: %v\n", filepath.IsAbs("./a/b/c"))
        fmt.Printf("IsAbs函数: %v\n", filepath.IsAbs("C:/a/b/c"))
        // 返回所给路径的绝对路径
        path, _ := filepath.Abs("go.mod")
        fmt.Printf("Abs函数: %v\n", path)
        // 返回路径最后一个元素
        fmt.Printf("Base函数: %v\n", filepath.Base("D:/a/c/1.txt"))
        // 如果路径为空字符串，则返回实心点
        fmt.Printf("Base函数: %v\n", filepath.Base(""))
        // 如果路径有一个或多个斜杠/，则返回单个斜杠/
        fmt.Printf("Base函数: %v\n", filepath.Base("//"))
        // 返回等价的最短路径
        // 1.用一个斜线替换多个斜线
        // 2.清除当前路径的实心点
        // 3.清除..和它前面的元素
        // 4.以/..开头的，变成/
        fmt.Printf("Clean函数: %v\n", filepath.Clean("D:/a/b/../c"))
        fmt.Printf("Clean函数: %v\n", filepath.Clean("D:/a/b/../c/1.txt"))
        // 返回路径最后一个元素前面的目录
        // 若路径为空，则返回实心点
        fmt.Printf("Dir函数: %v\n", filepath.Dir("./a/b/c"))
        fmt.Printf("Dir函数: %v\n", filepath.Dir("D:/a/b/c"))
        // 返回软链接的实际路径
        path2, _ := filepath.EvalSymlinks("go.mod")
        fmt.Printf("EvalSymlinks函数: %v\n", path2)
        // 返回文件路径的扩展名
        // 如果不是文件路径，则返回空字符串
        fmt.Printf("Ext函数: %v\n", filepath.Ext("./a/b/c/d.jpg"))
        // 将路径中的/替换为路径分隔符
        fmt.Printf("FromSlash函数: %v\n", filepath.FromSlash("./a/b/c"))
        // 返回路径中所有匹配的文件
        match, _ := filepath.Glob("./*.go")
        fmt.Printf("Glob函数: %v\n", match)
        // 路径拼接，连接后自动调用Clean函数
        fmt.Printf("Join函数: %v\n", filepath.Join("C:/a", "/b", "/c"))
        // *匹配0个或多个非/的字符
        matched1, _ := filepath.Match("*", "abc")
        fmt.Printf("Match函数: %v\n", matched1)
        // ?匹配一个非/的字符，a?b的?是指a和b之间只要不是斜杠"/"，并且a和b之间只有一个字符都能匹配
        matched2, _ := filepath.Match("a?b", "agb")
        fmt.Printf("Match函数: %v\n", matched2)
        // 匹配路径是否符合a/*/c格式，如a/abc/c和a/bbb/都能匹配
        matched3, _ := filepath.Match("a/*/c", "a/bb/c")
        fmt.Printf("Match函数: %v\n", matched3)
```

```
// 返回以参数basepath为基准的相对路径
path3, _ := filepath.Rel("C:/a/b", "C:/a/b/../e")
fmt.Printf("Rel函数: %v\n", path3)
// 将路径使用路径列表分隔符分开，见os.PathListSeparator
// Linux默认为冒号，Windows默认为分号
sl := filepath.SplitList("C:/windows;C:/windows/system")
fmt.Printf("SplitList函数: %v, 长度: %v\n", sl, len(sl))
// 分割路径中的目录与文件
dir, file := filepath.Split("C:/a/d.jpg")
fmt.Printf("Split函数: 目录: %v, 文件: %v\n", dir, file)
// 将路径分隔符使用/替换
fmt.Printf("ToSlash函数: %v\n", filepath.ToSlash("C:\\a\\b"))
// 返回分区名
vn := filepath.VolumeName("C:/a/b/c")
fmt.Printf("VolumeName函数: %v\n", vn)
// 遍历指定目录下的所有文件
filepath.Walk("./",func(path string,info os.FileInfo,err error)error{
    fmt.Printf("Walk函数: %v\n", path)
    return nil
})
}
```

运行上述代码，运行结果如图14-13所示。

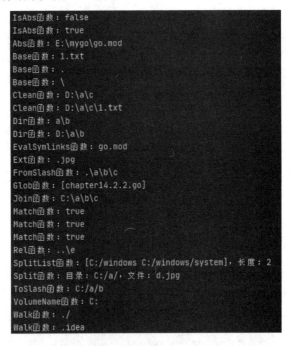

图 14-13   运行结果

分析上述例子，我们对内置包path/filepath的16个函数进行归纳总结，说明如下：

1）IsAbs(path string) (b bool)：判断参数path是否为绝对路径。

2）Abs(path string) (string, error)：根据参数path返回绝对路径。

3）Base(path string) string：与内置包path的Base()函数的功能相同。

4）Clean(path string) string：与内置包path的Clean()函数的功能相同。

5）Dir(path string) string：与内置包path的Dir()函数的功能相同。

6）EvalSymlinks(path string) (string, error)：返回软链接文件的路径信息。软链接文件是Linux文件的一种，类似于Windows的快捷方式。

7）Ext(path string) string：与内置包path的Ext()函数的功能相同。

8）Glob(pattern string) (matches []string, err error)：通过正则表达式匹配路径中符合条件的文件，参数pattern是带有正则表达式的路径信息。

9）Join(elem ...string) string：与内置包path的Join()函数的功能相同。

10）Match(pattern, name string) (matched bool, err error)：与内置包path的Match()函数的功能相同。

11）SplitList(path string) []string：对多个路径信息进行分割，以切片方式返回结果，Linux默认以冒号分割，Windows默认以分号分割。

12）Split(path string) (dir, file string)：与内置包path的Split()函数的功能相同。

13）ToSlash(path string) string：将参数path的路径分隔符（即"\"）替换为斜杠"/"并返回替换结果。

14）FromSlash(path string) string：将参数path的斜杠"/"替换为路径分隔符（即"\"）并返回替换结果。

15）VolumeName(path string) string：返回最前面的卷名，Windows系统返回盘符（即C盘、D盘等），Linux系统返回上一级目录（如\host\share\foo返回\host\share）。

16）Walk(root string, fn WalkFunc) error：遍历参数root的所有文件名，在开发中十分常用。

14.3 使用os读写文件

内置包os实现了系统很多操作指令,其中不得不说文件读写功能。文件读写包括文件创建、写入内容、追加内容、读取内容等功能,文件读写功能都定义在内置包os的file.go文件中，如图14-14所示。

在14.1节已实现创建文件、创建目录、修改文件权限、修改文件信息、删除文件、删除目录、文件重命名、判断文件是否相同等功能,本节将讲述如何对文件进行读写操作,包括文件读取、文件创建与写入、文件续写,示例代码如下:

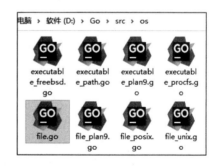

图 14-14 源码文件 file.go

```go
package main

import (
    "fmt"
    "os"
)

func main() {
    // 定义文本内容
```

```
    var val = "This is values\n"
    // 将文本内容转为字节类型的切片
    var val_byte = []byte(val)
    fmt.Printf("values_byte的数据长度: %v\n", len(val_byte))
    // 创建或打开文件
    // 不能使用Open()和Create()，因为文件读写模式不符合要求
    f, _ := os.OpenFile("output.txt", os.O_RDWR|os.O_SYNC, 0)
    // Write()往文件写入文本内容（字节类型的切片）
    n1, _ := f.Write(val_byte)
    fmt.Printf("Write()写入数据的长度: %v\n", n1)

    // WriteString()往文件写入文本内容（字符串类型）
    n2, _ := f.WriteString(val)
    fmt.Printf("WriteString()写入数据的长度: %v\n", n2)

    // WriteAt()相当于Write()+Seek()的功能
    // Seek()是文本内容的偏移量，将写入数据在已有数据的某个位置开始写入
    // WriteAt()不支持O_APPEND模式
    n3, _ := f.WriteAt(val_byte, 0)
    fmt.Printf("WriteAt()写入数据的长度: %v\n", n3)

    // 读取文件，必须为切片定义长度
    var valu_byte []byte = make([]byte, 10)
    // 读取方式一：全内容读取
    // vb, _ := f.Read(valu_byte)
    // 读取方式二：部分内容读取
    vb, _ := f.ReadAt(valu_byte, 0)
    vbs := string(valu_byte)
    fmt.Printf("ReadAt()读取的是数据长度: %v\n", vb)
    fmt.Printf("ReadAt()读取的是数据: %v\n", vbs)
    // 关闭文件
    f.Close()
}
```

运行上述代码，运行结果如图14-15所示。

在示例中分别使用OpenFile()创建或打开文件，Write()、WriteString()、WriteAt()写入数据，Read()、ReadAt()读取数据，每个函数的功能说明如下：

```
values_byte的数据长度: 15
Write()写入数据的长度: 15
WriteString()写入数据的长度: 15
WriteAt()写入数据的长度: 15
ReadAt()读取的是数据长度: 10
ReadAt()读取的是数据: This is va

Process finished with exit code 0
```

图 14-15 运行结果

（1）OpenFile()创建或打开文件

OpenFile(name string, flag int, perm FileMode) (*File, error)设有3个参数和两个返回值。参数flag是整型，代表文件读写模式；参数perm是FileMode类型，代表文件权限设置，默认设为0或0666；返回值File代表文件创建或打开对象；返回值error代表函数的错误信息。

内置包os还定义了函数Open()和Create()创建或打开文件，它们都是在OpenFile()的基础上进行封装的，两者的差异如下：

- Open()仅支持文件读取模式，只能读取数据，无法写入数据。
- Create()支持文件读写模式，但不支持文件内容续写（即在文件已有内容的情况下添加新的内容）。

使用OpenFile()创建或打开文件时，可以根据实际需要设置文件读写模式，文件读写模式在内置包os中已有定义，如图14-16所示。

```
const (
    // Exactly one of O_RDONLY, O_WRONLY, or O_RDWR must be specified.
    O_RDONLY int = syscall.O_RDONLY // open the file read-only.
    O_WRONLY int = syscall.O_WRONLY // open the file write-only.
    O_RDWR   int = syscall.O_RDWR   // open the file read-write.
    // The remaining values may be or'ed in to control behavior.
    O_APPEND int = syscall.O_APPEND // append data to the file when writing.
    O_CREATE int = syscall.O_CREAT  // create a new file if none exists.
    O_EXCL   int = syscall.O_EXCL   // used with O_CREATE, file must not exist.
    O_SYNC   int = syscall.O_SYNC   // open for synchronous I/O.
    O_TRUNC  int = syscall.O_TRUNC  // truncate regular writable file when opened.
)
```

图 14-16　文件读写模式

内置包os定义了8种文件读写模式，每一种模式都有注释说明，使用多种模式可以通过“|”拼接，例如os.O_RDWR|os.O_SYNC。

常用的文件读写模式有O_APPEND、O_RDWR、O_SYNC和O_TRUNC，说明如下：

- O_APPEND模式支持文件内容续写（即在文件已有内容的情况下添加新的内容）。
- O_RDWR模式同时支持文件读取和写入。
- O_SYNC模式通过同步方式打开文件，防止并发时对文件的资源争夺。
- O_TRUNC模式将数据写入文件并且覆盖文件原有数据。

（2）Write()、WriteString()、WriteAt()写入数据

在文件中写入数据可以使用函数Write()、WriteString()、WriteAt()实现，三者的差异说明如下：

- Write(b []byte) (n int, err error)：将字节类型的切片写入文件。参数b是字节类型的切片，代表需要写入文件的数据；返回值n是已写入的数据长度；返回值error是函数执行的错误信息。支持写入和续写功能，如果OpenFile()设置为os.O_APPEND，它将会在文本末端写入内容；如果没有设置os.O_APPEND，则在文本的首行写入内容，首行以下的内容保持不变。
- WriteString(s string) (n int, err error)：将字符串类型的数据写入文件。参数s是字符串类型，代表写入文件的数据；返回值n是已写入的数据长度；返回值error是函数执行的错误信息。它与Write()的写入方式相同。
- WriteAt(b []byte, off int64) (n int, err error)：在文本中按照偏移量写入数据。参数b是字节类型的切片，代表需要写入文件的数据；参数off是整型，代表数据的偏移量；返回值n是已写入的数据长度；返回值error是函数执行的错误信息。如果OpenFile()设置os.O_APPEND，它将无法写入数据，因为参数off的偏移量和os.O_APPEND模式存在冲突。WriteAt()相当于Write()+Seek()的功能，Seek()在文本中根据偏移量找到具体位置，再由Write()写入数据。

（3）Read()、ReadAt()读取数据

从文件中读取数据可以使用函数Read()、ReadAt()实现，两者的差异说明如下：

- Read(b []byte) (n int, err error)：将读取数据加载到字节类型的切片中。参数b是字节类型的切片，用于保存数据；返回值n是已读取数据的长度；返回值error是函数执行的错误信息。

- ReadAt(b []byte, off int64) (n int, err error)：在文本中按照偏移量读取数据。参数b是字节类型的切片，用于保存数据；返回值n是已读取数据的长度；返回值error是函数执行的错误信息。
- Read()和ReadAt()：将读取的数据存放在字节类型的切片中，但是切片必须定义长度，否则数据无法存放在切片中。由于我们无法得知文本数据的具体长度，因此切片长度必须足够长才能存放数据，如果切片长度小于数据长度，则程序只能存储部分数据，切片长度过长也会浪费资源。

综上所述，内置包os实现文件读写的总结如下：

1）使用Open()、Create()或OpenFile()创建或打开文件。Open()和Create()在OpenFile()的基础上封装，OpenFile()能设置文件读写模式和权限，具有较强的灵活性。

2）使用Write()、WriteString()或WriteAt()写入数据。Write()和WriteString()支持os.O_APPEND模式，而WriteAt()不支持。

3）使用Read()或ReadAt()读取数据。数据能否正常读取与字节类型的切片长度相关，如果数据长度大于切片长度，则数据无法完整读取；如果数据长度小于切片长度，则浪费内存空间。若要保证数据和切片长度刚好匹配，则需要调用os包的Stat()和Size()计算文件大小来设置切片长度。

14.4　使用io/ioutil读写文件

除了内置包os读写文件之外，Go语言还提供了内置包io/ioutil或bufio实现文件读写，对比os，io/ioutil或bufio的性能有明显优势。

内置包io/ioutil定义了7个函数，每个函数的功能说明如下：

- NopCloser(r io.Reader) io.ReadCloser：为文件对象（即参数r）提供close()（关闭）功能。参数r为io.Reader类型（即结构体Reader），返回值为io.ReadCloser类型。
- ReadAll(r io.Reader) ([]byte, error)：读取文件所有数据。参数r为io.Reader类型（即结构体Reader），返回值[]byte存放数据，返回值error是函数执行的错误信息。
- ReadDir(dirname string) ([]fs.FileInfo, error)：从目录下获取所有文件对象。参数dirname是字符串类型，代表目录的路径信息；返回值[]fs.FileInfo是所有文件对象；返回值error是函数执行的错误信息。
- ReadFile(filename string) ([]byte, error)：读取文件内容。参数filename是字符串类型，代表文件的路径信息；返回值[]byte存放文件内容；返回值error是函数执行的错误信息。
- WriteFile(filename string, data []byte, perm fs.FileMode)：在文件中写入数据，不支持文件内容续写，每次调用会覆盖原有数据。参数filename是字符串类型，代表文件的路径信息；参数data是字节类型的切片，代表写入文件的数据；参数perm是fs.FileMode类型，代表文件权限，一般设置为0644即可；返回值error是函数执行的错误信息，若为空值nil，则代表写入成功。
- TempDir(dir, pattern string) (name string, err error)：创建临时文件夹。参数dir是创建的路径，参数pattern是文件夹名称，返回值name是创建后的路径信息，返回值error是函数执行的错误信息。
- TempFile(dir, pattern string) (f *os.File, err error)：创建临时文件。参数dir是创建的路径，参数pattern是文件名称，返回值f是创建后的文件对象，返回值error是函数执行的错误信息。

下面通过一个简单的例子来演示如何使用内置包io/ioutil的7个函数，示例如下：

```go
package main
import (
    "fmt"
    "io/ioutil"
    "os"
)
func main() {
    // 使用os包创建文件
    f, _ := os.OpenFile("output.txt", os.O_RDWR|os.O_SYNC, 0)
    // 返回ReadCloser对象提供close函数
    f1 := ioutil.NopCloser(f)
    defer f1.Close()

    // ReadAll()读取所有数据
    p, _ := ioutil.ReadAll(f)
    // 将数据从字节切片转换为字符串
    fmt.Printf("ReadAll()读取所有数据: %v\n", string(p))

    // ReadDir返回目录下所有文件切片
    fileInfo, _ := ioutil.ReadDir("./")
    for _, data := range fileInfo {
        fmt.Printf("ReadDir()的文件信息: %v\n", data.Name())
    }

    // 读取整个文件数据
    data, _ := ioutil.ReadFile("output.txt")
    // 将数据从字节切片转换为字符串
    fmt.Printf("ReadFile()读取文件内容: %v\n", string(data))

    // 往文件写入数据，不支持文件内容续写，每次调用会覆盖原有数据
    ioutil.WriteFile("output.txt", []byte("111"), 0655)

    // 在当前路径下创建test前缀的临时文件夹，返回文件夹名称
    dir, _ := ioutil.TempDir("./", "test")
    fmt.Printf("TempDir()创建的文件夹: %v\n", dir)

    // 在当前路径下创建test前缀的临时文件，返回os.File指针
    fs, _ := ioutil.TempFile("./", "test")
    // 使用os的Write()写入数据
    fs.Write([]byte("222"))
    fs.Close()
}
```

运行上述代码，运行结果如图14-17所示，并且在同一目录下自动创建了以test开头的文件夹和文件。

综上所述，使用io/ioutil包读写文件的总结如下：

1）使用ReadAll()和NopCloser()必须依赖os包打开文件并生成文件对象，通过文件对象完成读写过程。

```
ReadAll()读取所有数据: 111111111111111111111
ReadDir()的文件信息: .idea
ReadDir()的文件信息: chapter14.2.2.go
ReadDir()的文件信息: chapter14.3.go
ReadDir()的文件信息: go.mod
ReadDir()的文件信息: go.sum
ReadDir()的文件信息: output.txt
ReadFile()读取文件内容: 111111111111111111111
TempDir()创建的文件夹: test139503931
```

图 14-17　运行结果

2）ReadFile()和WriteFile()能直接读写文件。ReadFile()能根据文件内容自动设置切片长度，保证数据有足够空间存储并且不造成资源浪费；WriteFile()不支持文件内容续写，每次调用会覆盖原有数据，无法适应灵活多变的开发需求。

3）ReadDir()能读取目录下的所有文件，并生成对应的文件对象，这个功能在开发中十分常用，比如文件的批量处理。

4）TempDir()和TempFile()是分别创建临时文件夹和临时文件，也可以理解为创建文件夹和文件，因为程序运行完成后，创建的文件夹和文件依然存在。

14.5　使用bufio读写文件

bufio和io/ioutil有很多相似的功能，唯一的不同在于bufio提供了一些缓冲操作，如果对文件I/O操作（读写操作）比较频繁，使用bufio能提高读写性能。

bufio定义了函数NewReader()、NewReaderSize()、NewWriter()和NewWriterSize()实现文件的读写操作，每个函数的说明如下：

1）NewReader(rd io.Reader) *Reader：通过工厂函数实例化结构体Reader，主要实现文件读取操作。参数rd是文件对象，是由os包的Open()、Create()或OpenFile()打开文件生成的文件对象，返回值是已实例化的结构体Reader。

2）NewReaderSize(rd io.Reader, size int) *Reader：与函数NewReader()的定义过程相同，参数size设置结构体Reader成员buf的数据长度，结构体成员buf是字节类型的切片，用于存放数据。

3）NewWriter(w io.Writer) *Writer：与函数NewReader()的定义过程相同，但它的功能主要是实现文件写入操作。

4）NewWriterSize(w io.Writer, size int) *Writer：与函数NewReaderSize()的定义过程相同，但它的功能主要是实现文件写入操作。

为什么定义函数NewReader()、NewReaderSize()、NewWriter()和NewWriterSize()？因为NewReader()和NewWriter()默认结构体成员buf的长度为4096，如果数据长度大于4096，只能使用NewReaderSize()和NewWriterSize()。换句话说，NewReader(rd)等同于NewReaderSize(rd,4096)，NewWriter(w)等同于NewWriterSize(w,4096)。

bufio包的NewReader()和NewReaderSize()是返回已实例化的结构体Reader，然后调用结构体方法就能实现文件的读取功能。

结构体Reader一共定义了7个方法读取文件：Read()、ReadByte()、ReadSlice()、ReadBytes()、ReadString()、ReadLine()和ReadRune()，每种方法在功能上都是大同小异，只是在数据类型上存在差异，本书以ReadString()为例进行介绍，示例如下：

```
package main

import (
    "bufio"
    "fmt"
    "os"
    "strings"
)

func main() {
    // 使用os创建或打开文件对象
    f, _ := os.OpenFile("output.txt", os.O_RDWR|os.O_SYNC, 0)
    // 实例化结构体Reader
    reader := bufio.NewReader(f)
    // 通过死循环方式读取每行数据
    for {
        // ReadString()按行读取数据
        buf, err := reader.ReadString('\n')
        // 输出当前读到的数据的长度
        fmt.Printf("当前数据长度: %v\n", len(buf))
        // 数据转换字符串格式，并去掉换行符
        value := strings.Trim(string(buf), "\r\n")
        // 如果数据不为空，则说明已读到数据
        if value != "" {
            fmt.Printf("当前数据: %v\n", value)
        } else {
            // 若数据为空，则可能是空行数据，但出现err说明已读取完成
            if err != nil {
                break
            } else {
                fmt.Printf("当前数据是空行数据\n")
            }
        }
    }
}
```

在output.txt文件中通过人为操作写入3行数据，第一行数据为111，第二行数据为空，第三行数据为222。运行上述代码，运行结果如图14-18所示。

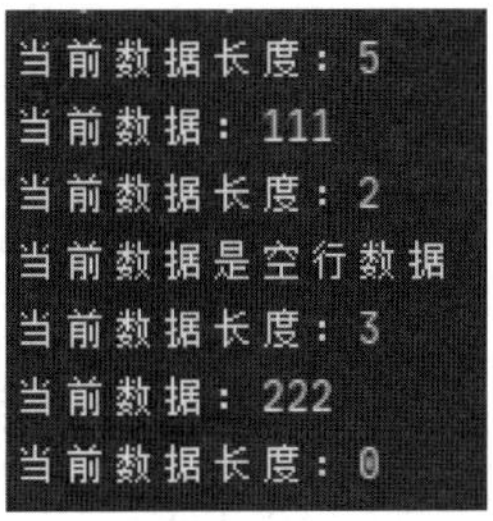

上述示例适用于ReadSlice()、ReadBytes()或ReadString()，只要在代码中修改结构体方法即可，将代码的reader.ReadString('\n')改为ReadSlice()或ReadBytes()，程序的运行结果保持不变。

图 14-18　运行结果

```
当前数据长度: 5
当前数据: 111
当前数据长度: 2
当前数据是空行数据
当前数据长度: 3
当前数据: 222
当前数据长度: 0
```

ReadSlice()、ReadBytes()或ReadString()的参数delim是按照规则读取数据的，比如按行读取数据只要将参数delim设为'\n'即可。除Read()方法之外，其他方法都不能一次性读取文件的全部数据，它们非常适合按行读取或按某规律读取部分数据。

bufio包的NewWriter()和NewWriterSize()是返回已实例化的结构体Writer，然后调用结构体方法就能实现文件写入功能。

结构体Writer一共定义了4个方法写入文件：Write()、WriteByte()、WriteRune()和WriteString()。其中WriteByte()和WriteRune()将单个字节写入文件，使用频率较低；Write()和WriteString()分别将字节切片和字符串写入文件。接下来将演示Write()和WriteString()的使用，示例如下：

```go
package main

import (
    "bufio"
    "fmt"
    "os"
)

func main() {
    // 使用os创建或打开文件对象
    f, _ := os.OpenFile("output.txt", os.O_RDWR|os.O_SYNC, 0)
    // 实例化结构体Writer
    reader := bufio.NewWriter(f)
    // 调用结构体方法Write()写入数据
    n1, _ := reader.Write([]byte("6666\n"))
    fmt.Printf("Write()已写入数据: %v\n", n1)
    // 调用结构体方法WriteString()写入数据
    n2, _ := reader.WriteString("7777\n")
    fmt.Printf("WriteString()已写入数据: %v\n", n2)
    // 调用结构体方法Flush()将数据保存到文件中
    reader.Flush()
}
```

运行上述代码，运行结果如图14-19所示。

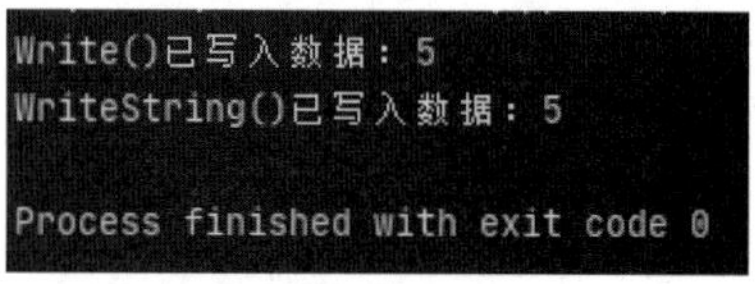

结构体NewWriter()或NewWriterSize()写入数据的过程如下：

图 14-19　运行结果

1）结构体方法Write()和WriteString()不支持文件续写功能，每次调用都会将文件已有数据清除，再重新写入新的数据。

2）当完成数据写入操作之后，必须调用结构体方法Flush()将数据保存到文件。因为bufio包提供了一些缓冲操作，将数据写入存放在某个变量中，只有通过结构体方法Flush()将所有数据一次性写入文件。

除此之外，bufio包还定义了NewReadWriter(r *Reader, w *Writer) *ReadWriter，它将NewReader()和NewWriter()的功能组合一起，使其同时具备文件读写功能。

综上所述，我们分别演示了os、io/ioutil和bufio包的文件读写操作，三者的总结如下：

1）os包是文件读写操作的核心，io/ioutil和bufio包的部分功能需要依赖os包。

2）os包支持多种文件写入方式，适用场景较广，但文件读取需要自行设置切片长度，设置方式需要使用os包的Stat()和Size()计算文件大小，使用上不够灵活简便。

3）io/ioutil包支持文件多种读取方式，适用场景较广，但文件写入方式单一，不支持文件内容续写，具有一定局限性。

4）bufio包主要支持按行读取或按某规律读取文件数据，但文件写入方式单一，不支持文件内容续写，具有一定局限性。

14.6 使用encoding/csv读写CSV文件

CSV（Comma-Separated Values，逗号分隔值）文件以纯文本形式存储表格数据（数字和文本），每行数据的各个字段使用逗号或制表符分隔，支持Excel和记事本打开，如图14-20所示。

内置包encoding/csv提供4种方式读写CSV文件：按行读取、全部读取、按行写入和全部写入，分别由Read()、ReadAll()、Write()和WriteAll()实现。CSV文件数据写入示例如下：

图 14-20 CSV 文件内容

```go
package main

import (
    "encoding/csv"
    "fmt"
    "os"
)

func main() {
    // OpenFile()创建或打开文件，设置读写模式
    // 如果设置O_APPEND模式，则实现文件续写功能
    // 如果设置O_TRUNC模式，则新数据覆盖文件原有数据
    nfs, _ :=os.OpenFile("input.csv",os.O_RDWR|os.O_CREATE|os.O_APPEND,0)
    // 将文件对象nfs加载到NewWriter()，实例化结构体Writer
    csvWriter := csv.NewWriter(nfs)
    // 设置结构体Writer的成员
    // Comma设置每个字段之间的分隔符，默认为逗号
    csvWriter.Comma = ','
    // UseCRLF默认为true，使用\r\n作为换行符
    csvWriter.UseCRLF = true

    // 写入一行数据
    row := []string{"1", "2", "3", "4"}
    err := csvWriter.Write(row)
    if err != nil {
        fmt.Printf("无法写入，错误信息: %v\n", err)
    }

    // 一次性写入多行数据
    var newContent [][]string
    newContent = append(newContent, []string{"11", "12", "13", "14"})
    newContent = append(newContent, []string{"21", "22", "23", "24"})
    csvWriter.WriteAll(newContent)

    // 将数据写入文件
    csvWriter.Flush()
    // 关闭文件
```

```
    nfs.Close()
}
```

上述代码的实现过程说明如下：

1）使用os包创建或打开文件input.csv，如果设置O_APPEND模式，文件支持数据续写功能；如果设置O_TRUNC模式，当前写入数据将覆盖文件原有数据。

2）将os包创建或打开的文件作为encoding/csv包NewWriter()的参数，得到结构体Writer的实例化对象，并允许修改结构体成员Comma和UseCRLF的值，一般情况下结构体成员使用默认值即可。

3）由结构体Writer实例化对象调用结构体方法Write()或WriteAll()实现数据写入操作。结构体方法Write()表示写入一行数据，参数record是字符串类型的切片，切片元素表示一行数据的某个字段；结构体方法WriteAll()表示一次写入多行数据，参数records是字符串类型的二维切片，由于每一行数据以一个切片表示，多行数据是将多个切片放在一个新的切片中，从而组成了二维切片。

4）数据写入之后必须由结构体Writer实例化对象调用结构体方法Flush()将数据写入文件，程序结束之后，文件才会生成数据，再由os包创建或打开的文件调用Close()关闭文件，释放资源。

CSV文件读取分为按行读取和全部读取。按行读取适用于大文件，如果一次性读取大文件数据，可能占用较大的内存资源，按行读取无须考虑内存资源问题；全部读取适用于小文件，方便数据加工处理，并且不会占用太多的内存资源。两者的应用示例如下：

```
package main

import (
    "encoding/csv"
    "fmt"
    "io"
    "os"
)

func main() {
    // OpenFile()创建或打开文件，设置读写模式
    // O_RDWR已经支持文件读写操作
    // O_CREATE当文件不存在时会自动创建文件
    fs, _ := os.OpenFile("input.csv", os.O_RDWR|os.O_CREATE, 0)
    // 将文件对象fs加载到NewReader()，实例化结构体Reader
    csvReader := csv.NewReader(fs)
    // 一行一行地读取文件，常用于大文件
    for {
        // 调用结构体方法Read()读取文件内容
        row, err := csvReader.Read()
        if err == io.EOF || err != nil {
            break
        }
        fmt.Printf("Read()读取CSV内容: %v, 数据类型: %T\n", row, row)
    }
    // 关闭文件
    fs.Close()

    // 一次性读取文件所有内容，常用于小文件
    fs1, _ := os.OpenFile("input.csv", os.O_RDWR|os.O_CREATE, 0)
    // 将文件对象fs1加载到NewReader()，实例化结构体Reader
```

```
    csvReader1 := csv.NewReader(fs1)
    // 调用结构体方法ReadAll()读取文件所有内容
    content, err := csvReader1.ReadAll()
    if err != nil {
        fmt.Printf("ReadAll()读取失败: %v\n", err)
    }
    // 遍历输出每一行数据
    for _, row := range content {
        fmt.Printf("ReadAll()读取CSV内容: %v, 数据类型: %T\n",row,row)
    }
    // 关闭文件
    fs1.Close()
}
```

运行上述代码，运行结果如图14-21所示。

```
Read()读取CSV内容: [1 2 3 4], 数据类型: []string
Read()读取CSV内容: [11 12 13 14], 数据类型: []string
Read()读取CSV内容: [21 22 23 24], 数据类型: []string
ReadAll()读取CSV内容: [1 2 3 4], 数据类型: []string
ReadAll()读取CSV内容: [11 12 13 14], 数据类型: []string
ReadAll()读取CSV内容: [21 22 23 24], 数据类型: []string
```

图 14-21　运行结果

CSV文件的按行读取和全部读取的实现过程如下：

1）使用os包创建或打开文件input.csv，文件模式只需设置O_RDWR和O_CREATE，O_RDWR支持文件读写，O_CREATE在文件不存在的时候能自动创建文件。

2）将os包创建或打开的文件作为encoding/csv包NewReader()的参数，得到结构体Reader的实例化对象。

3）如果结构体Reader实例化对象调用Read()方法，程序将实现按行读取，由于数据行数无法确定，因此使用for死循环方式读取，当读取结果err不为空值nil（说明读取出现异常）或等于io.EOF（io.EOF代表文件末端，说明数据已读完）时将终止循环，读取结果row是每次循环读取的数据，即文件的每一行数据。

4）如果结构体Reader实例化对象调用ReadAll()方法，程序将实现全部读取，若读取结果err不为空值nil（说明读取出现异常），则输出异常提示，通过for…range遍历读取文件的每一行数据。

综上所述，内置包encoding/csv实现CSV文件读写的操作如下：

1）首先使用os包创建或打开CSV文件，如果实现数据写入，可根据实际需要设置O_APPEND或O_TRUNC模式；如果实现数据读取，只需设置O_RDWR和O_CREATE模式。

2）然后将os包创建或打开的文件对象作为encoding/csv的NewReader()或NewWriter()的参数，得到对应结构体实例化对象，再由结构体实例化对象调用Read()、ReadAll()或Write()、WriteAll()实现文件的读取或写入操作。

3）最后由结构体实例化对象调用Flush()将数据写入文件，或者通过循环遍历输出文件的每一行数据。

14.7　使用encoding/json读写JSON文件

在6.3.3节和8.9节已介绍了JSON的概念以及它与集合、结构体的相互转换，本节将讲述如何使用encoding/json实现JSON数据在文件中的写入和读取。

内置包encoding/json的NewEncoder()是工厂函数，主要对结构体Encoder执行实例化过程，Encoder是实现JSON数据写入文件的结构体，只要调用结构体方法Encode()即可实现数据写入，示例如下：

```go
package main

import (
    "encoding/json"
    "fmt"
    "os"
)

type PersonInfo struct {
    Name string `json:"name"`
    Age  int32  `json:"age"`
}

func main() {
    // 使用OpenFile()打开文件，设置O_TRUNC模式，每次写入将覆盖原有数据
    // 如果不想为OpenFile()设置参数，则可以用Create()代替，实现效果一样
    f2, _ := os.OpenFile("output.json", os.O_RDWR|os.O_CREATE|os.O_TRUNC,0755)
    // 创建PersonInfo类型的切片
    p := []PersonInfo{{"David", 30}, {"Lee", 27}}
    // 实例化结构体Encoder，实现数据写入
    encoder := json.NewEncoder(f2)
    // 将变量p的数据写入JSON文件
    // 数据写入必须使用文件内容覆盖，即设置os.O_TRUNC模式，否则导致内容错乱
    err := encoder.Encode(p)
    // 如果err不为空值nil，则说明写入错误
    if err != nil {
        fmt.Printf("JSON写入失败: %v\n", err.Error())
    } else {
        fmt.Printf("JSON写入成功\n")
    }
}
```

运行上述代码,程序运行完成后将在同一目录下创建文件output.json,文件内容如图14-22所示,由于代码的变量p是PersonInfo类型的切片，它转换JSON数据将以数组格式写入文件。

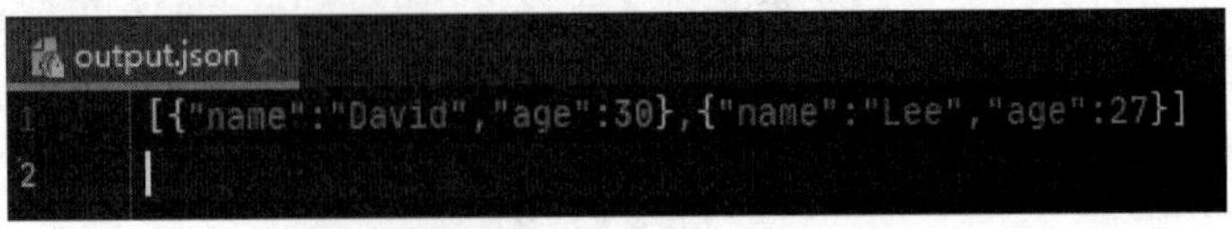

图 14-22　output.json 文件

NewEncoder()将数据写入JSON文件的过程如下：

1）使用os包创建或打开文件output.json，文件模式设置为O_RDWR、O_CREATE和O_TRUNC，如果不想为OpenFile()设置参数，可以用Create()代替，实现效果一样。

2）将os包创建或打开的文件作为encoding/json包NewEncoder()的参数，得到结构体Encoder实例化对象，同时创建PersonInfo类型的切片，该切片用于写入JSON文件，写入数据必须符合JSON格式要求。

3）由结构体Encoder实例化对象调用结构体方法Encode()实现数据写入操作。Encode()的参数v是空接口类型，支持任何数据类型，但参数v将会被encoding/json的marshal()（marshal()将数据转换为JSON格式）处理，因此参数v的数据必须符合JSON格式。

读取JSON文件由工厂函数NewDecoder()实例化结构体Decoder，再由结构体实例化对象调用Decode()方法完成数据的读取操作，示例如下：

```go
package main

import (
    "encoding/json"
    "fmt"
    "os"
)

type PersonInfo struct {
    Name string `json:"name"`
    Age  int32  `json:"age"`
}

func main() {
    // 使用OpenFile()打开文件，设置O_CREATE模式，若文件不存在则创建
    // 如果不想为OpenFile()设置参数，则可以用Open()代替，实现效果一样
    f1, _ := os.OpenFile("output.json", os.O_RDWR|os.O_CREATE, 0755)
    // 定义结构体类型的切片
    var person []PersonInfo
    // 实例化结构体Decoder，实现数据读取
    data := json.NewDecoder(f1)
    // 将已读取的数据加载到切片person
    err := data.Decode(&person)
    // 如果err不为空值nil，则说明读取错误
    if err != nil {
        fmt.Printf("JSON读取失败: %v\n", err.Error())
    } else {
        fmt.Printf("JSON读取成功: %v\n", person)
    }
    // 关闭文件
    f1.Close()
}
```

分析上述代码发现，JSON文件的数据读取和写入过程十分相似，只是两者调用不同的函数和结构体方法。JSON文件的数据读取过程如下：

1）使用os包创建或打开文件output.json，文件模式设置为O_RDWR和O_CREATE，如果不想为OpenFile()设置参数，可以用Open()代替，实现效果一样。

2）将os包创建或打开的文件作为encoding/json包NewDecoder()的参数，得到结构体Decoder实例化对象，同时创建PersonInfo类型的切片，该切片用于存储JSON文件数据，存储的数据必须与JSON数据格式相符。

3）由结构体Decoder实例化对象调用结构体方法Decode()实现数据读取操作。Decode()的参数v是空接口类型，支持任何数据类型，但参数v将会被encoding/json的unmarshal()（unmarshal()将JSON数据转换为Go语言数据类型）处理，因此参数v的数据必须与JSON数据格式相符。

运行上述代码，运行结果如图14-23所示。

综上所述，内置包encoding/json实现JSON文件的数据读写操作如下：

```
C:\Users\Administrator\AppData\Local
JSON读取成功：[{David 30} {Lee 27}]

Process finished with exit code 0
```

图 14-23　运行结果

1）首先使用os包创建或打开JSON文件。如果实现数据写入，可根据实际需要设置O_RDWR、O_CREATE或O_TRUNC模式。如果实现数据读取，则只需设置O_RDWR和O_CREATE模式。

2）然后将os包创建或打开的文件对象作为encoding/json的NewDecoder()或NewEncoder()的参数，得到实例化对象，再由实例化对象调用Decode()或Encode()实现文件的数据读取或写入操作。

3）最后数据读取或写入是由异常信息err表示的，如果异常信息err不为空值nil，则说明读取或写入错误；若为空值nil，则说明读取或写入成功。

14.8　第三方包读写Excel文件

Microsoft Office是十分常用的办公软件，很多用户与系统之间的数据交互载体都会选择Office办公软件，因为用户不会使用JSON文件、CSV文件或Yaml文件等这类开发配置文件。

Office办公软件使用频率最高的是Excel，它的功能比Word和PPT都要强大和实用，虽然CSV能用Excel软件打开和编辑，但CSV无法保存Excel的功能，比如数据透视表、函数公式等，因为CSV无法保存这些特殊数据。

Go语言读写Excel文件必须依赖第三方包实现，在GitHub搜索关键词"go excel"，编程语言选择Go就能找到相关的第三方包，如图14-24所示。

在选择第三方包的时候，我们可以从3个维度判断是否适合开发需求：官方文档、星星数量和社区活跃情况，各个维度的判断标准如下：

1）官方文档能使开发者快速上手，提高开发效率，这是3个维度中最重要的，如果没有完善的文档教程，只能从源码中分析总结，这个过程很漫长和痛苦。使用第三方包的目的是不用自己造轮子，开箱即用，提高开发效率。如果没有官方文档指导，只靠自己分析总结源码，还不如自己造轮子。总的来说，没有官方文档的第三方包，即使是神器，无法快速上手也是废器。

2）星星数量反映了当前第三方包的使用热度，数量越多说明使用人群越广泛并且得到认同，而且有利于发现包的bug、性能和兼容性等问题。

3）社区活跃情况反映第三方包的bug、性能和兼容性等问题能否及时修复，GitHub提供了Issues功能，为使用者和开发者提供交流平台。从Issues可以看到包的异常和修复情况，使用者提出异常，如果开发者从不修复或修复时间长，那么说明不再维护或维护效率低。

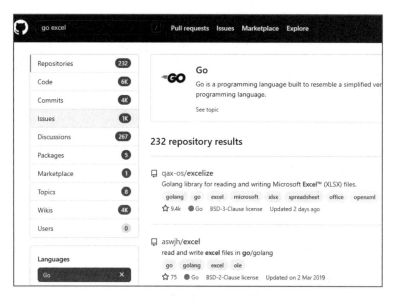

图 14-24　搜索第三方包

根据3个维度的判断标准，我们选择第三方包excelize实现Excel的读写操作。首先在CMD窗口或GoLand的Terminal窗口输入"go get xxx"指令下载第三方包，如图14-25所示。

```
E:\mygo>go get github.com/xuri/excelize/v2
go: downloading github.com/xuri/excelize v1.4.1
go: downloading github.com/xuri/excelize/v2 v2.4.1
go: downloading github.com/richardlehane/mscfb v1.0.3
go: downloading github.com/xuri/efp v0.0.0-20210322160811-ab561f5b45e3
go: downloading golang.org/x/crypto v0.0.0-20210711020723-a769d52b0f97
go: downloading golang.org/x/net v0.0.0-20210726213435-c6fcb2dbf985
go: downloading golang.org/x/text v0.3.6
go: downloading github.com/richardlehane/msoleps v1.0.1
go get: added github.com/xuri/excelize/v2 v2.4.1
```

图 14-25　下载第三方包

本书推荐使用go mod管理第三方包，根据excelize文档说明，我们应该输入安装指令：go get github.com/xuri/excelize/v2。

下一步在E盘下创建文件夹mygo，分别创建文件chapter14.8.go和使用go mod init mygo指令创建文件go.mod，目录结构如图14-26所示。

图 14-26　目录结构

使用GoLand以项目形式打开文件夹mygo，在go.mod中设置第三方包的信息，代码如下：

```
module mygo

go 1.18

require (
    github.com/xuri/excelize/v2 v2.4.1 // indirect
)
```

最后在chapter14.8.go中调用第三方包excelize实现Excel的读写过程，实现代码如下：

```go
package main
import (
    "fmt"
    "github.com/xuri/excelize/v2"
)
func main() {
    // NewFile()创建新的Excel文件
    f := excelize.NewFile()
    // NewSheet()在Excel里面创建Sheet2
    index := f.NewSheet("Sheet2")
    // 在Sheet2的单元格写入数据
    f.SetCellValue("Sheet2", "A2", "Hello world")
    f.SetCellValue("Sheet1", "B2", 100)
    // 设置工作簿的默认工作表
    f.SetActiveSheet(index)
    // 从Sheet2获取单元格A2的值
    cell, _ := f.GetCellValue("Sheet2", "A2")
    fmt.Printf("Sheet2的单元格A2的值: %v\n", cell)
    // 保存Excel文件
    err := f.SaveAs("./Book1.xlsx")
    if err != nil {
        fmt.Println(err)
    }
}
```

运行上述代码之后，程序在当前目录（即文件夹mygo）创建Excel文件Book1.xlsx，打开Book1.xlsx就能看到Sheet1的B2和Sheet2的A2分别写入100和Hello world。上述示例一共执行了6个操作，说明如下：

1）由第三方包excelize调用NewFile()创建新的Excel文件，并生成文件对象f。如果要读取现有的Excel文件，可以由excelize调用OpenFile()读取。

2）文件对象f调用NewSheet()，在Excel中创建工作表Sheet2。NewSheet()的参数name是工作表Sheet的名字，返回值是工作表Sheet的索引位置。

3）文件对象f调用SetCellValue()在某个工作表Sheet的某个单元格设置数值，参数sheet代表工作表Sheet的名称，参数axis代表单元格，参数value代表写入单元格的数值。

4）文件对象f调用SetActiveSheet()能设置默认工作表Sheet，参数index为整型类型，代表工作表Sheet的索引位置，索引位置是从左往右计算的，从0开始，如图14-27所示。

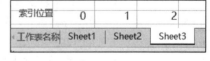

5）文件对象f调用GetCellValue()获取某个工作表Sheet某个单元格的数值，参数sheet是工作表Sheet的名称，参数axis代表单元格，第一个返回值是单元格的数据，第二个返回值是异常信息。

图 14-27　工作表 Sheet

6）文件对象f调用SaveAs()保存Excel文件，参数name是保存路径。

综上所述，使用第三方包excelize实现Excel的读写过程如下：

1）由第三方包excelize调用NewFile()或OpenFile()创建或读取Excel文件，生成文件对象。

2）由文件对象调用相应的方法实现文件的读写操作。

3）调用SaveAs()或Save()方法实现文件保存，从而完成整个读写过程。

第三方包excelize提供了完善的官方文档，并提供了中文文档，更多的Excel文档操作教程可以参考https://xuri.me/excelize/zh-hans/。

14.9 动手练习：编程实现学生管理系统

文件读写能使数据实现持久化存储，特别是在数据管理中较为常用。本节以学生管理系统为例，通过命令行界面实现学生的数据管理，学生数据以JSON文件存储，整个示例功能说明如下：

1）用户根据命令行提示输入操作指令，包括学生信息的查询、新增、删除和退出系统。

2）查询学生信息包括查询全部学生信息和查询某个学生信息，查询方式按照命令行提示操作即可。

3）新增学生信息需要依次输入学生的学号、姓名、年龄、年级和专业。

4）删除学生信息需要输入学生的学号完成删除过程。

5）退出系统是终止程序运行。

我们根据上述功能编写相应的功能代码，代码如下：

```go
package main

import (
    "encoding/json"
    "fmt"
    "os"
)

// 定义结构体
type Student struct {
    Id    int    `json:"id"`
    Name  string `json:"name"`
    Age   int    `json:"age"`
    Grade string `json:"grade"`
    Major string `json:"major"`
}

func data_process(style string, s ...Student) []Student {
    // 定义结构体类型的切片
    var person []Student
    // 读取JSON文件
    if style == "read" {
        f1,_:=os.OpenFile("data.json", os.O_RDWR|os.O_CREATE,0755)
        // 实例化结构体Decoder，实现数据读取
        data := json.NewDecoder(f1)
        // 将已读取的数据加载到切片person
        data.Decode(&person)
        f1.Close()
    }
    // 写入JSON文件
```

```go
    if style == "write" {
        f2,_:=os.OpenFile("data.json",os.O_RDWR|os.O_CREATE|os.O_TRUNC,0755)
        // 实例化结构体Encoder，实现数据写入
        encoder := json.NewEncoder(f2)
        // 数据写入必须使用文件内容覆盖，即设置os.O_TRUNC模式
        encoder.Encode(s)
        f2.Close()
    }
    return person
}

func main() {
    var s int
    for {
        // 输出操作提示
        fmt.Printf("欢迎来到学生信息管理系统\n")
        fmt.Printf("查询请按1,新增请按2,删除请按3,退出请按4: \n")
        // 存储用户输入的数据
        fmt.Scanln(&s)
        if s == 1 {
            // 读取JSON文件获取学生信息
            data := data_process("read")
            if len(data) == 0 {
                // JSON文件读取失败
                continue
            }
            var qs int
            fmt.Printf("查询全部请按1,查询某个学生请按2: \n")
            fmt.Scanln(&qs)
            if qs == 1 {
                // 查询全部学生信息
                for _, v := range data {
                    fmt.Printf("学号: %v、", v.Id)
                    fmt.Printf("姓名: %v、", v.Name)
                    fmt.Printf("年龄: %v、", v.Age)
                    fmt.Printf("年级: %v、", v.Grade)
                    fmt.Printf("专业: %v\n", v.Major)
                }
            } else if qs == 2 {
                // 查询某个学生信息
                var id int
                fmt.Printf("请输入学号查询\n")
                fmt.Scanln(&id)
                for _, v := range data {
                    if v.Id == id {
                        fmt.Printf("学号: %v、", v.Id)
                        fmt.Printf("姓名: %v、", v.Name)
                        fmt.Printf("年龄: %v、", v.Age)
                        fmt.Printf("年级: %v、", v.Grade)
                        fmt.Printf("专业: %v\n", v.Major)
                    }
                }
            }
```

```go
        }
    } else if s == 2 {
        var id, age int
        var name, grade, major string
        fmt.Printf("请输入学号\n")
        fmt.Scanln(&id)
        fmt.Printf("请输入姓名\n")
        fmt.Scanln(&name)
        fmt.Printf("请输入年龄\n")
        fmt.Scanln(&age)
        fmt.Printf("请输入年级\n")
        fmt.Scanln(&grade)
        fmt.Printf("请输入专业\n")
        fmt.Scanln(&major)
        // 读取JSON文件获取学生信息
        data := data_process("read")
        // 实例化结构体Student
        stu := Student{
            Id: id, Name: name, Age: age,
            Grade: grade, Major: major,
        }
        // 将实例化对象写入切片data
        data = append(data, stu)
        // 将切片data写入JSON文件，利用切片的解包原理
        data_process("write", data...)
    } else if s == 3 {
        var id int
        var new_data []Student
        // 读取JSON文件获取学生信息
        data := data_process("read")
        fmt.Printf("输入学号删除学生信息: \n")
        fmt.Scanln(&id)
        fmt.Printf("删除前的学生信息: %v\n", data)
        for _, v := range data {
            if v.Id != id {
                new_data = append(new_data, v)
            }
        }
        data_process("write", new_data...)
        fmt.Printf("删除后的学生信息: %v\n", new_data)
    } else if s == 4 {
        break
    }
    }
}
```

上述代码按照功能划分为6部分，每个功能的说明如下：

1）定义结构体Student，结构体成员分别为Id、Name、Age、Grade和Major，并设置结构体标签，用于内置包encoding/json实现对象序列化处理。

2）定义函数data_process()实现JSON文件的读取和写入操作，参数style选择JSON文件的读取或写入操作，以字符串表示；参数s是不固定参数，不固定参数都是以切片表示的，它在写入JSON文件时提供写入内容；返回值以切片表示，切片元素是结构体Student，如果读取JSON文件，将读取结果作为返回值，如果写入JSON文件，将空切片作为返回值。

3）主函数main()使用for死循环运行学生管理系统，在命令行输入操作提示：输入1执行学生查询功能、输入2执行学生新增功能、输入3执行学生删除功能、输入4执行终止for死循环。

4）当输入1时，系统提示用户再次输入操作指令：输入1查询全部学生、输入2根据学号查询对应学生信息。整个查询功能都是读取JSON文件，然后使用for循环和if判断输出学生信息。

5）当输入2时，系统提示用户输入学生的学号、姓名、年龄、年级和专业，程序首先读取JSON文件获取数据data，然后实例化结构体Student并写入data，最后将data写回JSON文件。

6）当输入3时，系统提示用户输入学生学号，程序读取JSON文件获取数据data，根据学号删除数据data的学生信息，再将data写回JSON文件。

14.10　小　　结

内置包os实现了多种系统操作指令，如主机、用户、进程、环境变量、目录与文件操作和终端指令执行等。

在内置包path的源码文件中，所有功能编写在源码文件match.go和path.go中，其余带有_test.go的源码文件是功能测试代码，主要用于实现目录路径的截取、清洗、拼接和正则匹配等功能。

内置包encoding/csv提供4种方式读写CSV文件：按行读取、全部读取、按行写入和全部写入，分别由Read()、ReadAll()、Write()和WriteAll()实现。

内置包encoding/json的NewDecoder()或NewEncoder()执行实例化操作，再由实例化对象调用Decode()或Encode()实现文件的数据读取或写入操作。

第 15 章

时 间 处 理

本章内容：

- 时间戳。
- 结构体Time。
- 字符串格式化。
- 时间类型的相互转换。
- 时间计算操作。
- 延时、超时与定时。
- 动手练习：编写一个个人备忘录程序。

15.1 时 间 戳

日期和时间是编程语言中常用的功能之一，如果没有日期和时间，就会导致许多功能无法实现，比如日志记录、定时任务、等待延时等。内置包time为我们提供了操作日期和时间的函数方法。

不同地区的时间会存在时间差，如泰国比北京时间晚了1小时，UTC（Universal Time Coordinated）是公认的世界协调时间，以 GMT（Greenwich Mean Time，格林尼治时间）时区的时间为主，根据GMT时间与时区之间的时间差就能计算当前时区的本地时间，如UTC＋8 小时 ＝ 北京时间。

一般默认以操作系统的当前时间为基准，如果对时间没有太大要求，使用操作系统的当前时间即可。

在Go语言中，日期与时间可以分为3种表示方式：时间戳、结构体Time和字符串格式化，三者之间的数据类型能相互转换。

时间戳是指格林尼治时间1970年1月1日00时00分00秒，即北京时间1970年1月1日08时00分00

秒至现在的总秒数。内置包time提供结构体方法Unix()和UnixNano()生成秒级时间戳和纳秒级时间戳，示例如下：

```go
package main

import (
    "fmt"
    "time"
)

func main() {
    // 获取当前时间
    now := time.Now()
    // 生成秒级时间戳
    t1 := now.Unix()
    // 生成纳秒级时间戳
    t2 := now.UnixNano()
    fmt.Printf("现在的秒级时间戳: %v，类型: %T\n", t1, t1)
    fmt.Printf("现在的纳秒级时间戳: %v，类型: %T\n", t2, t2)
}
```

运行上述代码，结果如图15-1所示。

图 15-1　运行结果

上述例子的代码说明如下：

1）由内置包time调用工厂函数Now()生成结构体Time实例化对象，工厂函数Now()以当前时间为准，结构体Time设有3个结构体成员：wall、ext和loc，如图15-2所示。

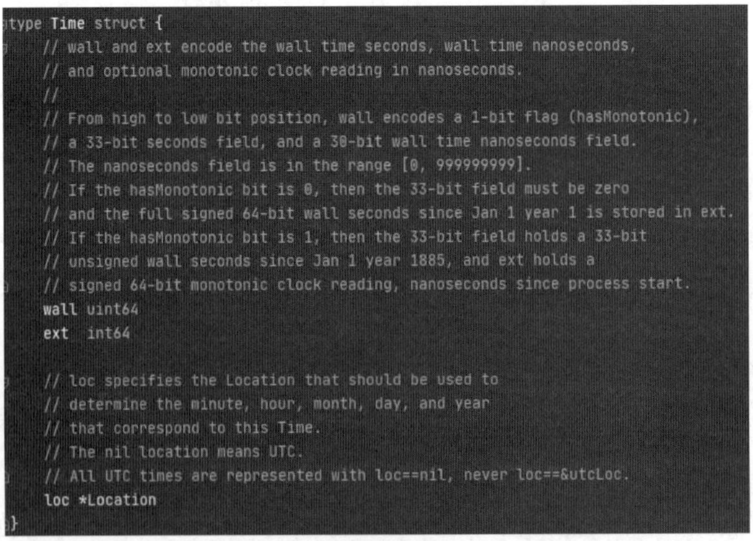

图 15-2　结构体 Time

2）由结构体Time实例化对象分别调用结构体方法Unix()和UnixNano()生成秒级时间戳和纳秒级时间戳，时间戳皆以整型类型表示。

15.2 结构体Time

结构体Time是Go语言对时间的具体表现，它将时间以结构体Time表示，由结构体实例化对象调用结构体方法或结构体成员获取时间信息，示例如下：

```go
package main

import (
    "fmt"
    "time"
)

func main() {
    // 获取当前时间
    now := time.Now()
    fmt.Printf("当前时间: %v\n", now)
    // 获取当前时间的年
    year := now.Year()
    fmt.Printf("获取当前时间的年: %v\n", year)
    // 获取当前时间的月
    month := now.Month()
    fmt.Printf("获取当前时间的月，英文格式: %v\n", month)
    fmt.Printf("获取当前时间的月，数字格式: %v\n", int(month))
    // 获取当前时间的日
    day := now.Day()
    fmt.Printf("获取当前时间的日: %v\n", day)
    // 获取当前时间的小时
    hour := now.Hour()
    fmt.Printf("获取当前时间的小时: %v\n", hour)
    // 获取当前时间的分钟
    minute := now.Minute()
    fmt.Printf("获取当前时间的分钟: %v\n", minute)
    // 获取当前时间的秒
    second := now.Second()
    fmt.Printf("获取当前时间的秒: %v\n", second)
    // 获取当天是星期几
    wk := now.Weekday()
    fmt.Printf("获取当天是星期几: %v\n", wk)
}
```

运行上述代码，结果如图15-3所示。

上述例子的代码说明如下：

1）使用内置包time调用工厂函数Now()，根据当前时间创建结构体Time实例化对象。

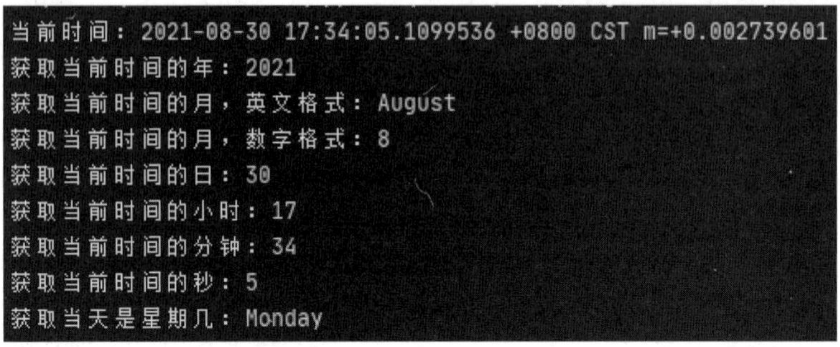

图 15-3 运行结果

2）由结构体Time实例化对象调用结构体方法Year()、Month()、Day()、Hour()、Minute()、Second()分别获取当前时间的年份、月份（月份包含英文格式和数字格式）、天数、小时、分钟和秒数。

除此之外，结构体Time还定义了许多结构体方法，我们可以在GoLand的语法提示中查看，以当前时间now := time.Now()为例，如图15-4所示。

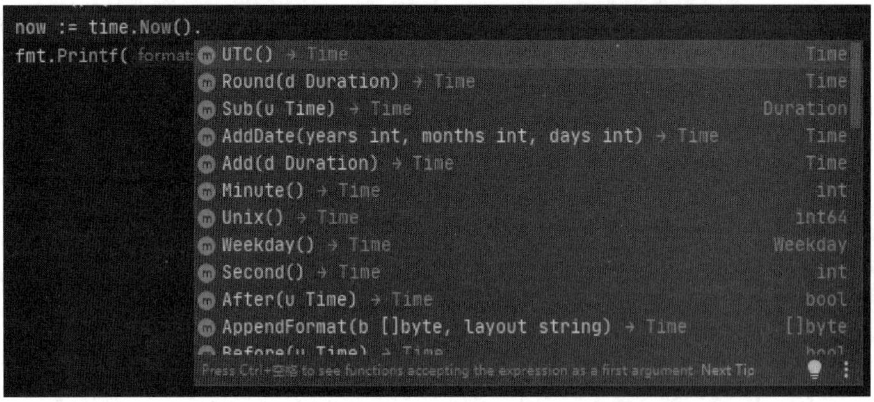

图 15-4 语法提示

15.3 字符串格式化

时间的字符串格式化是将时间以字符串格式表示，它将结构体Time实例化对象转化为字符串，示例如下：

```go
package main

import (
    "fmt"
    "time"
)

func main() {
    // 获取当前时间
    now := time.Now()
    // 字符串格式化的模板为Go的出生时间2006年1月2日15点04分 Mon Jan
```

```
    // 24小时制
    t1 := now.Format("2006-01-02 15:04:05.000 Mon Jan")
    fmt.Printf("24小时制: %v\n", t1)
    // 12小时制
    t2 := now.Format("2006-01-02 03:04:05.000 PM Mon Jan")
    fmt.Printf("12小时制: %v\n", t2)
    // 时间显示格式为: 年/月/日 时:分
    t3 := now.Format("2006/01/02 15:04")
    fmt.Printf("时间显示格式为: 年/月/日 时:分: %v\n", t3)
    // 时间显示格式为: 时:分 年/月/日
    t4 := now.Format("15:04 2006/01/02")
    fmt.Printf("时间显示格式为: 时:分 年/月/日: %v\n", t4)
    // 时间显示格式为: 年/月/日
    t5 := now.Format("2006/01/02")
    fmt.Printf("时间显示格式为: 年/月/日: %v\n", t5)
    // 时间显示格式为: 年-月-日
    t6 := now.Format("2006-01-02")
    fmt.Printf("时间显示格式为: 年-月-日: %v\n", t6)
    // 时间显示格式为: 日-月-年
    t7 := now.Format("02-01-2006")
    fmt.Printf("时间显示格式为: 日-月-年: %v\n", t7)
    // 时间显示格式为: 时:分:秒
    t8 := now.Format("15:04:05.000")
    fmt.Printf("时间显示格式为: 时:分:秒: %v\n", t8)
    // 时间显示格式为: 时-分-秒
    t9 := now.Format("15-04-05.000")
    fmt.Printf("时间显示格式为: 时-分-秒: %v\n", t9)
}
```

运行上述代码，结果如图15-5所示。

```
24小时制: 2021-08-30 11:06:43.706 Mon Aug
12小时制: 2021-08-30 11:06:43.706 AM Mon Aug
时间显示格式为: 年/月/日 时:分: 2021/08/30 11:06
时间显示格式为: 时:分 年/月/日: 11:06 2021/08/30
时间显示格式为: 年/月/日: 2021/08/30
时间显示格式为: 年-月-日: 2021-08-30
时间显示格式为: 日-月-年: 30-08-2021
时间显示格式为: 时:分:秒: 11:06:43.706
时间显示格式为: 时-分-秒: 11-06-43.706
```

图 15-5 运行结果

上述示例是将当前时间转为字符串格式，转换过程由结构体方法Format()实现，实现过程如下：

1）由内置包time调用工厂函数Now()生成结构体Time实例化对象，用于获取当前系统时间。

2）结构体Time实例化对象调用结构体方法Format()将当前时间转换为字符串格式。字符串格式模板为Go的出生时间：2006年1月2日15点04分 Mon Jan。

3）大部分编程语言的字符串格式模板采用YYYY-mm-dd HH:MM:SS，而Go语言则使用它的出生时间（2006年1月2日15点04分 Mon Jan）。换句话说，结构体方法Format()的参数layout设为字符串2006/01/02，即代表当前时间以2006/01/02的格式表示。

4）字符串2006、01（1）、02（2）、15、04（4）、Mon和Jan在结构体方法Format()中代表时间的字符串模板。

15.4　时间类型的相互转换

我们知道Go语言的时间类型分为时间戳、结构体Time和字符串格式化，三者之间能通过特定方法实现相互转换，具体的转换过程如下：

```go
package main

import (
    "fmt"
    "time"
)

func main() {
    /* 时间戳 */
    var timestamp int64 = 1630315335
    // 时间戳转换为结构体Time
    tm := time.Unix(timestamp, 0)
    fmt.Printf("时间戳转换结构体Time: %v\n", tm)
    // 时间戳转换为字符串格式化
    tms := time.Unix(timestamp, 0).Format("2006-01-02 15:04:05")
    fmt.Printf("时间戳转换字符串格式化: %v\n", tms)

    /* 结构体Time */
    now := time.Now()
    // 结构体Time转换为时间戳
    // 生成秒级时间戳
    fmt.Printf("结构体Time转换秒级时间戳: %v\n", now.Unix())
    // 生成纳秒级时间戳
    fmt.Printf("结构体Time转换纳秒级时间戳: %v\n", now.UnixNano())
    // 结构体Time转换为字符串格式化
    tms1 := now.Format("2006-01-02 15:04:05")
    fmt.Printf("结构体Time转换字符串格式化: %v\n", tms1)

    /* 字符串格式化 */
    layout := "2006-01-02 15:04:05"
    timeStr := "2021-08-30 17:34:05.1099536"
    // 字符串格式化转换为结构体Time
    // 函数Parse()用于转换UTC时间格式
    timeObj, _ := time.Parse(layout, timeStr)
    fmt.Printf("字符串格式化转换结构体Time: %v\n", timeObj)
    // 字符串格式化转换为结构体Time
    // 函数ParseInLocation()用于转换当地时间格式
    timeObj1, _ := time.ParseInLocation(layout, timeStr, time.Local)
    fmt.Printf("字符串格式化转换结构体Time: %v\n", timeObj1)
    // 字符串格式化转换为时间戳
    // 先转换为结构体Time，再由结构体Time转换为时间戳
    timeObj2, _ := time.ParseInLocation(layout, timeStr, time.Local)
```

```
// 转换时间戳
t1 := timeObj2.Unix()
fmt.Printf("字符串格式化转换秒级时间戳: %v\n", t1)
t2 := timeObj2.UnixNano()
fmt.Printf("字符串格式化转换纳秒级时间戳: %v\n", t2)
}
```

运行上述代码，运行结果如图15-6所示。

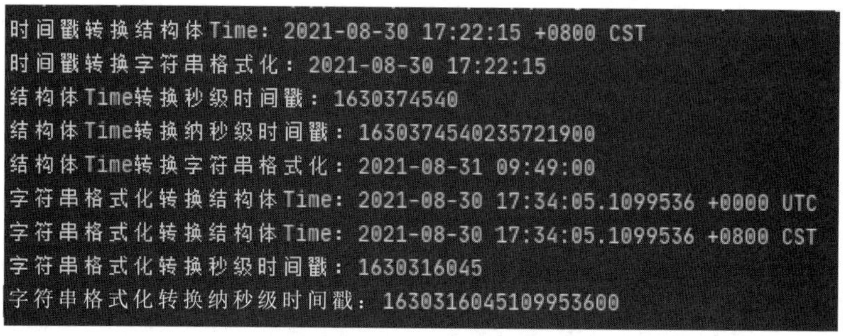

图 15-6　运行结果

上述代码分别演示了时间戳、结构体Time和字符串格式化的相互转换过程，具体说明如下：

1）时间戳转换为结构体Time和字符串格式化必须先转换为结构体Time，再从结构体Time转换为字符串格式化。调用内置包time的函数Unix()将整型转换为结构体Time，生成结构体实例化对象，再调用结构体方法Format()生成字符串格式化。

2）结构体Time转换为时间戳和字符串格式化必须由结构体实例化对象分别调用结构体方法Unix()、UnixNano()和Format()。Unix()和UnixNano()分别转换为秒级时间戳和纳秒级时间戳，Format()是转换为字符串格式化。

3）字符串格式化分别转换为时间戳和结构体Time必须先转换为结构体Time，再从结构体Time转换为时间戳。调用内置包time的函数Parse()和ParseInLocation()分别将字符串格式化转换为结构体Time，函数Parse()是转换为UTC时间格式，函数ParseInLocation()是转换为当地时间格式，再由结构体Time调用结构体方法Unix()、UnixNano()生成时间戳。

综上所述，时间戳、结构体Time和字符串格式化的相互转换必须以结构体Time为中心，比如时间戳转换为字符串格式化，必须将时间戳转换为结构体Time，再由结构体Time转换为字符串格式化，反之亦然。

15.5　时间计算操作

时间计算是对两个时间或者根据时间增量进行加减运算、对比两个时间信息等操作，具体说明如下：

1）计算时间差值是两个结构体Time实例化对象进行加减运算，计算结果为自定义类型Duration，它能计算两个时间相差的小时数、分钟数、秒数、毫秒数、微秒数和纳秒数。

2）通过时间增量计算是将某个时间增加或减去几年、几月、几天、几小时、几分钟、几秒等时间增量，计算结果以结构体Time实例化对象表示。

3）对比两个时间信息包括：判断两个时间是否相同和判断两个时间的先后顺序，判断结果以布尔型（true和false）表示。

根据上述说明，我们将时间计算分为3种类型：计算时间差值、通过时间增量计算和对比两个时间信息。

计算时间差值是由结构体方法Sub(u)实现的，参数u代表某一个结构体Time的实例化对象，示例如下：

```go
package main

import (
    "fmt"
    "time"
)

func main() {
    // 获取当前本地时间
    now := time.Now()
    fmt.Printf("当前本地时间: %v\n", now)
    /* Sub()计算两个时间差值 */
    layout := "2006-01-02 15:04:05"
    timeStr := "2021-07-30 17:34:05.1099536"
    // 字符串格式化转换为结构体Time
    // 函数Parse()是转换为UTC时间格式
    tp, _ := time.Parse(layout, timeStr)
    fmt.Printf("某个时间点: %v\n", tp)
    // 计算两个时间的差值
    r := now.Sub(tp)
    fmt.Printf("两个时间差值: %v\n", r)
    fmt.Printf("两个时间相差小时数: %v\n", r.Hours())
    fmt.Printf("两个时间相差分钟数: %v\n", r.Minutes())
    fmt.Printf("两个时间相差秒数: %v\n", r.Seconds())
    fmt.Printf("两个时间相差毫秒数: %v\n", r.Milliseconds())
    fmt.Printf("两个时间相差微秒数: %v\n", r.Microseconds())
    fmt.Printf("两个时间相差纳秒数: %v\n", r.Nanoseconds())
}
```

运行上述代码，结果如图15-7所示。

```
当前本地时间: 2021-09-01 17:06:19.4792787 +0800 CST m=+0.002682401
某个时间点: 2021-07-30 17:34:05.1099536 +0000 UTC
两个时间差值: 783h32m14.3693251s
两个时间相差小时数: 783.5373248125278
两个时间相差分钟数: 47012.239488751664
两个时间相差秒数: 2.8207343693251e+06
两个时间相差毫秒数: 2820734369
两个时间相差微秒数: 2820734369325
两个时间相差纳秒数: 2820734369325100
```

图 15-7　运行结果

上述示例是计算当前时间和某个时间点（2021-07-30 17:34:05）的差值，具体说明如下：

1）使用内置包time的函数Now()获取当前本地时间，再将某个字符串格式的时间转换为结构体Time（即2021-07-30 17:34:05），时间以UTC时间表示。

2）由当前本地时间调用结构体方法Sub()，某个时间的结构体Time作为Sub()参数计算两者的差值。

3）计算结果为自定义类型Duration，并提供Hours()、Minutes()、Seconds()、Milliseconds()、Microseconds()和Nanoseconds()等结构体方法计算相差的小时数、分钟数、秒数、毫秒数、微秒数和纳秒数。

4）两个时间的差值计算兼容CST时间和UTC时间，在计算过程中根据时区设置调整合理的计算方式。

时间增量计算是由结构体方法Add()或AddDate()实现的，Add()设有参数d，数据类型为Duration；AddDate()设有参数years、months和days，参数类型皆为整型。两个结构体方法的使用示例如下：

```go
package main

import (
    "fmt"
    "time"
)

func main() {
    // 获取当前本地时间
    now := time.Now()
    fmt.Printf("当前本地时间: %v\n", now)
    /* Add()根据增量（时、分、秒）计算时间 */
    // 当前时间加1小时后的时间
    times1 := now.Add(time.Hour)
    fmt.Printf("1小时后的时间: %v\n", times1)
    // 当前时间加2小时后的时间
    times2 := now.Add(2 * time.Hour)
    fmt.Printf("2小时后的时间: %v\n", times2)
    // 当前时间加15分钟后的时间
    times3 := now.Add(15 * time.Minute)
    fmt.Printf("15分钟后的时间: %v\n", times3)
    // 当前时间加15分钟后的时间
    times4 := now.Add(-2 * time.Hour)
    fmt.Printf("2小时前的时间: %v\n", times4)

    /* AddDate()根据增量（年月日）计算时间 */
    // 当前时间的1年后的时间
    times6 := now.AddDate(1, 0, 0)
    fmt.Printf("1年后的时间: %v\n", times6)
    // 当前时间的2年前的时间
    times7 := now.AddDate(-2, 0, 0)
    fmt.Printf("2年前的时间: %v\n", times7)
    // 当前时间的3年2月10天后的时间
    times8 := now.AddDate(3, 2, 10)
```

```
    fmt.Printf("3年2月10天后的时间: %v\n", times8)
}
```

运行上述代码，结果如图15-8所示。

```
当前本地时间: 2021-09-01 18:44:12.9410259 +0800 CST m=+0.002623001
1小时后的时间: 2021-09-01 19:44:12.9410259 +0800 CST m=+3600.002623001
2小时后的时间: 2021-09-01 20:44:12.9410259 +0800 CST m=+7200.002623001
15分钟后的时间: 2021-09-01 18:59:12.9410259 +0800 CST m=+900.002623001
2小时前的时间: 2021-09-01 16:44:12.9410259 +0800 CST m=-7199.997376999
1年后的时间: 2022-09-01 18:44:12.9410259 +0800 CST
2年前的时间: 2019-09-01 18:44:12.9410259 +0800 CST
3年2月10天后的时间: 2024-11-11 18:44:12.9410259 +0800 CST
```

图 15-8　运行结果

结构体方法Add()只能对时间执行时、分、秒的加减运算，AddDate()只能对时间执行年、月、日的加减运算，说明如下：

1）Add()是由结构体Time实例化对象调用的，它以某个时间为基准，在此基础上增加或减去某个小时、分钟或秒数。它的参数d是自定义类型Duration，必须以time.Hour、time.Minute或time.Second等常量作为类型单位，在此基础上乘以倍数就能得到小时数、分钟数或秒数，如-2×time.Hour计算2小时前的时间，2×time.Hour计算2小时后的时间。

2）AddDate()也是由结构体Time实例化对象调用的，它以某个时间为基准，在这个时间的基础上增加或减去年数、月数、日数。它的参数years、months和days皆为整型，如果数值大于0，则计算某个时间之后的时间；如果数值小于0，则计算某个时间之前的时间。例如now.AddDate(3, 2, 10)是当前时间的3年2月10天后的时间，now.AddDate(-2, 0, 0)是当前时间的2年前的时间。

对比两个时间信息是将两个结构体Time实例化对象进行对比，对比结果以布尔型表示，并且兼容CST时间和UTC时间的对比，示例如下：

```
package main

import (
    "fmt"
    "time"
)

func main() {
    // 获取当前本地（CST）时间
    now := time.Now()
    fmt.Printf("当前本地（CST）时间: %v\n", now)
    // 将当前时间转为UTC时间格式
    now1 := now.UTC()
    fmt.Printf("当前UTC时间: %v\n", now1)
    // 获取当前UTC时间
    now2 := time.Now().UTC()
    fmt.Printf("当前UTC时间: %v\n", now2)
    // 判断本地（CST）时间和UTC时间是否相同
    r := now.Equal(now1)
    fmt.Printf("判断本地（CST）时间和UTC时间是否相同: %v\n", r)
```

```
    // 判断一个时间是否在另一个时间之前
    r1 := now.Before(now2)
    fmt.Printf("判断一个时间是否在另一个时间之前: %v\n", r1)
    // 判断一个时间是否在另一个时间之后
    r2 := now.After(now2)
    fmt.Printf("判断一个时间是否在另一个时间之后: %v\n", r2)
}
```

运行上述代码，结果如图15-9所示。

```
当前本地（CST）时间: 2021-09-02 20:09:24.5427013 +0800 CST m=+0.0
当前UTC时间: 2021-09-02 12:09:24.5427013 +0000 UTC
当前UTC时间: 2021-09-02 12:09:24.5544399 +0000 UTC
判断本地（CST）时间和UTC时间是否相同: true
判断一个时间是否在另一个时间之前: true
判断一个时间是否在另一个时间之后: false
```

图 15-9 运行结果

对比两个时间信息主要由结构体方法Equal()、Before()和After()实现，它们的功能说明如下：

1）Equal()是由结构体Time实例化对象（称为A）调用的，参数u是另一个结构体Time的实例化对象（称为B），它是在A的基础上与B进行对比，判断A和B是否为同一个时间。

2）Before()、After()和Equal()的定义过程相同，Before()判断A是否为B之前的时间，After()判断A是否为B之后的时间。

15.6 延时、超时与定时

延时、超时与定时是编程开发中十分常见的功能，三者的作用与说明如下：

1）延时是程序在执行过程中进入休眠状态，当休眠结束后将继续往下执行，常用于网络爬虫或自动化测试开发，协调代码的执行速度与网络响应等多方面因素，保证程序能正常运行，也能实现定时功能。

2）超时是防止程序出现无止境阻塞，当某个功能或某行代码出现阻塞的时候，超时可以使程序终止当前阻塞而继续往下执行。使用超时需要考虑程序异常情况，因为超时跳过某一功能或某行代码的执行结果，可能对后续代码造成一定影响。

3）定时是在某个时刻或某个时间间隔自动执行程序，其原理是通过创建计时器实现定时功能，常用于数据刷新或归零、周期性的数据统计功能等。

延时是由内置包time的Sleep()函数实现的，参数d的数据类型为Duration，它只能实现时、分、秒的延时功能，示例如下：

```
package main

import (
    "fmt"
    "time"
```

```
)

func main() {
    fmt.Printf("当前时间: %v\n", time.Now())
    // 延时1秒
    time.Sleep(time.Second)
    fmt.Printf("延时1秒后: %v\n", time.Now())
    // 延时5秒
    time.Sleep(5 * time.Second)
    fmt.Printf("延时5秒后: %v\n", time.Now())
    // 延时1分钟
    time.Sleep(time.Minute)
    fmt.Printf("延时1分钟后: %v\n", time.Now())
    // 延时2分钟
    time.Sleep(2 * time.Minute)
    fmt.Printf("延时2分钟后: %v\n", time.Now())
    // 延时1小时
    time.Sleep(time.Hour)
    fmt.Printf("延时1小时后: %v\n", time.Now())
}
```

运行上述代码，结果如图15-10所示。

```
当前时间: 2021-09-06 21:07:59.2729856 +0800 CST
延时1秒后: 2021-09-06 21:08:00.290556 +0800 CST
延时5秒后: 2021-09-06 21:08:05.2931782 +0800 CS
延时1分钟后: 2021-09-06 21:09:05.2968696 +0800
延时2分钟后: 2021-09-06 21:11:05.312084 +0800 C
延时1小时后: 2021-09-06 22:11:05.3205457 +0800

Process finished with exit code 0
```

图 15-10　运行结果

超时是由内置包time的After()函数实现的，其原理是通过计时器实现超时，参数d的数据类型为Duration，返回值为Time类型（结构体Time）的通道，因此它经常与关键字select结合使用，示例如下：

```
package main

import (
    "fmt"
    "time"
)

func main() {
    fmt.Printf("当前时间: %v\n", time.Now())
    // 创建带缓存的通道
    c := make(chan int, 1)
    // 往通道写入数值
    c <- 10
```

```
        // 执行死循环
        for {
            // 关键字select从通道读取数据
            select {
            // 获取通道的数值
            case m := <-c:
                fmt.Printf("通道c的值: %v\n", m)
            // 通道为空的时候设置2秒超时, 并终止循环
            case <-time.After(2 * time.Second):
                fmt.Printf("2秒后的时间: %v\n", time.Now())
                return
            }
        }
    }
```

运行上述代码，结果如图15-11所示。

```
当前时间: 2021-09-06 21:35:08.5873997 +0800
通道c的值: 10
2秒后的时间: 2021-09-06 21:35:10.6033969 +08

Process finished with exit code 0
```

图 15-11 运行结果

使用select…case语句，由于没有设置default语句，当通道没有数据的时候，程序将会进入阻塞
状态，只要在语句中加入内置包time的After()函数就能在指定时间解除阻塞，从而实现超时功能。

定时是由内置包time的NewTicker()函数实现的，参数d的数据类型为Duration，返回值为结构
体Ticker的实例化对象，示例如下：

```go
package main

import (
    "fmt"
    "time"
)

func main() {
    ticker := time.NewTicker(2 * time.Second)
    i := 0
    for {
        // 执行定时间隔
        t := <-ticker.C
        fmt.Printf("当前时间: %v\n", t)
        i++
        fmt.Printf("当前循环次数: %v\n", i)
        if i == 3 {
            // 重置定时间隔
            ticker.Reset(3 * time.Second)
        }
        // 输出5次就停止
```

```
if i == 5 {
    // 停止计时器
    ticker.Stop()
    // 终止循环
    break
    }
}
}
```

运行上述代码，结果如图15-12所示。

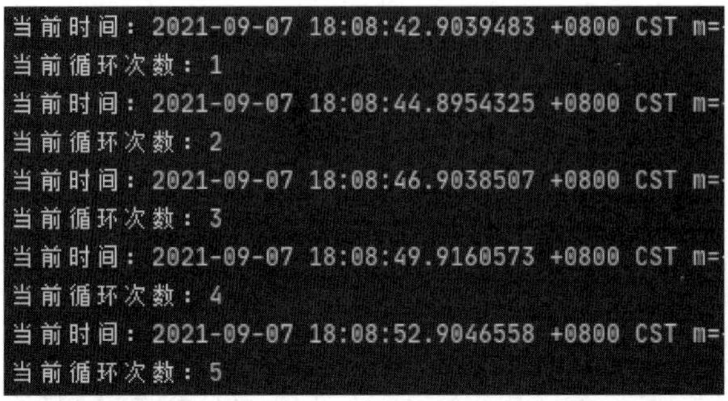

图 15-12　运行结果

NewTicker()函数是工厂函数，主要对结构体Ticker执行实例化过程，结构体Ticker定义了两个结构体方法和结构体成员C，说明如下：

1）通过NewTicker()获取结构体Ticker的实例化对象，结构体Ticker创建计时器实现定时执行，函数参数d代表定时执行的时间间隔。

2）由结构体Ticker实例化对象访问结构体成员C进入延时状态，等待程序的下一次执行，并且结构体成员C返回当前时间信息。

3）结构体方法Reset()重新设置定时执行的时间间隔，参数d代表定时执行的时间间隔。

4）结构体方法Stop()停止计时器，终止定时执行。

综上所述，延时、超时和定时分别使用内置包time的sleep()、After()和NewTicker()函数实现。在实际应用中，sleep()+for循环也能实现定时功能，NewTicker()可以实现延时功能，选择哪一种解决方案应该从业务需求和架构设计等方面综合考虑。

15.7　动手练习：编程实现个人备忘录

备忘录用于帮助人们记录某个时间段内应做的事情，它至少具备时间和事件的记录功能。使用Go语言实现备忘录功能，必须遵从以下两个要点：

1）整个备忘录以切片表示，切片元素使用结构体或集合表示，代表备忘录的每条备忘信息。

2）备忘录的每条备忘信息必须按照时间先后顺序进行排序，排序是备忘录的基本功能之一，若时间相同，则以事件进行排序。

根据备忘录功能分析，分别使用结构体、内置包sort和内置包time实现个人备忘录的功能开发，实现代码如下：

```go
package main

import (
    "fmt"
    "sort"
    "time"
)

// 定义结构体
type Memorandum struct {
    Date  int64
    Event string
}

// 自定义类型MemorandumSort
type MemorandumSort []Memorandum

func (m MemorandumSort) Len() int {
    return len(m)
}

func (m MemorandumSort) Less(i, j int) bool {
    // 按结构体成员Date排序，如果Date相同，则按Event排序
    if m[i].Date < m[j].Date {
        return true
    } else if m[i].Date > m[j].Date {
        return false
    } else {
        return m[i].Event < m[j].Event
    }
}

func (m MemorandumSort) Swap(i, j int) {
    m[i], m[j] = m[j], m[i]
}

func main() {
    // 创建当前时间的时间戳
    now := time.Now().Unix()
    // 实例化结构体Memorandum
    m1 := Memorandum{Date: now, Event: "学习Go语言"}
    m2 := Memorandum{Date: now + 7250, Event: "继续学习Go语言"}
    m3 := Memorandum{Date: now + 9070, Event: "晚了，洗洗睡吧，不然秃头了"}
    m4 := Memorandum{Date: now + 3460, Event: "休息了，顺便吃顿饭"}
    // 创建自定义类型MemorandumSort的实例化对象
    m := MemorandumSort([]Memorandum{m1, m2, m3, m4})
    // 排序
    sort.Stable(m)
```

```
// 遍历输出自定义类型MemorandumSort的数据
for _, v := range m {
    // 将时间戳转为字符串时间
    t := time.Unix(v.Date, 0).Format("2006-01-02 15:04:05")
    fmt.Printf("备忘时间: %v, 你要做%v\n", t, v.Event)
}
}
```

分析上述代码,我们将代码划分为3部分,每部分说明如下:

1)定义结构体Memorandum和自定义类型MemorandumSort,定义MemorandumSort的接口方法Len()、Less()和Swap(),实现结构体成员Date和Event的排序功能。

2)使用内置包time创建当前时间的时间戳,并实例化多个结构体对象,以时间戳为基础,在此基础上增加不同的秒数作为结构体成员Date,将多个结构体对象写入切片并创建自定义类型MemorandumSort的实例化对象。

3)对自定义类型MemorandumSort的实例化对象进行排序,遍历输出排序后的数据,每次遍历将结构体成员Date转为字符串格式,分别输出Date和Event的数据。

运行上述代码,结果如图15-13所示。

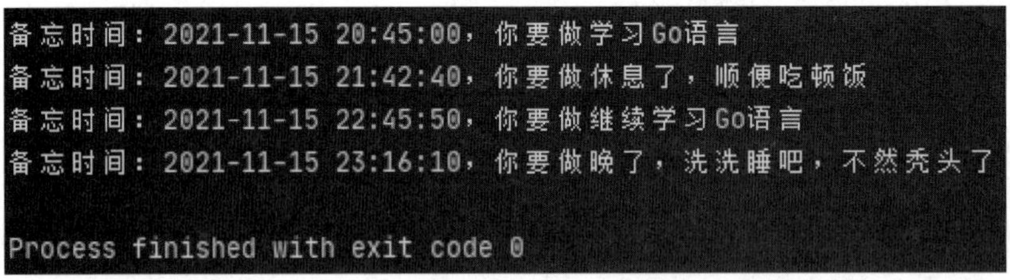

图 15-13 运行结果

示例代码只是讲述如何实现备忘录的基本功能,如果要实现用户交互,可以使用内置包fmt,将用户输入的数据实例化为结构体Memorandum,再写入自定义类型MemorandumSort完成排序和输出。

15.8 小   结

在Go语言中,日期与时间可以分为3种表示方式:时间戳、结构体Time和字符串格式化,三者之间的数据类型能相互转换。

时间戳、结构体Time和字符串格式化相互转换必须以结构体Time为中心,比如时间戳转换为字符串格式化,必须将时间戳转换为结构体Time,再由结构体Time转换为字符串格式化,反之亦然。

时间计算是对两个时间或者根据时间增量进行加减运算、对比两个时间信息等操作,具体说明如下:

1)计算时间差值是两个结构体Time实例化对象进行加减运算,计算结果为自定义类型Duration,它能计算两个时间相差的小时数、分钟数、秒数、毫秒数、微秒数和纳秒数。

2）通过时间增量计算是将某个时间增加或减去几年、几月、几天、几小时、几分钟、几秒等时间增量，计算结果以结构体Time实例化对象表示。

3）对比两个时间信息包括：判断两个时间是否相同和判断两个时间的先后顺序，判断结果以布尔型（true和false）表示。

延时、超时与定时是编程开发中十分常见的功能，三者的作用与说明如下：

1）延时是程序在执行过程中进入休眠状态，当休眠结束后将继续往下执行，常用于网络爬虫或自动化测试开发，协调代码执行速度与网络响应等多方面的因素，保证程序能正常运行，也能实现定时功能。

2）超时是防止程序出现无止境阻塞，当某个功能或某行代码出现阻塞的时候，超时可以使程序终止当前阻塞而继续往下执行。使用超时需要考虑程序异常情况，因为超时跳过某一功能或某行代码的执行结果，可能对后续代码造成一定影响。

3）定时是在某个时刻或某个时间间隔自动执行程序，其原理是通过创建计时器实现定时功能，常用于数据刷新或归零、周期性的数据统计功能等。

第 16 章

数据库编程

本章内容:

- 搭建SQLite运行环境。
- 安装与使用MySQL。
- 安装与使用MongoDB。
- 安装与使用Redis。
- go-sqlite3读写SQLite。
- go-sql-driver/mysql读写MySQL。
- mongo-driver读写MongoDB。
- go-redis读写Redis。
- ORM框架:Gorm。
- 动手练习:编写一个员工管理系统。

16.1　搭建SQLite运行环境

　　SQLite是一款遵守ACID(数据库正确执行的4个基本要素的缩写,包括原子性<Atomicity>、一致性<Consistency>、隔离性<Isolation>、持久性<Durability>)的轻量级的关系型数据库管理系统(Relational Database Management System, RDBMS),包含在一个较小的C库中,它是D.RichardHipp建立的公有领域项目。其设计目标是嵌入式,已被很多嵌入式产品采用,并且占用的资源非常少。在嵌入式设备中,可能只需要几百千字节的内存,支持Windows、Linux、macOS等主流的操作系统,同时能够与很多编程语言相结合,比如Python、C#、PHP、Java等,相比MySQL、PostgreSQL,它的处理速度非常快。

　　在学习关系型数据库的操作之前,需要了解关系型数据库的一些基本概念:

1）关系型数据库管理系统用于管理多个数据库，比如MySQL、PostgreSQL、SQLite都是关系型数据库管理系统，日常说的数据库其实就是指关系型数据库管理系统。

2）数据库中可以创建多张数据表。

3）数据表是二维的，每一列是数据表的字段，字段可以设置不同的数据格式，比如整型、字符型等，每一行代表写入和读取的数据。

4）数据读写可以通过数据库可视化软件和SQL语句实现，大多数情况下，数据库可视化软件只是帮我们查看数据和执行SQL语句，数据操作主要由SQL语句实现。

SQLite数据库无须安装，它类似于TXT文件。在读写过程中，如果存在SQLite数据库文件，程序就在文件中进行读写；如果不存在SQLite数据库文件，程序就会自动创建并读写数据。

读写SQLite数据库之前，我们还需要搭建数据库运行环境，由于Go语言大部分功能都是Go和C语言混合编程的，因此运行环境需要安装GCC。

首先打开https://sourceforge.net/projects/mingw-w64/files/　mingw-w64/并单击下载MinGW-W64 GCC，如图16-1所示。

安装包以压缩包形式表示，将安装包解压并存放在D盘的mingw64文件夹，整个目录结构如图16-2所示。

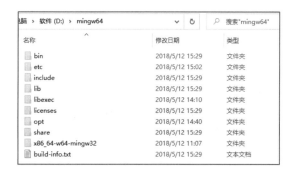

图 16-1　下载 MinGW-W64 GCC　　　　　　　　　　图 16-2　目录结构

下一步将mingw64的bin文件夹添加到系统的环境变量，右击"此电脑"，单击"属性"，找到"高级系统设置"，在系统属性界面单击"环境变量"，在环境变量界面找到系统变量（S）的Path并双击，最后将mingw64的bin文件路径写入，整个操作如图16-3所示。

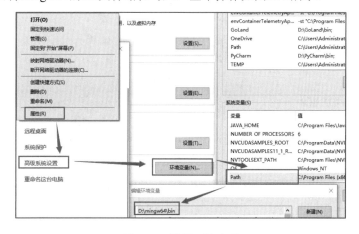

图 16-3　设置环境变量

设置环境变量后，打开CMD窗口，输入指令"gcc –V"查看是否搭建成功，如果搭建成功将会显示GCC相关信息，如图16-4所示。

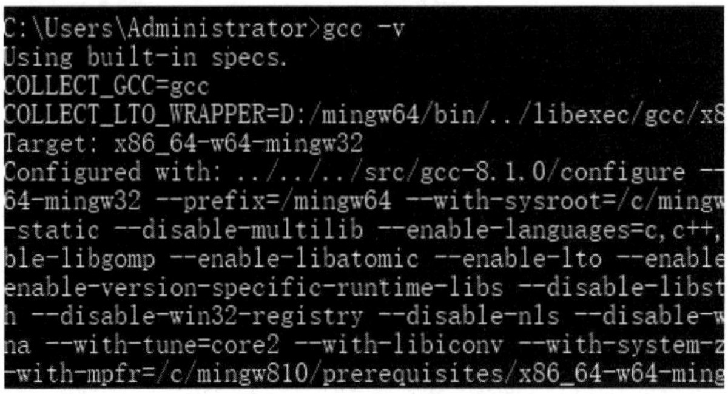

图 16-4　GCC 信息

由于环境变量添加了GCC，建议读者重启GoLand编辑器，因为已打开的GoLand不会自动更新系统的环境变量。

16.2　安装与使用MySQL

MySQL是一种开放源代码的关系型数据库管理系统，使用常用的数据库管理语言——SQL（Structured Query Language，结构化查询语言）进行数据库管理。它是开放源代码的，因此任何人都可以在GPL（General Public License，通用性公开许可证）下载并根据个性化的需要对其进行修改。MySQL因为运行速度快、可靠性高和适应性强而备受关注，大多数人都认为在不需要事务化处理的情况下，MySQL是管理数据的最好选择。

使用MySQL必须安装在操作系统中，不同的操作系统有不同的安装方法。以Windows为例，在浏览器中打开MySQL官网的下载地址（https://dev.mysql.com/downloads/installer/），选择并下载MySQL安装包，如图16-5所示。

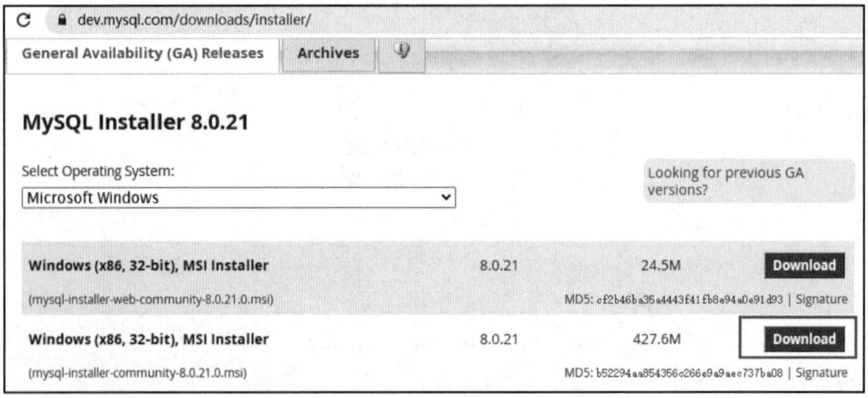

图 16-5　下载 MySQL 安装包

下一步在下载页面单击No thanks, just start my download链接，浏览器就会自动下载MySQL安装包，如图16-6所示。

当安装包下载成功后，双击运行安装包，在选择类型界面列举了5种安装模式，每种模式都有说明，一般选择Developer Default或Server only，本书以Server only为例，单击Next按钮，如图16-7所示。

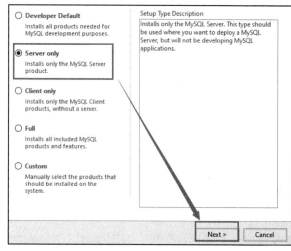

图 16-6　下载页面　　　　　　　　　　　　　图 16-7　选择类型界面

安装程序将进入配置检测界面，这是安装MySQL运行环境所需的组件，我们直接单击Execute按钮安装相关组件，最后单击Next按钮，如图16-8所示。

在安装界面一直单击Execute或Next按钮完成数据库安装，直到出现类型与网络界面，数据库端口默认使用3306即可，如需更改可自行设置，但设置的端口必须未被使用，否则无法安装，如图16-9所示。

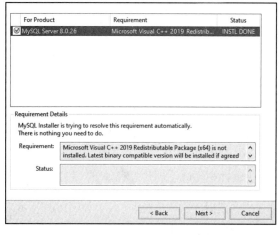

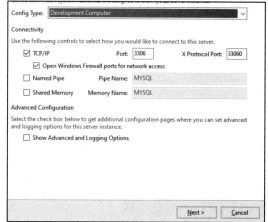

图 16-8　配置检测界面　　　　　　　　　　　图 16-9　类型与网络界面

在认证类型界面中，我们选择Use Legacy Authentication Method(Retain MySQL 5.x Compatibility)，如图16-10所示。这是MySQL 5.x的用户验证方式，这样能兼容MySQL 5.x和8.x版本，并且某些第三方包仅支持MySQL 5.x的用户验证方式，尚未实现MySQL 8.x的用户验证方式。

最后设置MySQL的用户名和密码，最高权限的用户名默认为root，将其密码设置为1234即可，如图16-11所示，剩余安装步骤直接单击Next或Execute按钮即可完成整个安装过程。

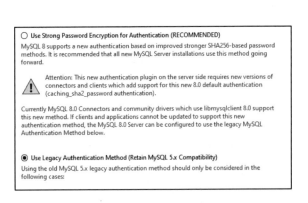

图 16-10　认证类型界面　　　　　　　　　　图 16-11　设置密码

当MySQL安装成功后，将会在本地服务的3306端口开启MySQL服务。使用数据库可视化软件连接MySQL数据库，数据库可视化软件以Navicat Premium为例进行介绍（Navicat Premium支持多种数据库连接，读者可查阅相关资料自行安装和破解）。创建MySQL连接，如图16-12所示。

创建MySQL数据库连接需要填写数据库连接信息，包括主机、端口、用户名和密码，如图16-13所示。

图 16-12　创建 MySQL 连接　　　　　　　图 16-13　填写连接信息

当数据库可视化软件成功连接本地MySQL数据库之后，可以看到数据库管理系统中已内置了数据库，这些数据库用于运行MySQL服务，如图16-14所示。

在MySQL中创建数据库test，可以在数据库可视化软件中完成，创建过程如下：

1）在数据库可视化软件中，将鼠标指向MyDB，右击并选择"新建数据库…"，如图16-15所示。

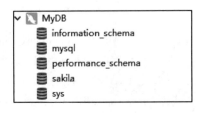

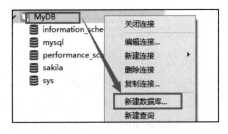

图 16-14　本地数据库管理系统　　　　　　图 16-15　新建数据库

2）在"新建数据库"界面输入数据库名，字符集选择utf8mb4，如图16-16所示。

3）数据库创建成功后，在数据库可视化软件中即可看到相关信息，如图16-17所示。

图 16-16　新建数据库

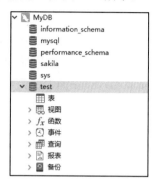

图 16-17　数据库 test

综上所述，我们在MySQL官方网站下载MSI安装程序，并在Windows系统安装MySQL数据库管理系统，使用数据库可视化软件Navicat Premium连接MySQL，新建数据库test，通过Navicat Premium能实现MySQL的可视化操作，如创建数据表、执行SQL语句、创建视图、定义事件、执行备份和数据导入导出等常用操作。

16.3　安装与使用MongoDB

MongoDB是一种基于分布式文件存储的数据库，由C++语言编写，旨在为Web应用提供可扩展的高性能数据存储解决方案。MongoDB是介于关系数据库和非关系数据库之间的产品，是非关系数据库中功能丰富、很像关系数据库的数据库。

MongoDB支持的数据结构非常松散，类似于JSON的BSON（Binary Serialized Document Format）格式，因此可以存储比较复杂的数据类型。MongoDB的特点是支持的查询语言非常强大，其语法类似于面向对象的查询语言，几乎可以实现关系数据库单表查询的绝大部分功能，而且还支持对数据建立索引。

MongoDB的特点是高性能、易部署、易使用，存储数据非常方便。具体来说，其主要功能特性如下：

1）面向集合存储，易存储对象类型的数据。

2）模式自由。

3）支持动态查询。

4）支持完全索引，包含内部对象。

5）支持查询。

6）支持复制和故障恢复。

7）使用高效的二进制数据存储，包括大型对象（如视频等）。

8）自动处理碎片，以支持云计算层次的扩展性。

9）支持Ruby、Python、Java、C++、PHP、C#等多种语言。

10）文件存储格式为BSON（一种JSON的扩展）。

11）可通过网络访问。

所谓面向集合（Collection-Oriented），是指数据被分组存储在数据集中，被称为一个集合。每个集合在数据库中都有一个唯一的标识名，并且可以包含无限数目的文档。集合的概念类似于关系型数据库中的表，不同的是MongoDB不需要定义任何模式（Schema），具有闪存高速缓存算法，能够快速识别数据库内大数据集中的热数据，提供一致的性能改进。

模式自由（Schema-Free）意味着对于存储在MongoDB数据库中的文件，不需要知道它的任何结构定义。如果需要，完全可以把不同结构的文件存储在同一个数据库中。

集合中的文档以键-值对的形式存储。键用于唯一标识一个文档，为字符串类型，而值则可以是各种复杂的文件类型。我们称这种存储形式为BSON，是一种类似于JSON的二进制形式的存储格式，简称Binary JSON。

MongoDB已经在多个站点部署，其主要场景如下：

1）网站实时数据处理。非常适合实时地添加、更新与查询，并具备网站实时数据存储所需的复制及高度伸缩性。

2）缓存。由于性能很高，因此适合作为信息基础设施的缓存层。在系统重启之后，由它搭建的持久化缓存层可以避免下层的数据源过载。

3）高伸缩性的场景。非常适合由数十或数百台服务器组成的数据库，它的路线图中已经包含对MapReduce引擎的内置支持。

MongoDB可以在官方网站（https://www.mongodb.com/try/download/community）下载社区版安装包，如图16-18所示。

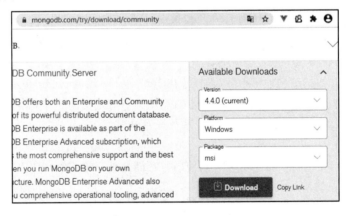

图 16-18 下载 MongoDB

下载完成之后，直接打开安装包，单击Next按钮，按提示完成安装即可。完成安装后会在桌面上自动创建数据库可视化软件MongoDB Compass Community，双击打开数据库可视化软件，如图16-19所示。

单击CONNECT按钮，数据库可视化软件会自动连接本地的MongoDB数据库管理系统，MongoDB内置admin、config和local数据库，它们皆属于系统数据库，如图16-20所示。

单击图16-20中的CREATE DATABASE按钮，将会看到数据库创建界面，分别在Database Name和Collection Name文本框中输入数据库名称和集合名称，集合名称等同于关系数据库中的数据表名称，如图16-21所示。

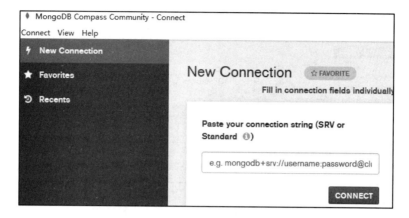

图 16-19　数据库可视化软件 MongoDB Compass Community

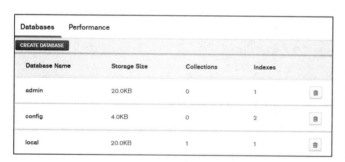

图 16-20　连接 MongoDB 数据库管理系统

图 16-21　创建数据库

数据库DB创建成功后，在数据库可视化软件的主界面可以看到该数据库的基本信息，如图16-22所示。

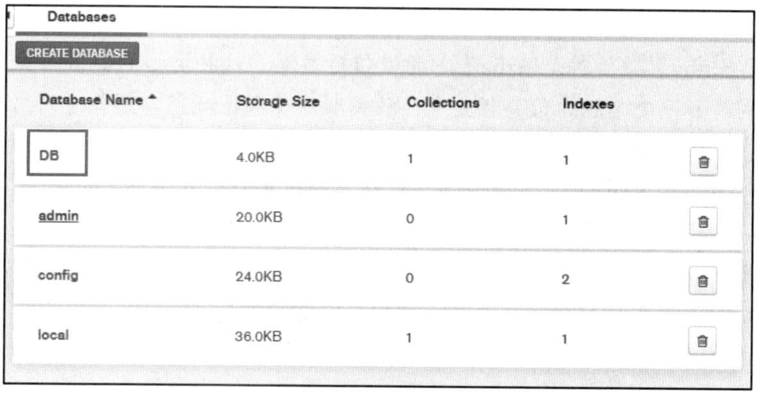

图 16-22　数据库可视化软件的主界面

单击数据库名称，软件将显示当前数据库的集合信息，如图16-23所示。

单击集合名称，软件将显示当前集合的所有文档信息，文档信息等同于关系型数据库的数据表的数据信息，如图16-24所示。

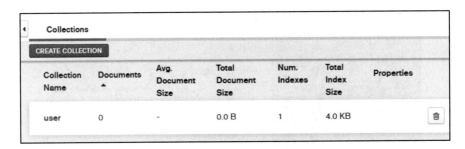

图 16-23　数据库的集合信息

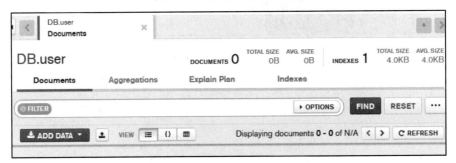

图 16-24　集合的文档信息

16.4　安装与使用Redis

Redis（Remote Dictionary Server）是一个由Salvatore Sanfilippo写的Key-Value存储系统，它是一个开源的使用ANSI C语言编写的遵守BSD协议、支持网络、可基于内存、可持久化的日志型Key-Value数据库，并提供多种语言的API。

Redis被称为数据结构服务器，因为它的数据结构有字符串、散列、列表、集合、有序集合、位图、流等类型，每种数据结构说明如下：

- 字符串（String）键值对是Redis基本的键值对类型，这种类型的键值对会在数据库中把一个单独的键和一个单独的值关联起来，被关联的键和值既可以是普通的文字数据，又可以是图片、视频、音频、压缩文件等更为复杂的二进制数据。
- 散列又称为哈希（Hash），可以将多个键值对的数据存储在一个Redis的键里面。
- 列表是一种线性的有序结构，可以按照元素被推入列表中的顺序来存储元素，这些元素既可以是文字数据，又可以是二进制数据，并且列表中的元素可以重复出现。
- 集合（Set）允许用户将任意多个各不相同的元素存储到集合中，这些元素既可以是文本数据，又可以是二进制数据。
- 有序集合（Sorted Set）同时具有"有序"和"集合"两种性质，这种数据结构中的每个元素都由一个成员和一个与成员相关联的分值组成，其中成员以字符串方式存储，而分值则以64位双精度浮点数格式存储。
- 位图（Bitmap）是由多个二进制位组成的数组，数组中的每个二进制位都有与之对应的偏移量(也称索引),用户通过这些偏移量可以对位图中指定的一个或多个二进制位进行操作。

- 流（Stream）是Redis 5.0版本中新增加的数据结构，是一个包含零个或任意多个流元素的有序队列，队列中的每个元素都包含一个ID和任意多个键值对，这些元素会根据ID的大小在流中有序地进行排列。

Redis官方网站暂不提供Windows系统的安装包，在Windows系统中安装Redis，需要在GitHub下载Redis安装包。访问https://github.com/tporadowski/redis/releases，单击并下载Redis安装包，如图16-25所示。

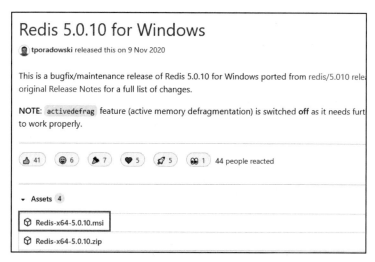

图 16-25　下载 Redis 安装包

Redis安装包下载完成后，只需双击运行安装包，按照安装的提示步骤即可完成安装过程。默认情况下，它将会占用端口6379运行Redis服务。

Redis数据库安装后，下一步是安装数据库可视化软件。本节以Redis Desktop Manager为例进行介绍，由于Redis Desktop Manager需付费使用，所以下载和安装过程不进行详细讲述，读者需要自行搜索相关的安装教程。

打开数据库可视化软件Redis Desktop Manager，在软件的主界面单击"连接到Redis服务器"，软件会弹出"新连接设置"界面，如图16-26所示。

由于Redis在安装过程中默认占用6379端口，因此在"新连接设置"界面只需输入名字，并单击"确定"按钮，即可连接本地计算机的Redis服务器，Redis服务器设有多个db，它可视为关系型数据库的数据表，主要读取和存储数据信息，如图16-27所示。

图 16-26　Redis Desktop Manager 主界面

图 16-27　连接 Redis 服务器

16.5　go-sqlite3读写SQLite

Go语言内置包database/sql为所有数据库提供了泛用接口，也就是说所有数据库的增删改查操作在database/sql中都有对应的函数方法实现，不同数据库只需更换数据库驱动即可，无须修改代码，比如当前代码使用SQLite数据库，若要改为MySQL数据库，则只需再导入MySQL数据库驱动和数据库连接信息即可，数据库操作的代码无须修改。

在所有编程语言中，通过程序操作数据库的步骤都是相同的，具体操作过程如下：

1）通过数据库模块连接数据库，生成数据库对象。

2）使用数据库对象执行SQL语句，数据库收到程序传送的SQL语句后，自动执行相应的数据操作。

3）数据库将执行结果返回给程序，从执行结果中获取数据或者判断执行是否成功。

4）当完成数据操作后，关闭或销毁数据库连接对象。

由于内置包database/sql已提供数据库的泛用接口，我们需要下载数据库驱动。Go语言支持的SQLite驱动比较多，但只有go-sqlite3支持内置包database/sql的接口，所以建议使用第三方包go-sqlite3，这样有利于以后更换和迁移数据库。

在GoLand的Terminal窗口或CMD窗口执行go get github.com/mattn/go-sqlite3指令下载第三方包go-sqlite3，下载成功后，在GOPATH找到文件信息，如图16-28所示。

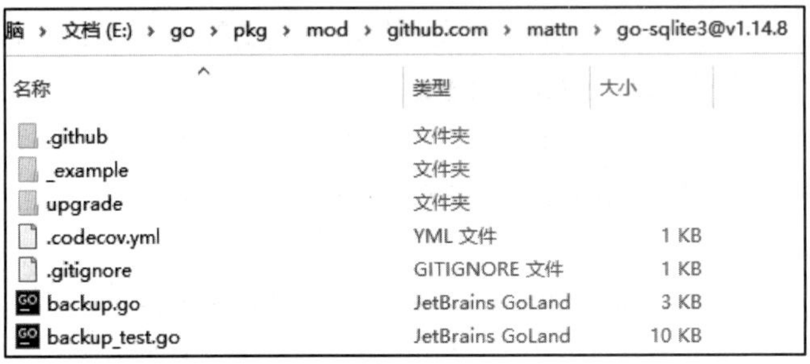

图 16-28　第三方包 go-sqlite3

下一步在E:\mygo创建chapter16.4.go文件，并且在GoLand以项目形式打开文件夹mygo，打开GoLand的Terminal窗口并输入指令go mod init mygo创建go.mod文件，目录结构如图16-29所示。

在GoLand打开go.mod文件，将第三方包go-sqlite3写入文件，文件代码如下：

```
module mygo

go 1.18

require (
    github.com/mattn/go-sqlite3 v1.14.8 // indirect
)
```

如果go-sqlite3是通过CMD窗口下载的，还需要打开GoLand的Terminal窗口，执行指令go mod download github.com/mattn/go-sqlite3，将go-sqlite3写入go.mod的go.sum文件，如图16-30所示。

名称	类型	大小	时
chapter16.4.go	JetBrains GoLand	4 KB	
go.mod	MOD 文件	1 KB	

图 16-29　目录结构　　　　　　　　　　　图 16-30　go.sum 文件

最后使用内置包database/sql和第三方包go-sqlite3实现数据库SQLite的数据读写操作：连接数据库、创建数据表、新增数据、批量新增数据、更新数据、批量更新数据、删除数据、批量删除数据和查询数据，代码如下：

```go
package main

import (
    "database/sql"
    "fmt"
    _ "github.com/mattn/go-sqlite3"
)

func main() {
    // 如果当前路径没有MyDb.db，则程序会自动创建
    db, _ := sql.Open("sqlite3", "MyDb.db")

    // 通过程序执行SQL语句创建数据表
    sql_table := `CREATE TABLE IF NOT EXISTS "userinfo" (
        "id" INTEGER PRIMARY KEY AUTOINCREMENT,
        "username" VARCHAR(64) NULL,
        "age" INT(10) NULL,
        "created" TIMESTAMP default (datetime('now','localtime'))
                )`
    // 执行SQL语句
    db.Exec(sql_table)

    // 新增数据
    stmt,_:=db.Prepare("INSERT INTO userinfo(username,age) values(?,?)")
    // 传递参数并执行SQL语句
    res, _ := stmt.Exec("Tom", "18")
    // 返回新增数据的ID
    id, _ := res.LastInsertId()
    fmt.Printf("新增数据的ID: %v\n", id)

    // 批量新增数据
    UserList := [][]interface{}{{"Lily", 22}, {"Jim", 30}}
    for _, i := range UserList {
        // 新增数据
        stmt,_:=db.Prepare("INSERT INTO userinfo(username,age) values(?,?)")
        // 传递参数并执行SQL语句
        res, _ := stmt.Exec(i[0], i[1])
        // 返回新增数据的ID
        id, _ := res.LastInsertId()
        fmt.Printf("批量新增数据的ID: %v\n", id)
    }
```

```go
// 更新数据
stmt, _ = db.Prepare("update userinfo set username=? where id=?")
// 传递参数并执行SQL语句
res, _ = stmt.Exec("Tim", 1)
// 受影响的数据行数，返回int64类型的数据
affect, _ := res.RowsAffected()
fmt.Printf("更新数据受影响的数据行数: %v\n", affect)

// 批量更新数据
UserList1 := [][]interface{}{{"Betty", 3}, {"Jon", 4}}
for _, i := range UserList1 {
    stmt,_:=db.Prepare("update userinfo set username=? where id=?")
    // 传递参数并执行SQL语句
    res, _ := stmt.Exec(i[0], i[1])
    // 受影响的数据行数，返回int64类型的数据
    affect, _ := res.RowsAffected()
    fmt.Printf("更新数据受影响的数据行数: %v\n", affect)
}

// 删除数据
stmt, _ = db.Prepare("delete from userinfo where id=?")
// 将想删除的id输入进去就可以删除输入的id
res, _ = stmt.Exec(1)
// 受影响的数据行数，返回int64类型的数据
affect, _ = res.RowsAffected()
fmt.Printf("删除数据受影响的数据行数: %v\n", affect)

// 批量删除数据
IDList := []int{3, 4}
for _, i := range IDList {
    // 通过循环删除多条数据，每次循环删除一条数据
    stmt, _ := db.Prepare("delete from userinfo where id=?")
    res, _ := stmt.Exec(i)
    // 受影响的数据行数，返回int64类型的数据
    affect, _ := res.RowsAffected()
    fmt.Printf("批量删除数据受影响的数据行数: %v\n", affect)
}

// 查询数据
rows, _ := db.Query("SELECT * FROM userinfo where id=?", 2)
// 遍历所有查询结果
var ids, age int
var un, ct string
for rows.Next() {
    rows.Scan(&ids, &un, &age, &ct)
    fmt.Printf("当前数据: %v,%v,%v,%v\n", ids, un, age, ct)
}
// 关闭数据库连接
db.Close()
}
```

运行上述代码，结果如图16-31所示。

程序执行完成后，在E:\mygo文件夹自动创建MyDb.db文件，使用Navicat Premium打开MyDb.db文件，查看数据表userinfo的数据情况，如图16-32所示。

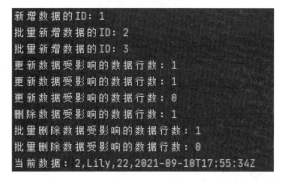

图 16-31　运行结果

图 16-32　数据表 userinfo

分析上述代码得知，数据库所有读写操作过程如下：

1）使用内置包database/sql的Open()函数打开数据库SQLite，参数driverName为数据库类型名称，即sqlite3；参数dataSourceName为数据库名字，即MyDb.db文件；返回值为数据库连接对象，数据类型为结构体DB实例化对象。

2）结构体DB实例化对象调用Exec()执行SQL语句，常用于数据库操作，如数据库创建、删除、创建索引等，同时也支持数据表操作。Exec()的第一个参数query为字符串格式，代表需要执行的SQL语句；第二个参数args为参数query提供字符串格式化，因为SQL语句可能使用程序某些变量作为数据支持，比如查询条件、新增数据等操作皆有可能来自某个变量值，所以参数args将变量通过字符串格式化传递给参数query，只要参数args使用英文格式"?"能设置格式化位置，参数args按照格式化数量设置对应的变量值即可。

3）结构体DB实例化对象还可以调用Prepare()，它提前准备SQL语句便于后续执行，常用于数据表操作，如数据新增、删除和更改等。Prepare()的参数query是字符串格式，代表需要执行的SQL语句，使用英文格式"?"能设置格式化位置，返回值为结构体Stmt实例化对象。

4）结构体Stmt实例化对象调用Exec()执行Prepare()设置SQL语句，参数args设置Prepare()字符串格式化的值；返回值Result为接口类型，接口定义了方法LastInsertId()和RowsAffected()，LastInsertId()用于获取数据新增后的主键ID；RowsAffected()是SQL执行后受影响的数据行数；返回值error是SQL执行结果。

5）结构体DB实例化对象调用Query()执行SQL查询语句，主要支持数据表的数据查询操作。Query()的参数与结构体DB的Exec()的参数相同，返回值是结构体Rows的实例化对象，遍历Rows的Next()能获取查询结果的每一行数据。

6）完成数据库操作后，由结构体DB实例化对象调用Close()关闭数据库连接，释放系统资源。

16.6　go-sql-driver/mysql读写MySQL

我们知道内置包database/sql为所有数据库提供了泛用接口，SQLite和MySQL数据库都是关系型数据库，大部分SQL语句能通用，因此更换代码中的数据库驱动和部分SQL语句即可。

以16.4节的例子为例，将chapter16.4.go文件名改为chapter16.5.go，在GoLand的Terminal窗口依次输入以下指令：

```
E:\mygo>go get github.com/go-sql-driver/mysql
E:\mygo>go mod download github.com/go-sql-driver/mysql
```

使用Navicat Premium连接本地的MySQL数据库管理系统，并创建数据库test，数据库编码为utf8mb4，创建过程可回顾16.2节。然后打开E:\mygo的go.mod文件，在文件中编写以下代码：

```
module mygo

go 1.18

require (
    github.com/go-sql-driver/mysql v1.6.0
)
```

最后修改16.4节的示例代码，分别修改函数sql.Open()的参数和变量sql_table，代码如下：

```go
package main

import (
    "database/sql"
    "fmt"
    _ "github.com/go-sql-driver/mysql"
)

func main() {
    // 如果当前路径没有MyDb.db，则程序会自动创建
    dataSourceName := "root:1234@(127.0.0.1:3306)/test"
    db, _ := sql.Open("mysql", dataSourceName)

    // 通过程序执行SQL语句创建数据表
    sql_table := `CREATE TABLE IF NOT EXISTS userinfo (
      id INT(11) PRIMARY KEY AUTO_INCREMENT,
      username VARCHAR(64) NULL,
      age INT(10) NULL,
      created DATEtIME default CURRENT_TIMESTAMP
        )ENGINE=InnoDB DEFAULT CHARSET=utf8mb4;`
    // 执行SQL语句
    db.Exec(sql_table)

    // 新增数据
    stmt,_:=db.Prepare("INSERT INTO userinfo(username,age) values(?,?)")
    // 传递参数并执行SQL语句
    res, _ := stmt.Exec("Tom", "18")
    // 返回新增数据的ID
    id, _ := res.LastInsertId()
    fmt.Printf("新增数据的ID: %v\n", id)

    // 批量新增数据
    UserList := [][]interface{}{{"Lily", 22}, {"Jim", 30}}
```

```go
for _, i := range UserList {
    // 新增数据
    stmt,_:=db.Prepare("INSERT INTO userinfo(username,age) values(?,?)")
    // 传递参数并执行SQL语句
    res, _ := stmt.Exec(i[0], i[1])
    // 返回新增数据的ID
    id, _ := res.LastInsertId()
    fmt.Printf("批量新增数据的ID: %v\n", id)
}

// 更新数据
stmt,_=db.Prepare("update userinfo set username=? where id=?")
// 传递参数并执行SQL语句
res, _ = stmt.Exec("Tim", 1)
// 受影响的数据行数，返回int64类型的数据
affect, _ := res.RowsAffected()
fmt.Printf("更新数据受影响的数据行数: %v\n", affect)

// 批量更新数据
UserList1 := [][]interface{}{{"Betty", 3}, {"Jon", 4}}
for _, i := range UserList1 {
    stmt,_:=db.Prepare("update userinfo set username=? where id=?")
    // 传递参数并执行SQL语句
    res, _ := stmt.Exec(i[0], i[1])
    // 受影响的数据行数，返回int64类型的数据
    affect, _ := res.RowsAffected()
    fmt.Printf("更新数据受影响的数据行数: %v\n", affect)
}

// 删除数据
stmt, _ = db.Prepare("delete from userinfo where id=?")
// 将想删除的id输入进去就可以删除输入的id
res, _ = stmt.Exec(1)
// 受影响的数据行数，返回int64类型的数据
affect, _ = res.RowsAffected()
fmt.Printf("删除数据受影响的数据行数: %v\n", affect)

// 批量删除数据
IDList := []int{3, 4}
for _, i := range IDList {
    // 通过循环删除多条数据，每次循环删除一条数据
    stmt, _ := db.Prepare("delete from userinfo where id=?")
    res, _ := stmt.Exec(i)
    // 受影响的数据行数，返回int64类型的数据
    affect, _ := res.RowsAffected()
    fmt.Printf("批量删除数据受影响的数据行数: %v\n", affect)
}

// 查询数据
rows, _ := db.Query("SELECT * FROM userinfo where id=?", 2)
// 遍历所有查询结果
```

```
    var ids, age int
    var un, ct string
    for rows.Next() {
        rows.Scan(&ids, &un, &age, &ct)
        fmt.Printf("当前数据: %v,%v,%v,%v\n", ids, un, age, ct)
    }
    // 关闭数据库连接
    db.Close()
}
```

运行上述代码，结果如图16-33所示。

使用Navicat Premium打开MySQL数据表userinfo，查看数据表的数据情况，如图16-34所示。

| 图 16-33   运行结果 | 图 16-34   数据表 userinfo |

综上所述，16.4节的代码和本节代码大同小异，只是使用不同数据库存储数据，我们对部分代码进行调整即可，调整方案如下：

1）更换数据库驱动，如SQLite使用第三方包go-sqlite3，MySQL使用第三方包go-sql-driver/mysql。

2）修改内置包database/sql的函数Open()的参数driverName和dataSourceName，分别设置数据库类型和数据库连接方式。

3）修改部分SQL语句，不同数据库的SQL语句存在语法差异。

16.7   mongo-driver读写MongoDB

MongoDB是介于关系数据库和非关系数据库之间的产品，它的数据格式与关系数据库的数据格式有很大的不同，因此内置包database/sql无法适用于MongoDB。

Go语言读写MongoDB由第三方包实现，其中mongo-driver和mgo.v2是目前最常用的第三方包，本书以mongo-driver为例讲述如何使用Go语言读写MongoDB。

在E:\mygo创建chapter16.6.go文件，打开GoLand的Terminal窗口，输入指令"go mod init mygo"创建go.mod文件，并且在go.mod文件中写入mongo-driver，代码如下：

```
module mygo

go 1.18

require (
```

```
    go.mongodb.org/mongo-driver v1.7.2 // indirect
)
```

使用go get和go mod download指令下载mongo-driver，在GoLand的Terminal窗口分别输入并执行
以下指令，指令执行结果如图16-35所示，指令执行完成后，在go.mod的go.sum中能看到相关信息。

```
go get go.mongodb.org/mongo-driver/mongo
go mod download go.mongodb.org/mongo-driver
```

图 16-35　指令执行结果

最后在chapter16.6.go文件中使用mongo-driver在MongoDB中创建数据库、创建集合、新增集合
数据、更新集合数据、读取集合数据和删除集合数据，具体实现过程如下：

```go
package main

import (
    "context"
    "fmt"
    "go.mongodb.org/mongo-driver/bson"
    "go.mongodb.org/mongo-driver/mongo"
    "go.mongodb.org/mongo-driver/mongo/options"
    "go.mongodb.org/mongo-driver/mongo/readpref"
    "time"
)

func main() {
    uri := "mongodb://localhost:27017"
    client, err := mongo.NewClient(options.Client().ApplyURI(uri))
    if err != nil {
        fmt.Printf("连接对象创建失败: %v\n", err)
    }
    // 定义上下文对象ctx，它来自内置包context，用于管理上下文
    ctx, _ := context.WithTimeout(context.Background(), 10*time.Second)
    // 使用连接对象连接数据库
    err = client.Connect(ctx)
```

```go
if err != nil {
    fmt.Printf("数据库连接失败: %v\n", err)
}
// 关闭连接
defer client.Disconnect(ctx)
// 通过ping测试是否连接成功
err = client.Ping(ctx, readpref.Primary())
if err != nil {
    fmt.Printf("ping测试是否连接成功: %v\n", err)
}
// 获取当前已有的数据库
databases, err := client.ListDatabaseNames(ctx, bson.M{})
if err != nil {
    fmt.Printf("当前已有数据库获取失败: %v\n", err)
}
fmt.Printf("获取当前已有的数据库: %v\n", databases)


// 创建数据库DB
DBDatabase := client.Database("DB")
// 在数据库DB中创建集合user
user := DBDatabase.Collection("user")


// 对集合user新增一行数据
userInsert, _ := user.InsertOne(ctx, bson.D{
    {"name", "Tim"},
    {"age", 20},
})
fmt.Printf("新增集合user一行数据: %v\n", userInsert)


// 对集合user新增多行数据
userInserts, _ := user.InsertMany(ctx, []interface{}{
    bson.D{{"name", "Tom"}, {"age", 20}},
    bson.D{{"name", "Lily"}, {"age", 30}},
})
fmt.Printf("新增集合user多行数据: %v\n", userInserts)


// 对集合user更新一行数据
// 将name=Tom的数据改为Raboy
userUpdate, _ := user.UpdateOne(
    ctx,
    bson.M{"name": "Tom"},
    bson.D{
        {"$set", bson.D{{"name", "Raboy"}}},
    },
)
fmt.Printf("更新集合user更新一行数据: %v\n", userUpdate)


// 对集合user更新多行数据
// 将age=20的所有数据改为25
userUpdates, _ := user.UpdateMany(
    ctx,
    bson.M{"age": 20},
```

```
        bson.D{
            {"$set", bson.D{{"age", 25}}},
        },
    )
    fmt.Printf("更新集合user多行数据: %v\n", userUpdates)

    // 替换集合user某行数据的所有数据
    userReplace, _ := user.ReplaceOne(
        ctx,
        bson.M{"name": "Lily"},
        bson.M{
            "name": "Lucy",
            "age":  29,
        },
    )
    fmt.Printf("替换集合user某行数据的所有数据: %v\n", userReplace)

    // 读取集合user的所有数据
    userFinds, _ := user.Find(ctx, bson.M{})
    defer userFinds.Close(ctx)
    // 遍历输出每行数据
    for userFinds.Next(ctx) {
        var datas bson.M
        // 每行数据加载到变量datas
        userFinds.Decode(&datas)
        fmt.Printf("读取集合user当前数据: %v\n", datas)
    }

    // 读取集合user的某行数据
    userFind, _ := user.Find(ctx, bson.M{"age": 25})
    defer userFind.Close(ctx)
    var data []bson.M
    // 数据加载到变量data
    userFind.All(ctx, &data)
    fmt.Printf("读取集合user的某行数据: %v\n", data)

    // 删除集合user某行数据
    userDelete, _ := user.DeleteOne(ctx, bson.M{"name": "Tom"})
    fmt.Printf("删除集合user某行数据: %v\n", userDelete)

    // 删除集合user多行数据
    userDeletes, _ := user.DeleteMany(ctx, bson.M{"age": 25})
    fmt.Printf("删除集合user多行数据: %v\n", userDeletes)

    // 删除集合user和所有数据
    err = user.Drop(ctx)
    if err != nil {
        fmt.Printf("删除集合user和所有数据失败: %v\n", err)
    } else {
        fmt.Printf("删除集合user和所有数据成功\n")
    }
}
```

在GoLand中运行上述代码，程序将提示安装相应依赖包，如图16-36所示。打开GoLand的Terminal窗口，按照异常提示依次执行相关指令即可。

图 16-36 异常提示

示例代码最终运行结果如图16-37所示。

图 16-37 运行结果

示例代码的每个数据操作都由相应结构体方法实现，说明如下：

1）使用工厂函数NewClient()构建结构体Client实例化对象，参数opts是结构体ClientOptions的实例化对象。ClientOptions用于配置MongoDB连接对象，Client在MongoDB连接对象的基础上实现各种数据操作。

2）结构体Client的实例化对象调用Connect()实现MongoDB连接，否则无法进行下一步的数据操作，调用Disconnect()关闭连接对象，释放系统资源。Connect()和Disconnect()的参数为变量ctx定义上下文对象，由内置包context实现，负责监控和控制Goroutine。

3）结构体方法Ping()和ListDatabaseNames()分别测试数据库的连接情况和获取当前已有的数据库。

4）结构体方法Database()在MongoDB中创建数据库，如果数据库已存在，则不再创建，返回值为结构体Database的实例化对象。

5）结构体Database实例化对象调用Collection()创建集合，若集合不存在，则自动创建，返回值为结构体Collection的实例化对象。

6）结构体Collection的实例化对象调用InsertOne()和InsertMany()实现一行和多行数据新增。InsertOne()和InsertMany()的参数ctx为变量ctx；InsertOne()的参数document为空接口，数据类型为mongo-driver/bson的自定义类型D、E、M或A；InsertMany()的参数documents为空接口的切片，切片元素为mongo-driver/bson的自定义类型D、E、M或A。

7）结构体Collection的实例化对象调用UpdateOne()、UpdateMany()和ReplaceOne()实现数据更新。三者的参数相同，参数ctx为变量ctx；参数filter为更新条件，即数据查询条件；参数update代表更新后的数据。参数filter和参数update的数据类型皆为mongo-driver/bson的自定义类型D、E、M或A。

8）结构体Collection的实例化对象调用Find()实现数据查找。参数ctx为变量ctx；参数filter为数据查询条件，数据类型为mongo-driver/bson的自定义类型D、E、M或A；返回值为结构体Cursor的实例化对象，从结构体Cursor的实例化对象调用Next()或All()就能获取数据查询结果。

9）结构体Collection的实例化对象调用DeleteOne()、DeleteMany()和Drop()实现数据删除。DeleteOne()和DeleteMany()的参数相同，参数ctx为变量ctx；参数filter为数据删除条件，数据类型为mongo-driver/bson的自定义类型D、E、M或A，它们只会删除集合中的数据，而Drop()会删除整个集合以及集合数据。

综上所述，mongo-driver读写MongoDB的操作步骤如下：

1）设置MongoDB的连接配置，如MongoDB的IP地址、端口、用户密码等信息。

2）通过连接配置实现MongoDB连接，从连接对象读取MongoDB中的数据库，再从已读取的数据库读取某个集合。

3）由已读取的集合对象调用相应结构体方法实现集合数据的新增、更新、查询和删除操作。

mongo-driver除了读写数据之外，还实现了MongoDB的其他功能，功能介绍和教程可以查看官方文档（https://www.mongodb.com/blog/search/golang）。

16.8　go-redis读写Redis

Redis（Remote Dictionary Server）是一个由Salvatore Sanfilippo写的Key-Value存储系统。它的数据结构有字符串、散列、列表、集合、有序集合、位图、流等类型，每种数据类型都有相应的指令实现读写操作。

在Redis官方网站（https://redis.io/clients#go）能看到Go语言读写Redis的第三方包，其中go-redis和redigo是目前最常用的第三方包，本书以go-redis为例讲述如何使用Go语言读写Redis。

打开go-redis的GitHub地址（https://github.com/go-redis/redis），按照文档说明在GoLand的Terminal窗口输入并执行指令go get github.com/go-redis/redis/v8，运行结果如图16-38所示。

```
E:\mygo>go get github.com/go-redis/redis/v8
go get: added github.com/go-redis/redis/v8 v8.11.3

E:\mygo>
```

图 16-38　下载 go-redis

在E:\mygo创建chapter16.7.go文件，并在GoLand的Terminal窗口输入指令go mod init mygo创建go.mod文件，打开go.mod文件，写入go-redis，代码如下：

```
module mygo

go 1.18

require (
    github.com/go-redis/redis/v8 v8.11.3 // indirect
)
```

打开GoLand的Terminal窗口，输入"go mod download github.com/go-redis/redis/v8"，将go-redis相关信息加载到go.mod的go.sum文件中，如图16-39所示。

图 16-39　go.sum 文件

最后打开chapter16.7.go文件，使用go-redis在Redis中实现不同数据结构的数据新增、查询和删除操作，具体实现过程如下：

```
package main

import (
    "context"
    "fmt"
    "github.com/go-redis/redis/v8"
    "time"
)

func main() {
    var ctx = context.Background()
    // 连接Redis数据库
    client := redis.NewClient(&redis.Options{
        Addr:     "127.0.0.1:6379",
        Password: "", // no password set
        DB:       0,  // use default DB
    })

    // 测试连接Redis
    ping, _ := client.Ping(ctx).Result()
    fmt.Printf("测试连接Redis: %v\n", ping)
    defer client.Close()

    // 设置字符串类型的数据
    // 参数ctx是内置包context创建的上下文对象
    // 参数key和value是键值对，数据类型为字符串
    // 参数expiration是有效期，数据类型为time.Duration
```

```
strSet, _ := client.Set(ctx, "name", "Tom", time.Hour).Result()
fmt.Printf("设置字符串类型的数据: %v\n", strSet)
// 获取字符串类型的数据
strGet, _ := client.Get(ctx, "name").Result()
fmt.Printf("获取字符串类型的数据: %v\n", strGet)
// 删除字符串类型的数据
// 参数keys是不固定参数, 参数类型为字符串, 代表字符串值
strDel, _ := client.Del(ctx, "name").Result()
fmt.Printf("删除字符串类型的数据: %v\n", strDel)


// 设置哈希类型的数据
// 参数ctx是内置包context创建的上下文对象
// 参数key是键, 数据类型为字符串类型
// 参数values是不固定参数, 参数类型为空接口, 代表哈希数值
hashHset, _ := client.HSet(ctx, "Tom", "age", 10).Result()
fmt.Printf("设置哈希类型的数据: %v\n", hashHset)
// 获取哈希类型的数据
// 参数field是值, 数据类型为字符串类型
hashHGet, _ := client.HGet(ctx, "Tom", "age").Result()
fmt.Printf("获取哈希类型的数据: %v\n", hashHGet)
// 删除哈希类型的数据
// 参数fields是不固定参数, 数据类型为字符串类型, 代表哈希数值
hashHDel, _ := client.HDel(ctx, "Tom", "age").Result()
fmt.Printf("删除哈希类型的数据: %v\n", hashHDel)

// 在列表中添加一个或多个值
// 参数ctx是内置包context创建的上下文对象
// 参数key是键, 数据类型为字符串类型
// 参数values是不固定参数, 参数类型为空接口, 代表列表元素
litRPush, _ := client.RPush(ctx, "Tom", "English", "Chinese").Result()
fmt.Printf("在列表中添加一个或多个值: %v\n", litRPush)
// 获取列表指定范围内的元素
// 参数start和stop是列表索引, 数据类型为整型
litLRange, _ := client.LRange(ctx, "Tom", 0, 2).Result()
fmt.Printf("获取列表指定范围内的元素: %v\n", litLRange)
// 移出并获取列表的第一个元素
// 参数timeout设置超时, 数据类型为time.Duration
// 参数keys是不固定参数, 参数类型为字符串, 代表列表元素
litBLPop, _ := client.BLPop(ctx, time.Second, "Tom").Result()
fmt.Printf("移出并获取列表的第一个元素: %v\n", litBLPop)


// 向集合添加一个或多个成员
// 参数ctx是内置包context创建的上下文对象
// 参数key是键, 数据类型为字符串类型
// 参数members是不固定参数, 参数类型为空接口, 代表集合成员值
SetSadd, _ := client.SAdd(ctx, "Tim", 20, "170CM").Result()
fmt.Printf("向集合添加一个或多个成员: %v\n", SetSadd)
// 获取集合中的所有成员
SetSMembers, _ := client.SMembers(ctx, "Tim").Result()
fmt.Printf("向集合添加一个或多个成员: %v\n", SetSMembers)
// 移除并返回集合中的一个随机元素
SetSPop, _ := client.SPop(ctx, "Tim").Result()
```

```
fmt.Printf("移除并返回集合中的一个随机元素: %v\n", SetSPop)

// 有序集合添加或更新一个或多个成员和成员的分数
// 参数ctx是内置包context创建的上下文对象
// 参数key是键，数据类型为字符串类型
// 参数members是不固定参数，数据类型是结构体Z的实例化对象，包含集合成员和分数
z1 := redis.Z{Member: "170CM", Score: 5}
z2 := redis.Z{Member: 10, Score: 10}
ZsetZAdd, _ := client.ZAdd(ctx, "Tim", &z1, &z2).Result()
fmt.Printf("移除并返回集合中的一个随机元素: %v\n", ZsetZAdd)
// 通过索引区间返回有序集合指定区间内的成员
// 参数start和stop是有序集合的索引区间，数据类型为整型
ZsetZRange, _ := client.ZRange(ctx, "Tim", 0, 2).Result()
fmt.Printf("通过索引区间返回有序集合指定区间内的成员: %v\n", ZsetZRange)
// 移除有序集合中的一个或多个成员
ZsetZRem, _ := client.ZRem(ctx, "Tim", z1).Result()
fmt.Printf("移除有序集合中的一个或多个成员: %v\n", ZsetZRem)


// 新增流类型数据
// 参数ctx是内置包context创建的上下文对象
// 参数XAddArgs是指针类型的结构体XAddArgs的实例化对象，代表流类型的数据结构
// 实例化结构体XAddArgs只需设置成员Stream和Values
x1 := redis.XAddArgs{
    Stream: "Lily",
    Values: map[string]interface{}{"age": 10, "height": "160CM"},
}
// 结构体XAddArgs实例化对象以指针方式作为参数
streXAdd, _ := client.XAdd(ctx, &x1).Result()
fmt.Printf("新增流类型数据: %v\n", streXAdd)
// 获取流类型所有数据
// 参数stream代表流数据名称，即结构体XAddArgs的成员Stream
// 参数start和stop是最小值和最大值，以"-"和"+"表示
streXRange, _ := client.XRange(ctx, "Lily", "-", "+").Result()
fmt.Printf("获取流类型所有数据: %v\n", streXRange)
// 遍历变量streXRange，遍历对象为结构体XMessage，结构体成员ID是流数据ID
for _, v := range streXRange {
    fmt.Printf("获取流类型所有数据的ID: %v\n", v.ID)
    // 通过流数据ID删除数据
    streXDel, _ := client.XDel(ctx, "Lily", v.ID).Result()
    fmt.Printf("ID: %v已删除，数据量: %v\n", v.ID, streXDel)
}


// 新增字符串类型数据
client.Set(ctx, "Tim", "ABCDEFGHIJKLMN", 0)
// 将字符串类型数据转为二进制数据，然后修改二级制的位数
// 参数key代表redis的键
// 参数offset是二级制的位数偏移量，0代表从左边第一位算起
// 参数value只有0和1，因为二级制只有0和1
bitSetBit, _ := client.SetBit(ctx, "Tim", 0, 1).Result()
fmt.Printf("位图类型数据: %v\n", bitSetBit)
// 获取位图类型数据某个偏移量的值
```

```
bitGetBit, _ := client.GetBit(ctx, "Tim", 0).Result()
fmt.Printf("获取位图类型数据某个偏移量的值: %v\n", bitGetBit)
// 删除位图数据，即删除字符串数据
bitDel, _ := client.Del(ctx, "Tim").Result()
fmt.Printf("删除位图数据: %v\n", bitDel)
}
```

运行上述代码，结果如图16-40所示。

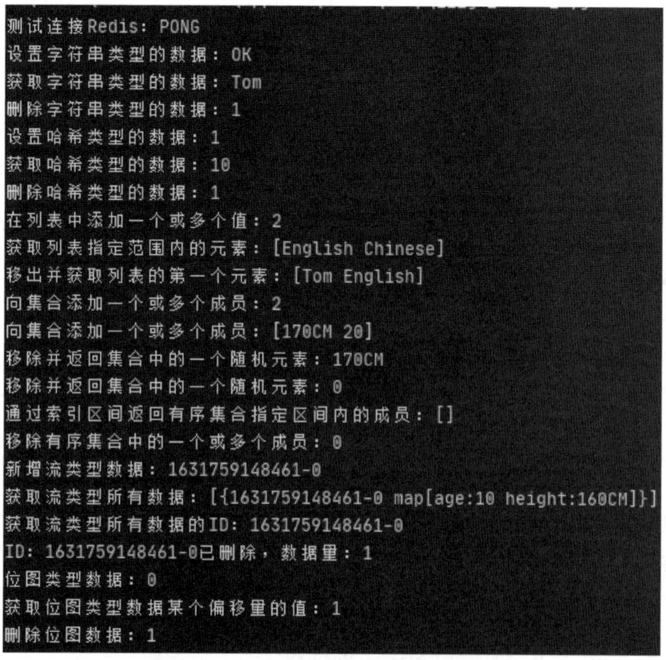

图 16-40　运行结果

go-redis为Redis各种数据结构定义了相关函数方法，上述示例只列举了各种数据结构的部分操作。如果要深入了解go-redis各种数据结构的所有操作，必须了解Redis各种数据结构的操作指令，因为go-redis的函数方法是将程序的变量和参数转换为Redis指令形式，再由系统终端执行，从而完成整个数据操作。以HSet()为例，在GoLand中查看它的源码，如图16-41所示。

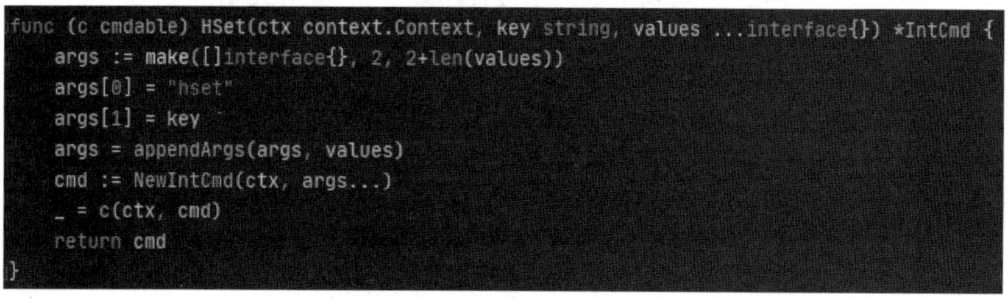

图 16-41　HSet()源码

分析HSet()源码能得出以下结论：

1）args[0] = "hset"代表Redis的hset指令，它与方法名HSet()相同，但字母大小写不同，变量args根据参数设置相应的Redis指令。

2）cmd := NewIntCmd(ctx, args...)将变量args交由系统终端执行，执行结果作为HSet()的返回值。

3）当对Redis的某个数据结构执行某个操作指令时，可以根据指令名称调用相应结构体方法，参数类型与作用需要自行查看源码。

综上所述，使用go-redis读写Redis必须了解Redis的操作指令，通过操作指令找到对应结构体方法，根据结构体方法的定义了解参数类型与作用，从而完成Redis的数据操作。

16.9 ORM框架：Gorm

开发人员经常接触的关系数据库主要有MySQL、Oracle、SQL Server、SQLite和PostgreSQL，操作数据库的方法大致有以下两种：

1）直接使用数据库接口连接。每一种编程语言都会提供连接和操作的包或模块。这类包或模块的操作步骤都是连接数据库、执行SQL语句、提交事务、关闭数据库连接。每次操作都需要Open/Close Connection，如此频繁地操作对于整个系统无疑是一种浪费。对于一个企业级的应用来说，这无疑是不科学的开发方式。

2）通过ORM（Object/Relation Mapping，对象-关系映射）框架来操作数据库。这是随着面向对象软件开发方法的发展而产生的，面向对象的开发方法是当今企业级应用开发环境中的主流开发方法，关系数据库是企业级应用环境中永久存放数据的主流数据存储系统。对象和关系数据是业务实体的两种表现形式，业务实体在内存中表现为对象，在数据库中表现为关系数据。内存中的对象之间存在关联和继承关系，而在数据库中，关系数据无法直接表达多对多关联和继承关系。因此，ORM系统一般以中间件的形式存在，主要实现程序对象到关系数据库数据的映射。

在实际工作中，企业级开发都是使用ORM框架来实现数据库持久化操作的，所以作为一个开发人员，很有必要学习ORM框架。

当前Go语言较为常用的ORM框架有Gorm、Xorm和Gorose。其中Gorm的文档教程最为详细，并支持多国语言，如图16-42所示。

图 16-42 Gorm 官方网站

以Gorm+MySQL为例讲述如何使用Gorm实现MySQL的数据操作。首先在本地系统使用go get指令搭建Gorm开发环境，打开GoLand的Terminal窗口，输入并执行以下指令：

```
// 下载Gorm框架
go get gorm.io/gorm
// 下载Gorm的MySQL驱动
go get gorm.io/driver/mysql
```

　　上述指令分别安装Gorm框架和Gorm框架定义的MySQL驱动，使用不同数据库需要下载对应的数据库驱动，目前Gorm官方支持的数据库类型有MySQL、PostgreSQL、SQLite和SQL Server，不同数据库驱动的下载指令如下：

```
// 下载Gorm的MySQL驱动
go get gorm.io/driver/mysql
// 下载Gorm的PostgreSQL驱动
go get gorm.io/driver/postgres
// 下载Gorm的SQLite驱动
go get gorm.io/driver/sqlite
// 下载Gorm的SQL Server驱动
go get gorm.io/driver/sqlserver
```

　　下一步使用Gorm框架实现MySQL的数据操作。在E:\mygo创建chapter16.8.go文件，并在GoLand的Terminal窗口输入指令go mod init mygo创建go.mod文件，打开go.mod文件，写入gorm.io/driver/mysql和gorm.io/gorm，代码如下：

```
module mygo

go 1.18

require (
    gorm.io/driver/mysql v1.1.2 // indirect
    gorm.io/gorm v1.21.15 // indirect
)
```

　　最后在chapter16.8.go文件中使用Gorm框架连接MySQL数据库、创建数据表、执行数据表的增删改查操作，代码如下：

```
package main

import (
    "fmt"
    "gorm.io/driver/mysql"
    "gorm.io/gorm"
    "time"
)

/** 官方文档
http://gorm.io/docs/models.html
**/
// gorm.Model是基本结构体
// 结构体成员: ID, CreatedAt, UpdatedAt, DeletedAt
type User struct {
    gorm.Model
    Name string `gorm:"type:varchar(10)"`
    Age int
    Address string `gorm:"type:varchar(255);default:'GZ'"`
}

/** 官方文档:
https://gorm.io/zh_CN/docs/conventions.html
**/
// 结构体User默认的数据表名为Users
```

```
// 如果自定义数据表名，可自定义TableName方法
func (User) TableName() string{
    return "my_user"
}

func main(){
    /** 官方文档
    https://gorm.io/zh_CN/docs/connecting_to_the_database.html
    **/
    // 连接数据库
    // 连接方式1: 使用database/sql和go-sql-driver/mysql连接数据库
    //dataSourceName := "root:1234@(127.0.0.1:3306)/test"
    //mydb, _ := sql.Open("mysql", dataSourceName)
    //db, _ := gorm.Open(mysql.New(mysql.Config{
    //  Conn: mydb,
    //}), &gorm.Config{})

    // 连接方式2: 使用gorm.io/driver/mysql连接数据库
    dsn := `root:1234@tcp(127.0.0.1:3306)/test?
            charset=utf8mb4&parseTime=True&loc=Local`
    db, _ := gorm.Open(mysql.Open(dsn), &gorm.Config{})
    sqlDB, _ := db.DB()

    // 关闭数据库，释放资源
    defer sqlDB.Close()
    // 设置连接池
    // SetMaxIdleConns设置空闲连接池中连接的最大数量
    sqlDB.SetMaxIdleConns(10)
    // SetMaxOpenConns设置打开数据库连接的最大数量
    sqlDB.SetMaxOpenConns(100)
    // SetConnMaxLifetime设置连接可复用的最大时间
    sqlDB.SetConnMaxLifetime(time.Hour)

    /** 官方文档
    https://gorm.io/zh_CN/docs/migration.html
    **/
    // 执行数据迁移
    db.AutoMigrate(&User{})

    /** 官方文档
    https://gorm.io/zh_CN/docs/create.html
    **/
    // 创建数据
    u1 := User{Name: "Tom", Age: 10}
    db.Create(&u1)
    // 创建数据
    u2 := User{Name: "Tim"}
    // 批量创建
    db.Create(&u2)
    u3 := []User{{Name: "Lily", Age: 18},
                {Name: "Lucy", Age: 22},
                {Name: "Mary", Age: 20}}
    db.Create(&u3)
```

```
    /** 官方文档
    https://gorm.io/zh_CN/docs/query.html
    https://gorm.io/zh_CN/docs/advanced_query.html
    **/
    // 查询数据
    // 创建数组对象l，数组元素为结构体User
    var l []User
    // 查询my_User的字段name不等于Tom的数据，并将结果写入数组对象l
    db.Where("name <> ?","Tom").First(&l)
    // 输出查询结果
    fmt.Printf("查询结果: %v\n", l)

    // Scan将查询结果转移到数组对象ls
    var ls []User
    db.Model(&User{}).Where("id = ?","1").Scan(&ls)
    // 上述查询方式等价于db.Where("id = ?","1").Find(&ls)
    fmt.Printf("查询结果: %v\n", ls)

    /** 官方文档
    https://gorm.io/zh_CN/docs/update.html
    **/
    // 更新数据
    // Update用于更新某个字段的数据
    db.Where("id = ?","1").Find(&l).Update("name", "TomTom")
    // Updates用于批量更新（更新多列数据或多行数据）
    u4 := User{Name: "Jim", Age: 30}
    db.Model(&User{}).Where("id IN ?", []int{2, 3}).Updates(u4)

    /** 官方文档
    https://gorm.io/zh_CN/docs/delete.html
    **/
    // 删除数据是设置结构体成员DeletedAt，并不会真正删除数据
    // 因此执行数据查询会自动筛选结构体成员DeletedAt为Null的数据
    db.Where("name = ?","Jim").Delete(&User{})
    // 通过主键删除数据
    db.Delete(&User{}, []int{1, 5})
    // 使用Unscoped()能永久删除数据表的数据
    db.Unscoped().Where("name = ?","Lucy").Delete(&User{})

    /** 官方文档
    https://gorm.io/zh_CN/docs/sql_builder.html
    **/
    // 执行原生的SQL语句
    var name string
    // 查询数据使用Raw()方法
    // 如果查询单行数据，使用Row()即可，如果查询多行数据，则使用Rows()
    db.Raw("select name from my_User where id=5").Row().Scan(&name)
    fmt.Printf("查询结果: %v\n", name)
    // 删除、创建或更新数据使用Exec()方法
    db.Exec("delete from my_User where id=1")
}
```

上述代码运行成功后，在Navicat Premium中打开数据表my_user，查看数据信息，如图16-43所示。

图 16-43 数据表 my_user

分析上述示例，我们归纳总结Gorm框架的使用步骤如下：

1）声明模型是以结构体方式定义的，每个结构体成员代表数据表的某个字段。结构体成员名称必须以大写字母开头，否则结构体与数据表无法构成关联；结构体成员的数据类型为字段的数据类型；结构体标签用于设置字段属性，如主键、唯一、默认值等；结构体方法TableName()用于自定义数据表名称，若不设置，则以结构体名称的复数形式作为表名。

2）连接数据库由Gorm的函数Open()实现，第一个参数dialector是数据库连接对象，由数据库驱动实现底层连接，数据库驱动可以根据需要选择Gorm自定义或第三方包；第二个参数opts用于进行Gorm的功能设置，可以参考结构体Config的源码，如图16-44所示。函数返回值db代表需要连接的数据库对象，如示例的test数据库，由db调用DB()能生成数据库连接池sqlDB，再由sqlDB调用相应结构体方法设置连接池的最大数量和最大时间。

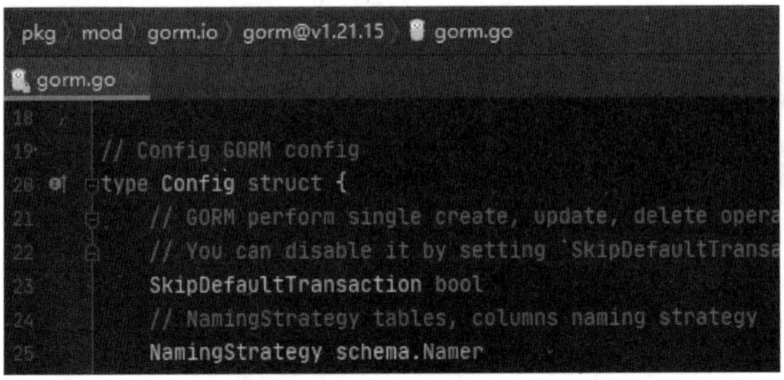

图 16-44 结构体 Config 的源码

3）数据迁移由数据库连接对象db调用AutoMigrate()，通过模型（结构体）创建相应数据表，如果数据库已经存在数据表，则程序不再创建。

4）数据创建由数据库连接对象db的Create()实现，它支持单行或多行数据的创建，并且在此基础上定义了两种数据创建方法：CreateInBatches()和FirstOrCreate()。

5）数据查询由数据库连接对象db的Where()、Find()和First()实现，它们能实现简单的查询语句。由于SQL查询方式比较多，官方文档也做了详细讲述，此处不再重复。

6）数据更新由数据库连接对象db的Update()、Updates()或Save()实现。数据更新必须在数据查询的基础上进行，否则将更新整个数据表的数据。

7）数据删除由数据库连接对象db的Delete()实现，它必须在数据查询的基础上进行，否则将删除整个数据表的数据。如果模型字段含有gorm.DeletedAt类型，Delete()不会真正删除数据，而是在字段gorm.DeletedAt中写入当前时间，这是数据软删除方式，通过标记某个字段使数据处于删除状态。由于模型具有软删除方式，若要强制删除数据，则可以调用Unscoped()实现。

8）SQL语句执行由数据库连接对象db的Raw()和Exec()实现。Raw()一般用于数据查询，它需要与Row()、Rows()或Scan()结合使用；Exec()一般用于数据增删改操作。

综上所述，我们仅讲述如何使用Gorm框架实现MySQL的数据操作，更多的数据操作可以查看Gorm的官方文档：https://gorm.io/zh_CN/docs/index.html。

16.10　动手练习：编程实现员工管理系统

数据库存储比文件存储更为智能，读写处理更为便捷。本节以员工管理系统为例，通过命令行界面实现员工和组织架构管理，员工和组织架构的数据分别使用不同数据表存储，整个示例功能说明如下：

1）用户根据命令行提示输入操作指令，功能包括员工管理、组织架构管理和退出系统。

2）员工管理包括新增员工、删除员工和查询员工。新增员工需要用户输入名字、年龄、职位和所属组织编号，删除员工需要输入员工名字，查询员工是查询数据表所有员工信息。

3）组织架构管理包括新增组织、删除组织和查询组织。新增组织需要用户输入组织名称、办公位置和等级，删除组织需要输入组织名称，查询组织是查询数据表所有组织信息。

4）退出系统是终止程序，即终止程序的死循环功能。

我们根据上述功能编写相应的功能代码，代码如下：

```go
package main

import (
    "fmt"
    "gorm.io/driver/mysql"
    "gorm.io/gorm"
    "time"
)

// 定义结构体
type User struct {
    gorm.Model
    ID         uint   `gorm:"primary_key"`
    Name       string `gorm:"type:varchar(255)"`
    Age        string `gorm:"type:varchar(255)"`
    Profession string `gorm:"type:varchar(255)"`
    OrganizeID int
    // 设置OrganizeID为外键
    Organize Organize `gorm:"ForeignKey:OrganizeID"`
}

type Organize struct {
    gorm.Model
    ID    uint   `gorm:"primary_key"`
    Name  string `gorm:"type:varchar(255)"`
    Site  string `gorm:"type:varchar(255)"`
    Grade string `gorm:"type:varchar(255)"`
```

```
}
func connect_db() *gorm.DB {
    // 使用gorm.io/driver/mysql连接数据库
    dsn := `root:1234@tcp(127.0.0.1:3306)/enterprise?
            charset=utf8mb4&parseTime=True&loc=Local`
    db, _ := gorm.Open(mysql.Open(dsn), &gorm.Config{})
    sqlDB, _ := db.DB()
    // 设置连接池
    // SetMaxIdleConns设置空闲连接池中连接的最大数量
    sqlDB.SetMaxIdleConns(10)
    // SetMaxOpenConns设置打开数据库连接的最大数量
    sqlDB.SetMaxOpenConns(100)
    // SetConnMaxLifetime设置连接可复用的最大时间
    sqlDB.SetConnMaxLifetime(time.Hour)
    // 执行数据迁移，创建数据表
    db.AutoMigrate(&User{})
    db.AutoMigrate(&Organize{})
    return db
}

func main() {
    db := connect_db()
    // 系统功能
    for {
        var s int
        fmt.Printf("欢迎来到企业员工信息管理系统\n")
        fmt.Printf("员工管理请按1,组织架构管理请按2,退出请按3: \n")
        fmt.Scanln(&s)
        if s == 1 {
            var u int
            fmt.Printf("新增员工请按1,删除员工请按2,查询员工请按3: \n")
            fmt.Scanln(&u)
            if u == 1 {
                var name, age, profession string
                var organizeID int
                fmt.Printf("请输入名字: \n")
                fmt.Scanln(&name)
                fmt.Printf("请输入年龄: \n")
                fmt.Scanln(&age)
                fmt.Printf("请输入职位: \n")
                fmt.Scanln(&profession)
                fmt.Printf("请输入所属组织编号: \n")
                fmt.Scanln(&organizeID)
                user := User{Name: name, Age: age, Profession:
                        profession, OrganizeID: organizeID}
                db.Create(&user)
                fmt.Printf("新员工%v添加成功: \n", name)
            } else if u == 2 {
                var name string
                fmt.Printf("请输入需要删除的名字: \n")
                fmt.Scanln(&name)
```

```
            db.Where("name = ?", name).Delete(&User{})
            fmt.Printf("员工%v删除成功: \n", name)
        } else if u == 3 {
            // 查询所有员工信息
            var ls []User
            db.Preload("Organize").Find(&ls)
            for _, v := range ls {
                fmt.Printf("员工%v的职位:%v,
                所属组织:%v\n\n",v.Name,v.Profession,v.Organize.Name)
            }
        }
    } else if s == 2 {
        // 课后作业
    } else if s == 3 {
        return
    } else {
        fmt.Printf("请按照提示输入")
    }
    }
}
```

上述代码按照功能划分为3部分，每部分的说明如下：

1）定义结构体User和Organize，分别映射数据表users和organizes，用于存储员工和组织架构的数据。结构体User的Organize与结构体Organize构建外键关联，以结构体成员OrganizeID与Organize的ID实现字段关联。

2）定义函数connect_db()，函数返回值为数据库连接对象，数据库连接由Gorm框架实现。函数分别实现数据库连接、数据库设置和数据迁移，数据迁移通过结构体User和Organize创建数据表。

3）主函数main()调用函数connect_db()获取数据库连接对象，然后通过for死循环方式运行员工管理系统，使用命令行方式提示用户输入数据。如果用户输入数字1，程序进入员工管理并提示用户输入数字1、2、3，若输入1，则提示用户输入员工信息并在数据表users中新增数据；若输入2，则提示用户输入员工名字，通过名字删除数据表users对应的数据；若输入3，则程序查询数据表users所有数据并遍历输出。

由于示例代码没有编写组织架构的增删查功能，这部分功能与员工的增删查功能相似，故留给读者自由发挥。如果要调试示例代码，当程序完成数据迁移的时候，需要自行在数据表organizes中创建数据，否则新增员工可能出现异常。

16.11 小 结

在所有编程语言中，通过程序操作数据库的步骤都是相同的，具体操作过程如下：

1）通过数据库模块连接数据库，生成数据库对象。

2）使用数据库对象执行SQL语句，数据库收到程序传送的SQL语句后，自动执行相应的数据操作。

3）数据库将执行结果返回给程序，从执行结果获取数据或者判断执行是否成功。

4）当完成数据操作后，关闭或销毁数据库连接对象。

mongo-driver读写MongoDB的操作步骤如下：

1）设置MongoDB的连接配置，如MongoDB的IP地址、端口、用户密码等信息。

2）通过连接配置实现MongoDB连接，从连接对象读取MongoDB中的数据库，再从已读取的数据库读取某个集合。

3）由已读取的集合对象调用相应结构体方法实现集合数据的新增、更新、查询和删除操作。

使用go-redis读写Redis必须了解Redis的操作指令，通过操作指令找到对应的结构体方法，根据结构体方法的定义了解参数的类型与作用，从而完成Redis的数据操作。

ORM（Object/Relation Mapping，对象-关系映射）框架是随着面向对象软件开发方法的发展而产生的，面向对象和关系数据是业务实体的两种表现形式，业务实体在内存中表现为对象，在数据库中表现为关系数据。内存中的对象之间存在关联和继承关系，而在数据库中，关系数据无法直接表达多对多的关联和继承关系。因此，ORM系统一般以中间件的形式存在，主要实现程序对象到关系数据库数据的映射。

第 17 章

Go 项目——
网页自动化测试程序开发

本章我们将演示使用Go编程来实现网页自动化测试程序的开发。

本章内容:

- 了解和安装Selenium。
- 使用浏览器查找元素。
- 浏览器配置与启动。
- 网页元素定位和操作。
- 浏览器常用操作。
- 网页加载等待。
- iframe与标签页切换。
- Cookie读写。
- 动手练习:编写一个自动爬取BOSS直聘招聘数据的程序。

17.1 了解自动化工具Selenium

我们的自动化测试项目会用到自动化工具Selenium。

Selenium是一个用于网站应用程序自动化的工具。它可以直接运行在浏览器中,就像真正的用户在操作一样。它支持的浏览器包括IE、Mozilla Firefox、Safari、Google Chrome和Opera等,同时支持多种编程语言,如.Net、Java、Go、Python和Ruby等。

Jason Huggins在2004年发起了Selenium项目,这个项目主要是为了不让自己的时间浪费在无聊的重复性工作中。因为当时测试的浏览器都支持JavaScript,Jason和他所在的团队就采用JavaScript编写了一种测试工具——JavaScript类库来验证浏览器页面的行为。这个JavaScript类库就是Selenium Core，同时也是Selenium RC、Selenium IDE的核心组件，Selenium由此诞生。

从Selenium诞生至今一共发展了3个版本：Selenium 1.0、Selenium 2.0和Selenium 3.0。下面大概介绍一下各个版本的信息。

- Selenium 1.0：主要由Selenium IDE、Selenium Grid和Selenium RC组成。Selenium IDE是一个嵌入浏览器的插件，用于实现简单的浏览器操作的录制与回放功能；Selenium Grid是一种自动化的辅助工具，通过利用现有的计算机基础设施加快网站的自动化操作；Selenium RC是Selenium家族的核心部分，支持多种不同开发语言编写的自动化脚本，通过Selenium RC的服务器作为代理服务器去访问网站应用，以达到自动化的目的。
- Selenium 2.0：该版本在1.0版本的基础上结合了WebDriver。Selenium 2.0通过WebDriver直接操控网站应用，解决了Selenium 1.0存在的缺点。WebDriver是针对各个浏览器开发的，取代了网站应用的JavaScript。目前大部分自动化技术都以Selenium 2.0为主，这也是本书使用的版本。
- Selenium 3.0：这个版本做了比较大的更新。如果使用Java开发，就只能选择Java 8以上的开发环境，如果以IE浏览器作为自动化浏览器，浏览器则必须为IE 9或IE 9以上版本。

从Selenium各个版本的信息可以了解到，它必须在浏览器的基础上才能实现自动化。目前浏览器的种类繁多，比如搜狗浏览器、QQ浏览器和百度浏览器等，这些浏览器大多数是在IE内核、WebKit内核或Gecko内核的基础上开发而成的。为了统一浏览器的使用，Selenium主要支持IE、Mozilla Firefox、Safari、Google Chrome和Opera等主流浏览器。

Selenium发展至今，不仅在自动化测试和自动化流程开发领域占据着重要的位置，而且在网络爬虫上也被广泛使用。

17.2　安装Selenium

由于Selenium支持多种浏览器，本书以Google Chrome作为讲述对象。搭建Selenium开发环境需要安装第三方包并且下载Google Chrome的ChromeDriver。

在GitHub搜索"go selenium"，编程语言选择Go就能找到Go语言的Selenium包，如图17-1所示。

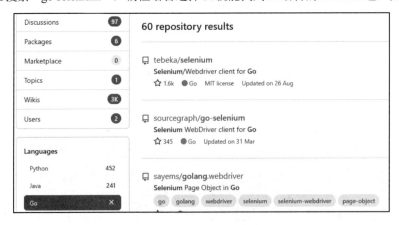

图 17-1　Go 语言的 Selenium 包

我们选择第三方包tebeka/selenium操控Selenium，在GoLand的Terminal窗口或CMD窗口执行go get github.com/tebeka/selenium指令下载第三方包tebeka/selenium，下载信息如图17-2所示。

下一步安装Google Chrome的ChromeDriver，打开Google Chrome并查看当前版本信息，在浏览器中找到"自定义及控制Google Chrome"→"帮助(E)"→"关于Google Chrome(G)"选项，即可查看当前版本信息，如图17-3所示。

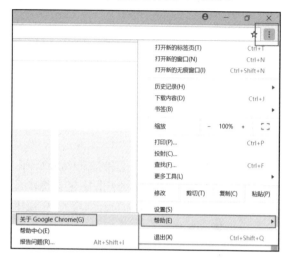

图 17-2　下载信息

图 17-3　浏览器版本查看方法

除了上述方法之外，还可以在浏览器的地址栏直接输入chrome://settings/help并按回车键查看浏览器版本信息，如图17-4所示。

从图17-4中得知，当前Google Chrome版本为94，根据版本信息找到与之对应的ChromeDriver版本。从Google Chrome的70版本开始，ChromeDriver的版本号与Google Chrome的版本号相同，也就是说，如果当前Google Chrome的版本为94，那么ChromeDriver的版本也应该选择94。

在浏览器上访问http://npm.taobao.org/mirrors/chromedriver/并找到以94开头的链接，如图17-5所示。

图 17-4　浏览器版本信息

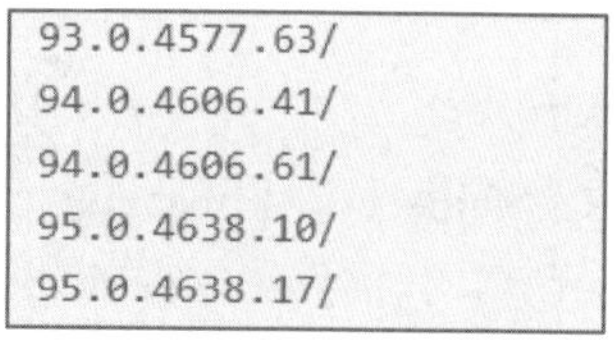

图 17-5　ChromeDriver 版本

图17-5显示了两个不同的94版本的链接，只要浏览器和ChromeDriver的前3位版本号相同，末位版本号无须硬性规定。例如当前浏览器的版本为94.0.4606.61，如果ChromeDriver网页没有提供94.0.4606.61的下载链接，可以选择其中一个94.0.4606.XXX版本的下载链接。

以94.0.4606.61为例，单击该链接进入下载页面，然后单击chromedriver_win32.zip下载链接，将已下载的chromedriver_win32.zip进行解压，双击运行chromedriver.exe，查看ChromeDriver的版本信息，如图17-6所示。

图 17-6　ChromeDriver 的版本信息

如果使用Firefox实现网页自动化，则需要下载Firefox的GeckoDriver，不同浏览器需要下载对应的WebDriver，并且不同浏览器的WebDriver命名各不相同，如GeckoDriver和ChromeDriver。

17.3　使用浏览器查找元素

我们已经部署了Selenium+ChromeDriver开发环境，在开发之前，还需要学会使用浏览器来查找网页元素。因为Selenium是通过程序来自动操控网页的控件元素的，比如单击某个按钮、输入文本框内容等，若网页中有多个同类型元素，比如有多个按钮，想要Selenium精准地单击目标元素，则需要将目标元素的具体信息告知Selenium，让它根据这些信息在网页上找到该元素并进行操控。

网页元素是通过浏览器的开发者工具获取的。以Google Chrome为例，在浏览器上访问豆瓣电影网（https://movie.douban.com/），然后按快捷键F12打开Chrome的开发者工具，如图17-7所示。

图 17-7　网页信息

从图17-7中可以看到，开发者工具共有9个标签页，分别是Elements、Console、Sources、Network、Performance、Memory、Application、Security和Audits。开发者工具以Web开发调试为主，如果只是获取网页元素，只需熟练掌握Elements标签页即可。

Elements标签页允许从浏览器的角度查看页面，也就是说，可以看到Chrome渲染页面所需要的HTML、CSS和DOM（Document Object Model）对象。此外，还可以编辑内容更改页面显示效果。它一共分为两部分，左边是当前网页的HTML内容，右边是某个元素的CSS布局内容。查找元素信息以左边的HTML内容为主，在查找控件信息之前，我们首先来了解HTML的相关知识。

HTML是超文本标记语言，这是标准通用标记语言的应用。"超文本"就是指页面内可以包含图片、链接甚至音乐、程序等非文字元素。超文本标记语言的结构包括"头"（Head）部分和"主体"（Body）部分，其中"头"部分提供关于网页的信息，"主体"部分提供网页的具体内容。下面通过一段简单的HTML代码来进一步了解。

```
# 声明为 HTML5 文档
<!DOCTYPE html>
# 元素是 HTML 页面的根元素
```

```
<html>
# 元素包含文档的元数据
<head>
# 提供页面的元信息，主要是描述和关键词
<meta charset="utf-8">
# 元素描述了文档的标题
<title>Go语言</title>
</head>
# 元素包含可见的页面内容
<body>
# 定义一个标题
<h1>我的第一个标题</h1>
# 元素定义一个段落
<p>我的第一个段落。</p>
</body>
</html>
```

一个完整的网页必定以<html></html>为开头和结尾，整个HTML可分为两部分：

1）<head></head>是对网页的描述，对图片和JavaScript的引用。<head>元素包含所有的头部标签元素。在<head>元素中可以插入脚本（script）、样式文件（CSS）及各种meta信息。该区域可添加的元素标签有<title>、<style>、<meta>、<link>、<script>、<noscript>和<base>。

2）<body></body>是网页信息的主要载体。该标签下还可以包含很多类别的标签，不同的标签有不同的作用。每个标签都是以< >开头、以</>结尾，< >和</>之间的内容是标签的值和属性，每个标签之间可以是相互独立的，也可以是嵌套、层层递进的关系。

根据这两个组成部分就能很容易地分析整个网页的布局。其中，<body></body>是整个HTML的重点部分。下面通过示例来分析<body></body>。

```
<body>
<h1>我的第一个标题</h1>
<div>
<p>Go语言</p>
</div>
<h2>
<p>
<a>Go语言</a>
</p>
</h2>
</body>
```

上述代码的说明如下：

1）<h1>、<div>和<h2>是互不相关的标签，3个标签之间是相互独立的。

2）<div>标签和<div>中的<p>标签是嵌套关系，<p>的上一级标签是<div>。

3）<h1>和<p>是两个毫无关系的标签。

4）<h2>标签包含一个<p>标签，<p>标签又包含一个<a>标签，一个标签可以嵌套多个标签。

除了上述示例中的标签之外，大部分标签都可以在<body></body>中使用，常用的标签如表17-1所示。

表 17-1 HTML 的常用标签

HTML 标签	含 义
\<img\>	图片，用于显示图片
\<a\>\</a\>	锚，在网页中设置其他网址链接
\<strong\>\</strong\>	加重（文本），文本格式之一
\<em\>\</em\>	强调（文本），文本格式之一
\<i\>\</i\>	斜体字，文本格式之一
\<b\>\</b\>	粗体（文本），文本格式之一
\<br\>	插入简单的换行符
\<div\>\</div\>	分隔，块级元素或内联元素
\<span\>\</span\>	范围，用来组合文档中的行内元素
\<ol\>\</ol\>	有序列表
\<ul\>\</ul\>	无序列表
\<li\>\</li\>	列表项目
\<dl\>\</dl\>	定义列表
\<h1\>\</h1\> 到 \<h6\>\</h6\>	标题 1 到标题 6
\<p\>\</p\>	定义段落
\<table\>\</table\>	创建表格
\<tr\>\</tr\>	表格中的一行
\<th\>\</th\>	表格中的表头
\<td\>\</td\>	表格中的一个单元格

　　大致了解了HTML的结构后，接下来使用开发者工具来查找网页元素。比如查找豆瓣电影网的搜索框在HTML的位置，单击开发者工具的 按钮，然后将鼠标指针移到网页上的搜索框并单击，最后在Elements标签页自动显示搜索框在HTML中的元素信息，具体操作如图17-8所示。

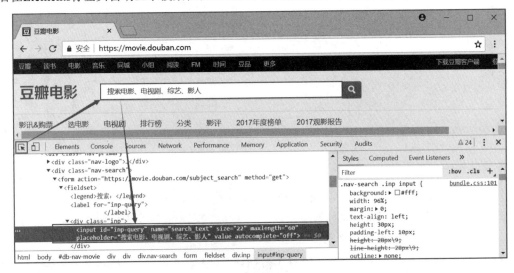

图 17-8 查找网页元素

　　从图17-8可以看到，网页中的搜索框是由\<input\>标签生成的，该标签的上一级标签是\<div\>。

<input>标签有id、name、size和maxlength等属性，这些属性值是<input>标签特有的，我们可以通过这些属性值来告诉Selenium，让它根据这些属性值操控搜索框。

17.4　浏览器配置与启动

Selenium通过浏览器驱动控制浏览器自动操作，如Chrome的ChromeDriver、Firefox的Geckodriver。开发Selenium自动化程序首先要启动浏览器驱动，运行Selenium服务，再由Go语言连接Selenium服务，向其发送操作指令，从而实现浏览器的自动操作。

我们在E:\mygo放置Chrome的ChromeDriver、创建chapter17.4.go文件，在GoLand的Terminal窗口输入指令go mod init mygo创建go.mod文件，并且在go.mod文件中引入github.com/tebeka/selenium，代码如下：

```
module mygo

go 1.18

require (
    github.com/tebeka/selenium v0.9.9 // indirect
)
```

下一步在chapter17.4.go文件中使用tebeka/selenium开启Selenium服务和配置浏览器功能，实现代码如下：

```
package main

import (
    "fmt"
    "github.com/tebeka/selenium"
    "github.com/tebeka/selenium/chrome"
)

// 设置常量
const (
    // ChromeDriver路径，存放在E:\mygo中，因此使用相对路径表示
    chromeDriver = "chromedriver.exe"
    // ChromeDriver运行端口
    port = 8080
)

func main() {
    /* 开启WebDriver服务 */
    // 设置Selenium的服务配置
    opts := []selenium.ServiceOption{
        // 开启Selenium的执行记录
        //selenium.Output(os.Stderr),
    }
    // 设置Selenium的调试模式
```

```go
selenium.SetDebug(false)
// 开启Selenium服务
// 参数path是ChromeDriver的路径信息
// 参数port是ChromeDriver的运行端口
// 参数opts是ChromeDriver的服务配置
s, _:=selenium.NewChromeDriverService(chromeDriver,port,opts...)
// 关闭服务
defer s.Stop()


/* 连接WebDriver服务 */
// 设置浏览器功能，变量caps通用于Chrome和Firefox
caps := selenium.Capabilities{}
// chrome.Capabilities{}来自tebeka/selenium/chrome
// 火狐使用tebeka/selenium/firefox的firefox.Capabilities{}
// 设置Chrome的特定功能
chromeCaps := chrome.Capabilities{
    // 禁止加载图片，加快渲染速度
    Prefs: map[string]interface{}{
        "profile.managed_default_content_settings.images":2},
    // 使用开发者调试模式
    ExcludeSwitches: []string{"enable-automation"},
    // 基本功能
    Args: []string{
        // 无界面模式，不会打开浏览器，程序后台运行
        //"--headless",
        // 浏览器窗口全屏模式
        //"--start-maximized",
        // 浏览器窗口大小设置
        //"--window-size=1200x600",
        // 取消沙盒模式
        "--no-sandbox",
        // 设置请求头
        "--user-agent=Mozilla/5.0 (Windows NT 10.0; Win64; "+
            "x64) AppleWebKit/537.36 (KHTML, like Gecko) "+
            "Chrome/94.0.4606.61 Safari/537.36",
        // 禁止扩展功能
        "--disable-extensions",
        // 禁用沙盒模式
        "--disable-setuid-sandbox",
        // 禁止使用shm
        "--disable-dev-shm-usage",
        // 禁用GPU加速
        "--disable-gpu",
        // 关闭安全策略
        "--disable-web-security",
        // 允许运行不安全的内容
        "--allow-running-insecure-content",
    },
}
// 将谷歌浏览器特定功能chromeCaps添加到caps
caps.AddChrome(chromeCaps)
```

```
// 设置浏览器的代理IP
http := "http://xxx.xxx.xxx.xxx:xxxx"
caps.AddProxy(selenium.Proxy{Type: selenium.Manual,
    HTTP: http, HTTPPort: 0000})
// 根据浏览器功能连接
urlPrefix:=fmt.Sprintf("http://localhost:%d/wd/hub",port)
wd, _ := selenium.NewRemote(caps, urlPrefix)
// 关闭浏览器对象
defer wd.Quit()
// 访问网址
wd.Get("http://httpbin.org/get")
// 获取网页内容
pg, _ := wd.PageSource()
// 输出网页内容
fmt.Println(pg)
}
```

运行上述代码，程序将自动打开Chrome，然后访问http://httpbin.org/get获取当前网络信息，代码设置了代理IP，如果没有代理IP，则需要将相关代码注释掉，否则程序执行失败。程序运行完成后将自动关闭浏览器，并且在GoLand的Run窗口输出网页内容，如图17-9所示。

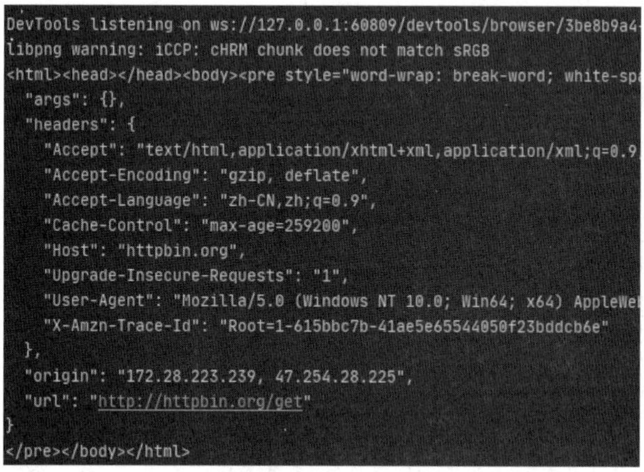

图 17-9　网页内容

示例代码根据功能可分为3部分：启动Selenium服务、浏览器配置、Selenium启动及操控浏览器，每部分的实现说明如下：

1）启动Selenium服务由工厂函数NewChromeDriverService()实现，它构建并执行终端指令生成Selenium服务，简单来说，Go语言通过执行终端指令操控ChromeDriver开启Selenium服务。如果使用Firefox，则调用工厂函数NewGeckoDriverService()，目前第三方包tebeka/selenium仅封装了Google Chrome和Firefox，若要调用其他浏览器（如IE），则可以调用工厂函数newService()。

从源码角度分析，函数NewChromeDriverService()和NewGeckoDriverService()都是在newService()的基础上进行封装的，结构体Service是Selenium服务对象，结构体方法start()和stop()分别是开启和关闭服务。

NewChromeDriverService()和NewGeckoDriverService()设有3个参数：path、port和opts，每个参数的数据类型以及说明如下：

- 参数path是字符串类型，代表ChromeDriver或Geckodriver的路径信息，便于程序找到浏览器的WebDriver。
- 参数port是整型类型，代表Selenium服务运行端口，开启Selenium服务之前必须确保端口尚未使用，否则Selenium服务会与其他系统服务发生冲突。
- 参数opts是自定义类型ServiceOption，并且不固定参数数量，它用于配置Selenium服务，一般情况下无须设置，如需设置，则以切片形式表示，切片元素的数据类型为selenium.ServiceOption，例如[]selenium.ServiceOption{}。

2）浏览器配置由selenium.Capabilities实现，它是集合类型，用于配置浏览器功能，比如设置请求头、调试模式、代理IP等功能，不同的浏览器有不同的功能配置。虽然selenium.Capabilities是集合类型，但定义了结构体方法AddChrome()、AddFirefox()、AddProxy()、AddLogging()和SetLogLevel()，每个方法的功能说明如下：

- 结构体方法AddChrome()设置Google Chrome功能，比如浏览器的无界面模式、沙盒模式或请求头等，这都是Google Chrome特有的功能。参数f是结构体Capabilities的实例化对象，在tebeka/selenium/chrome中定义，结构体成员皆用于浏览器功能。
- 结构体方法AddFirefox()设置Firefox功能，它与AddChrome()的使用与定义大同小异，但只适用于Firefox浏览器。
- 结构体方法AddProxy()设置浏览器代理IP，参数p是结构体Proxy的实例化对象，结构体成员Type是ProxyType类型，实质为字符串类型，用于设置代理模式，成员值分别为Direct、Manual、Autodetect、System和PAC，不同的成员值代表不同的代理模式，详细说明可以查看源码注释，如图17-10所示。其他结构体成员设置代理IP信息，不同代理模式设置相应结构体成员，如HTTP模式设置结构体成员HTTP和HTTPPort，SSL模式设置结构体成员SSL和SSLPort，SOCKS模式设置结构体成员SOCKS、SOCKSVersion、SOCKSUsername和SOCKSPassword。

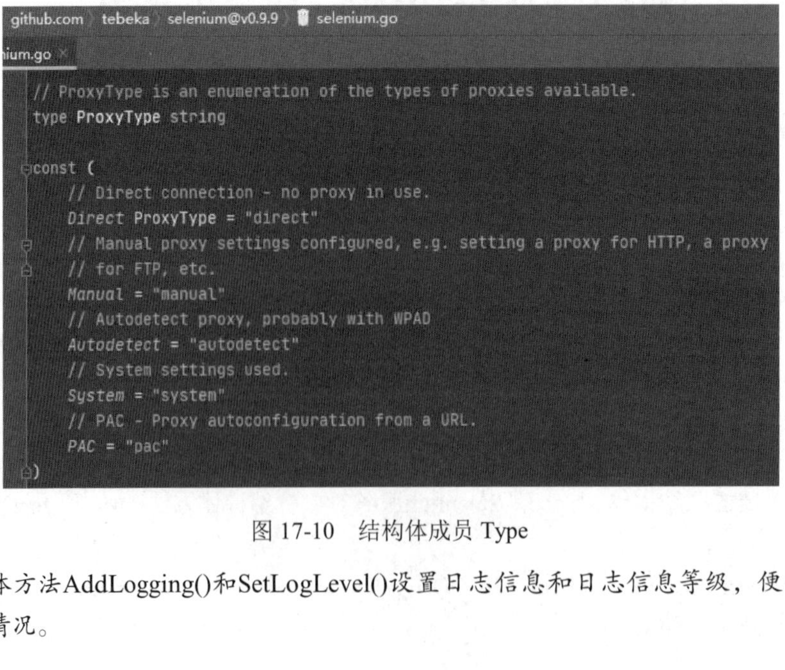
github.com tebeka selenium@v0.9.9 selenium.go
ium.go
// ProxyType is an enumeration of the types of proxies available.
type ProxyType string
const (
// Direct connection - no proxy in use.
Direct ProxyType = "direct"
// Manual proxy settings configured, e.g. setting a proxy for HTTP, a proxy
// for FTP, etc.
Manual = "manual"
// Autodetect proxy, probably with WPAD
Autodetect = "autodetect"
// System settings used.
System = "system"
// PAC - Proxy autoconfiguration from a URL.
PAC = "pac"
)

图 17-10 结构体成员 Type

- 结构体方法AddLogging()和SetLogLevel()设置日志信息和日志信息等级，便于追踪程序的执行情况。

3）Selenium 启 动 及 操 控 浏 览 器 由 函 数 NewRemote() 实 现，参 数 capabilities 来 自selenium.Capabilities，代表已配置的浏览器对象；参数urlPrefix为字符串类型，用于连接已启动的Selenium服务；返回值WebDriver为接口类型，代表已连接的Selenium服务，即程序已打开的浏览器界面；返回值error代表连接失败信息。由返回值WebDriver调用相应函数即可完成浏览器自动化操作，如wd.Get("http://httpbin.org/get")访问某个网页、wd.PageSource()获取网页信息等。

综上所述，第三方包tebeka/selenium配置与启动浏览器的总结如下：

1）调 用 NewChromeDriverService()、NewGeckoDriverService() 或 newService()，并 且 设 置WebDriver路径和运行端口，用于创建Selenium服务。

2）分别设置tebeka/selenium的集合Capabilities、tebeka/selenium/chrome的结构体Capabilities，结构体Capabilities是集合Capabilities的某个功能配置，如需设置代理IP，也是在集合Capabilities中设置。

3）调用NewRemote()启动浏览器，将集合Capabilities作为参数capabilities，Selenium服务的运行地址和端口作为参数urlPrefix，函数返回值WebDriver代表已启动的浏览器对象，由该对象实现网页自动化。

17.5　网页元素定位

当程序成功启动浏览器之后，下一步通过浏览器自动访问网页，模拟人为操控网页，从而实现网页自动化。

程序操控网页需要对网页元素进行定位，如网页含有多个文本输入框，当操控某个文本输入框时，必先对其进行定位，否则程序无法识别，只有定位成功后才能执行下一步操作，如单击、输入文本、获取内容、获取元素属性等操作。

Selenium提供了8种网页元素定位方法，分别为ByClassName、ByID、ByTagName、ByName、ByCSSSelector、ByLinkText、ByPartialLinkText和ByXPATH，每种网页元素定位方法说明如下：

1）ByClassName通过网页元素的class属性进行定位。如果class属性设有多个样式名称，只能对某一个样式名称进行定位，无法实现多样式定位，如图17-11所示，该元素含有样式：result-op、c-container和new-pmd（多个样式之间用空格隔开），ByClassName只需定位其中一个样式即可。

如果样式名称在网页中被多个网页元素使用，那么程序按照HTML代码的先后顺序查找元素，因此使用ByClassName定位最好确保网页元素的class属性具有唯一性，如果无法确保唯一性，只能查找所有符合条件的元素，通过遍历方式找出目标元素。

2）ByID通过网页元素的id属性进行定位。在HTML中，id属性是唯一的，每个网页元素不能使用相同id属性，但不是所有网页元素都设置了id属性。

3）ByTagName通过网页元素的HTML标签进行定位。每个网页元素都有对应的标签，如<div></div>、<p></p>等，由于标签是HTML的基本语法，同一标签在同一个网页中肯定被多次使用，因此这种定位方式常用于多层定位，例如定位某个元素，再从该元素中定位某个标签，如图17-12所示，首先定位h3标签，再从该定位中定位em标签，通过抽丝剥茧的方式完成整个定位过程。

```
▼<div id="content_left">
  ▶<div class="result c-container new-pmd" id="1" s
  ▼<div class="result-op c-container new-pmd" srcid
    E8%AF%AD%E8%A8%80&fromid=3246011&fr=aladdin" data-
    ▼<h3 class="t c-gap-bottom-small">
      ▶<a href="http://www.baidu.com/link?url=Vpgho
      b3FSOnn4_" target="_blank">…</a>
      </h3>
    ▶<div class="c-row c-gap-top-small">…</div>
```

图 17-11　多样式的网页元素

```
▼<h3 class="t c-gap-bottom-small">
  ▼<a href="http://www.baidu.com/link?url=h98t-QfH8(
  h3AjI2dD_" target="_blank">
    <em>Go语言</em>
    " - 百度百科 "
    </a>
  </h3>
```

图 17-12　多层定位

4）ByName通过网页元素的name属性进行定位。在HTML中，name属性不是唯一的，并且不是所有网页元素都设置了name属性。

5）ByCSSSelector通过CSS选择器进行定位。CSS选择器是网页设计的CSS样式语法。可以利用Chrome的开发者工具获取网页元素的CSSSelector定位，在Google Chrome的Elements标签页中找到某个元素的位置，然后右击选择Copy，最后选择Copy selector，即可获取相应的语法，如图17-13所示。

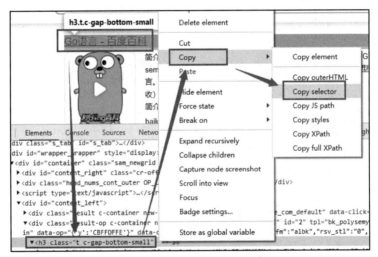

图 17-13　CSSSelector 定位

6）ByLinkText和ByPartialLinkText通过链接文本进行定位。链接文本是带有a标签的网页元素，如图17-14所示，ByLinkText设置文本内容就能定位对应的a标签，如设置"资讯"或"视频"。ByPartialLinkText与ByLinkText的功能相同，但它支持模糊匹配，如设置"讯"或"视"就能实现定位。

```
▼<a href="https://www.baidu.com/s?rtt=1&bsst=1&cl=2&
ews'})" sync="true" class="s-tab-item s-tab-news">
  ::before
  "资讯"
  </a>
▼<a href="/sf/vsearch?pd=video&tn=vsearch&lid=df843:
6uplw" onmousedown="return c({'fm':'tab','tab':'vide
  ::before
  "视频"
  </a>
```

图 17-14　链接文本

7）ByXPATH通过Xpath语法进行定位。Xpath通过路径表达式查找网页元素，它将\<HTML>标签看成总目录，\<HTML>标签的嵌套标签A作为子目录，嵌套标签A的嵌套标签B作为嵌套标签A的子目录，以此类推。利用Chrome开发者工具获取网页元素的Xpath定位，在Google Chrome的Elements标签页中找到某个元素的位置，然后右击选择Copy，最后选择Copy Xpath或Copy full Xpath，即可获取相应的语法，如图17-15所示。

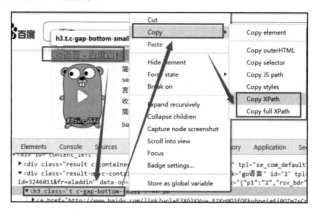

图 17-15　Xpath 定位

第三方包 tebeka/selenium 通过接口方法 FindElement() 和 FindElements() 实现元素定位。FindElement()查找符合定位条件的第一个元素，FindElements()查找符合定位条件的所有元素，并以切片形式返回。

以FindElement()为例讲述如何使用8种定位方法查找网页元素。在E:\mygo放置Chrome的ChromeDriver，创建chapter17.5.go文件，在GoLand的Terminal窗口输入指令go mod init mygo创建go.mod文件，并在go.mod文件中引入github.com/tebeka/selenium，最后在chapter17.5.go中编写示例代码，代码如下：

```
package main

import (
    "fmt"
    "github.com/tebeka/selenium"
    "github.com/tebeka/selenium/chrome"
    "time"
)

// 设置常量
const (
    // ChromeDriver路径信息
    chromeDriver = "chromedriver.exe"
    // ChromeDriver运行端口
    port = 8080
)

func main() {
    /* 开启WebDriver服务 */
    s,_:=selenium.NewChromeDriverService(chromeDriver,port)
    // 关闭服务
    defer s.Stop()
```

```go
    /* 连接WebDriver服务 */
    caps := selenium.Capabilities{}
    // 设置Chrome特定功能
    chromeCaps := chrome.Capabilities{
        // 使用开发者调试模式
        ExcludeSwitches: []string{"enable-automation"},
    }
    // 将谷歌浏览器特定功能chromeCaps添加到caps
    caps.AddChrome(chromeCaps)
    // 根据浏览器功能连接Selenium
    urlPrefix:=fmt.Sprintf("http://127.0.0.1:%d/wd/hub",port)
    wd, _ := selenium.NewRemote(caps, urlPrefix)
    // 关闭浏览器对象
    defer wd.Quit()
    // 访问网址
    wd.Get("https://www.baidu.com/s?wd=go")
    time.Sleep(3 * time.Second)
    // 通过class属性定位元素
    ele1, _ := wd.FindElement(selenium.ByClassName, "s_ipt")
    ele1.SendKeys("Golang")
    time.Sleep(3 * time.Second)
    // 通过id属性定位元素
    ele2, _ := wd.FindElement(selenium.ByID, "kw")
    ele2.SendKeys("good")
    time.Sleep(3 * time.Second)
    // 通过HTML标签定位元素，先定位局部范围，再定位标签
    ele3,_:=wd.FindElement(selenium.ByClassName,"quickdelete-wrap")
    ele31, _ := ele3.FindElement(selenium.ByTagName, "input")
    ele31.SendKeys("nice")
    time.Sleep(3 * time.Second)
    // 通过name属性定位元素
    ele4, _ := wd.FindElement(selenium.ByName, "wd")
    ele4.SendKeys("very")
    time.Sleep(3 * time.Second)
    // 通过CssSelector定位元素
    ele5, _ := wd.FindElement(selenium.ByCSSSelector, ".s_ipt")
    ele5.SendKeys("go语言")
    time.Sleep(3 * time.Second)
    // 通过链接文本定位元素
    ele6, _ := wd.FindElement(selenium.ByLinkText, "资讯")
    t6, _ := ele6.Text()
    fmt.Printf("链接文本: %v\n", t6)
    // 通过链接文本定位元素，支持模糊匹配
    ele7, _ := wd.FindElement(selenium.ByPartialLinkText, "视")
    t7, _ := ele7.Text()
    fmt.Printf("模糊匹配链接文本: %v\n", t7)
    // 通过Xpath语法定位元素
    ele8,_:=wd.FindElement(selenium.ByXPATH, `//*[@id="s_tab"]/div/b`)
    t8, _ := ele8.Text()
    fmt.Printf("Xpath语法定位元素: %v\n", t8)
}
```

运行上述代码，程序将在浏览器中分别输入Golang、good、nice、very、go语言等内容，如图17-16所示。

分析上述代码得知：

1）接口方法FindElement()的第一个参数（参数by）用于设置元素定位方法，所有元素定位方法都定义在源码中，如图17-17所示。

图 17-16　运行结果

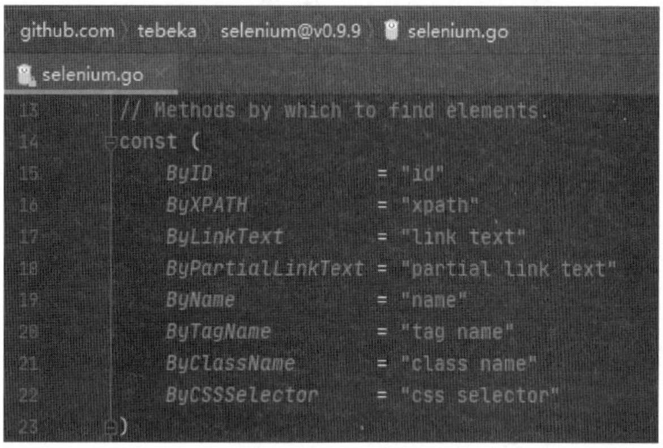

图 17-17　定位方法

2）FindElement()的第二个参数（参数value）用于设置元素定位位置，如通过属性id定位则填写属性id的值，通过属性class定位则填写属性class的值，通过Xpath定位则填写元素在HTML的路径表达式，等等。

3）FindElement()的返回值WebElement是接口类型，它定义多个函数，每个函数实现网页元素的操作，如单击、获取文本、获取属性值、清空文本框等操作。

4）FindElement()的返回值error是异常信息，如果定位失败，即网页元素不在当前网页，则返回值WebElement为nil（空值），返回值error将记录异常信息。

FindElements()与FindElement()的参数相同，返回值[]WebElement是切片类型，切片元素与FindElement()的返回值相同，只要遍历返回值[]WebElement，就能得到每个符合定位条件的网页元素。

17.6　网页元素操作

网页元素定位之后，下一步对元素执行操作，第三方包tebeka/selenium通过定义接口WebElement实现18种元素操作，源码内容如图17-18所示。

通过接口WebElement的函数名称和注释能得知每个函数所实现的功能，具体说明如下：

1）Click()是网页元素的单击操作，等于执行一次鼠标单击操作，适用于所有网页元素。

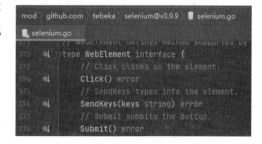

图 17-18　接口 WebElement

2）SendKeys(keys string)向网页元素写入文本内容，参数keys是字符串类型，代表写入内容，常用于HTML的input标签和textarea标签。

3）Submit()是网页元素的单击操作，常用于网页表单的提交按钮。

4）Clear()清空网页元素的文本内容，常用于HTML的input标签和textarea标签，它经常与SendKeys()组合使用。

5）MoveTo(xOffset, yOffset int)移动鼠标到网页元素所在的位置，参数xOffset和yOffset代表偏移量，这是在网页元素所在位置的基础上偏移的坐标位置。

6）FindElement(by, value string)和FindElements(by, value string)执行网页元素定位。

7）TagName()获取网页元素的HTML标签。

8）Text()获取网页元素的文本内容，即网页上显示的文字内容。

9）IsSelected()判断网页元素是否被选中，通常用于checkbox和radio标签，返回值为true或false。

10）IsEnabled()判断网页元素是否可编辑或可单击，返回值为true或false。

11）IsDisplayed()判断网页元素在当前网页是否可见，返回值为true或false。

12）GetAttribute(name string)获取网页元素某个属性的值，参数name代表某个属性的名称。

13）Location()获取网页元素在网页的坐标位置，返回值*Point是结构体类型，结构体成员X和Y代表坐标位置。

14）LocationInView()将网页元素显示在网页上并获取坐标位置，返回值*Point是结构体类型，结构体成员X和Y代表坐标位置。

15）Size()获取网页元素CSS样式的width和height属性值，返回值*Size是结构体类型，结构体成员Width和Height代表CSS样式的width和height属性值。

16）CSSProperty(name string) 获取网页元素CSS样式的某个属性值，参数name是CSS样式的属性名称。

17）Screenshot(scroll bool)将网页元素截图处理，参数scroll代表是否滚屏，该参数用于解决网页无法在浏览器全部显示的问题；返回值[]byte是截图的字节数据。

为了更好地演示接口WebElement的18种元素操作，我们在E:\mygo放置Chrome的ChromeDriver，创建chapter17.6.go文件，在GoLand的Terminal窗口输入指令go mod init mygo创建go.mod文件，并且在go.mod文件中引入github.com/tebeka/selenium，最后在chapter17.6.go中编写示例代码，代码如下：

```go
package main

import (
    "fmt"
    "github.com/tebeka/selenium"
    "github.com/tebeka/selenium/chrome"
    "io/ioutil"
    "time"
)

// 设置常量
const (
    // ChromeDriver路径信息
    chromeDriver = "chromedriver.exe"
```

```go
    // ChromeDriver运行端口
    port = 8080
)

func main() {
    /* 开启WebDriver服务 */
    s,_:=selenium.NewChromeDriverService(chromeDriver,port)
    // 关闭服务
    defer s.Stop()
    /* 连接WebDriver服务 */
    caps := selenium.Capabilities{}
    // 设置Chrome特定功能
    chromeCaps := chrome.Capabilities{
        // 使用开发者调试模式
        ExcludeSwitches: []string{"enable-automation"},
    }
    // 将谷歌浏览器特定功能chromeCaps添加到caps
    caps.AddChrome(chromeCaps)
    // 根据浏览器功能连接Selenium
    urlPrefix:=fmt.Sprintf("http://127.0.0.1:%d/wd/hub",port)
    wd, _ := selenium.NewRemote(caps, urlPrefix)
    // 关闭浏览器对象
    defer wd.Quit()
    // 访问网址
    wd.Get("https://www.baidu.com/s?wd=go")
    time.Sleep(3 * time.Second)
    // 通过class属性定位元素
    ele1, _ := wd.FindElement(selenium.ByClassName, "s_ipt")
    // 清空网页元素的文本内容
    ele1.Clear()
    // 往网页元素输入文本内容
    ele1.SendKeys("Golang")
    time.Sleep(3 * time.Second)
    ele2, _ := wd.FindElement(selenium.ByID, "su")
    // 鼠标移动到网页元素
    ele2.MoveTo(0, 0)
    time.Sleep(3 * time.Second)
    // 单击网页元素
    ele2.Click()
    // 单击网页元素，Submit()用于表单按钮的单击
    ele2.Submit()
    // 获取网页元素的HTML标签
    tag, _ := ele2.TagName()
    fmt.Printf("获取网页元素的HTML标签: %v\n", tag)
    // 判断网页元素是否被选中
    // 通常用于checkbox和radio标签，返回值为true或false
    r, _ := ele2.IsSelected()
    fmt.Printf("判断网页元素是否被选中: %v\n", r)
    // 判断网页元素是否可编辑或可单击，返回值为true或false
    r1, _ := ele2.IsEnabled()
    fmt.Printf("判断网页元素是否可编辑或可点击状态: %v\n", r1)
    // 判断网页元素是否可见，返回值为true或false
    r2, _ := ele2.IsDisplayed()
    fmt.Printf("判断网页元素是否可见: %v\n", r2)
```

```
// 获取网页元素的属性class的值
ga, _ := ele2.GetAttribute("class")
fmt.Printf("获取网页元素的属性class的值: %v\n", ga)
time.Sleep(3 * time.Second)
// 网页元素重新定位，因为上述单击操作使HTML代码发生变化
ele2, _ = wd.FindElement(selenium.ByID, "su")
// 获取网页元素的坐标位置
p, _ := ele2.Location()
fmt.Printf("获取网页元素的坐标位置: %v\n", p)
// 网页元素显示在网页上并获取坐标位置
p1, _ := ele2.LocationInView()
fmt.Printf("网页元素显示在网页并获取坐标位置: %v\n", p1)
// 获取网页元素的大小
s1, _ := ele2.Size()
fmt.Printf("获取网页元素的大小: %v\n", s1)
// 获取CSS样式的属性值，font-size是CSS样式名称
c, _ := ele2.CSSProperty("font-size")
fmt.Printf("获取CSS样式的属性值: %v\n", c)
// 样式截图，返回值[]byte是图片的字节数据
b, _ := ele2.Screenshot(true)
// 保存图片
ioutil.WriteFile("aa.jpg", b, 0755)
}
```

上述代码分别定位和操作百度的文本输入框和查询按钮，如图17-19所示。程序首先定位文本输入框，将其内容清空并输入"Golang"，然后定位查询按钮，分别执行单击、获取属性值、获取坐标位置、截图保存等操作，运行结果如图17-20所示。

图 17-19　百度搜索　　　　　　　图 17-20　运行结果

17.7　浏览器常用操作

网页自动化测试开发除了定位元素和操作元素之外，还定义了一些常用浏览器操作，比如获取当前网址、网页截图、获取网页标题、刷新网页、执行JS脚本代码等。

我们在E:\mygo放置Chrome的ChromeDriver，在GoLand的Terminal窗口输入指令go mod init mygo创建go.mod文件，并引入github.com/tebeka/selenium，最后创建chapter17.7.go文件，目录结构如图17-21所示。

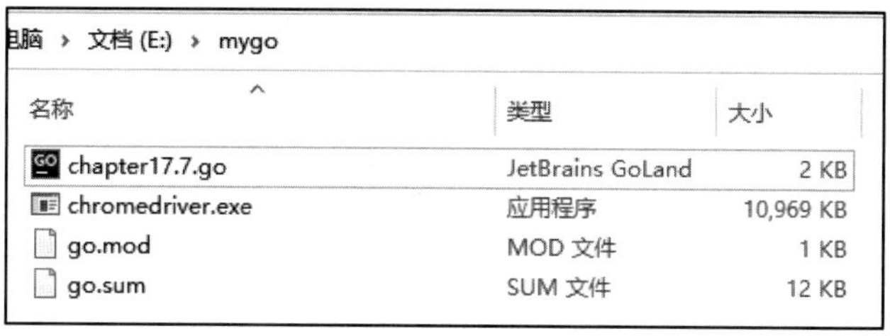

图 17-21　目录结构

打开chapter17.7.go文件，分别编写浏览器操作：获取当前网址、网页截图、获取网页标题、刷新网页、执行JS脚本代码，实现代码如下：

```go
package main

import (
    "fmt"
    "github.com/tebeka/selenium"
    "github.com/tebeka/selenium/chrome"
    "io/ioutil"
    "time"
)

func main() {
    // ChromeDriver路径信息
    chromeDriver := "chromedriver.exe"
    // ChromeDriver运行端口
    port := 8080
    /* 开启WebDriver服务 */
    s, _ := selenium.NewChromeDriverService(chromeDriver, port)
    // 关闭服务
    defer s.Stop()
    /* 连接WebDriver服务 */
    caps := selenium.Capabilities{}
    // 设置Chrome特定功能
    chromeCaps := chrome.Capabilities{
        // 使用开发者调试模式
        ExcludeSwitches: []string{"enable-automation"},
    }
    // 将谷歌浏览器特定功能chromeCaps添加到caps
    caps.AddChrome(chromeCaps)
    // 根据浏览器功能连接Selenium
    urlPrefix := fmt.Sprintf("http://127.0.0.1:%d/wd/hub", port)
    wd, _ := selenium.NewRemote(caps, urlPrefix)
    // 关闭浏览器对象
    defer wd.Quit()
    // 访问网址
    wd.Get("https://www.baidu.com/s?wd=go")
    time.Sleep(3 * time.Second)
    // 获取当前网址
    url, _ := wd.CurrentURL()
    fmt.Printf("当前URL地址: %v\n", url)
```

```
    // 网页截图
    b, _ := wd.Screenshot()
    _ = ioutil.WriteFile("aa.jpg", b, 0755)
    // 获取网页标题
    t, _ := wd.Title()
    fmt.Printf("获取网页标题: %v\n", t)
    // 刷新网页
    wd.Refresh()
    // 执行JS脚本实现网页元素操作
    e, _ := wd.FindElement(selenium.ByID, "kw")
    wd.ExecuteScript("arguments[0].click();", []interface{}{e})
}
```

分析上述代码得知：

1）通过调用WebDriver接口方法CurrentURL()获取当前网址。

2）通过调用WebDriver接口方法Screenshot()实现网页截图，返回值[]byte是截图的字节数据，只要将数据写入对应文件即可获取图片。

3）通过调用WebDriver接口方法Title()获取网页标题。

4）通过调用WebDriver接口方法Refresh()刷新网页。

5）通过调用WebDriver接口方法ExecuteScript()执行JS脚本代码，参数script是字符串类型，代表JS脚本代码；参数args是空接口类型的切片，为JS脚本代码提供字符串格式化，如arguments[0].click()的[0]代表字符串占位符，[]interface{}{e}为占位符[0]设置数值。

除了上述浏览器操作之外，第三方包tebeka/selenium还定义了很多浏览器操作，如键盘按键KeyDown()和KeyUp()、鼠标按键ButtonDown()和ButtonUp()、网址退回Back()、网址前进Forward()等。

17.8　网页加载等待

由于网络延时问题，当使用浏览器访问网站的时候，浏览器都会等待网页加载，只有网页加载完成后，我们才能执行网页操作。

在自动化测试开发中，如果网页加载速度比不上程序执行速度，程序就会因无法定位或操作网页元素而出现异常，为了解决网络延时和程序执行的同步问题，Selenium提供了网页加载等待功能，它是在某个时间范围内等待网页加载，如果超出这个时间范围或网页加载完成，程序终止等待，继续往下执行。

tebeka/selenium定义接口方法WaitWithTimeoutAndInterval()、WaitWithTimeout()和Wait()实现网页加载等待。一般情况下，只要掌握WaitWithTimeout()和Wait()的使用即可，因为它们都是在WaitWithTimeoutAndInterval()的基础上进行封装的，源码内容如图17-22所示。

从源码定义的角度分析：

1）WaitWithTimeoutAndInterval()的参数condition以匿名函数表示，代表等待条件，只要符合等待条件就终止等待，程序就能继续执行；参数timeout代表超时时间，只要超过这个时间，程序不再等待；参数interval是等待条件的检测时间。

```
type Condition func(wd WebDriver) (bool, error)

const (
    // DefaultWaitInterval is the default polling interval for selenium.Wait
    // function.
    DefaultWaitInterval = 100 * time.Millisecond

    // DefaultWaitTimeout is the default timeout for selenium.Wait function.
    DefaultWaitTimeout = 60 * time.Second
)

func (wd *remoteWD) WaitWithTimeoutAndInterval(condition Condition, timeout, interval time.Duration)

func (wd *remoteWD) WaitWithTimeout(condition Condition, timeout time.Duration) error {
    return wd.WaitWithTimeoutAndInterval(condition, timeout, DefaultWaitInterval)
}

func (wd *remoteWD) Wait(condition Condition) error {
    return wd.WaitWithTimeoutAndInterval(condition, DefaultWaitTimeout, DefaultWaitInterval)
}
```

图 17-22　网页加载等待的源码内容

2）WaitWithTimeout()调用WaitWithTimeoutAndInterval()，并将参数interval设为100毫秒。

3）Wait()调用WaitWithTimeoutAndInterval()，并将参数timeout设为1分钟，参数interval设为100毫秒。

为了更好地说明WaitWithTimeout()和Wait()的使用，在E:\mygo创建chapter17.8.go文件，分别使用WaitWithTimeout()和Wait()实现网页加载等待，代码如下：

```
package main

import (
    "fmt"
    "github.com/tebeka/selenium"
    "github.com/tebeka/selenium/chrome"
    "time"
)

func main() {
    // ChromeDriver路径信息
    chromeDriver := "chromedriver.exe"
    // ChromeDriver运行端口
    port := 8080
    /* 开启WebDriver服务 */
    s, _ := selenium.NewChromeDriverService(chromeDriver, port)
    // 关闭服务
    defer s.Stop()
    /* 连接WebDriver服务 */
    caps := selenium.Capabilities{}
    // 设置Chrome特定功能
    chromeCaps := chrome.Capabilities{
        // 使用开发者调试模式
        ExcludeSwitches: []string{"enable-automation"},
    }
```

```go
// 将谷歌浏览器特定功能chromeCaps添加到caps
caps.AddChrome(chromeCaps)
// 根据浏览器功能连接Selenium
urlPrefix := fmt.Sprintf("http://127.0.0.1:%d/wd/hub", port)
wd, _ := selenium.NewRemote(caps, urlPrefix)
// 关闭浏览器对象
defer wd.Quit()
// 访问网址
wd.Get("https://www.baidu.com/s?wd=go")
time.Sleep(3 * time.Second)
// 等待网页元素加载，参数condition是匿名函数，参数timeout是等待超时
wd.WaitWithTimeout(func(wd selenium.WebDriver) (bool,error){
    _, err := wd.FindElement(selenium.ByID, "su")
    if err == nil {
        return true, nil
    } else {
        return false, err
    }
}, 60*time.Second)

// 等待网页元素加载，参数condition是匿名函数，默认等待1分钟
wd.Wait(func(wd selenium.WebDriver) (bool, error) {
    _, err := wd.FindElement(selenium.ByID, "su")
    if err == nil {
        return true, nil
    } else {
        return false, err
    }
})
}
```

我们知道WaitWithTimeout()和Wait()的参数condition为匿名函数，因此在使用过程中，必须按照源码定义设置匿名函数的参数wd和返回值。匿名函数的参数wd代表当前浏览器对象，调用FindElement()查找网页元素，通过FindElement()的返回值error判断网页元素是否查找成功，若成功则说明网页加载完成，否则继续等待。

上述示例只是通过调用FindElement()查找网页元素作为等待条件，在实际开发中，可以其他条件作为等待条件，如判断当前网址、判断网页标题等，只要逻辑合理即可。

17.9 iframe与标签页切换

我们知道一个网页是以一个HTML标签表示的，如果在网页中嵌套另一个网页，则需要使用HTML的iframe标签，使用iframe标签可以在同一个网页中看到两个HTML标签，以百度知道的问答为例，它的答案输入框以iframe标签表示，如图17-23所示。

由于网页使用了iframe标签，导致一个网页包含两个不同的HTML标签，在默认情况下，Selenium只能对网页自身的HTML代码进行定位，如果要定位iframe标签中的HTML代码，则需要进行iframe切换。

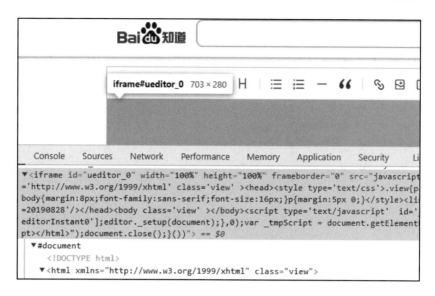

图 17-23　iframe 标签

除了iframe切换之外，浏览器还可以打开多个标签页访问不同的网页，以Chrome为例，多标签页模式如图17-24所示。

图 17-24　多标签页模式

Chrome浏览器的多标签页是指浏览器打开多个标签页，它不是我们常说的HTML标签，两者命名相似，但代表不同的含义。默认情况下，Selenium只控制浏览器第一个标签页，如果要切换到其他标签页，则需要通过标签页切换。

总的来说，Selenium要访问HTML的iframe标签和浏览器的多标签页，则需要调用相应方法实现。我们在E:\mygo的chapter17.9.go文件中分别实现iframe标签和浏览器的多标签页的切换功能，代码如下：

```go
package main

import (
    "fmt"
    "github.com/tebeka/selenium"
    "github.com/tebeka/selenium/chrome"
    "time"
)

func main() {
    // ChromeDriver路径信息
    chromeDriver := "chromedriver.exe"
    // ChromeDriver运行端口
    port := 8080
    /* 开启WebDriver服务 */
    s, _ := selenium.NewChromeDriverService(chromeDriver,port)
```

```go
// 关闭服务
defer s.Stop()
/* 连接WebDriver服务 */
caps := selenium.Capabilities{}
// 设置Chrome特定功能
chromeCaps := chrome.Capabilities{
    // 使用开发者调试模式
    ExcludeSwitches: []string{"enable-automation"},
}
// 将谷歌浏览器特定功能chromeCaps添加到caps
caps.AddChrome(chromeCaps)
// 根据浏览器功能连接Selenium
urlPrefix := fmt.Sprintf("http://127.0.0.1:%d/wd/hub", port)
wd, _ := selenium.NewRemote(caps, urlPrefix)
// 关闭浏览器对象
defer wd.Quit()
// 访问网址
url:="https://zhidao.baidu.com/question/496886588283871492.html"
wd.Get(url)


/* 切换iframe标签 */
// 在iframe标签中嵌套HTML网页，不同HTML代码需要SwitchFrame切换
// 通过iframe标签的id属性切换
wd.SwitchFrame("ueditor_0")
// 定位iframe标签中HTML网页的网页元素p
e1, _ := wd.FindElement(selenium.ByTagName, "p")
e1.SendKeys("aaa")
// 若参数frame设为nil，则切换主HTML
wd.SwitchFrame(nil)

/* 切换浏览器多标签页 */
// 获取浏览器所有标签页，以切片格式返回
ss, _ := wd.WindowHandles()
fmt.Printf("获取浏览器所有标签页: %v\n", ss)
// 获取浏览器当前正在显示的标签页
cs, _ := wd.CurrentWindowHandle()
fmt.Printf("获取浏览器当前正在显示的标签页: %v\n", cs)
// 切换标签页，ss[len(ss)-1]获取切片ss某个元素
wd.SwitchWindow(ss[len(ss)-1])
// 获取浏览器当前正在显示的标签页
cs1, _ := wd.CurrentWindowHandle()
fmt.Printf("获取浏览器当前正在显示的标签页: %v\n", cs1)
time.Sleep(3 * time.Second)
}
```

分析上述代码得知：

1）iframe标签切换通过调用WebDriver接口方法SwitchFrame()实现，参数frame为空接口类型，如果参数值为nil（空值），则默认切换当前网页；如果参数值为字符串类型，则以iframe标签的id属性进行切换；如果参数值为网页元素，则以iframe标签的元素定位进行切换，即支持FindElement()和FindElements()定位iframe标签。

2）浏览器多标签页切换通过调用WebDriver接口方法SwitchWindow()实现，参数name以字符串类型表示，代表需要切换的标签页。由于标签页名称由浏览器自动生成，因此还定义了WindowHandles()和CurrentWindowHandle()，分别用于获取浏览器所有标签页和当前正在活动的标签页，只有通过WindowHandles()和CurrentWindowHandle()获取的标签名称才能实现切换。

17.10　Cookie读写

Cookie是网站存储在浏览器中的数据，主要用于辨别用户身份，它是大小不超过4KB的文本数据，由一个名称（Name）、一个值（Value）和其他几个用于控制Cookie有效期、安全性、使用范围的可选属性组成。

Selenium使用Cookie主要解决网站多次登录问题，但第一次操控网站仍需通过登录网站获取Cookie，在用户登录状态下获取和保存Cookie，只要在Cookie有效期内多次访问网站即可实现免登录。

目前很多网站为了保护用户数据安全，防止网络爬虫爬取网站数据，在用户登录时会设置验证码、短信验证等反爬功能。如果使用Selenium爬取网站数据，用户登录的验证码功能则成为自动化开发的难点之一。

解决用户登录的验证码可以通过打码平台、人工智能等方式识别验证码，验证操作过程由Selenium操作，完成第一次用户登录就能获取Cookie，然后保存在文件中，在Cookie有效期内再次使用的时候无须执行用户登录。

我们在E:\mygo的chapter17.10.go文件中实现Cookie读写功能，从Selenium中读取Cookie并保存到JSON文件中，再从JSON文件中读取Cookie并加载到Selenium中，实现代码如下：

```
package main

import (
    "encoding/json"
    "fmt"
    "github.com/tebeka/selenium"
    "github.com/tebeka/selenium/chrome"
    "os"
    "time"
)

func main() {
    // ChromeDriver路径信息
    chromeDriver := "chromedriver.exe"
    // ChromeDriver运行端口
    port := 8080
    /* 开启WebDriver服务 */
    s, _ := selenium.NewChromeDriverService(chromeDriver,port)
    // 关闭服务
    defer s.Stop()
    /* 连接WebDriver服务 */
    caps := selenium.Capabilities{}
    // 设置Chrome特定功能
```

```go
    chromeCaps := chrome.Capabilities{
        // 使用开发者调试模式
        ExcludeSwitches: []string{"enable-automation"},
    }
    // 将谷歌浏览器特定功能chromeCaps添加到caps
    caps.AddChrome(chromeCaps)
    // 根据浏览器功能连接Selenium
    urlPrefix := fmt.Sprintf("http://127.0.0.1:%d/wd/hub",port)
    wd, _ := selenium.NewRemote(caps, urlPrefix)
    // 关闭浏览器对象
    defer wd.Quit()
    // 访问网址
    wd.Get("https://www.baidu.com/s?wd=go")
    time.Sleep(3 * time.Second)
    // 获取所有Cookie
    // Cookies以结构体Cookie表示，可以转化为json存放在json文件中
    gc, _ := wd.GetCookies()
    for _, k := range gc {
        fmt.Printf("Cookie信息: %v\n", k)
    }
    // 将Cookie写入JSON文件
    model := os.O_RDWR|os.O_CREATE|os.O_TRUNC
    f2, _ := os.OpenFile("output.json", model, 0755)
    encoder := json.NewEncoder(f2)

    // 将变量gc的数据写入JSON文件
    // 数据写入必须使用文件内容覆盖，即设置os.O_TRUNC模式，否则导致内容错乱
    encoder.Encode(gc)
    f2.Close()
    // 删除所有Cookies
    wd.DeleteAllCookies()

    // 添加Cookies信息
    // 如果Cookies存放在json文件中
    // 读取json文件并转换为结构体Cookie
    // 最后将结构体Cookie添加到浏览器对象中
    f1,_:=os.OpenFile("output.json",os.O_RDWR|os.O_CREATE,0755)
    // 定义结构体类型的切片
    var myCookies []selenium.Cookie
    // 实例化结构体Decoder，实现数据读取
    data := json.NewDecoder(f1)
    // 将已读取的数据加载到切片myCookies中
    data.Decode(&myCookies)
    f1.Close()
    // 读取json的Cookies信息
    fmt.Printf("读取json的Cookie信息: %v\n", myCookies)
    for _, k1 := range myCookies {
        wd.AddCookie(&k1)
    }
}
```

分析上述代码得知：

1）读取Cookie通过调用WebDriver接口方法GetCookies()实现，返回值为切片类型，切片元素为结构体Cookie。

2）Cookie写入JSON文件通过调用内置包os的OpenFile()、json的NewEncoder()和Encode()实现。

3）删除Cookie通过调用WebDriver接口方法DeleteAllCookies()实现。

4）从JSON文件读取Cookie分别由调用内置包os的OpenFile()、json的NewDecoder()和Decode()实现，并且定义变量存放Cookie信息，变量为切片类型，切片元素为结构体Cookie。

5）通过遍历存放Cookie的变量，获取切片中的每一个元素，并调用WebDriver接口方法AddCookie()，将每条Cookie信息加载到Selenium。

17.11 动手练习：编程实现爬取BOSS直聘招聘数据

Selenium除了用于自动化测试开发之外，还可以用于网络爬虫开发，它比发送HTTP请求更简单，能真实模拟人为操作，不仅降低了反爬虫的触发概率，而且开发难度低，这也是网络爬虫最常用的技术之一。

使用Selenium开发网络爬虫可以分为3个步骤，每个步骤说明如下：

1）通过Selenium打开浏览器并访问网站，使用自动化操作访问需要爬取数据的网页，再从网页获取数据。如果数据设有分页，使用for循环重复操作即可。

2）将已获取的数据写入已定义的变量，一般使用切片存储，切片元素类型为集合或结构体。

3）最后将变量的数据写入文件或数据库。

总的来说，使用Selenium开发网络爬虫是通过Selenium控制浏览器访问网站，并从网站获取数据，再将数据写入文件或数据库。

如果访问网站的过程中需要用户登录并且设有验证码，通过人为操作在浏览器中登录网站，从中获取已登录的Cookie并写入文件，使用Selenium访问网站时，读取文件取得Cookie并加载到Selenium就能实现免登录过程。

我们以BOSS直聘的职位招聘为例，打开BOSS主页，在搜索文本框输入Go语言并单击"搜索"按钮，如图17-25所示。

图 17-25 搜索职位

单击"搜索"按钮之后，浏览器将访问职位列表页，网页上显示了30条相关职位信息。打开浏览器的开发者工具分析某个职位的HTML代码，发现所有信息都写在class=job-primary的div标签中，如图17-26所示。

图 17-26　分析网页代码

在class=job-primary的div标签中继续分析职位的名称、工作地点、薪资、职位标签、经验学历、公司名、规模和福利待遇的HTML代码，这些数据所在的HTML标签分析如下：

1）职位名称在class=job-name的span标签中。

2）工作地点在class=job-area的span标签中。

3）薪资在class=red的span标签中。

4）经验学历在class=job-limit clearfix的div标签的子标签p中。

5）职位标签在class=tags的div标签中。

6）公司福利在class=info-desc的div标签中。

7）招聘者在class=info-publis的div标签中。

8）公司名称在class=company-text的div标签的子标签h3中。

9）公司行业和规模在class=company-text的div标签的子标签p中。

上述数据的HTML标签的定位方式不是唯一的，但必须保证定位具有唯一性。比如公司名称在class=name的h3标签中，直接定位class=name的h3标签就会取得招聘者信息，因为招聘者与公司名称的HTML标签相同，如图17-27所示。

图 17-27　招聘者与公司名称的 HTML 标签

我们根据上述的HTML定位编写数据爬取程序，代码如下：

```go
package main

import (
    "encoding/json"
    "fmt"
    "github.com/tebeka/selenium"
    "github.com/tebeka/selenium/chrome"
    "os"
    "time"
)

const (
    // ChromeDriver路径
    chromeDriver = "chromedriver.exe"
    // ChromeDriver运行端口
    port = 8080
)

// 定义结构体，用于存储数据
type Job struct {
    Name   string `json:"name"`
    Area   string `json:"area"`
    Pays   string `json:"pays"`
    Exp    string `json:"exp"`
    Tags   string `json:"tags"`
    Desc   string `json:"desc"`
    Publis string `json:"publis"`
    Cmp    string `json:"cmp"`
    Scale  string `json:"scale"`
}

// 创建浏览器对象
func get_wd() (selenium.WebDriver, *selenium.Service) {
    // 开启Selenium服务
    s, _ := selenium.NewChromeDriverService(chromeDriver,port)
    /* 连接WebDriver服务 */
    // 设置浏览器功能
    caps := selenium.Capabilities{}
    // 设置Chrome的特定功能
    chromeCaps := chrome.Capabilities{
        // 使用开发者调试模式
        ExcludeSwitches: []string{"enable-automation"},
        // 基本功能
        Args: []string{
            "--no-sandbox",
            // 设置请求头
            "--user-agent=Mozilla/5.0 (Windows NT 10.0; Win64; "+
                "x64) AppleWebKit/537.36 (KHTML, like Gecko) "+
                "Chrome/94.0.4606.61 Safari/537.36",
        },
```

```
    }
    // 将谷歌浏览器的特定功能chromeCaps添加到caps
    caps.AddChrome(chromeCaps)
    // 根据浏览器功能连接
    urlPrefix:=fmt.Sprintf("http://localhost:%d/wd/hub",port)
    wd, _ := selenium.NewRemote(caps, urlPrefix)
    return wd, s
}

// 获取当前页数的所有职位信息
func get_jobs(wd selenium.WebDriver) []Job {
    var jobs []Job
    jf,_:=wd.FindElements(selenium.ByClassName,"job-primary")
    for _, v := range jf {
        j := Job{}
        // 获取职位名称
        name,_:=v.FindElement(selenium.ByClassName,"job-name")
        j.Name, _ = name.Text()
        // 获取工作地点
        area,_:=v.FindElement(selenium.ByClassName,"job-area")
        j.Area, _ = area.Text()
        // 获取薪资
        pays, _ := v.FindElement(selenium.ByClassName, "red")
        j.Pays, _ = pays.Text()
        // 获取经验学历
        exp, _ := v.FindElement(selenium.ByCSSSelector,
            `[class="job-limit clearfix"]>p`)
        j.Exp, _ = exp.Text()
        // 获取职位标签
        tags,_:=v.FindElement(selenium.ByClassName,"tags")
        j.Tags, _ = tags.Text()
        // 获取公司福利
        desc,_:=v.FindElement(selenium.ByClassName,"info-desc")
        j.Desc, _ = desc.Text()
        // 获取公司人事信息
        publis,_:=v.FindElement(selenium.ByClassName,"info-publis")
        j.Publis, _ = publis.Text()
        // 获取公司名称
        cmp, _ := v.FindElement(selenium.ByCSSSelector,
            `[class="company-text"]>h3`)
        j.Cmp, _ = cmp.Text()
        // 获取公司行业和规模
        scale, _ := v.FindElement(selenium.ByCSSSelector,
            `[class="company-text"]>p`)
        j.Scale, _ = scale.Text()
        jobs = append(jobs, j)
    }
    return jobs
}

// 保存数据
func save_data(jobs []Job) {
```

```go
    // 将变量jobs的数据写入JSON文件
    f2, _ := os.OpenFile("output.json",
        os.O_RDWR|os.O_CREATE|os.O_TRUNC, 0755)
    encoder := json.NewEncoder(f2)
    err := encoder.Encode(jobs)
    // 如果err不为空值nil，则说明写入错误
    if err != nil {
        fmt.Printf("JSON写入失败: %v\n", err.Error())
    } else {
        fmt.Printf("JSON写入成功\n")
    }
}

func main() {
    // 获取浏览器对象
    wd, s := get_wd()
    // 关闭服务
    defer s.Stop()
    // 关闭浏览器对象
    defer wd.Quit()
    // 访问网址
    wd.Get("https://www.zhipin.com/")
    // 最大化窗口
    wd.MaximizeWindow("")
    time.Sleep(5 * time.Second)
    // 输入查询职位
    query,_:=wd.FindElement(selenium.ByName,"query")
    query.SendKeys("go语言")
    time.Sleep(2 * time.Second)
    // 单击 “搜索” 按钮
    search, _ := wd.FindElement(selenium.ByCSSSelector,
        `[class="btn btn-search"]`)
    search.Click()
    time.Sleep(2 * time.Second)

    // 获取第一页的职位信息
    jobs := get_jobs(wd)
    // 使用死循环实现翻页
    for {
        np, err := wd.FindElement(selenium.ByCSSSelector,
            `[class="page"]>[class="next"]`)
        // err不等于nil说明无法单击 “下一页” ，终止死循环
        if err != nil {
            break
        } else {
            // 单击 “下一页” 按钮
            np.Click()
            time.Sleep(2 * time.Second)
            // 获取当前页的职位信息
            // 将当前页所有职业合并到切片jobs
            jobs = append(jobs, get_jobs(wd)...)
        }
    }
```

```
    }
    // 保存数据
    save_data(jobs)
}
```

示例代码按照功能划分为5部分，每部分说明如下：

1）定义结构体Job，结构体成员分别为职位名称、工作地点、薪资、职位标签、经验学历、公司名、规模和福利待遇等信息。

2）定义函数get_wd()，用于开启Selenium服务和创建浏览器对象。

3）定义函数get_jobs()，通过浏览器对象定位和获取当前页面的所有职位信息，每一页有30条职位信息，每条职位信息写入结构体Job，再将结构体Job写入切片，并将切片作为函数返回值。

4）定义函数save_data()，参数jobs是切片类型，切片元素为结构体Job，它将参数jobs写入JSON文件。

5）主函数main()调用函数get_wd()获取Selenium服务和浏览器对象，通过浏览器对象访问BOSS首页并输入go语言进行搜索。浏览器进入职位列表页，将调用get_jobs()获取第一页所有职位信息，然后使用for死循环单击"下一页"按钮获取第二页所有职位信息，以此类推，直到"下一页"按钮无法定位才终止死循环，每一页所有职位信息都写入同一个切片中，最后调用save_data()将所有页数的职位信息写入JSON文件。

运行上述代码，程序运行完成后，在当前目录下自动创建output.json文件，打开该文件能看到详细信息，如图17-28所示。示例代码将数据写入JSON文件，读者不妨尝试将数据存储功能改写为数据库存储。

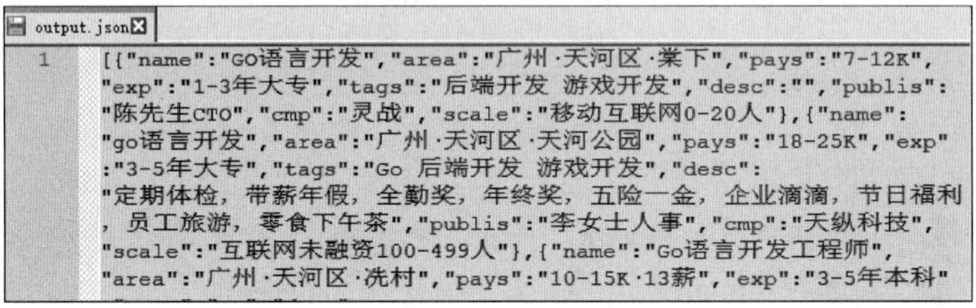

图 17-28　JSON 文件

17.12　小　　结

我们演示了使用Go编程实现网页自动化操作的程序编写，其中使用了自动化工具Selenium。

Selenium是一个用于网站应用程序自动化的工具。它可以直接运行在浏览器中，就像真正的用户在操作一样。它支持的浏览器包括IE、Mozilla Firefox、Safari、Google Chrome和Opera等，同时支持多种编程语言，如.Net、Java、Go、Python和Ruby等。

浏览器的开发者工具共有9个标签页，分别是Elements、Console、Sources、Network、Performance、Memory、Application、Security和Audits。开发者工具以Web开发调试为主，如果只是获取网页元素，只需熟练掌握Elements标签页即可。

　　Selenium提供了8种网页元素定位方法，分别为ByClassName、ByID、ByTagName、ByName、ByCSSSelector、ByLinkText、ByPartialLinkText和ByXPATH。网页元素定位后才能执行操作，如单击、拖动、取值、输入文本内容等操作。除了定位元素和操作元素之外，还定义了一些常用浏览器操作，比如获取当前网址、网页截图、获取网页标题、刷新网页、执行JS脚本代码等。

　　Selenium的WaitWithTimeoutAndInterval()、WaitWithTimeout()和Wait()实现网页加载等待。一般情况下，只要掌握WaitWithTimeout()和Wait()的使用即可，因为它们都是在WaitWithTimeoutAndInterval()的基础上进行封装的。

　　Selenium使用Cookie主要解决网站多次登录问题，但第一次操控网站仍需通过网站登录获取Cookie，在用户登录状态下获取和保存Cookie，只要在Cookie有效期内多次访问网站即可实现免登录。

第 18 章
Go 项目——网络爬虫程序开发

本章我们将演示使用Go编程来实现网络爬虫的开发。

本章内容：

- HTTP与HTTPS。
- 请求头。
- 使用浏览器分析网站。
- 使用net/http发送请求。
- 转码与HTML解析。
- 选择数据存储方式。
- 动手练习：编程实现爬取电影TOP100榜单。

18.1 HTTP与HTTPS

HTTP（Hyper Text Transfer Protocol，超文本传输协议）是一个客户端和服务器端请求和应答的标准。客户端是终端用户，服务器端是网站。通过使用Web浏览器、网络爬虫或者其他工具，客户端发起一个到服务器上指定端口（默认端口为80）的HTTP请求，这个客户端叫用户代理（User Agent）。响应的服务器上存储着资源，比如HTML文件和图像，这个服务器为源服务器（Origin Server），在用户代理和服务器中间可能存在多个中间层，比如代理、网关或者隧道（Tunnels）。

通常，由HTTP客户端发起一个请求，建立一个到服务器指定端口（默认是80端口）的TCP连接，HTTP服务器则在那个端口监听客户端发送过来的请求，一旦收到请求，服务器（向客户端）发回一个状态行（比如"HTTP/1.1 200 OK"）和（响应的）消息，消息的消息体可能是请求的文件、错误消息或者其他一些信息。

在浏览器的地址栏输入的网站地址称为URL（Uniform Resource Locator，统一资源定位符）。就像每家每户都有一个门牌地址一样，每个网页也都有一个Internet地址。在浏览器的地址框中输入一个URL或单击一个超级URL时，URL就确定了要浏览的地址，向服务器发送一次请求，浏览器通过HTTP传送到服务器，服务器根据请求头做出相应的响应，并将响应数据返回到客户端，客户端收到响应内容后，再通过浏览器翻译成网页。

　　HTTP传输的数据都是未加密的，也就是明文的数据，因此使用HTTP传输隐私信息非常不安全。为了保证这些隐私数据能加密传输，于是网景公司设计了SSL（Secure Sockets Layer）协议用于对HTTP传输的数据进行加密，从而诞生了HTTPS。

　　HTTPS（Hyper Text Transfer Protocol over Secure Socket Layer，可以理解为HTTP+SSL/TLS）在传输数据之前需要客户端（浏览器）与服务端（网站）之间进行一次握手，在握手过程中将确立双方加密传输数据的密码信息。HTTP与HTTPS的主要区别如图18-1所示。

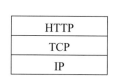

图 18-1　HTTP 与 HTTPS 的区别

　　HTTPS的SSL中使用了非对称加密、对称加密以及HASH算法。握手过程的简单描述如下：

　　1）浏览器将自己支持的一套加密规则发送给网站。

　　2）网站从中选出一组加密算法与HASH算法，并将自己的身份信息以证书的形式发回给浏览器。证书里面包含网站地址、加密公钥以及证书的颁发机构等信息。

　　3）获得网站证书之后，浏览器要做以下工作：

　　① 验证证书的合法性（如颁发证书的机构是否合法、证书中包含的网站地址是否与正在访问的地址一致等），如果证书受信任，浏览器栏就会显示一个小锁头，否则会给出证书不受信任的提示。

　　② 如果证书受信任或者用户接受了不受信任的证书，浏览器就会生成一串随机数的密码，并用证书中提供的公钥加密。

　　③ 使用约定好的HASH计算握手消息，并使用生成的随机数对消息进行加密，最后将之前生成的所有信息发送给网站。

　　4）网站接收浏览器发来的数据之后要进行以下操作：

　　① 使用自己的私钥将信息解密并取出密码，使用密码解密浏览器发来的握手消息，并验证HASH是否与浏览器发来的一致。

　　② 使用密码加密一段握手消息，发送给浏览器。

　　5）如果浏览器解密并计算握手消息的HASH与服务端发来的HASH一致，此时握手过程结束，之后所有的通信数据将使用之前浏览器生成的随机密码，并利用对称加密算法进行加密。

　　浏览器与网站互相发送加密的握手消息并验证，目的是保证双方都获得一致的密码，并且可以正常地加密、解密数据，为真正数据的传输做一次测试。HTTPS一般使用的加密与HASH算法如下：

　　1）非对称加密算法：RSA、DSA/DSS。

2）对称加密算法：AES、RC4、3DES。

3）HASH算法：MD5、SHA1、SHA256。

其中，非对称加密算法用于在握手过程中加密生成的密码，对称加密算法用于对真正传输的数据进行加密，而HASH算法用于验证数据的完整性。由于浏览器生成的密码是整个数据加密的关键，因此在传输的时候使用非对称加密算法对其加密。非对称加密算法会生成公钥和私钥，公钥只能用于加密数据，可以随意传输，而网站的私钥用于对数据进行解密，所以网站都会非常小心地保管自己的私钥，防止泄漏。

SSL握手过程中有任何错误都会使加密连接断开，从而阻止隐私信息的传输，正是由于HTTPS非常安全，攻击者无法从中找到下手的地方，因此更多地采用假证书的手法来欺骗客户端，从而获取明文的信息。

18.2　请　求　头

请求头描述客户端向服务器发送请求时使用的协议类型、所使用的编码以及发送内容的长度等。客户端（浏览器）通过输入URL后确定等于做了一次向服务器的请求动作，在这个请求里面带有请求参数，请求头在网络爬虫中的作用是相当重要的一部分。检测请求头是常见的反爬虫策略，因为服务器会对请求头做一次检测来判断这次请求是人为的还是非人为的。为了形成一个良好的代码编写规范，无论网站是否设置Headers反爬虫机制，最好每次发送请求都添加请求头。

请求头的参数如下：

1）Accept：text/html、image/*（浏览器可以接收的文件类型）。

2）Accept-Charset：ISO-8859-1（浏览器可以接收的编码类型）。

3）Accept-Encoding：gzip,compress（浏览器可以接收的压缩编码类型）。

4）Accept-Language：en-us,zh-cn（浏览器可以接收的语言和国家类型）。

5）Host：请求的主机地址和端口。

6）If-Modified-Since：Tue, 11 Jul 2000 18:23:51 GMT（某个页面的缓存时间）。

7）Referer：请求来自于哪个页面的URL。

8）User-Agent：代表浏览器相关版本信息。

9）Cookie：浏览器暂存服务器发送的信息。

10）Connection：close(1.0)/Keep-Alive(1.1)（HTTP请求版本的特点）。

11）Date：Tue, 11 Jul 2000 18:23:51 GMT（请求网站的时间）。

一个标准的请求基本上都带有以上属性。在网络爬虫中，请求头一定要有User-Agent，其他的属性可以根据实际需求添加，因为反爬虫通常检测请求头的Referer和User-Agent，而Cookie不能添加到请求头。除此之外，还有一些比较特殊的请求头信息，如Upgrade-Insecure-Requests（告诉服务器，浏览器可以处理HTTPS）、X-Requested-With（判断是否为Ajax请求）等。

18.3　使用浏览器分析网站

编写网络爬虫之前，我们必须了解网站的HTTP请求，掌握目标数据来自哪一个HTTP请求，分析HTTP请求头和请求参数等。分析网站的HTTP请求可以使用Chrome开发者工具，打开Chrome开发者工具（快捷键：F12）并选中Network窗口，如图18-2所示。

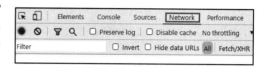

图 18-2　Network 窗口

在Network窗口中可以看到页面向服务器发送的请求信息、请求大小以及加载请求花费的时间。发送网页请求Request后，分析HTTP请求就能得到各个请求信息（包括状态、类型、大小、所用时间、Request和Response等）。Network窗口结构组成如图18-3所示。

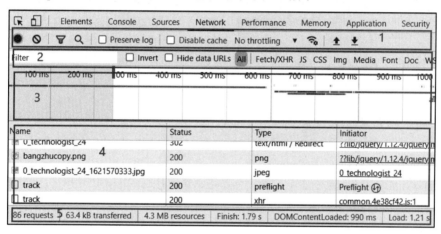

图 18-3　Network 窗口

Network窗口主要包括以下5个区域：

- 区域1称为Controls，主要控制Network的外观和功能。

- 区域2称为Filters，对所有HTTP请求进行分类，常用分类的说明如下：

  ◆ All：返回当前页面的全部加载信息，就是一个网页所需的全部代码、图片等请求。

  ◆ Fetch/XHR：筛选Ajax的请求链接信息，前面讲过Ajax核心对象XMLHTTPRequest，XHR取于XMLHTTPRequest的缩写。

  ◆ JS：主要筛选JavaScript文件。

  ◆ CSS：主要是CSS样式内容。

  ◆ Img：网页加载的图片，爬取图片的URL都可以在这里找到。

  ◆ Media：网页加载的媒体文件，如MP3、RMVB等音频、视频文件资源。

  ◆ Doc：HTML文件，主要用于响应当前URL的网页内容。

- 区域3称为Overview，显示获取到请求的时间轴信息，主要是对每个请求信息在服务器的响应时间进行记录。这个主要是为网站开发优化方面提供数据参考，这里不做详细介绍。

- 区域4称为Requests Table，按前后顺序显示捕捉的所有请求信息，单击请求信息可以查看该详细信息。
- 区域5称为Summary，显示总的请求数、数据传输量、加载时间信息。

在5个区域中，Requests Table是核心部分，主要作用是记录每个请求信息。但每次网站出现刷新时，请求列表都会清空并记录最新的请求信息，如用户登录后发生304跳转，就会清空跳转之前的请求信息并捕捉跳转后的请求信息，若要保存之前的请求信息，则可以勾选Preserve log，如图18-4所示。

对于每条请求信息，可以单击查看该请求的详细信息，如图18-5所示。

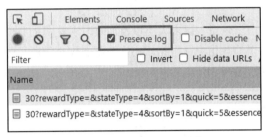

图 18-4　Preserve log 功能

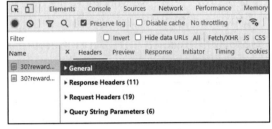

图 18-5　请求信息

每条请求信息的内容划分为以下6个窗口标签：

- Headers：该请求的HTTP头信息。
- Preview：根据所选择的请求类型（JSON、图片、文本）显示相应的预览。
- Response：显示HTTP的Response信息。
- Timing：显示请求在整个生命周期中各部分花费的时间。
- Initiator：显示该请求是由哪个对象或进程发起的。
- Cookies：显示HTTP的Request和Response过程中的Cookies信息。

常用的标签有Headers、Preview和Response。Headers用于获取请求链接、请求头和请求参数，Preview和Response用于显示服务器返回的响应内容。

Headers标签划分为以下4部分：

- General：记录请求链接、请求方式和请求状态码。
- Response Headers：服务器端的响应头，其参数说明如下：

  ◆ Cache-Control：指定缓存机制，优先级大于Last-Modified。
  ◆ Connection：包含很多标签列表，其中最常见的是Keep-Alive和Close，分别用于向服务器请求保持TCP连接和断开TCP连接。
  ◆ Content-Encoding：服务器通过这个头告诉浏览器数据的压缩格式。
  ◆ Content-Length：服务器通过这个头告诉浏览器回送数据的长度。
  ◆ Content-Type：服务器通过这个头告诉浏览器回送数据的类型。
  ◆ Date：当前时间值。
  ◆ Keep-Alive：当Connection为Keep-Alive时，该字段才有用，用来说明服务器估计保留连接的时间和允许后续几个请求复用这个保持着的连接。
  ◆ Server：服务器通过这个头告诉浏览器服务器的类型。

◆　Vary：明确告知缓存服务器按照Accept-Encoding字段的内容分别缓存不同的版本。

● Request Headers：用户的请求头。其参数说明如下：

◆　Accept：告诉服务器客户端支持的数据类型。
◆　Accept-Encoding：告诉服务器客户端支持的数据压缩格式。
◆　Accept-Charset：可接受的内容编码 UTF-8。
◆　Cache-Control：缓存控制，服务器控制浏览器要不要缓存数据。
◆　Connection：处理完这次请求后，是断开连接还是保持连接。
◆　Cookie：客户可通过Cookie向服务器发送数据，让服务器识别不同的客户端。
◆　Host：访问的主机名。
◆　Referer：包含一个URL，用户从该URL代表的页面出发访问当前请求的页面，当浏览器向Web服务器发送请求的时候，一般会带上Referer，告诉服务器请求是从哪个页面URL过来的，服务器借此可以获得一些信息用于处理。
◆　User-Agent：中文名为用户代理，简称 UA，是一个特殊的字符串头，使得服务器能够识别客户使用的操作系统及版本、CPU 类型、浏览器及版本、浏览器渲染引擎、浏览器语言、浏览器插件等。

● Query String Parameters：请求参数。主要是将参数按照一定的形式（GET和POST）传递给服务器，服务器通过接收其参数进行相应的响应，这是客户端和服务端进行数据交互的主要方式之一。

Headers标签的内容看起来很多，但在实际使用过程中，爬虫开发人员只需关心请求链接、请求方式、请求头和请求参数的内容即可。而Preview和Response是服务器返回的结果，两者将同一个响应结果使用不同格式显示：

1）如果响应结果是图片，那么Preview可以显示图片内容，Response无法显示。
2）如果响应结果是HTML或JSON，那么两者皆能显示，但在格式上可能会存在细微的差异。

18.4　使用net/http发送请求

网络编程是Go语言最大的特色之一，内置包net/http包含客户端和服务端应用。客户端主要发送HTTP请求到服务端，用于调用API接口和网络爬虫开发；服务端是开发服务器，用于Web网站开发。

爬虫开发的第一步是向目标数据所在的URL发送HTTP请求，发送HTTP请求必须按照请求信息设置相应数据，如设置请求头和请求参数，只要请求头或请求参数缺少某个必要数据，该请求都会视为无效。

除了设置请求头和请求参数之外，还可以为HTTP请求设置Cookie和代理IP，Cookie代表用户信息，某些HTTP请求必须在用户登录状态下才能访问；代理IP是使用不同的IP访问网站，如果使用同一个IP不断向网站发送请求，网站有可能视为爬虫，从而引发反爬虫机制。

内置包net/http已对请求头、请求参数、Cookie和代理IP定义了对应的函数方法，我们通过示例讲述如何使用内置包net/http的请求头、请求参数、Cookie和代理IP发送HTTP请求，代码如下：

```
package main
import (
    "fmt"
    "io/ioutil"
    "net/http"
    "net/url"
)

func main() {
    urls := "https://search.51job.com/list/030200,
    000000,0000,00,9,99,golang,2,1.html"
    // 定义请求对象NewRequest，参数method可以为GET和POST
    // 参数url为HTTP的请求链接，参数body为请求参数，GET请求设为nil即可
    req, _ := http.NewRequest("GET",urls, nil)
    // POS请求将请求参数以k1=v1&k2=v2的形式表示
    // 再由strings.NewReader()转换格式
    // b := strings.NewReader("name=cjb")
    // req, _ := http.NewRequest("POST",urls, b)

    // 为请求对象NewRequest设置请求头
    req.Header.Add("Content-Type","application/x-www-form-urlencoded")
    req.Header.Add("User-Agent","Mozilla/5.0 (Windows NT 10.0; Win64;
    x64) AppleWebKit/537.36 (KHTML, like Gecko)
    Chrome/94.0.4606.81 Safari/537.36")

    // 设置Cookie
    // Cookie以结构体Cookie形式表示
    cookie := http.Cookie{Name: "clientcookieid", Value: "121"}
    req.AddCookie(&cookie)

    // 设置代理IP，代理IP必须以匿名函数表示
    // 因为Transport的参数Proxy以匿名函数定义
    proxy := func(_ *http.Request) (*url.URL, error) {
        return url.Parse("http://xxx.xxx.xxx.xxx:xxxx")
    }
    transport := &http.Transport{Proxy: proxy}
    // 在Client中设置参数Transport即可实现代理IP
    client := &http.Client{Transport: transport}

    // 发送HTTP请求
    resp, _ := client.Do(req)
    // 获取网站响应内容
    body, _ := ioutil.ReadAll(resp.Body)
    // 将响应内容转换为字符串格式输出
    fmt.Printf("获取网站响应内容: %v\n", string(body))
}
```

分析上述代码得知：

1）内置包net/http的工厂函数NewRequest()构建HTTP请求对象，参数method为字符串类型，代表HTTP请求类型，网络爬虫一般以GET和POST请求为主；参数url为字符串类型，代表HTTP请求链接；参数body为io.Reader类型，代表HTTP请求参数，GET请求的请求参数设置在请求链接中，因此参数body设为nil（空值）。

2）设置请求头是由HTTP请求对象调用Header.Add()实现的，参数key和value皆为字符串类型，分别代表请求头的某个属性和属性值。

3）设置Cookie必须实例化结构体Cookie，再由HTTP请求对象调用AddCookie()，结构体Cookie以指针方式作为AddCookie()的参数，从而完成Cookie设置。

4）设置代理IP必须以匿名函数的方式定义，参数Request是当前HTTP请求对象，返回值url.URL是处理后的代理IP，由内置包net/url的url.Parse()执行处理；然后实例化结构体Transport，将匿名函数的返回值作为结构体成员Proxy的值；最后实例化结构体Client，将结构体Transport作为结构体（结构体Client）成员Transport的值。

5）由结构体Client实例化对象调用Do()执行HTTP发送过程，参数req为HTTP请求对象，返回值Response为结构体类型，结构体成员Body为网站响应内容，分别调用ioutil.ReadAll()和string()将网站响应内容转为字符串格式。

由于代码没有设置有效的代理IP，我们把代理IP的代码注释掉并在结构体Transport的实例化过程中去掉Proxy设置，最后运行示例代码，运行结果如图18-6所示。

除了获取网页响应内容之外，还可以由HTTP请求对象调用Cookies()、Header等属性方法获取网页响应数据，属性方法如图18-7所示。

图 18-6　运行结果　　　　　　　　　　　图 18-7　属性方法

18.5　转码与HTML解析

我们通过HTTP请求获取网站响应内容，下一步对响应内容进行清洗处理。响应内容主要分为JSON和HTML格式：JSON数据可以使用内置包json、结构体或集合完成清洗过程，换句话说，JSON数据清洗实质上是JSON和结构体（集合）的转换，这个转换过程在6.3.3节和8.9节已有介绍，本章不再重复讲述；HTML数据清洗分为3种：字符串操作（截取、替换等操作）、正则表达式和HTML解析。字符串操作和正则表达式不进行讲述，这是Go语言的基础语法，本节将讲述如何使用HTML解析清洗网页数据。

Go语言解析HTML需要由第三方包实现，本书推荐使用第三方包goquery，它是Go语言目前较为流行的HTML解析包之一。打开GoLand的Terminal窗口或CMD窗口，分别执行以下指令安装第三方包：

```
go get github.com/PuerkitoBio/goquery
go get github.com/axgle/mahonia
```

第三方包goquery实现HTML解析，而mahonia是将响应内容执行转码操作。从图18-6看到，网页内容有可能存在中文乱码问题，这是由于网页和爬虫程序的编码不同导致的，第三方包mahonia将爬虫程序的默认编码转为网页编码，从而解决中文乱码问题。

下一步在E:\mygo创建文件chapter18.5.go，在18.4节的基础上对网页响应内容执行转码和HTML解析，示例代码如下：

```
package main

import (
    "fmt"
    "github.com/PuerkitoBio/goquery"
    "github.com/axgle/mahonia"
    "io/ioutil"
    "net/http"
    "strings"
)

// 使用第三方mahonia实现网页内容的转码
func ConvertToString(src, srcCode, tagCode string) string {
    srcCoder := mahonia.NewDecoder(srcCode)
    srcResult := srcCoder.ConvertString(src)
    tagCoder := mahonia.NewDecoder(tagCode)
    _, cdata, _ := tagCoder.Translate([]byte(srcResult),true)
    result := string(cdata)
    return result
}

func main() {
    urls := "https://search.51job.com/list/030200
            ,000000,0000,00,9,99,golang,2,1.html"
    // 定义请求对象NewRequest
    req, _ := http.NewRequest("GET",urls, nil)
    transport := &http.Transport{}
    // 在Client中设置参数Transport即可实现代理IP
    client := &http.Client{Transport: transport}

    // 发送HTTP请求
    resp, _ := client.Do(req)
    // 获取网站响应内容
    body, _ := ioutil.ReadAll(resp.Body)
    // 网页响应内容转码
    result := ConvertToString(string(body), "gbk", "utf-8")

    // 使用第三方包goquery读取HTML代码，读取方式有多种
    // NewDocumentFromReader: 读取字符串的HTML代码
    // NewDocumentFromResponse: 读取HTML对象，即net/http的resp.Body
    // NewDocument: 从网址中直接读取HTML代码
    dom,_:=goquery.NewDocumentFromReader(strings.NewReader(result))
    // Find()是查找HTML里面所有符合要求的标签
```

```
// 如果查找Class="ht"的标签，则使用Find(".ht")
// 如果查找id="ht"的标签，则使用Find("#ht")
// 多个标签使用同一个Class，如div和p标签使用Class="ht"
// 若只需div标签，则使用Find("div[class=ht]")
dom.Find(".ht").Each(func(i int,selection *goquery.Selection){
    v := strings.TrimSpace(selection.Text())
    fmt.Printf("查找Class=ht的标签: %v\n", v)
})

// 通过多层HTML标签查找，只需在Find里面设置多层标签的Class属性即可
// 首先查找Class="rlk"的标签
// 然后在Class="rlk"的标签中查找a标签
// 因此查找方式为Find(".rlk a")，每个标签之间使用空格隔开
dom.Find(".rlk a").Each(func(i int,selection *goquery.Selection){
    // 获取数据
    v1 := strings.TrimSpace(selection.Text())
    fmt.Printf("当前数据: %v\n", v1)
    // 获取数据所在的HTML代码
    v2, _ := selection.Html()
    fmt.Printf("获取数据所在HTML代码: %v\n", v2)
    // 使用Attr获取标签的href属性
    v3, _ := selection.Attr("href")
    fmt.Printf("Attr()获取标签的href属性: %v\n", v3)
    // 使用AttrOr获取标签的href属性
    v4 := selection.AttrOr("href", "")
    fmt.Printf("AttrOr()获取标签的href属性: %v\n", v4)
})
}
```

运行上述代码，运行结果如图18-8所示。示例代码分别定位class="ht"的div标签和class="rlk"的p标签中的a标签，具体定位查找可以从浏览器开发者工具的Network的Doc找到，如图18-9所示。

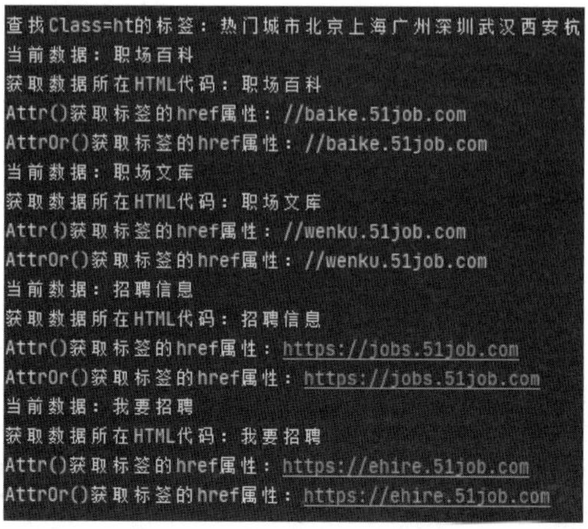

图 18-8　运行结果

分析上述代码得知：

1）转换字符串编码由函数ConvertToString()完成，它通过调用第三方包mahonia实现转换过程，主要由mahonia的NewDecoder()、ConvertString()和Translate()等函数方法实现。

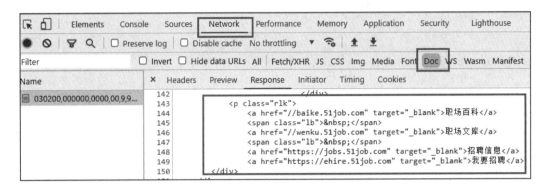

图 18-9　定位分析

2）第三方包goquery提供3种不同的方式解析HTML代码，每种方式说明如下：

- NewDocumentFromReader()：解析字符串类型的HTML代码，建议在爬虫开发中使用。
- NewDocumentFromResponse()：解析HTML对象，即net/http的网页响应内容，不建议在爬虫开发中使用，因为响应内容有可能出现乱码。
- NewDocument()：从网址中直接读取HTML代码，不建议在爬虫开发中使用，因为网页可能存在反爬虫机制，需要定制HTTP请求对象。

3）goquery解析HTML代码之后生成结构体Document的实例化对象，通过调用Find()能定位目标数据所在的HTML标签，Find()的参数selector为字符串类型，它通过CSS选择器实现定位，因此参数selector必须为CSS选择器语法（CSS选择器是前端开发的基础语法之一），否则无法定位网页元素。

4）使用Find()定位网页元素，它的返回值为结构体Selection的实例化对象，由该对象调用Text()、Each()、Html()、Attr()和AttrOr()获取目标数据，各个结构体方法的功能说明如下：

- Text()获取HTML标签的文本内容。
- Each()遍历Find()符合条件的所有HTML标签，参数以匿名函数表示，匿名函数的第一个参数为当前遍历次数，第二个参数为结构体Selection的实例化对象。
- Html()获取目标数据所在的HTML代码。
- Attr()获取Find()定位标签某个属性的值，参数attrName为字符串类型，代表属性名称。
- AttrOr()获取Find()定位标签某个属性的值，参数attrName为字符串类型，代表属性名称；参数defaultValue为字符串类型，如果属性不存在，则使用该参数作为默认值。

除此之外，第三方包goquery还定义了许多函数方法实现网页元素定位和数据提取，详细说明请查阅官方文档：https://pkg.go.dev/github.com/PuerkitoBio/goquery。

18.6　选择数据存储方式

当我们得到网页数据之后，下一步是将数据存储在文件或数据库中，便于日后使用。数据存储要根据数据特点或系统架构设计选择合理的存储方式，不同的存储方式各有特点，说明如下：

1）文件存储无须部署，迁移性好，适用于少量和时效性较差的数据，如数据实时更新。

2）数据库存储需要部署数据库，适用于大量和时效性较好的数据，延伸性强，常用于网站系统、网络爬虫、大数据的数据存储介质。

如果选择数据库存储数据，由于数据库分为关系型数据库和非关系型数据库，在选择数据存储的时候要结合数据的特点，比如数据来自Ajax请求，那么数据都是以JSON格式表示，使用非关系型数据库能减少数据清洗处理；如果数据是从HTML解析而来的，则使用关系型数据库较为合理。

除了考虑数据的特点之外，还要考虑数据的数量和用途，考虑因素如下：

1）如果数据量大且时效性较差，则不适合使用文件存储，因为文件容量有限，存储大量数据在使用过程中容易出现卡顿或崩溃。

2）由于网络爬虫主要爬取目标网站的大量数据，并且爬取的数据可能用于网站开发、大数据分析或机器学习等用途，所以数据存储最好选用数据库。

综上所述，爬虫数据存储必须考虑数据的用途，其次考虑数据量多少、时效性、更新频率等问题。数据用途决定整个系统的架构设计，关乎数据在各个系统之间如何流通和传递等问题，数据量、时效性、更新频率等因素也会影响系统架构设计，如数据量过大需要考虑分布式存储，时效性过差则影响数据表结构的设计，更新过于频率则考虑数据修改效率。

文件存储按照文件类型分为TXT、CSV、Excel和JSON等，数据库存储按照数据库类型分为SQLite、MySQL、MongoDB和Redis等。无论是文件存储还是数据库存储，其实质都是文件读写和数据库编程，我们在第14章和第16章已介绍过文件读写和数据库编程的内容，本节不再重复讲述。

总的来说，网络爬虫开发涉及网站分析、HTTP请求、数据清洗和数据存储，不同阶段需要使用不同的包实现，为了统一开发规范，各种爬虫框架应运而生，其中爬虫框架gocolly/colly最为热门，有兴趣的读者可以上GitHub查阅。

18.7　动手练习：编程实现爬取电影TOP100榜单

爬虫开发分为4个步骤：分析网站、发送HTTP请求、清洗数据和存储数据，每个步骤的知识要点已做了详细介绍，本节以实战项目形式讲述如何开发完整的网络爬虫程序。由于网站可能随时更新，如果读者在实操过程中发现网站与本书内容存在差异，应按照本书的开发思路重新分析和修改爬虫程序。

以猫眼电影TOP100榜单为例，首先打开浏览器开发者工具，然后使用浏览器访问网址（https://maoyan.com/board/4），最后单击Network的Doc标签，并在Doc标签单击Response查看网页内容，如图18-10所示。

下一步在网页中确定爬取的目标数据，从榜单数据能得到每部电影的片名、主演、上映时间和评分，我们将这些数据作为目标数据，并根据数据内容在开发者工具中查找对应的HTML代码，如图18-11所示。

从图18-11得知，我们根据片名找到了对应的HTML代码，并且找到了主演、上映时间和评分对应的HTML代码，这些数据嵌套在class="board-item-content"的div标签中。也就是说，当执行数据清洗的时候，首先定位class="board-item-content"的div标签，然后在此基础上再分别定位和获取片名、主演、上映时间和评分。

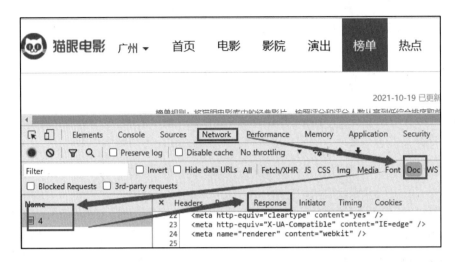

图 18-10　开发者工具

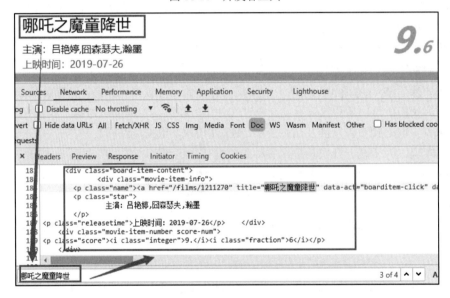

图 18-11　查找 HTML 代码

在网页底部设有分页功能，一共设有10页，每一页只有10部电影信息，当单击第2页的时候，发现浏览器的网址发生变化，为了找到页数和网址之间的变化规律，我们列举每一页的网址信息，如下所示：

```
https://maoyan.com/board/4?offset=0
https://maoyan.com/board/4?offset=10
https://maoyan.com/board/4?offset=20
https://maoyan.com/board/4?offset=30
https://maoyan.com/board/4?offset=40
https://maoyan.com/board/4?offset=50
https://maoyan.com/board/4?offset=60
https://maoyan.com/board/4?offset=70
https://maoyan.com/board/4?offset=80
https://maoyan.com/board/4?offset=90
```

　　分析上述网址得知，每一页的网址由请求参数offset决定：第1页的参数offset为0，第二页的参数offset为10，以此类推，每增加1页，参数offset递增10。因此，页数和网址之间的变化规律可以总结为：offset=page*10（offset代表请求参数offset，page代表页数）。

　　综上所述，得出以下分析结果：

　　1）电影TOP100榜单将100部电影分为10页，每一页显示10部电影信息，每一页的网址由请求参数offset决定，变化规律为：offset=page*10（offset代表请求参数offset，page代表页数）。

　　2）一部电影信息嵌套在class="board-item-content"的div标签中，由于每一页有10部电影信息，因此每一页存在10个class="board-item-content"的div标签，从div标签可以定位并获取电影的片名、主演、上映时间和评分。

　　下一步根据分析结果设计爬虫程序，在E:\mygo创建文件chapter18.6.go，分别定义结构体Movie、函数get_data()、clean_data()和save_data()，主函数main()依次调用自定义函数，具体代码如下：

```go
package main

import (
    "fmt"
    "github.com/PuerkitoBio/goquery"
    "gorm.io/driver/mysql"
    "gorm.io/gorm"
    "io/ioutil"
    "net/http"
    "strconv"
    "strings"
    "time"
)

// 定义结构体Movie，映射数据表movies
type Movie struct {
    // 定义数据表字段
    gorm.Model
    Name         string `gorm:"type:varchar(50)"`
    Star         string `gorm:"type:varchar(50)"`
    Releasetime  string `gorm:"type:varchar(50)"`
    Score        string `gorm:"type:varchar(50)"`
}

func get_data(offset string) string {
    urls := "https://maoyan.com/board/4?offset=" + offset
    fmt.Print(urls)
    // 定义请求对象NewRequest
    req, _ := http.NewRequest("GET", urls, nil)
    req.Header.Add("User-Agent", "Mozilla/5.0
        (Windows NT 10.0; Win64; x64) AppleWebKit/537.36
        (KHTML, like Gecko) Chrome/94.0.4606.81 Safari/537.36")
    transport := &http.Transport{}
    // 在Client设置参数Transport即可实现代理IP
    client := &http.Client{Transport: transport}
    // 发送HTTP请求
```

```go
    resp, _ := client.Do(req)
    // 获取网站响应内容
    body, _ := ioutil.ReadAll(resp.Body)
    // 网页响应内容转码
    result := string(body)
    // 设置延时，请求过快会引发反爬
    time.Sleep(5 * time.Second)
    return result
}

func clean_data(data string) []map[string]string {
    // 使用goquery解析HTML代码
    dom,_:=goquery.NewDocumentFromReader(strings.NewReader(data))
    // 定义变量result和info
    result := []map[string]string{}
    var info map[string]string
    // 遍历网页所有电影信息
    selection := dom.Find(".board-item-content")
    selection.Each(func(i int, selection *goquery.Selection) {
        // 记录每部电影信息，每存储一部电影必须清空集合
        info = map[string]string{}
        name := selection.Find(".name").Text()
        star := selection.Find(".star").Text()
        releasetime := selection.Find(".releasetime").Text()
        score := selection.Find(".score").Text()
        info["name"] = strings.TrimSpace(name)
        info["star"] = strings.TrimSpace(star)
        info["releasetime"] = strings.TrimSpace(releasetime)
        info["score"] = strings.TrimSpace(score)
        // 将电影信息写入切片
        result = append(result, info)
    })
    return result
}


func save_data(data []map[string]string) {
    // 连接数据库
    dsn := `root:1234@tcp(127.0.0.1:3306)/test?
        charset=utf8mb4&parseTime=True&loc=Local`
    db, _ := gorm.Open(mysql.Open(dsn), &gorm.Config{})
    sqlDB, _ := db.DB()
    // 关闭数据库，释放资源
    defer sqlDB.Close()
    // 执行数据迁移
    db.AutoMigrate(&Movie{})
    // 遍历变量data，获取每部电影信息
    for _, k := range data {
        fmt.Printf("当前数据: %v\n", k)
        // 查找电影是否已在数据库
        var m []Movie
        db.Where("name = ?", k["name"]).First(&m)
```

```
            // len(m)等于0说明数据不存在数据库
            if len(m) == 0 {
                // 新增数据
                m1 := Movie{Name: k["name"], Star: k["star"],
                    Releasetime:k["releasetime"],Score:k["score"]}
                db.Create(&m1)
            } else {
                // 更新数据
                db.Where("name = ?", k["name"]).
                    Find(&m).Update("score", k["score"])
            }
        }
    }

    func main() {
        // 遍历10次，每次遍历代表不同页的网页信息
        for i := 0; i < 10; i++ {
            // 函数调用
            // 调用次序：发送HTTP请求->清洗数据->数据入库
            webData := get_data(strconv.Itoa(i * 10))
            cleanData := clean_data(webData)
            save_data(cleanData)
        }
    }
```

运行上述代码，在GoLand的Run窗口可以看到每部电影的信息，打开Navicat Premium查看数据表movies的数据内容，如图18-12所示。

图 18-12　数据表 movies

分析上述代码得知：

1）结构体Movie使用ORM框架gorm定义数据表movies，结构体成员Name、Star、Releasetime和Score分别代表电影的片名、主演、上映时间和评分。

2）自定义函数get_data()使用内置包net/http设置HTTP请求对象，参数offset代表请求参数offset，以GET方式发送HTTP请求，并设有请求头和延时功能，如果不设置请求头和延时功能，程序将无法获取正确的响应内容，最后将响应内容以字符串类型作为函数返回值。

3）自定义函数clean_data()使用第三方包goquery解析HTML代码，参数data代表网页响应内容，由自定义函数get_data()的返回值提供。使用goquery解析参数data并定位class="board-item-content"的div标签，然后分别定位并获取电影的片名、主演、上映时间和评分。再将数据使用strings.TrimSpace()进行清洗处理，删除数据前后的空格。电影信息以集合形式表示，由于每一页有10部电影，因此函数返回值以切片形式返回，切片元素为集合类型。

4）自定义函数save_data()使用ORM框架gorm连接MySQL，按照结构体Movie创建数据表movies，参数data代表清洗后的数据，由自定义函数clean_data()的返回值提供。对参数data执行遍历操作，每一次遍历代表某一部电影的信息，根据电影片名在数据表movies中查询，如果不存在则执行数据新增，如果已存在则修改数据表字段score。

5）主函数main()使用for语句执行10次循环，每次循环将循环变量i乘以10得出网址的请求参数offset的值，作为函数get_data()的参数offset，通过调用get_data()得到返回值webData并作为函数clean_data()的参数data完成数据清洗，再将返回值cleanData作为函数save_data()的参数data完成数据存储。

18.8 小 结

HTTP是一个客户端和服务器端请求和应答的标准。客户端是终端用户，服务器端是网站。通过使用Web浏览器、网络爬虫或者其他工具，客户端发起一个到服务器上指定端口（默认端口为80）的HTTP请求，这个客户端叫用户代理。响应的服务器上存储着资源，比如HTML文件和图像，这个服务器为源服务器，在用户代理和服务器中间可能存在多个中间层，比如代理、网关或者隧道。

请求头描述客户端向服务器发送请求时使用的协议类型、所使用的编码以及发送内容的长度等。客户端（浏览器）通过输入URL后确定等于做了一次向服务器的请求动作，在这个请求中带有请求参数，请求头在网络爬虫中的作用是相当重要的一部分。检测请求头是常见的反爬虫策略，因为服务器会对请求头做一次检测来判断这次请求是人为的还是非人为的。

网络编程是Go语言的最大特色之一，内置包net/http包含客户端和服务端应用。客户端主要发送HTTP请求到服务端，用于调用API接口和网络爬虫开发；服务端是开发服务器，用于Web网站开发。

数据清洗按照数据类型分为JSON和HTML格式：JSON数据可以使用内置包json、结构体或集合完成清洗过程，换句话说，JSON数据清洗实质上是JSON和结构体（集合）的转换。

HTML数据清洗分为3种：字符串操作（截取、替换等操作）、正则表达式和HTML解析。

数据存储要根据数据特点或系统架构设计选择合理的存储方式，不同的存储方式各有特点。爬虫数据存储必须考虑数据的用途，其次考虑数据量有多少、时效性、更新频率等问题。数据用途决定整个系统架构设计，关乎数据在各个系统之间如何流通和传递等问题，数据量、时效性、更新频率等因素也会影响系统架构设计，如数据量过大需要考虑分布式存储，时效性过差则影响数据表结构的设计，更新过于频繁则考虑数据修改效率。

第19章

Go 项目——网络编程应用

本章内容：

- TCP和UDP的区别。
- 创建TCP应用。
- 创建UDP应用。
- 创建HTTP服务应用。
- httprouter扩展路由。
- 多种响应处理方式。
- HTML模板引擎。
- 动手练习：编程实现信息反馈网站项目。

19.1　TCP和UDP的区别

　　Web服务是指在网络上运行的、面向服务的、基于分布式程序的软件模块，它采用HTTP和XML（标准通用标记语言的子集）等互联网通用标准，使人们可以在不同地方通过不同终端设备访问Web上的数据，如网上订票时查看订座情况。

　　目前大部分Web服务都采用HTTP实现，本书重点讲述HTTP的网络编程。HTTP是基于TCP/IP通信协议来传递数据的（HTML文件、图片文件、查询结果等），用于实现客户端和服务器之间的通信。

　　客户端通常指用户终端，如计算机浏览器或手机等设备，在18章已介绍了内置包net的客户端程序开发；服务端通常指网站或系统的后台服务。

　　服务端根据不同的网络协议分为不同类型的应用服务，常见类型为TCP和UDP，两者说明如下：

- TCP是目前所有网站系统采用的网络协议，服务端和客户端必须经过三次握手才能建立连接，它们只能进行点对点的数据传输，不支持多播和广播传输方式，应用场景有文件传输、接收邮件、远程登录等。

- UDP不需要建立连接，服务端和客户端不止支持一对一的传输方式，同样支持一对多、多对多、多对一的方式，也就是说UDP提供了单播、多播、广播功能，应用场景有在线聊天、在线视频、网络语音电话等。

用通俗的说法解释TCP和UDP，将服务端和客户端看成一对情侣，当女方（客户端）向男方（服务端）说话（即发送HTTP请求）时，TCP要求男方必须对女方做出回应，而UDP则不管女方发出多少次请求，男方可以不做任何回应，即TCP就是有求必应，UDP则是爱理不理。

在编程语言中，无论是TCP还是UDP，它们的底层原理都基于Socket实现的。Go语言的Socket都封装在内置包net中，也就是说，使用内置包net就能开发TCP或UDP服务端。

19.2　创建TCP应用

我们知道TCP服务必须对客户端和服务端建立连接才能发送和接收数据，建立连接的过程中需要经过3次握手，用通俗的说法解析3次握手，以男女关系为例，双方建立情侣关系之前必须了解对方的性格、三观等各个条件是否符合自己的择偶标准，了解过程有很多方式，比如吃饭、看电影、郊外活动等，这个了解过程视为TCP的3次握手。

再仔细说明3次握手的具体过程，以吃饭为例，吃饭通常都是男方邀约女方→女方是否应约→男方表白建立关系，这个过程分别对应3次握手过程，男方为客户端，女方为服务端，详细说明如下：

1）男方邀约女方等于客户端发送TCP数据包给服务端，请求在它们之间建立连接。

2）女方是否应约等于服务端接收和验证客户端发送的TCP数据包，如果服务端验证成功，则说明女方愿意与男方吃饭；如果验证失败，则说明女方不愿意和男方共度晚餐。服务端将验证结果告诉客户端，如果验证成功，则说明它们将进入第3次握手。

3）男方表白建立关系是发生在女方应约的情况下，男方主动向女方表白，从而确认关系。这个表白过程等于客户端向服务端发送数据，使得服务端和客户端进入连接状态，完成3次握手。

使用Go语言开发TCP服务可以由内置包net实现，它能支持TCP客户端和服务端的程序开发。我们首先讲述如何实现TCP服务端的程序开发，实现代码如下：

```
package main

import (
    "bufio"
    "fmt"
    "io"
    "net"
    "time"
)

func tcpPipe(conn *net.TCPConn) {
    // TCP连接的地址
    ipStr := conn.RemoteAddr().String()
    // 关闭连接
    defer func() {
        fmt.Printf("%v失去连接\n: ", ipStr)
```

```
            conn.Close()
    }()
    // 获取TCP连接对象的数据流
    reader := bufio.NewReader(conn)
    // 接收并返回消息
    for {
        // 获取接收数据
        message, err := reader.ReadString('\n')
        // 出现异常说明连接异常
        if err != nil || err == io.EOF {
            break
        }
        fmt.Printf("服务端接收数据%v\n", message)
        time.Sleep(time.Second * 3)
        // 发送数据
        msg := conn.RemoteAddr().String() + "--服务端发送数据\n"
        b := []byte(msg)
        conn.Write(b)
    }
}

func main() {
    // 定义TCP对象
    var tcpAddr *net.TCPAddr
    // TCP对象绑定IP和端口
    tcpAddr, _ = net.ResolveTCPAddr("tcp", "127.0.0.1:9999")
    // 创建TCP监听对象
    tcpListener, _ := net.ListenTCP("tcp", tcpAddr)
    // 关闭TCP监听对象
    defer tcpListener.Close()
    // 循环接收客户端的连接，创建协程去处理连接
    for {
        // 通过TCP监听对象获取与客户端的TCP连接对象
        tcpConn, err := tcpListener.AcceptTCP()
        if err != nil {
            fmt.Println(err)
            continue
        }
        // 连接成功后创建协程去处理连接
        go tcpPipe(tcpConn)
    }
}
```

Go语言实现TCP服务端的过程如下：

1）定义TCP对象，以指针类型表示，调用ResolveTCPAddr()创建TCP服务，设置TCP服务的IP地址和端口。

2）调用ListenTCP()监听TCP服务，生成TCP监听对象，由TCP监听对象调用AcceptTCP()获取客户端的TCP连接请求，生成TCP连接对象。

3）当收到客户端的连接请求时，程序将创建Goroutine，由函数tcpPipe()处理客户端的通信数据。

4）函数tcpPipe()实现服务端和客户端的数据通信，变量conn是指针类型，代表TCP连接对象。变量conn调用RemoteAddr()能获取客户端所在的IP地址，变量conn作为bufio.NewReader()的参数就能获取客户端的数据，变量conn调用Write()将数据发送给客户端。

综上所述，TCP服务端的实现步骤为：创建TCP服务→监听TCP服务→从监听对象获取TCP连接对象→从连接对象发送和接收客户端数据。

下一步使用内置包net实现TCP客户端功能，它将连接TCP服务端的IP和端口，实现代码如下：

```go
package main

import (
    "bufio"
    "fmt"
    "io"
    "net"
    "time"
)

func onMessageReceived(conn *net.TCPConn) {
    // 创建TCP连接对象的IO
    reader := bufio.NewReader(conn)
    // 发送数据
    b:=[]byte(conn.LocalAddr().String()+"客户端在发送数据.\n")
    conn.Write(b)
    for {
        // 获取TCP连接对象的数据流
        msg, err := reader.ReadString('\n')
        fmt.Printf("客户端收到服务端数据: %v\n", msg)
        // 出现异常终止循环
        if err != nil || err == io.EOF {
            break
        }
        time.Sleep(time.Second * 2)
        // 通过TCP连接对象发送数据给服务端
        // 将数据转为字节类型的切片
        b:=[]byte(conn.LocalAddr().String()+"客户端在发送数据.\n")
        // Write()发送数据
        _, err = conn.Write(b)
        if err != nil {
            break
        }
    }
}

func main() {
    // 创建TCP结构体对象
    var tcpAddr *net.TCPAddr
    // 实例化结构体TCPAddr
    tcpAddr, _ = net.ResolveTCPAddr("tcp", "127.0.0.1:9999")
    // 创建TCP连接对象，连接TCP服务端
    conn, err := net.DialTCP("tcp", nil, tcpAddr)
    if err != nil {
```

```
        fmt.Printf("客户端连接错误: %v\n", err.Error())
        return
    }
    // 关闭连接
    defer conn.Close()
    fmt.Printf("客户端连接成功: %v\n", conn.LocalAddr().String())
    onMessageReceived(conn)
}
```

客户端的代码结构与服务端的十分相似，实现过程如下：

1）定义TCP对象，以指针类型表示，调用ResolveTCPAddr()创建TCP服务，设置TCP服务的IP地址和端口。

2）调用DialTCP()连接TCP服务，生成TCP连接对象。由TCP连接对象调用close()关闭连接，由TCP连接对象调用LocalAddr()获取TCP的IP地址。

3）调用函数onMessageReceived()将TCP连接对象作为函数参数。变量conn是指针类型，代表TCP连接对象；变量conn作为bufio.NewReader()的参数就能获取服务端数据；变量conn调用Write()将数据发送给服务端。

综上所述，TCP客户端的实现步骤为：创建TCP服务→连接TCP服务→从连接对象发送和接收服务端数据。

运行程序时必须先启动TCP服务端，再启动TCP客户端，可以在两者的运行界面看到通信内容，如图19-1所示。

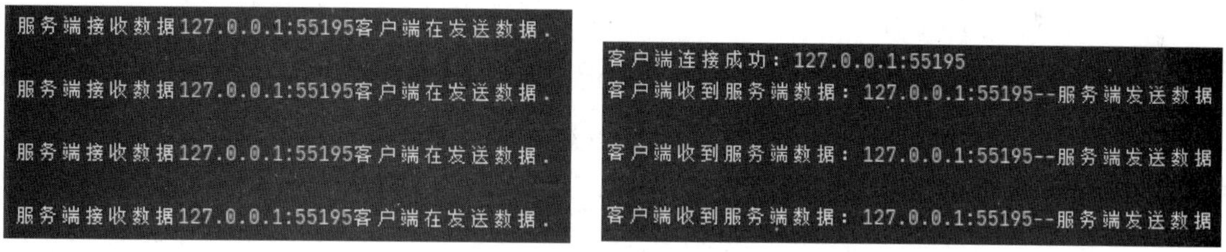

图 19-1　服务端与客户端运行结果

19.3　创建UDP应用

我们知道UDP是无须建立连接就可以互相发送数据的网络传输协议，这是不可靠的、没有时序的通信协议，但是它的实时性比较好，通常用于视频直播相关领域。

使用Go语言开发UDP服务可以由内置包net实现，它支持UDP客户端和服务端的程序开发。首先讲述如何实现UDP服务端，实现代码如下：

```
package main

import (
    "fmt"
    "io"
    "net"
    "time"
```

```
)

func main() {
    // 定义UDP对象
    var udpAddr *net.UDPAddr
    // UDP对象绑定IP和端口
    udpAddr, _ = net.ResolveUDPAddr("udp","127.0.0.1:9999")
    // 创建UDP连接对象
    conn, _ := net.ListenUDP("udp", udpAddr)
    defer conn.Close()
    // 接收并返回消息
    for {
        // 获取接收数据
        message := make([]byte, 4096)
        // ReadFromUDP()设有3个返回值
        // 第一个返回值是数据长度
        // 第二个返回值是客户端IP地址
        // 第三个返回值是异常信息
        n, addr, err := conn.ReadFromUDP(message)
        // 出现异常说明连接异常
        if err != nil || err == io.EOF {
            break
        }
        // string(message[:n])根据数据长度截取数据
        fmt.Printf("服务端接收数据: %v\n", string(message[:n]))
        time.Sleep(time.Second * 3)
        // 发送数据
        msg := conn.LocalAddr().String() + "--服务端发送数据"
        b := []byte(msg)
        // 服务器发送数据必须调用WriteToUDP()
        // addr是客户端的IP地址
        // WriteToUDP()根据指定IP地址发送数据
        conn.WriteToUDP(b, addr)
    }
}
```

UDP服务端的实现说明如下：

1）定义UDP对象，以指针类型表示，调用ResolveUDPAddr()创建UDP服务，设置UDP服务的IP地址和端口。

2）调用ListenUDP()生成UDP连接对象，由UDP连接对象调用ReadFromUDP()接收客户端数据并存储在字节类型的切片中。ReadFromUDP()设有3个返回值：第一个返回值用于接收数据的长度，第二个返回值是客户端IP地址，第三个返回值是异常信息。通过ReadFromUDP()的第一个返回值截取字节类型的切片，确保数据不留有空白数据。

3）由UDP连接对象调用WriteToUDP()将数据发送给客户端，WriteToUDP()第一个参数是发送给客户端的数据，以字节类型的切片表示；第二个参数是客户端的IP地址，来自ReadFromUDP()的第二个返回值。

综上所述，UDP服务端的实现步骤为：创建UDP服务→创建UDP连接对象→从连接对象向客户端接收和发送数据。

下一步使用内置包net实现UDP客户端功能，它将连接UDP服务端的IP和端口，实现代码如下：

```go
package main

import (
    "fmt"
    "io"
    "net"
    "time"
)

func main() {
    // 创建UDP结构体对象
    var udpAddr *net.UDPAddr
    // 实例化结构体udpAddr
    udpAddr, _ = net.ResolveUDPAddr("udp", "127.0.0.1:9999")
    // 创建UDP连接对象，连接UDP服务端
    conn, err := net.DialUDP("udp", nil, udpAddr)
    if err != nil {
        fmt.Printf("客户端连接错误: %v\n", err.Error())
        return
    }
    fmt.Printf("客户端连接成功: %v\n", conn.LocalAddr().String())
    for {
        // 通过UDP连接对象发送数据给服务端
        // 将数据转为字节类型的切片
        b:=[]byte(conn.LocalAddr().String()+"--客户端在发送数据")
        // Write()发送数据
        conn.Write(b)
        time.Sleep(time.Second * 2)
        // 获取UDP连接对象的数据流
        // 接收数据
        message := make([]byte, 4096)
        // ReadFromUDP()设有3个返回值
        // 第一个返回值是数据长度
        // 第二个返回值是服务端IP地址
        // 第三个返回值是异常信息
        n, _, err := conn.ReadFromUDP(message)
        // string(message[:n])根据数据长度截取数据
        fmt.Printf("客户端收到数据: %v\n", string(message[:n]))
        // 出现异常终止循环
        if err != nil || err == io.EOF {
            break
        }
    }
}
```

UDP客户端的实现说明如下：

1）定义UDP对象，以指针类型表示，调用ResolveUDPAddr()创建UDP服务，设置UDP服务的IP地址和端口。

2）调用DialUDP()生成UDP连接对象，由UDP连接对象调用Write()将数据发送给服务端。

3）由UDP连接对象调用ReadFromUDP()接收服务端数据并存储在字节类型的切片中。ReadFromUDP()设有3个返回值：第一个返回值用于接收数据的长度，第二个返回值是服务端IP地址，第三个返回值是异常信息。通过ReadFromUDP()的第一个返回值截取字节类型的切片，确保数据不留有空白数据。

综上所述，UDP客户端的实现步骤为：创建UDP服务→创建UDP连接对象→从连接对象向服务端接收和发送数据。

分析UDP服务端和UDP客户端发现，两者的代码结构十分相似，只是在创建UDP连接对象和发送数据时分别调用不同的方法实现，差异说明如下：

1）创建UDP连接对象过程，服务端调用ListenUDP()，客户端调用DialUDP()。
2）在发送数据的过程中，服务端调用WriteToUDP()，客户端调用Write()。

分别运行服务端和客户端，运行结果如图19-2所示。

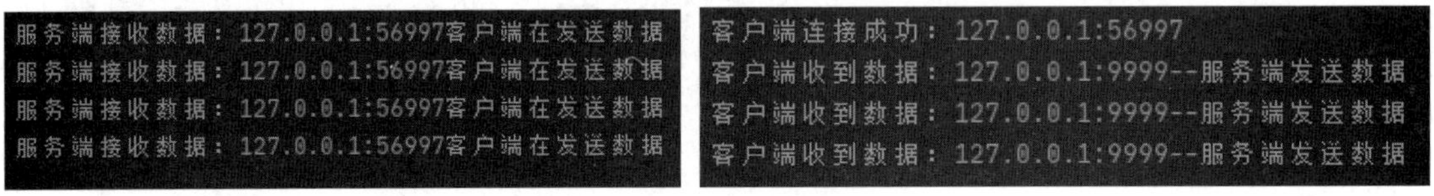

图 19-2　服务端与客户端运行结果

19.4　创建HTTP服务应用

Go语言内置包net不仅能实现TCP Socket和UDP Socket的功能开发，还能直接开发Web应用。Web应用是在Socket的基础上实现的应用功能，开发者只需实现应用功能的业务逻辑，无须实现Socket底层功能，以提高开发效率。

大部分编程语言的Web应用都是在Web框架上进行开发的，那么内置包net也可以看成一个简单的Web框架。不同的Web框架有不同的内置功能，常见功能如下：

1）路由功能：用于设置一个网站或系统的路由地址，路由地址就是我们常说的网站网址。
2）模板引擎：将编程语言转化为HTML代码的功能，通过模板语法动态变换网页数据。
3）请求与响应：获取浏览器的HTTP请求信息，并且对该请求做出响应。
4）Cookie与Session管理：用于记录当前用户，识别HTTP请求来自哪一个用户。
5）数据存储：提供数据库存储功能。

任何Web框架必须包含路由功能、请求与响应，否则不能算是一个Web框架，这是判断Web框架的标准。

使用内置包net开发Web应用之前，我们必须了解HTTP的请求方式，它有8种请求方式，详细说明如下：

1）OPTIONS：允许客户端查看服务端的性能。
2）HEAD：类似于GET请求，只不过服务端的响应没有内容，用于获取报头。
3）GET：请求指定页面信息，并返回实体主体，简单来说就是从服务端获取数据。

4）POST：向服务端提交数据的请求，例如上传文件或提交数据等。如果发送了两个相同的请求，后者不会把前者的请求覆盖掉，常用于新增数据。

5）PUT：从客户端向服务端提交数据的请求，如果发送了两个相同的请求，后者会把前者的请求覆盖掉，常用于修改数据。

6）DELETE：向服务端提交删除数据的请求。

7）TRACE：回显服务端收到的HTTP请求，用于测试或诊断。

8）CONNECT：将连接改为管道方式的代理服务端。

在实际开发中，Web应用的大部分HTTP请求主要以GET和POST请求为主，此外还有请求头和请求参数的数据处理。

下一步使用内置包net实现Web应用的路由功能、请求与响应，包括GET和POST请求处理、请求头和请求参数的数据处理、返回响应内容，实现代码如下：

```go
package main

import (
    "fmt"
    "io/ioutil"
    "net/http"
)

func body(w http.ResponseWriter, r *http.Request) {
    // 获取请求头信息: r.Header
    // 获取请求头的某条信息
    h := r.Header.Get("Accept-Encoding")
    fmt.Printf("请求头Accept-Encoding: %v\n", h)
    // 判断请求方式
    if r.Method == "GET" {
        // GET请求参数以application/x-www-form-urlencoded编码
        // 方法1: 获取GET请求的请求参数
        r.ParseForm()
        // r.Form.Get("name")等于r.Form["name"]
        fmt.Printf("获取参数的方法1: %v\n", r.Form.Get("name"))
        fmt.Printf("获取参数的方法2: %v\n", r.URL.Query())
        fmt.Printf("获取参数的方法3: %v\n", r.FormValue("name"))
        // 返回响应内容
        fmt.Fprintln(w, "This is GET")
    } else {
        // 获取POST的请求参数
        // 分别使用Form和PostForm方法获取POST的请求参数
        // 使用Form和PostForm之前必须调用ParseForm方法
        // 接收application/x-www-form-urlencoded编码的数据
        r.ParseForm()
        //fmt.Printf("Form()获取参数: %v\n",r.Form.Get("name"))
        fmt.Printf("PostForm()获取参数: %v\n",r.PostForm.Get("name"))
        // 与GET请求的r.FormValue()是同一函数方法
        fmt.Printf("FormValue()获取参数: %v\n",r.FormValue("name"))
        // PostFormValue将PostForm的功能优化
        pfv := r.PostFormValue("name")
        fmt.Printf("PostFormValue()获取参数: %v\n", pfv)

        // 获取POST的文件数据
```

```
            // MultipartForm用于文件上传
            // 使用前调用ParseMultipartForm
            // 接收multipart/form-data编码
            // 注意: FormFile是MultipartForm的优化功能
            r.ParseMultipartForm(1024)
            fmt.Printf("MultipartForm获取文件数据: %v\n",r.MultipartForm)
            // FormFile()获取上传的文件
            // 返回值file代表文件内容
            // 返回值handler代表文件信息
            file, handler, _ := r.FormFile("file")
            fmt.Printf("FormFile()获取文件数据: %v、%v\n",file,handler)

            // 接收POST的JSON数据
            // 因为JSON数据使用application/json编码
            con, _ := ioutil.ReadAll(r.Body)
            fmt.Printf("接收JSON数据: %v\n", string(con))

            // 返回响应内容
            fmt.Fprintln(w, "This is POST")
    }
}

func main() {
    // 定义路由与路由处理函数body
    http.HandleFunc("/", body)
    server := http.Server{
        Addr: "127.0.0.1:8080",
    }
    // 运行服务
    server.ListenAndServe()
}
```

整个Web应用主要在自定义函数body()和主函数main()中实现，按照功能可分为6部分，每个部分说明如下：

1）主函数main()是程序的运行入口，由内置包net/http调用HandleFunc()设置路由，第一个参数以字符串格式表示，代表路由地址信息；第二个参数是自定义函数名，代表该路由的HTTP请求交给某个函数处理并返回响应。

2）自定义函数body()设有两个参数w和r，参数w代表返回的响应内容，服务端的响应内容最终会呈现在浏览器中；参数r代表当前HTTP请求，HTTP请求主要从用户发起，例如使用浏览器访问路由地址，服务端将收到对应的HTTP请求。

3）由参数r调用Header.Get()方法能获取请求头的某个属性，该方法只有一个参数key，它是字符串格式，代表请求头的某个属性名称。

4）由参数r调用Method获取当前HTTP的请求方式。如果是GET请求，请求参数的数据编码为application/x-www-form-urlencoded，参数r可以调用3种方法获取请求参数，分别为Form.Get()、URL.Query()和FormValue()，各个方法说明如下：

- r.Form.Get()的参数key是字符串类型，代表请求参数的某个属性，它等同于r.Form["xxx"]。如果请求参数不存在这个属性，r.Form["xxx"]将出现异常，r.Form.Get()则为空值nil。使用r.Form.Get()获取请求参数之前必须调用ParseForm()。
- r.URL.Query()是获取所有请求参数，数据以集合形式表示。

- r.FormValue()与r.Form.Get()十分相似，它将r.Form的功能优化并封装处理。

5）如果当前HTTP请求是POST请求，请求参数的数据编码为application/x-www-form-urlencoded，参数r调用6个方法获取请求参数，分别为FormValue()、PostForm()、PostFormValue()、MultipartForm、FormFile()和Body，各个方法说明如下：

- r.FormValue()与GET请求的r.FormValue()是同一函数方法，换句话说，r.FormValue()能获取GET和POST的请求参数。
- r.PostForm.Get()与GET请求的r.Form.Get()使用相似，并且使用之前必须调用ParseForm()。
- r.PostFormValue()将r.FormValue功能优化并封装处理。
- r.MultipartForm用于获取文件上传的数据，数据编码为multipart/form-data，使用前必须调用r.ParseMultipartForm()设置文件大小。
- r.FormFile()也是获取文件上传的数据，它在MultipartForm的基础上进行优化和封装处理。
- r.Body用于获取HTTP请求的正文内容，主要接收JSON数据，并且数据编码为application/json。

6）返回响应内容由内置包fmt.Fprintln()完成，第一个参数是w，代表HTTP的响应对象；第二个参数是响应内容，以字符串格式表示。还可以由参数w调用Write()返回响应内容，如w.Write([]byte("xx"))，Write()的参数必须为字节类型的切片格式。

运行上述代码，在浏览器访问http://127.0.0.1:8080/?name=Tom，网页内容如图19-3所示。

图 19-3　网页内容

19.5　httprouter扩展路由

在19.4节的示例中使用net/http的HandleFunc()定义网站路由，但net/http的路由功能存在很大缺陷，比如访问http://127.0.0.1:8080/aa?name=Tom，浏览器也显示如图19-3所示的网页内容。

除此之外，net/http无法实现路由的匹配功能。以日报表为例，假设路由以日期命名，如http://127.0.0.1:8080/2021/12/29/，由于日期是动态变化的，路由应随时间的变化而变化，但net/http不能在路由中设置变量，无法满足日常开发需求，为了弥补net/http的不足，我们使用第三方包httprouter替代net/http的路由功能。

打开CMD窗口或GoLand的Terminal窗口，使用go get指令下载httprouter，如图19-4所示。

```
E:\mygo>go get github.com/julienschmidt/httprouter
go: downloading github.com/julienschmidt/httprouter v1.3.0
go get: added github.com/julienschmidt/httprouter v1.3.0
```

图 19-4　安装 httprouter

在E:\mygo路径下执行go mod init mygo指令创建go.mod文件，然后打开go.mod文件写入第三方包httprouter，代码如下：

```
module mygo
go 1.18
require github.com/julienschmidt/httprouter v1.3.0 // indirect
```

下一步在E:\mygo创建chapter19.5.go文件，然后在该文件中使用httprouter定义路由信息，示例
代码如下：

```
package main

import (
    "github.com/julienschmidt/httprouter"
    "net/http"
)

func body(w http.ResponseWriter,r *http.Request,p httprouter.Params){
    // 参数w是响应对象
    // 参数r是请求对象
    // 参数p是路由变量
    w.Write([]byte("This is body"))
}

func user(w http.ResponseWriter,r *http.Request,p httprouter.Params){
    // 参数w是响应对象
    // 参数r是请求对象
    // 参数p是路由变量
    v := "This is user, name is " + p.ByName("name")
    w.Write([]byte(v))
}

func main() {
    // 定义路由与路由处理函数body
    router := httprouter.New()
    // 设置HTTP的GET请求
    router.GET("/", body)
    // 设置HTTP的POST请求
    router.POST("/", body)
    // 设置HTTP的PUT请求
    router.PUT("/", body)
    // 设置HTTP的DELETE请求
    router.DELETE("/", body)
    // 匹配内容直到下一个斜线 "/" 或者路径的结尾
    router.GET("/user1/:name", user)
    // 从指定位置开始匹配到结尾
    // 不能在根目录下直接使用，如/*name提示异常
    router.GET("/user2/*name", user)
    // 将httprouter绑定在net/http中
    server := http.Server{
        Addr:    "127.0.0.1:8080",
        Handler: router,
    }
    // 运行服务
    server.ListenAndServe()
}
```

示例代码只讲述了httprouter的两个基本功能：设置HTTP请求方式和定义路由变量，详细说明如下：

1）定义路由处理函数body()和user()，函数增加参数p，代表路由变量，由路由变量p调用ByName()获取变量值，ByName()的参数代表路由变量名称。

2）httprouter调用工厂函数New()创建结构体Router实例化对象，由结构体实例化对象调用GET()、POST()等方法设置HTTP请求方式，方法与HTTP请求方式的名称相同。

3）在GET()、POST()等方法中，第一个参数以字符串格式表示，代表路由地址。路由变量支持两种匹配模式：精准匹配和全匹配。精准匹配以":params"表示，params代表路由变量名称，它匹配范围在下一个斜线"/"或者路由结尾；全匹配以"*params"表示，匹配范围直到路由结尾，但不能在根路由后面使用。

4）使用net/http创建HTTP服务，将httprouter创建的结构体实例化对象作为http.Server()的第二个参数，这样能把httprouter与net/http完美结合。

上述示例只演示了httprouter的基本功能，它还能设置网站的静态资源、验证用户角色、设置请求头、处理多域名等功能，详细介绍建议参考GitHub教程。

19.6　多种响应处理方式

当网站收到用户发送的HTTP请求之后，它将用户的请求地址与网站的路由地址进行匹配，匹配成功后将HTTP请求交由对应函数处理，函数处理后将做出响应返回给用户并呈现在浏览器中。

网站可以根据用户请求给出不同的响应内容，响应内容包括HTTP响应状态码、响应头和响应数据，三者说明如下：

1）不同的HTTP状态码代表不同的意思，主要描述当前请求是否正常，如200代表请求成功，404代表找不到网页，500代表服务器异常，301和302代表网页重定向，等等。

2）响应头和请求头是同一概念，只是发起HTTP请求的主体不同，请求头是客户端发送给服务端，响应头是服务端返回给客户端。

3）响应数据是网站给用户呈现的数据，通常以JSON或HTML的数据格式表示。

我们通过示例讲述如何设置响应内容的HTTP响应状态码、响应头和响应数据，示例代码如下：

```
package main

import (
    "encoding/json"
    "fmt"
    "net/http"
)

// Write()接受一个字节切片作为参数
// 字节切片作为HTTP响应内容，支持HTML转义
func indexExample(w http.ResponseWriter, r *http.Request) {
    str := `<html>
```

```go
            <head><title>My Go</title></head>
            <body><h1>Hello World</h1></body>
            </html>`
    w.Write([]byte(str))
}

// WriteHeader设置响应状态码
func errorExample(w http.ResponseWriter, r *http.Request) {
    w.WriteHeader(501)
    str := `<html>
            <head><title>My Go</title></head>
            <body><h1>Hello World</h1></body>
            </html>`
    w.Write([]byte(str))
}

// 在Header中设置参数Location
// 并使用WriteHeader设置302状态码，即可实现URL重定向
// 重定向的URL为参数Location的参数值
func redirectExample(w http.ResponseWriter, r *http.Request) {
    w.Header().Set("Location", "https://www.baidu.com/")
    w.WriteHeader(302)
}

// 定义结构体Post，用于生成JSON数据
type Post struct {
    User    string
    Threads []string
}

// 在Header中设置参数Content-Type
// 参数值为application/json，将响应内容以JSON表示
// 使用结构体Post生成JSON数据
// 由Write方法将JSON数据作为响应内容输出
func jsonExample(w http.ResponseWriter, r *http.Request) {
    w.Header().Set("Content-Type", "application/json")
    post := &Post{
        User:   "Go",
        Threads: []string{"first", "second", "third"},
    }
    json, _ := json.Marshal(post)
    w.Write(json)
}

func cookieExample(w http.ResponseWriter, r *http.Request) {
    // 获取HTTP请求的Cookie
    c, _ := r.Cookie("csrftoken")
    // 获取Cookie某个属性值
    fmt.Printf("获取HTTP请求的Cookie:%v\n", c)
    // 设置响应内容的Cookie
    cookie := &http.Cookie{
        Name:   "sessionid",
        Value:  "lkjsdfklsjfklsfdsfdjslf",
        MaxAge: 3600,
```

```
        Domain: "localhost",
        Path:   "/",
    }
    http.SetCookie(w, cookie)
    w.Write([]byte("This is Cookie"))
}

func main() {
    server := http.Server{
        Addr: "127.0.0.1:8080",
    }
    http.HandleFunc("/", indexExample)
    http.HandleFunc("/error", errorExample)
    http.HandleFunc("/redirect", redirectExample)
    http.HandleFunc("/json", jsonExample)
    http.HandleFunc("/cookie", cookieExample)
    server.ListenAndServe()
}
```

上述代码一共定义了5条路由信息，每条路由信息分别由不同的函数处理，说明如下：

1）根路由（即路由地址为"/"）由函数indexExample()处理，由参数w调用Write()完成响应处理。Write()的参数为字节类型的切片，并且支持HTML转义，将HTML标签自动转换为对应HTML代码。

2）路由error由函数errorExample()处理，参数w调用WriteHeader()设置HTTP响应状态码，WriteHeader()的参数为整型，代表HTTP状态码，net/http为不同HTTP状态码定义了相应常量，详细信息可在源码文件status.go中查看，如图19-5所示。

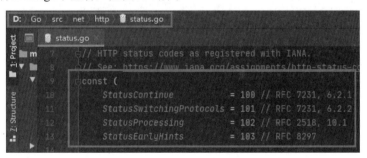

图 19-5　源码文件 status.go

3）路由redirect由函数redirectExample()处理，参数w调用Header().Set()设置Location用于实现重定向，即用户访问当前路由将自动跳转到其他网页，Location的属性值是重定向的网页地址，并且重定向还要设置HTTP响应状态码。

4）路由json由函数jsonExample()处理，参数w调用Header().Set()设置Content-Type的数据类型，application/json代表响应数据以JSON格式表示。

5）路由cookie由函数cookieExample()处理，参数r调用Cookie()获取HTTP请求的Cookie，通过http.SetCookie()设置HTTP响应的Cookie。SetCookie()的第一个参数w代表cookieExample()的参数w，第二个参数代表结构体http.Cookie的实例化对象。如果添加多条Cookie，则需要创建不同的结构体对象并调用多次http.SetCookie()。

运行上述代码，打开浏览器的开发者工具，依次访问网站的路由地址，在开发者工具的Network标签的Doc窗口查看HTTP响应状态码、响应头和响应数据。以路由cookie为例，它的响应内容如图19-6所示。

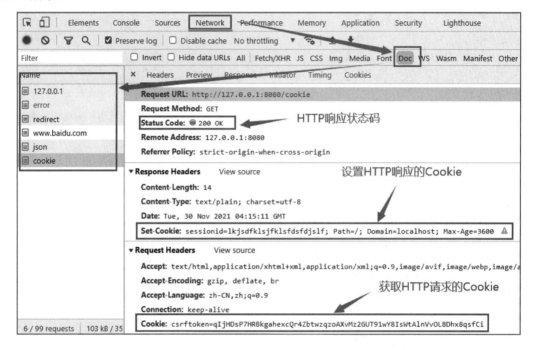

图 19-6 路由 cookie 的响应内容

19.7 HTML模板引擎

目前网站开发架构分为前后端一体和前后端分离，前后端一体是早期常用的开发模式，现在大部分架构都采用前后端分离。无论采用什么架构模式，网页的数据变化都离不开开发需求，区别只是数据渲染的过程是由后端完成还是由前端完成。

后端渲染网页数据大部分采用模板引擎实现，每一种编程语言都有自己的模板引擎，并且模板语法各不相同，但原理都是将后端数据转为HTML代码生成相应网页呈现在浏览器中。

模板引擎是介于无逻辑模板引擎和嵌入逻辑模板引擎之间的一种模板引擎。在Web应用中，模板引擎通常由路由处理函数负责触发。

模板都是文本文档（其中Web应用的模板通常是HTML），它们嵌入了一些模板语法。从模板引擎的角度来说，模板就是嵌入了模板语法的文本（模板语法通常包含在模板文件中），而模板引擎则通过分析并执行模板语法来生成对应的文本文档。

Go语言内置通用模板引擎text/template，它可以处理任意格式的文本。除此之外，还设置了HTML的模板引擎包html/template，模板语法编写在HTML文件中，通过模板引擎转换相应HTML代码。模板语法按照类型和用途分为动作指令、变量、管道、函数、上下文、自定义模板等。

html/template的动作指令使用两个大括号"{{}}"表示，常用动作指令及说明如下：

1）条件动作是根据判断条件选择相应的内容，示例代码如下：

```
{{ if arg }}
  some content
{{ end }}
```

或者

```
{{ if arg }}
  some content
{{ else }}
  other content
{{ end }}
```

2）迭代动作可以对切片、集合或者通道进行迭代，在迭代循环的内部，实心点（.）会被设置为当前被迭代的元素，示例代码如下：

```
#array代表某个变量
{{ range array }}
  Dot is set to the element {{ . }}
{{ end }}

# 还可以添加使用else
{{ range array }}
  <li>{{ . }}</li>
{{ else }}
  <li> Nothing to show </li>
{{ end}}
```

3）设置动作允许在指定范围之内为实心点（.）设置值。在{{ with arg }}和{{ end }}之间的实心点的值等于变量arg的值。比如{{ with "world" }}之前的实心点的值为66，而在{{ with "world" }}和{{ end }}之间，实心点的值将被设置成变量world的值，但在{{ end }}执行完成后，实心点的值又变为66，示例代码如下：

```
{{ with "world"}}
  # 将变量world的值以实心点表示
  Dot is set to {{ . }}
{{ end }}
```

4）包含动作允许在一个模板文件中包含另一个模板文件，从而构建模板嵌套。包含动作的格式为{{ template "name" }}，其中name代表被嵌套的模板文件或自定义模板。例如在t1.html中嵌套t2.html，示例代码如下：

```
# t1.html代码
<!DOCTYPE html>
<html lang="en">
  <head>
    <meta charset="utf-8">
    <title>Go</title>
  </head>
  <body>
    <div>This is t1.html before</div>
```

```
    <div>This is the value in t1.html - {{ . }}</div>
    <hr/>
    # 在模板文件后面设置实心点用于实现两个模板之间的数据传递
    {{ template "t2.html" . }}
    <hr/>
    <div> This is t1.html after</div>
  </body>
</html>


# t2.html代码
<div style="background-color: yellow;">
  <div>This is t2.html</div>
  <div>This is the value in t2.html - {{ . }}</div>
</div>
```

5）块动作是从Go 1.6版本引入的指令动作，它将模板文件的部分代码以组件方式表示，块动作的格式为{{ block "name" }}{{ end }}，其中name代表被嵌套的模板文件或自定义模板，块动作还支持继承，即在不同HTML文件中允许继承或重写原有的块动作。示例代码如下：

```
# t1.html文件
<html>
    <head>
        <title>Go</title>
    </head>
    <body>
        # 在content后面设置实心点用于实现数据传递
        {{ block "content" . }}
        <h1 style="color: blue;">Hello World!</h1>
        {{ end }}
    </body>
</html>


# t2.html文件
# 重写t1.html文件块动作
{{ define "content" }}
    <h1 style="color: red;">Hello World!</h1>
{{ end }}
# 如果不重写t1.html文件块动作，则默认为继承
```

路由处理函数可以向模板文件传递数据（这类数据称为参数），参数在模板文件中皆以实心点（.）表示。除此之外，模板文件还允许定义变量，变量以美元符号（$）开头，示例如下：

```
{{ range $key, $value := . }}
  <p>The key is {{ $key }} and the value is {{ $value }}</p>
{{ end }}
```

管道是将参数或模板变量进行格式转换或特殊处理的操作，以"|"表示，在"|"前面的是参数或模板变量，后面是管道名称，示例如下：

```
<!DOCTYPE html>
<html>
  <head>
```

```
      <title>Go</title>
    </head>
    <body>
      {{ 12.3456 | printf "%.2f" }}
    </body>
</html>
```

管道的实质是一个函数，它使用函数来处理参数或模板变量的数据，当管道的内置函数无法满足开发需求时，我们还可以自定义模板函数，示例如下：

```
package main

import (
    "net/http"
    "html/template"
    "time"
)

func formatDate(t time.Time) string {
    return t.Format("2006-01-02")
}

func index(w http.ResponseWriter, r *http.Request) {
    // 将函数formatDate绑定template的FuncMap命名为fdate
    funcMap := template.FuncMap{"fdate": formatDate}
    // 创建新模板tmpl.html，并将funcMap注册到模板tmpl.html
    t := template.New("tmpl.html").Funcs(funcMap)
    // 创建tmpl.html的模板对象
    t, _ = t.ParseFiles("tmpl.html")
    // 执行模板解析
    t.Execute(w, time.Now())
}

func main() {
    server := http.Server{
        Addr: "127.0.0.1:8080",
    }
    http.HandleFunc("/", index)
    server.ListenAndServe()
}
```

下一步在同一个目录的**tmpl.html**模板文件中使用自定义函数**formatDate()**，代码如下：

```
<html>
<head>
    <title>Go</title>
</head>
<body>
    <div>The date is {{ . | fdate }}</div>
</body>
</html>
```

上下文用于实现自动防御，并且使用非常方便，模板语法可以防止某些低级错误。简单来说，上下文确定路由处理函数传递的数据（参数）是否需要转义处理。如果参数含有HTML语法，模板引擎默认将HTML语法当成字符串输出，这样可以防止基于JavaScript、CSS或URL的XSS攻击，默认情况下，模板引擎会开启HTML转义机制。

若允许执行用户输入HTML或者JavaScript代码，可以关闭HTML转义机制。只要将不转义的内容传给template.HTML()函数即可，在路由处理函数中实现数据的不转义处理，示例代码如下：

```go
func index(w http.ResponseWriter, r *http.Request) {
    // 设置请求头，关闭X-XSS-Protection
    w.Header().Set("X-XSS-Protection", "0")
    // 创建模板对象
    t, _ := template.ParseFiles("tmpl.html")
    // 解析模板对象
    // 使用template.HTML()将HTTP请求的参数comment关闭转义
    t.Execute(w, template.HTML(r.FormValue("comment")))
}
```

自定义模板是对模板文件的部分代码进行自定义，将这部分代码命名为某个变量，当执行包含动作指令和块动作指令时能直接使用变量名。

单从概念上理解包含动作、块动作和自定义模板是比较困难的，我们通过示例加以说明，在E:\mygo创建chapter19.7.2.go、t1.html和t2.html，打开chapter19.7.2.go，定义根路由和处理函数index()，代码如下：

```go
package main

import (
    "html/template"
    "net/http"
)

func index(w http.ResponseWriter, r *http.Request) {
    // 定义变量，用于传递给模板文件
    value := "This is route"
    // 创建tmpl.html的模板对象
    t, _ := template.ParseFiles("t1.html", "t2.html")
    // 执行模板解析
    t.Execute(w, value)
}

func main() {
    server := http.Server{
        Addr: "127.0.0.1:8080",
    }
    http.HandleFunc("/", index)
    server.ListenAndServe()
}
```

路由处理函数index()调用html/template的ParseFiles()对t1.html和t2.html创建模板对象，再由模板对象调用Execute()执行模板解析。Execute()的第一个参数为HTTP响应对象，第二个参数代表路由处理函数传递给模板文件的数据。

下一步在t1.html和t2.html中编写HTML代码和模板语法，代码如下：

```
// t2.html文件
{{ define "blue" }}
    <h1 style="color: blue;">Hello t2-{{.}}</h1>
{{ end }}

{{ define "red" }}
    <h1 style="color: red;">Hello t2-{{.}}</h1>
{{ end }}

// t1.html文件
<html lang="en">
  <head><title>Go</title></head>
  <body>
    <!--输出路由处理函数传递的变量-->
    <h1>{{ . }}</h1>
    <hr/>

    <!--包含动作，嵌套t2.html定义的red-->
    {{ template "red" . }}
    <hr/>

    <!--包含动作，嵌套没有定义的yellow，程序报错-->
    {{/*{{ template "yellow" . }}*/}}
    {{/*<hr/>*/}}

    <!--块动作，组合greed模板-->
    {{ block "green" . }}
        <h1 style="color: green;">Hello t1-{{.}}</h1>
    {{ end }}
    <hr/>

    <!--块动作，组合blue模板-->
    <!--blue模板在t2.html中也被定义，优先使用t2.html的blue模板-->
    {{ block "blue" . }}
        <h1 style="color: green;">Hello t1-{{.}}</h1>
    {{ end }}
    <hr/>
  </body>
</html>
```

t1.html和t2.html的代码说明如下：

1）t1.html的{{ template "red" . }}嵌套了t2.html的自定义模板red，并传递路由处理函数的变量value。

2）t1.html的{{ template " yellow" . }}嵌套自定义模板yellow，由于模板yellow没有在t1.html和t2.html中定义，导致模板语法出现异常，使网页无法正常显示数据，因此将对这部分代码进行注释处理。

3）t1.html的{{ block "green" . }}与{{ end }}之间的代码进行块处理，由于模板green没有在t2.html中定义，因此模板引擎将解析t1.html的块代码。

4）t1.html的{{ block "blue" . }}与{{ end }}之间的代码进行块处理，由于模板blue在t2.html中也被定义，因此模板引擎将解析t2.html的块代码。

5）t2.html使用{{ define "blue" }}与{{ end }}自定义的模板blue，define后面是模板名称blue。

6）t2.html使用{{ define "red" }}与{{ end }}自定义模板red，define后面是模板名称red。

运行chapter19.7.2.go文件，在浏览器中访问http://127.0.0.1:8080/，网页信息如图19-7所示。

图 19-7　网页信息

前面我们只介绍了模板语法的使用，模板语法只是模板引擎的一部分，模板语法必须由模板对象执行解析才会生成相应的HTML代码。

19.8　网站项目：信息反馈平台的开发

网站开发一般分为5个流程：

1）了解开发需求，从需求设计网站功能。

2）按照功能设计制定项目架构，充分考虑所需的开发技术、数据流通等因素，使整个项目架构能真实还原网站功能。

3）根据项目架构搭建开发环境，如数据库安装与运行、代码管理与协同工具、编程语言运行环境等。

4）程序开发阶段，主要编写功能代码、功能测试和业务逻辑等，这是整个开发流程的核心。

5）项目交付、试运行和上线运行阶段。

上述只是简单概括了网站开发流程，每个流程的工作各不相同，但彼此之间相互关联构成一个整体。

19.8.1　网站功能需求

信息反馈平台是为用户提供信息反馈的网站，比如产品使用反馈、民意征集或游戏体验反馈等。信息反馈平台的功能有信息反馈页面和自定义异常页面，功能说明如下：

1）信息反馈页面包括信息提交和信息展示。信息提交以表单的形式实现；信息展示以数据列表的形式呈现，每条信息包含序号、用户名、信息内容和提交日期，网页效果如图19-8所示。

2）自定义异常页面实现404和500的页面设置，使404和500页面与信息反馈页面的设计风格保持一致，如图19-9所示。

图 19-8　信息反馈页面

图 19-9　404 和 500 页面

19.8.2　项目架构设计

我们根据项目功能进行后台设计，在E盘新建messageBoard文件夹，在该文件夹下分别创建static和templates文件夹、mains.go和models.go文件，整个文件夹目录如图19-10所示。

打开static文件夹，在该文件夹放置网页的静态资源。分别创建css、js和img文件夹，每个文件夹分别放置CSS文件、JS文件和图片。static目录结构如图19-11所示。

图 19-10　messageBoard 文件夹目录

打开templates文件夹，分别创建base.html、index.html、404.html和500.html文件。templates目录结构如图19-12所示。

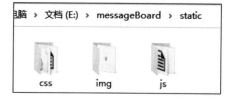

图 19-11　static 目录结构

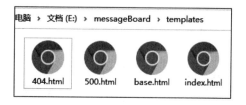

图 19-12　templates 目录结构

在整个项目中，我们创建了多个文件夹和文件，新建文件夹和文件的说明如下：

1）templates文件夹存放基础模板文件base.html、自定义404和500模板文件、信息反馈页面模板文件index.html。

2）static文件夹存放所有模板文件的静态资源。

3）models.go文件用于定义数据表的ORM模型和执行数据库初始化和持久化操作。

4）mains.go文件定义路由、路由处理函数和创建HTTP服务。

每个开发者对网站后台的目录结构设计各有不同，目录结构设计与项目功能、规模息息相关。上述设计方案是根据项目功能而设计的，如果项目实现的功能较多，那么上述设计方案虽然能满足项目开发需求，但并不是最优方案。

19.8.3　搭建开发环境

项目目录搭建成功后，下一步搭建项目开发环境。使用GoLand以项目形式打开文件夹messageBoard，在GoLand的Terminal窗口输入go mod init messageBoard创建go.mod文件，并且打开go.mod文件，分别导入第三方包httprouter和gorm，代码如下：

```
module messageBoard

go 1.18

require (
    github.com/julienschmidt/httprouter v1.3.0 // indirect
    gorm.io/driver/mysql v1.1.2 // indirect
    gorm.io/gorm v1.21.15 // indirect
)
```

下一步使用数据库可视化工具Navicat Premium连接本地MySQL数据库管理系统，并创建数据库messagedb，数据库编码设为utf8mb4，如图19-13所示。

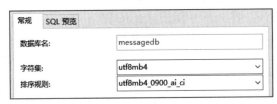

图 19-13　创建数据库 messagedb

19.8.4　定义模型与路由

项目开发环境搭建后，我们将进入整个项目的核心环节——程序开发。网站分为3个网页：信息反馈页面、自定义异常404页面和500页面。

信息反馈页面允许输入用户名称和信息内容并显示在网页上，因此数据表必须包含用户名称和信息内容的字段。在GoLand中打开models.go文件，分别定义结构体Message、数据库初始化函数Get_db()和全局变量Db，代码如下：

```
package main

import (
    "gorm.io/driver/mysql"
    "gorm.io/gorm"
    "time"
)

// 定义数据表结构
type Message struct {
    gorm.Model
    Name    string `gorm:"type:varchar(255)"`
    Content string `gorm:"type:varchar(255)"`
}
```

```go
// 数据库初始化设置
func Get_db() *gorm.DB {
    dsn := `root:1234@tcp(127.0.0.1:3306)/messagedb?
        charset=utf8mb4&parseTime=True&loc=Local`
    db, _ := gorm.Open(mysql.Open(dsn), &gorm.Config{})
    sqlDB, _ := db.DB()
    // SetMaxIdleConns设置空闲连接池中连接的最大数量
    sqlDB.SetMaxIdleConns(10)
    // SetMaxOpenConns设置打开数据库连接的最大数量
    sqlDB.SetMaxOpenConns(100)
    // SetConnMaxLifetime设置连接可复用的最大时间
    sqlDB.SetConnMaxLifetime(time.Hour)
    db.AutoMigrate(&Message{})
    return db
}

// 定义全局变量Db
var Db = Get_db()
```

上述代码说明如下：

1）结构体Message引入结构体gorm.Model，它有6个结构体成员：ID、CreatedAt、UpdatedAt、DeletedAt、Name和Content。

2）数据库初始化函数Get_db()使用Gorm连接数据库messagedb生成连接对象，再由连接对象设置数据库连接数量和复用时间，再对结构体Message执行数据迁移，在数据库创建数据表messages，最后将连接对象作为函数返回值。

3）全局变量Db是数据库初始化函数Get_db()的返回值，它作用于整个项目，方便供路由处理函数使用，以实现数据库持久化。如果不设置全局变量Db，路由处理函数每次操作数据库都要调用Get_db()创建新连接对象，这样频繁连接数据库会浪费数据库资源。

下一步打开mains.go文件，分别定义根路由的GET和POST请求、配置静态资源路径、定义404和500的异常处理、路由处理函数index()、404异常处理函数MyNotFound()和500异常处理函数MyPanic()，详细代码如下：

```go
package main

import (
    "github.com/julienschmidt/httprouter"
    "html/template"
    "net/http"
)

func index(w http.ResponseWriter, r *http.Request, p httprouter.Params) {
    // 判断当前请求方式
    if r.Method == "POST" {
        // 从表单获取请求参数name和content
        name := r.PostFormValue("name")
        content := r.PostFormValue("content")
        // 将请求参数写入数据表
        Db.Create(&Message{Name: name, Content: content})
        // 重定向当前路由，以GET请求方式返回给用户
```

```
            w.Header().Set("Location", "/")
            w.WriteHeader(http.StatusMovedPermanently)
    }
    // 查询数据表所有数据
    var data []Message
    Db.Model(&Message{}).Scan(&data)
    // 创建html的模板对象
    t, _ := template.ParseFiles("templates/base.html",
        "templates/index.html")
    // 执行模板解析
    t.Execute(w, data)
}

func MyNotFound(w http.ResponseWriter, r *http.Request){
    // 创建html的模板对象
    t, _ := template.ParseFiles("templates/base.html",
        "templates/404.html")
    // 执行模板解析
    t.Execute(w, "")
}

func MyPanic(w http.ResponseWriter,r *http.Request,e interface{}){
    // 参数e代表程序运行的异常信息
    // 设置HTTP状态码500
    w.WriteHeader(http.StatusInternalServerError)
    // 创建html的模板对象
    t, _ := template.ParseFiles("templates/base.html",
        "templates/500.html")
    // 执行模板解析
    t.Execute(w, "")
}

func main() {
    router := httprouter.New()
    // 定义路由
    router.GET("/", index)
    router.POST("/", index)
    // 配置静态资源路径
    router.ServeFiles("/static/*filepath",http.Dir("./static"))
    // 自定义404
    router.NotFound = http.HandlerFunc(MyNotFound)
    // 自定义所有异常处理
    router.PanicHandler = MyPanic
    // 将httprouter绑定在net/http中
    server := http.Server{
        Addr:    "127.0.0.1:8080",
        Handler: router,
    }
    // 运行服务
    server.ListenAndServe()
}
```

上述代码说明如下：

1）使用第三方包httprouter创建路由对象，再由路由对象定义根目录的GET和POST请求。

2）路由处理函数index()首先判断当前请求方式。如果是POST请求，说明用户已在信息反馈页面输入名称和信息内容并单击"提交"按钮，程序从请求中获取请求参数name和content并写入数据表messages，通过重定向根路由，以GET请求方式返回给用户。如果POST请求不使用重定向方式，当用户刷新网页时，浏览器会重复提交上一次的数据，程序将会重复记录同一条数据。

3）如果路由处理函数index()接收GET请求，它将查询数据表messages所有数据并对模板文件base.html和index.html创建HTML模板对象，由模板对象调用Execute()执行模板解析，将数据表messages的所有数据显示在网页上。

4）由路由对象调用ServeFiles()设置网站的静态资源，ServeFiles()的第一个参数代表静态资源在网站的路由地址，第二个参数代表静态资源在当前项目的路径地址。

5）自定义404和500是为路由对象的NotFound和PanicHandler设置相应路由处理函数。NotFound是http.Handler类型的，因此以http.HandlerFunc(MyNotFound)方式设置，其中MyNotFound是路由处理函数名，PanicHandler以匿名函数表示，因此以路由处理函数名设置即可。

6）路由处理函数MyNotFound()对模板文件base.html和404.html创建HTML模板对象，由模板对象调用Execute()执行模板解析并生成404网页。

7）路由处理函数MyPanic()设有3个参数，第3个参数代表程序运行的异常信息。函数首先设置HTTP响应状态码，然后对模板文件base.html和500.html创建HTML模板对象，由模板对象调用Execute()执行模板解析并生成500网页。

综上所述，整个项目的后端开发说明如下：

1）根据需求设计数据表结构并定义相应结构体，分别创建数据库连接对象、数据库连接设置、数据迁移、数据连接持久化等功能。

2）定义路由与路由处理函数、设置静态资源路径、自定义404和500页面。路由处理函数的业务逻辑必须与开发需求一致。

19.8.5　编写模板文件

我们已完成项目的后端开发，只剩下前端页面开发，由于项目的网页数据采用后端渲染数据生成动态网页，因此接下来将分别讲述如何在base.html、index.html、404.html和500.html中编写模板文件。

在网站开发的第二个阶段，UI设计师需根据用户需求设计网站页面，再由前端开发人员编写静态HTML网页，静态HTML网页是一个含有CSS、JS和HTML的网页，但网页数据是固定不变的。

如果网页采用后端渲染数据，后端开发人员必须将静态HTML网页改写为模板文件，说白了就是将静态HTML网页的动态数据改用模板语法表示。

按照项目架构设计，base.html文件是基础模板文件，它包含整个网页的HTML代码，而index.html、404.html和500.html是在base.html的基础上继承和重写的。首先打开base.html文件，将代码分为3部分，代码如下：

```
<!DOCTYPE html>
<html>
<head>
    <title>{{ block "title" . }}信息反馈{{ end }}</title>
```

```html
    <link rel="icon" href="/static/img/favicon.ico">
    <link rel="stylesheet" href="/static/css/bootstrap.min.css">
    <link rel="stylesheet" href="/static/css/style.css">
</head>
<body>
<main class="container">
    <header>
        <h1 class="text-center display-4">
            <a href="/" class="text-success">
                <strong>您的意见</strong>
            </a>
            <small class="text-muted sub-title">我们及时反馈! </small>
        </h1>
    </header>
    {{ block "content" . }}{{ end }}
</main>
<script src="/static/js/jquery-3.2.1.slim.min.js"></script>
<script src="/static/js/bootstrap.min.js"></script>
<script src="/static/js/script.js"></script>
</body>
</html>
```

上述代码说明如下：

1）<head>标签使用块动作定义模板title，模板title用于设置网页标题，然后分别引入静态资源的CSS和ICO文件：CSS文件用于设置网页样式，ICO用于设置网页小图标。

2）<header>标签使用块动作定义模板content，模板content用于设置网页正文内容。

3）<script>标签引入静态资源的JS文件。一般情况下，网页的JS脚本都放在HTML最底部，因为HTML代码是从上往下执行的，如果将JS脚本放在<head>标签中，浏览器会因为执行JS脚本而影响网页生成时间。简单来说，JS脚本放在底部可以加快生成网页的静态数据，提高用户体验。

下一步打开index.html文件，它将重写模板content，代码如下：

```html
{{ define "content" }}
    <div class="hello-form">
        <form action="" method="post" class="form">
        <div class="form-group required">
            <label class="form-control-label">名称</label>
            <input class="form-control" name="name" type="text">
        </div>
        <div class="form-group required">
            <label class="form-control-label">信息内容</label>
            <textarea class="form-control" name="content"></textarea>
        </div>
        <input class="btn btn-primary" type="submit" value="提交">
        </form>
    </div>
    <h5>共有{{ .|len }}条信息</h5>
    <div class="list-group">
        {{ range . }}
        <a class="list-group-item list-group-item-action flex-column">
```

```
            <div class="d-flex w-100 justify-content-between">
                <h5 class="mb-1 text-success">{{ .Name }}
                    <small class="text-muted"> #{{ .ID }}</small>
                </h5>
                <small data-toggle="tooltip" data-placement="top"
                        data-timestamp="{{ .CreatedAt}}"
                        data-delay="500">{{ .CreatedAt}}
                </small>
            </div>
            <p class="mb-1">{{ .Content }}</p>
            </a>
            {{ end }}
        </div>
    {{ end }}
```

上述代码分为两部分：HTML表单和信息列表，详细说明如下：

1）HTML表单定义在<div class="hello-form">标签中，表单向当前网址发送POST请求。在<form>标签中，标签属性action用于发送HTTP请求的路由地址，标签属性method是表单的请求方式，表单将表单控件（如<input>和<textarea>标签）的数据作为请求参数，当用户单击type="submit"的<input>标签时，浏览器将发送HTTP请求。

2）信息列表对路由处理函数index()传递的数据（数据格式是切片类型，切片元素是结构体Message）进行统计和遍历。数据统计使用内置管道len计算数据量，遍历输出使用迭代动作循环切片，每次循环能获取结构体Message的成员ID、Name、CreatedAt和Content，分别对应信息列表的序号、名称、时间和内容。

最后打开404.html和500.html，它们分别重写模板title和content，代码如下：

```
// 500.html
{{ define "title" }}挂掉啦{{ end }}
{{ define "content" }}
    <p class="text-center">服务器挂掉啦! </p>
    <a href="/">返回首页</a>
{{ end }}

// 404.html
{{ define "title" }}逃跑啦{{ end }}
{{ define "content" }}
    <p class="text-center">页面逃跑啦! </p>
    <a href="/">返回首页</a>
{{ end }}
```

模板文件404.html和500.html的HTML标签和CSS样式是相同的，只是HTML标签的文本内容不相同，这样可以使404页面和500页面的设计风格保持一致。

19.8.6　网站运行与测试

我们已经完成整个项目开发，现在进入项目的运行与测试阶段，验证网站功能是否符合开发需求和能否正常运行。

在GoLand运行项目messageBoard，首先修改运行配置，单击GoLand右上方的Add Configurations，将出现Run/Debug Configurations界面，如图19-14所示。

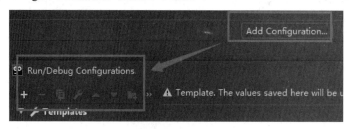

图 19-14　Run/Debug Configurations 界面

在Run/Debug Configurations界面的左上方单击"+"按钮并选择Go Build，然后将运行方式Run kind改为Package，在Package path中输入项目文件夹名称messageBoard，如图19-15所示。

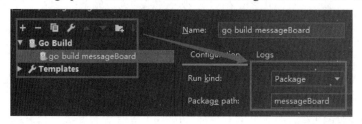

图 19-15　修改运行配置

最后单击GoLand右上方的Run按钮即可启动项目messageBoard，如图19-16所示。

项目启动成功后，在浏览器访问http://127.0.0.1:8080/，在HTML表单中输入名称和内容并单击"提交"按钮，网页将显示信息列表，如图19-17所示。

图 19-16　启动项目 messageBoard

下一步在浏览器访问http://127.0.0.1:8080/error，这时没有在后端定义的路由，程序应该显示404页面，如图19-18所示。

图 19-17　信息反馈页面　　　　　　　　　　图 19-18　404 页面

如果验证500页面，我们需要在路由处理函数index()中主动抛出异常，只要在index()中加入panic(" 这是自定义异常 ")即可，然后重启项目messageBoard，在浏览器访问网站首页http://127.0.0.1:8080/，网页内容如图19-19所示。

图 19-19　500 页面

19.9　小　结

Web 服务是指在网络上运行的、面向服务的、基于分布式程序的软件模块，它采用 HTTP 和 XML 等互联网通用标准，使人们可以在不同地方通过不同终端设备访问 Web 上的数据，如网上订票查看订座情况。

用通俗的说法解释 TCP 和 UDP，将服务端和客户端看成一对情侣，当女方（客户端）向男方（服务端）说话（即发送 HTTP 请求）时，TCP 要求男方必须对女方做出回应，而 UDP 则不管女方发出多少次请求，男方可以不做任何回应，即 TCP 就是有求必应，UDP 则是爱理不理。

不同 Web 框架有不同的内置功能，常见功能如下：

- 路由功能：这是设置一个网站或系统的路由地址，路由地址就是我们常说的网站网址。
- 模板引擎：将编程语言转化为 HTML 代码的功能，通过模板语法动态变换网页数据。
- 请求与响应：获取浏览器的 HTTP 请求信息，并且对该请求做出响应。
- Cookie 与 Session 管理：用于记录当前用户，识别 HTTP 请求来自哪一个用户。
- 数据存储：提供数据库存储功能。

第三方包 httprouter 实现了配置 HTTP 请求方式、定义路由变量、配置网站的静态资源、验证用户角色、设置请求头、处理多域名等功能，弥补了 net/http 路由功能的不足。

网站响应内容分为 HTTP 响应状态码、响应头和响应数据，三者说明如下：

1）不同的 HTTP 状态码代表不同的意思，主要描述当前请求是否正常，如 200 代表请求成功，404 代表找不到网页，500 代表服务器异常，301 和 302 代表网页重定向，等等。

2）响应头和请求头是同一概念，只是发起 HTTP 请求的主体不同，请求头是客户端发送给服务端，响应头是服务端返回给客户端。

3）响应数据是网站给用户呈现的数据，通常以 JSON 或 HTML 的数据格式表示。

模板都是文本文档（其中 Web 应用的模板通常是 HTML），它们嵌入了一些模板语法。从模板引擎的角度来说，模板就是嵌入了模板语法的文本（模板语法通常包含在模板文件中），而模板引擎则通过分析并执行模板语法来生成对应的文本文档。

第 20 章
编译与运行

本章内容：

- run与build的区别。
- 单文件编译。
- 同包多文件编译。
- 不同包多文件编译。
- 编译参数说明。

20.1 run与build的区别

在1.8节中，我们可以使用go run和go build指令运行go文件，两者之间的区别如下：

1）go run xx.go需要依赖Go语言开发环境来执行go文件，因此计算机必须搭建Go语言开发环境，否则无法运行。

2）go build是在Go语言开发环境下对go文件进行编译，将代码变成计算机可以识别的二进制编译文件，即使没有搭建Go语言开发环境也能运行。

如果将go run和go build的差异以图解表示，如图20-1所示。

当我们完成项目开发的时候，下一步是将项目交付给用户使用。从用户角度来看，他们不用知道项目的每一行代码，这是保护开发者的权益，除非开发之前明确以源码文件作为交付标准。

大部分项目交付都必须将源码文件进行打包部署，不同的编程语言有不同的部署方式。Go语言的部署非常简单，只需对源码文件执行go build指令进行编译，将编译后的文件运行即可。

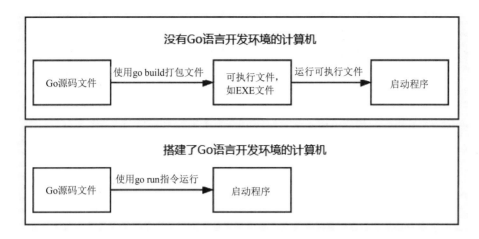

图 20-1　go run 和 go build 的差异

20.2　单文件编译

我们知道使用go build能将go文件编译为计算机直接运行的编译文件，不同操作系统编译文件的格式各不相同，本节以Windows为例讲述如何将go文件编译为EXE文件。

go build指令可以根据需要设置参数，如果没有特殊要求，则无须设置参数，直接对go文件进行编译即可。以17.11节的项目为例，整个项目文件包含4个文件，文件目录如图20-2所示。

打开CMD窗口，将CMD窗口切换到E:\mygo路径，然后输入go build指令对go文件进行编译。指令执行如下：

```
# 切换到E盘
C:\Users\Administrator>e:
# 进入E盘的mygo文件夹
E:\>cd mygo
# 执行go build指令
E:\mygo>go build chapter17.11.go
```

当go build指令执行完成后，在E:\mygo路径下自动创建chapter17.11.exe文件，如图20-3所示。

由项目代码指定了chromedriver.exe的路径地址，因此它必须与chapter17.11.exe文件放在同一目录，否则程序会因找不到chromedriver.exe而出现异常。

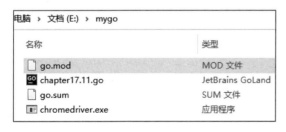

图 20-2　文件目录

图 20-3　文件目录

20.3　同包多文件编译

如果一个项目中有多个go文件并且这些文件隶属于同一个包，我们只需在go build后面设置多个go文件即可。以19.8节的项目为例，项目包含两个go文件，目录结构如图20-4所示。

打开CMD窗口，将CMD窗口切换到E:\messageBoard路径，然后输入go build指令对多个go文件进行编译。指令执行如下：

```
# 切换到E盘
C:\Users\Administrator>e:
# 进入E盘的messageBoard文件夹
E:\>cd messageBoard
# 编译多个go文件，文件之间使用空格隔开
E:\messageBoard>go build mains.go models.go
```

由于mains.go和models.go皆属于main包，即首行代码package main相同，因此在编译的时候，多个go文件无须考虑顺序问题，即输入go build models.go mains.go也能编译成功。

当go build指令执行完成后，在E:\messageBoard路径下自动创建mains.exe文件，如图20-5所示。

图 20-4　文件目录　　　　　　　　　　图 20-5　文件目录

由于项目需要使用templates和static的文件，因此mains.exe必须与文件夹templates和static放在同一目录，否则网站无法找到模板文件。

20.4　不同包多文件编译

如果一个项目中设有自定义包，那么只需对main包进行编译即可，Go语言会根据go mod文件找到自定义包并进行编译。以13.7节的项目为例，项目包含一个go文件和自定义包mpb，目录结构如图20-6所示。

打开CMD窗口，将CMD窗口切换到E:\mygos路径，然后输入go build指令对go文件进行编译。指令执行如下：

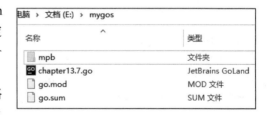

图 20-6　文件目录

```
# 切换到E盘
C:\Users\Administrator>e:
# 进入E盘的mygos文件夹
E:\>cd mygos
# 执行go build指令
E:\mygos>go build chapter13.7.go
```

当go build指令执行完成后，在E:\mygos路径下自动创建chapter13.7.exe文件，如图20-7所示。

在E:\mygos删除所有源码文件并保留chapter13.7.exe文件，打开CMD窗口运行EXE文件，运行结果如图20-8所示。

图 20-7　文件目录

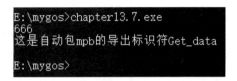

图 20-8　运行结果

20.5　编译参数说明

编译指令go build可以直接对go文件进行编译处理，在某些情况下，我们需要调整编译过程，Go语言为使用者提供了相应的参数设置，本节列举一些常用的编译参数。

1）-o：设置编译文件名称，但使用参数-o不能同时对多个包进行编译。

2）-a：强制对所有包或文件进行重新编译。

3）-n：打印编译过程中所使用的命令，但不执行。

4）-p n：设置编译过程中的并发数量，n需要设置实际数值，在默认情况下，n等于CPU的逻辑核数。

5）-race：开启竞态条件的检测。竞态条件是在并发环境中有多个事件同时访问同一个资源，由于多个事件的并发顺序不确定，导致程序输出结果不确定，这种情况称为竞态条件。

6）-v：输出编译过程被编译的包名称。

7）-work：打印编译时所创建的临时工作目录，在编译结束时保留。在默认情况下，编译结束时自动删除临时工作目录。

8）-ldflags "-s -w"：压缩编译后的文件大小。参数-s去掉符号表，参数-w去掉调试信息。

为编译指令go build设置参数，参数必须在指令后面，而参数后面设置go文件。以19.8节的项目为例，打开CMD窗口，将CMD窗口切换到E:\messageBoard，在go build指令的不同位置设置参数，运行结果如图20-9所示。

从图20-9看到，如果在go文件后面设置参数，Go语言会将参数视为go文件；如果在go build后面设置参数，编译指令能正常运行，并且编译文件的大小已被压缩处理，如图20-10所示。

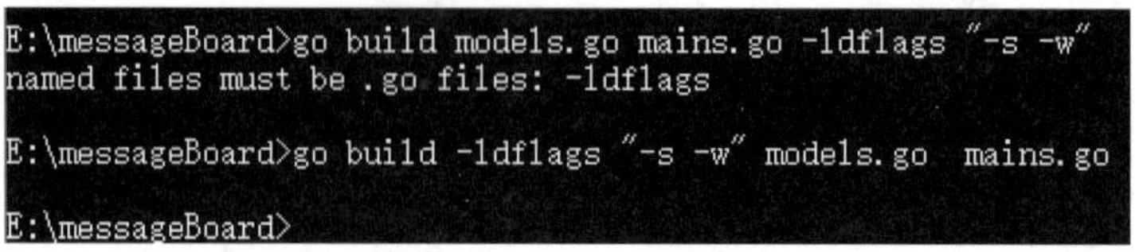
E:\messageBoard>go build models.go mains.go -ldflags "-s -w"
named files must be .go files: -ldflags
E:\messageBoard>go build -ldflags "-s -w" models.go mains.go
E:\messageBoard>

图 20-9　运行结果

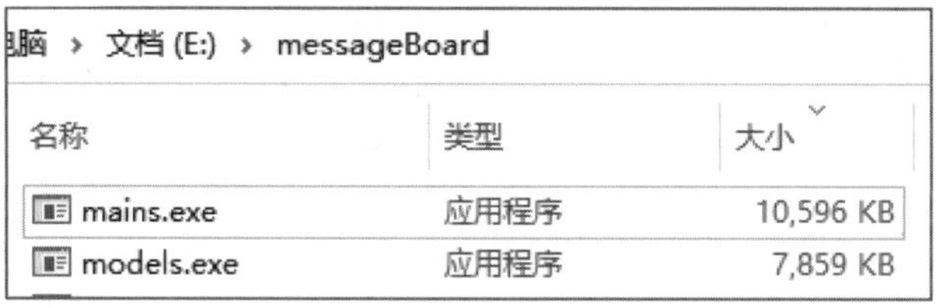
脑 › 文档 (E:) › messageBoard
名称
类型
大小
mains.exe
应用程序
10,596 KB
models.exe
应用程序
7,859 KB

图 20-10　编译文件

Go语言的部分参数不仅能在go build中使用，对go install、go run、go test等指令同样有效，如果想了解更多参数说明，可以在CMD窗口中输入go tool compile查看。

20.6 小　　结

go run与go build的区别如下：

1）go run xx.go需要依赖Go语言开发环境来执行go文件，因此计算机必须搭建Go语言开发环境，否则无法运行。

2）go build是在Go语言开发环境下对go文件进行编译，将代码变成计算机可以识别的二进制编译文件，即使没有搭建Go语言开发环境也能运行。

编译指令go build只能对go文件进行编译处理，如果程序涉及其他文件读写操作，在部署运行的时候必须自行设置这些文件的目录地址，否则编译文件会因找不到文件而出现运行异常。

为编译指令go build设置参数，参数必须在指令后面，而参数后面设置go文件，如果在go文件后面设置参数，Go语言会将参数视为go文件。